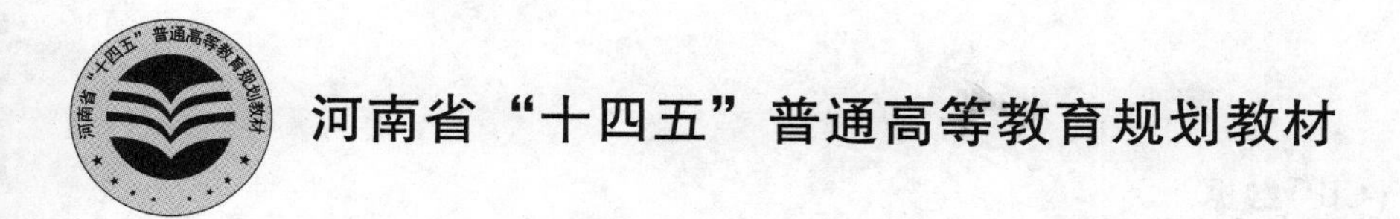

河南省"十四五"普通高等教育规划教材

化工生产实习教程

第二版

主审　屈凌波　刘国际　任保增

主编　侯翠红　谷守玉　王平彪　徐绍红　赵新岭

郑州大学出版社

图书在版编目(CIP)数据

化工生产实习教程 / 侯翠红等主编. —2 版. —郑州：郑州大学出版社，2022. 9
ISBN 978-7-5645-9081-9

Ⅰ. ①化… Ⅱ. ①侯… Ⅲ. ①化工生产-生产实习-教材 Ⅳ. ①TQ06

中国版本图书馆 CIP 数据核字(2022)第 168127 号

化工生产实习教程
HUAGONG SHENGCHAN SHIXI JIAOCHENG

策划编辑	袁翠红	封面设计	苏永生
责任编辑	杨飞飞	版式设计	苏永生
责任校对	崔 勇	责任监制	李瑞卿

出版发行	郑州大学出版社	地 址	郑州市大学路 40 号(450052)
出 版 人	孙保营	网 址	http://www.zzup.cn
经 销	全国新华书店	发行电话	0371-66966070
印 刷	河南文华印务有限公司	印 张	18
开 本	787 mm×1 092 mm 1 / 16	字 数	434 千字
版 次	2019 年 8 月第 1 版	插 页	1
	2022 年 9 月第 2 版	印 次	2022 年 9 月第 2 次印刷

书 号	ISBN 978-7-5645-9081-9	定 价	59.00 元

编写委员会

主　编　侯翠红　谷守玉　王平彪　徐绍红　赵新岭

副主编　张广瑞　关红玲　刘　咏　李　涛　周国莉　李松杰　李冬光

编　委　（按姓氏笔画排序）

王平彪　王光龙　王好斌　化全县　任荣奎
任保增　刘　咏　刘玉琼　刘国际　关红玲
李　涛　李冬光　李伟然　李松杰　李雅雯
杨娜娜　谷守玉　张广瑞　陈可可　周国莉
屈凌波　赵新岭　胡利强　侯翠红　徐绍红
蒋登高　雒廷亮

主　审　屈凌波　刘国际　任保增

内容提要

本书是化工专业学生的生产实习教材，以典型的合成氨、尿素生产工艺为例进行剖析，分别以天然气为原料的 UHDE-ICIAMV 合成氨工艺、SNAM 氨汽提尿素工艺、以煤为原料的水煤浆气化法合成氨生产工艺、CO_2 汽提法尿素生产工艺、公用工程为典型示例，以产品和工艺为主线，以化学反应为核心，将流体输送、传热和传质、节能、环保、安全与控制、技术经济等相关内容融入，理论联系实际，着重介绍了主要生产工艺过程中的化学反应、工艺条件确定原理、工艺流程、主要设备、涉及的主要危险化学品及安全环保节能等。学习本书可全面了解工业生产、设备运行、操作管理、产品研发、销售与售后服务等流程，加深认识化工生产的专业特点，从而提高学生综合运用所学知识解决工程实际问题的能力。同时结合新时代高等工程教育的要求，融入新工科、工程教育专业认证等新理念及专业质量标准的要求，突出以学生为中心，以学生的学习效果为导向，重视对学生工程实践能力、研究开发能力和创新思维能力的培养。全书按工艺流程分工序编排，各章附有思考题，便于系统理解和掌握化工生产过程及相关原理。

本书可作为本科院校化工、环保、轻工、制药工程、应用化学及其相关专业学生的实习、实践教材，也可供有关部门从事化工、轻工、制药、环保等生产、设计的工程技术人员参考。

前言(第二版)

本教材第一版出版发行后,郑州大学、河南工业大学、新乡学院、河南心连心化工集团公司等高校化工专业学生和企业作为实习教材、教学参考书和培训教材使用,面对相关高校学生、教师和企业培训等使用该教材提出的新期望和信息技术发展互联网+化工教育的要求,本教材第二版在第一版教材基础上,对多年实习实践经验进行深化总结、修订完善,融入反映时代特点和工程教育新要求、新理念的内容,增加了反映学科前沿的新进展,同时结合现代化工信息化技术要求,增加了3D虚拟仿真实习内容,弥补学生现场实习不能动手操作的缺憾,结合中国特色社会主义新时代特点,增加课程思政部分内容,增加关于职业道德规范、履行社会责任、践行绿色发展理念的内容,更加突出化工安全、环保、生态、健康的理念,在典型生产工艺中,结合新媒体和信息技术,运用互联网+现代工艺技术,增加虚拟仿真实习建设内容和实习操作部分,注重理论联系实际,培养学生工程实践、创新意识和综合分析解决实际工程问题的能力。

本书的第1章由侯翠红、关红玲、李雅雯、徐绍红编写,第2章由谷守玉、侯翠红、关红玲、杨娜娜编写,第3章由侯翠红、谷守玉、关红玲编写,第4章由关红玲、谷守玉、刘咏、化全县、陈可可、侯翠红编写,第5章由李涛、关红玲、张广瑞、侯翠红编写,第6章由关红玲、周国莉、胡利强、刘玉琼、杨娜娜编写,第7章由侯翠红、李松杰、关红玲、李冬光编写。全书由屈凌波、刘国际、任保增主审,由侯翠红统稿。

本教材的顺利出版得到了河南省"十四五"普通高等规划教材项目、教育部中原地区化学工程与工艺专业虚拟教研室的大力支持,以及郑州大学和出版社领导同仁的大力支持和辛勤付出,在此深表谢意!

由于编者水平有限,书中不当之处,恳请各位专家和读者提出宝贵意见。

编者

2022年8月

前言（第一版）

工程教育在我国高等教育中占有重要地位，高素质工程科技人才是支撑产业转型升级、实施国家重大发展战略的重要保障。新一轮科技革命和产业革命要求建设“新工科”，以应对变化、引领未来为建设理念，以继承和创新、交叉和融合、协调与共享为主要途径，培养多样化、创新型卓越工程人才，为未来提供智力和人才支撑。

化学工业是我国国民经济的支柱产业。氨是化肥工业和基本有机化工的主要原料，氨合成是典型的化工生产系统，其生产工艺成熟、流程复杂，大型合成氨系统集成了先进的反应、分离、节能、环保和控制技术，其工艺代表了现代科技在传统化工过程中的应用成果；尿素是目前使用量较大的一种化学氮肥，合成氨和尿素的生产是我国化学工业的重要组成部分。由于合成氨系统和尿素的生产技术中包含了几乎全部的化工单元操作、主要类型的反应装置、各种化工测量和控制仪表，因此是学习化学工艺学的典型示例；另一方面，随着信息技术、材料及相应学科的发展和对可持续发展的要求，我国引进的工艺先进、自动化程度高、能量消耗低、经济效益和社会效益良好的单系列大型化肥装置已逐步形成我国化学工业生产技术的核心。因此，本书选择 UHDE-ICIAMV 合成氨工艺、SNAM 氨汽提尿素工艺和水煤浆气化法合成氨、CO_2 汽提法尿素生产工艺作为生产实习的主要内容。随着现代化工规模化、集约化生产，需要更多专业技术+HSE（Health-Safe-Environment）复合型人才，不断引领我国化工产业走向绿色、安全生产和可持续发展，因此，在本书中加强了安全、环保、健康、节能的理念和内容。仿真实习技术是以仿真机为工具，用模拟工厂操作与控制或工业过程的设备的动态数学模型代替真实工厂进行教学实习的一门新技术，已成为一种国际公认的高效现代化教学手段，因此也作为本书的部分内容。

本书分 7 章，按产品工艺流程分工序编排。每一工序以完成工艺任务的化学反应为核心，同时考虑流体输送、传热和传质过程及节能与控制，在综合分析热力学（反应程度）、动力学（反应速度、选择性）、经济、安全及环境保护等各方面因素的基础上确定工艺条件和工艺实施方法（即工艺流程和主要设备），这也正是化工工艺开发和设计的顺序。

本书的第1章由侯翠红、刘国际编写，第2章由谷守玉、刘国际、李伟然、王好斌、王光龙编写，第3章由侯翠红、谷守玉、雒廷亮、赵新岭编写，第4章由刘咏、王平彪、化全县、陈可可编写，第5章由李涛、张广瑞、徐绍红编写；第6章由周国莉、胡利强编写；第7章由侯翠红、李松杰、任保增、关红玲编写。全书由刘国际、任保增、蒋登高主审，由侯翠红统稿。

河南中原大化集团和河南心连心化工集团是郑州大学化工专业长期的教学实习实践基地，在实习教材编撰过程中和历年实习实践中，得到实习基地各级领导和技术人员的大力支持和悉心关照，校企联合培养了大批化工专业人才，在此特别致以崇高的敬意和诚挚的感谢！同时本教材的出版得到了河南省重大教研项目2017SJGLX003（面向现代化经济体系建设的新工科研究与实践）和子课题2017SJGLX003-2（面向一流大学建设的新工科教育产学协同育人模式研究与实践）的资助，也得到了教育部能动新工科重点项目NDXGK2017Z-17（能源动力类专业产学研协同育人模式研究与实践）和教育部新工科研究与实践项目（化工类新工科教育产学研协同育人模式研究与实践）的支持，在此一并表示感谢！

由于编者水平有限，书中不妥之处在所难免，望专家和读者提出宝贵意见。

编者

2018年12月

目录

第1章 新时代化工生产实习的新要求

当前,在国家实施创新驱动发展、“中国制造2025”“互联网+”等重大发展战略的大背景下,建设与发展新工科成为社会经济发展的现实需求,培养科学基础厚、工程能力强、综合素质高的工程科技人才,对于支撑服务以新技术、新业态、新产业、新模式为特点的新经济蓬勃发展具有十分重要的现实意义,是服务国家战略和满足产业需求的战略举措,也是深化高等工程教育改革和提升高校核心竞争力的一项重大行动计划。

化学工业是我国国民经济的支柱产业,化工类专业工程实践性强。随着时代发展我国的化学工业也在转型升级,向产品高值化,技术智能化发展。全面深化工程教育改革,化工类传统工科专业也需要升级改造,适应时代的发展,既要保持传统优势和特色,更要适应新一轮科技革命和产业变革的挑战,特别是顺应新工科的发展,才能立于不败之地。人才培养要兼顾国家需求、国际比较,加强内涵建设,提升服务能力和水平,形成中国特色的知识传承与人才培养体系,培养世界一流人才。

1.1 化工实践教学的新理念

1.1.1 新工科

2017年10月,党的十九大报告首次提出“建设现代化经济体系”。现代化经济体系核心表现为以新技术、新业态、新产业为特点的新经济蓬勃发展,要求工程科技人才具备更高的创新创业能力和跨界整合能力,这为高等工程教育提出了全新挑战,迫切需要新型工科人才支撑,加快新兴产业和业态领域紧密对接的新兴工科专业发展,更新改造传统工科专业;需要高校面向未来布局新工科建设,探索多元化新工科人才培养模式,大力培养具有创新创业能力和跨界整合能力的新兴工程科技人才,助力现代化经济体系建设。

以新技术、新产业、新业态和新模式为特征的新经济呼唤新工科的建设,国家一系列重大战略深入实施呼唤新工科的建设,产业转型升级和新旧动能转换呼唤新工科的建设,提升国际竞争力和国家硬实力呼唤新工科的建设。

为主动应对新一轮科技革命与产业变革,支撑服务创新驱动发展、“中国制造2025”等一系列国家战略的实现,2017年2月以来,教育部积极推进新工科建设,先后形成了“复旦共识”“天大行动”“北京指南”,并发布了《关于开展新工科研究与实践的通知》《关于推进新工科研究与实践项目的通知》等一系列文件,积极推动新工科建设。

新工科以应对变化、引领未来为建设理念，以继承与创新、交叉与融合、协调与共享为主要途径，培养多样化、创新型卓越工程技术人才，为未来提供智力和人才支撑。

（1）“复旦共识”。2017 年 2 月，复旦大学举办综合性高校工程教育发展战略研讨会并达成了十条“‘新工科’建设复旦共识”。“复旦共识”强调一方面要主动设置和发展一批新兴工科专业，另一方面要推动现有工科专业的改革创新，积极构建新兴工科和传统工科相结合的学科专业“新结构”，探索实施工程教育人才培养的“新模式”；“深化产教融合、校企合作、协同育人”，“培养大批具有较强行业背景知识、工程实践能力、胜任行业发展需求的应用型和技术技能型人才”，服务产业转型升级。同时，“复旦共识”也提出要加强新工科建设研究和实践。

（2）“天大行动”。2017 年 4 月 8 日教育部在天津大学召开新工科建设研讨会，提出了“新工科”建设行动路线，明确了具体目标：到 2020 年，探索形成新工科建设模式，主动适应新技术、新产业、新经济发展；到 2030 年，形成中国特色、世界一流工程教育体系，支撑国家创新发展；到 2050 年，形成领跑全球工程教育的中国模式，建成工程教育强国，使我国同时成为世界工程创新中心和人才高地，为实现中华民族伟大复兴的中国梦奠定坚实基础；提出了“探索建立工科发展新范式”“问产业需求建专业，构建工科专业新结构”“问技术发展改内容，更新工程人才知识体系”“问学校主体推改革，探索新工科自主发展、自我激励机制”“问内外资源创条件，打造工程教育开放融合新生态”等七大行动路线。

（3）“北京指南”（新工科建设指南）。2017 年 6 月 9 日，教育部在北京召开新工科研究与实践专家组成立暨第一次工作会议，全面启动、系统部署新工科建设。审议通过《新工科研究与实践项目指南》，明确提出要“更加注重模式创新”，不断完善多主体协同育人机制，突破社会参与人才培养的体制机制障碍，深入推进科教结合、产学融合、校企合作；建立多层次、多领域的校企联盟，深入推进产学研合作办学、合作育人、合作就业、合作发展，实现合作共赢；推动大学组织创新，探索建设一批与行业企业等共建共管的产业化学院，建设一批集教育、培训及研究于一体的区域共享型人才培养实践平台；探索多学科交叉融合的工程人才培养模式，建立跨学科交融的新型组织机构，开设跨学科课程，探索面向复杂工程问题的课程模式，组建跨学科教学团队、跨学科项目平台，推进跨学科合作学习等。

“复旦共识”“天大行动”“北京指南”构成了新工科建设的指导纲领，指明了新工科建设的改革路径。在现代化经济体系建设新时期，如何通过“新工科”协同育人模式研究与实践加快新工科建设，已成为亟待解决重大战略性课题。

新经济的发展对传统工程专业人才培养提出了挑战。相对于传统的工科人才，未来新兴产业和新经济需要的是工程实践能力强、创新能力强、具备国际竞争力的高素质复合型“新工科”人才，他们不仅在某一学科专业上学业精深，而且还应具有“学科交叉融合”的特征；不仅能运用所掌握的知识去解决现有的问题，也有能力学习新知识、新技术去解决未来发展出现的问题，对未来技术和产业起到引领作用；不仅在技术上优秀，同时懂得经济、社会和管理，兼具良好的人文素养等。

科技革命改变教育内容，信息革命改变教育模式，工程教育必须主动适应帮助未来的工程师们建构起符合时代要求的思维方式和知识结构，并且更加注重培养创新创业能力。

正因为如此，加快建设和发展“新工科”，培养新经济急需紧缺人才，培养引领未来技术和产业发展的人才，已经成为全社会的共识。

1.1.2 工程教育专业认证

我国的工程教育专业认证于2006年启动，开展认证是工程师制度和教育国际互认的基础，也是教育部推动工程教育改革，提高质量的重要抓手。

2016年6月，我国正式加入国际工程教育《华盛顿协议》组织，标志着工程教育质量认证体系实现了国际实质等效，工程专业质量标准达到国际认可，成为我国高等教育的一项重大突破。作为《华盛顿协议》正式成员，中国工程教育认证的结果已得到其他18个成员国（地区）认可。目前，我国工程教育专业认证已覆盖21个专业类，计划2020年实现所有专业大类全覆盖。

《华盛顿协议》是国际上最具影响力的工程教育学位互认协议之一，1989年由美国、英国、澳大利亚等6个英语国家的工程教育认证机构发起，其宗旨是通过多边认可工程教育认证结果，实现工程学位互认，促进工程技术人员国际流动。经过20多年的发展，目前《华盛顿协议》成员遍及五大洲，包括中国、美国、英国、加拿大、爱尔兰、澳大利亚、新西兰、中国香港、南非、日本、新加坡、中国台北、韩国、马来西亚、土耳其、俄罗斯、印度、斯里兰卡、巴基斯坦等19个正式成员，孟加拉国、哥斯达黎加、墨西哥、秘鲁、菲律宾等5个预备成员。我国2013年6月成为预备成员，2016年6月转为正式成员。

截至2018年年底，教育部高等教育教学评估中心和中国工程教育专业认证协会共认证了全国227所高校的1170个工科专业。通过专业认证，标志着这些专业的质量实现了国际实质等效，进入全球工程教育的“第一方阵”。

我国每年有约120余万工科专业本科毕业生。通过认证专业的毕业生在《华盛顿协议》相关国家和地区申请工程师执业资格或申请研究生学位时，将享有当地毕业生同等待遇，为中国工科学生走向世界提供了国际统一的“通行证”。同时，认证结果在行业及企业内有较高的权威性，在部分行业工程师资格考试或能力评价中享有不同程度的减免和优惠。

工程教育专业认证作为提高我国本科高等工程教育质量的重要手段和工具，对于本科专业建设具有重要意义。各高校在参与认证的过程中，积极贯彻“学生中心、产出导向、持续改进”三大理念，主动对标《华盛顿协议》和中国工程教育认证标准要求，修订培养目标、重组课程体系、深化课堂改革、明晰教师责任、健全评价机制、完善条件保障，着力建立持续改进的质量文化，人才培养质量明显提升。

在工科人才培养过程中，除了优秀的工程教育专业素养，更要注重人文素养、社会责任感、职业道德、团队精神的培养等方面的内容，应用工程管理原理与经济决策方法。按照专业认证的核心理念和要求，专业制定的毕业要求应完全覆盖以下内容：

（1）工程知识：能够将数学、自然科学、工程基础和专业知识用于解决复杂工程问题。

（2）问题分析：能够应用数学、自然科学和工程科学的基本原理，识别、表达、并通过文献研究分析复杂工程问题,以获得有效结论。

(3)设计/开发解决方案:能够设计针对复杂工程问题的解决方案,设计满足特定需求的系统、单元(部件)或工艺流程,并能够在设计环节中体现创新意识,考虑社会、健康、安全、法律、文化以及环境等因素。

(4)研究:能够基于科学原理并采用科学方法对复杂工程问题进行研究,包括设计实验、分析与解释数据、并通过信息综合得到合理有效的结论。

(5)使用现代工具:能够针对复杂工程问题,开发、选择与使用恰当的技术、资源、现代工程工具和信息技术工具,包括对复杂工程问题的预测与模拟,并能够理解其局限性。

(6)工程与社会:能够基于工程相关背景知识进行合理分析,评价专业工程实践和复杂工程问题解决方案对社会、健康、安全、法律以及文化的影响,并理解应承担的责任。

(7)环境和可持续发展:能够理解和评价针对复杂工程问题的专业工程实践对环境、社会可持续发展的影响。

(8)职业规范:具有人文社会科学素养、社会责任感,能够在工程实践中理解并遵守工程职业道德和规范,履行责任。

(9)个人和团队:能够在多学科背景下的团队中承担个体、团队成员以及负责人的角色。

(10)沟通:能够就复杂工程问题与业界同行及社会公众进行有效沟通和交流,包括撰写报告和设计文稿、陈述发言、清晰表达或回应指令。并具备一定的国际视野,能够在跨文化背景下进行沟通和交流。

(11)项目管理:理解并掌握工程管理原理与经济决策方法,并能在多学科环境中应用。

(12)终身学习:具有自主学习和终身学习的意识,有不断学习和适应发展的能力。

1.1.3 产学研融合协同育人

我国拥有世界上最大规模的工程教育。2016 年,工科本科在校生 538 万人,毕业生 123 万人,专业布点 17 037 个,工科在校生约占高等教育在校生总数的三分之一。

新工科建设是对新一轮科技革命和产业变革的主动响应。无论是从产业变革大趋势来看,还是从中国发展新经济大需求来看,都需要大批新兴工科人才支撑。这些都需要新理念的指引和新培养模式的支撑,最后实现更新更高的教育质量。

产学研融合是新工科建设的重要抓手。新工科教育意味着要用新理念、新结构、新模式、新质量、新体系、新方法、新内容去培养学生。要做好立德树人,同时抓好通才教育与专业教育,进行可适应性培养以适应企业、行业、工业的需求。以产学研合作为关键,深入贯彻习近平总书记重要讲话精神,全面落实立德树人根本任务,面向产业界、面向世界、面向未来,以一流人才培养、一流本科教育、一流专业建设为目标,以加入《华盛顿协议》为契机,以实施“卓越工程师教育培养计划 2.0”为抓手,把握工科的新要求、持续深化工程教育改革,培养德学兼修、德才兼备的高素质工程人才,需要政产学研各方共同努力。

1.1.4　化工绿色高质量发展

1.1.4.1　化工产业在国民经济中的地位

化工行业是国民经济的支柱产业和基础产业，关系到国家经济命脉和战略安全，许多新产品、新材料、新能源等都是化工的产物，这些产品影响和改变着人们的生产生活方式，关乎人民生活的衣、食、住、行和各行各业的发展。国际化工协会联合会于 2019 年公布的关于化学工业对全球进行的贡献分析报告显示，化工几乎涉及所有生产行业，通过直接、间接和深度影响约为全球生产总值贡献了 5.7 万亿美元，提供了 1.2 亿个工作岗位。我国是化工大国，化工产业在国民经济中地位突出，既关乎经济发展和社会就业，也和产业链下游的电子信息、新材料、新能源等战略性新兴产业发展高度相关。目前，我国化工产业正全方位由粗放型向专业化和精细化方向发展，化工新材料和特种化学品产业将继续快速发展，成为驱动行业快速发展和向高端转型的中坚力量，这也是一个国家化工行业向高级阶段发展的必然结果。初步统计，化工新材料在中国的市场价值接近 1 万亿元。目前，我国自己生产近 4000 亿元的化工新材料产品，其余需进口，末端高品质产品缺口很大。

1.1.4.2　化工产业绿色高质量发展的迫切性

近年来，各国化工产业的发展在不断促进人类进步的同时，客观上也加剧了环境污染、温室效应、安全问题等负面效应。一些著名的环境事件多与化学工业有关，诸如臭氧层空洞、白色污染、酸雨和水体富营养化，如 2007 年太湖蓝藻大面积暴发事件、2008 年青岛浒苔暴发等。此外，化石能源资源的有限性和环境容量成为世界经济发展的瓶颈，我国能源利用率比国外先进水平低十多个百分点，石油进口依存度达到 65%，主要用能产品的单位产品能耗比发达国家高 25% ~90%，加权平均高 40% 左右，大节能潜力亟待挖掘。

随着技术进步、环境压力加大和公众环境意识提高，以及可持续发展重要战略的持续推进，化学工业的绿色化、环境友好发展已成为必然趋势和发展方向。要想高质量发展化工产业，必须向“绿色”转型。2019 年中央经济工作会议上指出：“坚定不移贯彻创新、协调、绿色、开放、共享的新发展理念，推动高质量发展”。未来几年，我国资源、能源消耗将呈持续增长趋势，面临的环保压力也将越来越大，完成节能减排的任务也更加艰巨。因此，为了破解经济发展与环境保护共同发展的难题，解决经济社会发展与生态环境保护之间的矛盾，迫切需要化工产业走绿色高质量发展道路。

1.1.4.3　化工产业绿色高质量发展的基本要求

目前，绿色化工已被全球列为 21 世纪实现可持续发展的一项重要战略，是解决资源、能源紧缺、环境恶化的重要途径，是提高人类生存质量和保证国家与民众安全的核心科学与技术。进入新时代，中国能源革命深化和产业转型升级提速。结合我国实际，在化工产品的生产过程中，主要坚持“清洁生产”和“变废为宝”两个基本要求，通过技术创新，实现资源利用的“一体化”，最大限度地解决高能耗、高物耗、高污染问题。

(1)清洁生产。在工艺源头上运用环保的理念，采取前沿的技术创新手段，推行源头削减、进行生产过程的优化集成，采用无毒、无害原料和溶剂，高选择性化学反应，从污染物源头减低有害物质。例如，用无毒无害的原料代替剧毒的光气和氢氰酸等制备中间体，以无毒无害的溶剂代替挥发性有机溶剂等。

(2)变废为宝。把绿色化工和清洁生产工艺技术相结合，对于化学化工产品生产过程中产生的废料进行有效的、合理的回收利用，废物再利用与资源化，变废为宝，从而降低成本，减少废弃物的排放和毒性，减少产品全生命周期对环境的不良影响，从根本上减少后期对化学化工生产废料污染物质的处理量，达到保护环境的效果。

通过绿色发展，化学化工企业不仅解决了环境污染问题，还给企业带来了新的利润增长点，是一个经济与环境双赢的方式，有助于经济与环境的可持续发展。绿色化工不仅使化工行业达到节能减排的目标，而且还通过绿色化学品以及绿色化学工艺在其他领域的应用，推动其他行业实现绿色生产。因此要积极引进、推动绿色化工的建设，通过环保、绿色化学工艺过程的开发，使化工行业生产从原料到产品的整个过程实现绿色化。

1.1.4.4 化工产业绿色高质量发展的基本原则

绿色发展理念可以推进化工行业的可持续发展，绿色化工的出现，为我国化工行业的快速、高质量发展提供了良好契机。2021 年 1 月 15 日由中国石油和化学工业联合会发布的《石油和化学工业“十四五”发展指南》强调了实施创新驱动、绿色可持续等发展战略在加快建设现代化石油和化学工业体系的重要性，明确以推动行业高质量发展作为主题，绿色、低碳、数字化转型作为行业发展重点。

真正实现化工产业的绿色高质量、科学有序发展，需要牢固树立创新、协调、绿色、开放、共享的新发展理念，坚持节约资源和保护环境基本国策，坚持以下基本原则。

(1)坚持生态设计优先。树立源头控制理念，以产品全生命周期资源科学利用和环境保护为目标，以标准体系建设为支撑，以绿色标准为保障，加快构建生态设计和绿色生产体系，开展产品生态设计试点，建立评价与市场引导相结合的生态设计推进机制，加快推广绿色产品。

(2)坚持绿色改造为重点。加快传统石化产业的清洁化、低碳化和循环化改造，大力淘汰落后和过剩产能，着力解决重点行业发展存在的资源环境问题，发展循环低碳经济，提高资源能源利用效率，降低污染物排放强度，实施污染源全面治理，实现稳定达标排放。

(3)坚持科技创新为支撑。坚持以科技创新为核心，依靠科技创新破解发展难题，建设绿色支撑技术创新平台，研发推广高端核心关键绿色工艺技术及装备，为行业绿色发展提供有效支撑。

(4)坚持绿色标准为保障。建立绿色标准体系，加快完善行业节能节水排放、清洁生产、绿色设计和资源综合利用等绿色标准，推动建立并形成石油和化工行业绿色发展长效机制，为行业绿色发展提供有力保障。

1.1.4.5 化工产业绿色高质量发展的实施路径

在绿色发展理念助推下，化学与材料、生命、信息、能源、资源、环境等领域的结合将开辟新的发展方向，为提高人类生活质量和环境改善提供多种途径。化工行业如何有的放矢、脚踏实地地走好绿色高质量发展之路已成为各方关注的焦点。具体地，可以从以下几个方面做出努力。

（1）坚持安全绿色底线

1）严守安全底线，完善风险管控体系。化工产业危险源头不少、安全风险不小，安全生产问题应是关注的一个重点。发展化工产业必须严守安全底线，完善风险排查、评估、预警和防控机制，降低安全风险。例如，可采取周期性开展整体性安全风险评估，制定消除、降低、管控安全风险的对策措施并组织实施；健全完善企业生产园区的风险管控和隐患排查机制，深入开展风险辨识评价和隐患排查整治，建立风险点和隐患清单，落实管控和整改措施，提高安全防范水平；加强易制爆、剧毒危险化学品存放、储存场所的安全防范；配备具有化工专业背景的负责人，根据企业数量、产业特点、整体安全风险状况，配备满足安全监管需要的人员等措施。

2）建立健全绿色发展环保体系，优化化工工艺设计。对于化学化工生产企业需要持续升级自身技术，把环保问题放在发展的首要位置，这才可以将绿色发展理念与化学产业的发展有效融合。在化工工艺设计环节，需要秉承绿色高质量发展理念，借助对生产设备设置、工艺流程规划以及管道系统布局等方面进行设计，实现化工生产设计工艺的优化。

①在设计中强化新工艺、新技术的引用。例如，在化工生产的分离提纯这一高能耗生产环节中，可以采用高效填料或者高效的热传送设备，提高传热效率，改善传热性能。又如，在设备配置中选择变频调速装置，对传统阀门静态调节进行优化，可以有效提升系统运行效率，进而实现节能降耗。

②提高机器设备的工作效率，降低系统需要的反应能量。在化工工艺设计与优化过程中，将提高生产设备工作效率作为关键要素进行设计。例如，在化学反应中，由于能量的耗费较大，设计中通过提升生产过程压力的方式，那么生产中物质的稳定性也予以同步提升，并通过计算确定生产中产生的压力，降低电动拖动系统中输送反应物的综合能耗，以提高机器设备的整体工作效率，降低能耗。通过对能源输出设备的积极改造，例如，在供热系统中根据各个能源具有的具体作用和特点，全面优化供热系统的功能，整体改造组合装置，对于单套装置约束加以摆脱。合理组装供热设备，根据各个热源具有的作用和特征，配置相应的节能设施，促进冷热转化效率提高，充分发挥各个设施之间的相互作用。

③要提高污水回收力度，减少各种污染物的排放。在废水回收中引入新的排污技术，降低环境污染度；将生产中产生的废物进行重复利用，提高水资源的利用效率，实现水资源的可持续利用和综合转换。

④重视管道设计，定期做好防护工作。管道设计与维护在化工工艺结构中是关键的一个环节，一般情况下化工企业管道所输送的物料都属于易燃、易爆甚至腐蚀性与毒性较强的物品，若是管道出现泄漏，各种毒害物质漏出，极易对环境造成污染，并且造成生产过程中的安全隐患。因此，在管道设计中，要对管道的材质选择、应力分析以及布置方式等容易引发管道泄漏的因素进行充分考虑，尤其是注意管道连接处和拐弯处弯头的材

料和管径选择,同时室内或者室外,管道都必须尽量靠地连接,而且日常也要加强对于管道的定期检查和保养工作。管道相当于化工工艺的大动脉,一旦出现问题,对于工作的进行造成巨大的影响。所以设计中不仅要选择优质材料进行,更需要在日常工作中强化对其维护,切实保障生产安全,减少对环境的威胁。

除此之外,国家政府需要建立健全相关环保制度和环保评价机制,采取宏观调控的方式推动化学化工产业向绿色发展进行转变。

(2)加快产业转型升级步伐。我国化工产业产值规模庞大,即使全部达标排放,受环境容量限制,环保的压力也非常大。因此,必须集中力量,加大投入,攻克环保技术瓶颈制约,以绿色技术为导向发展精细化工新产业、新业态,倒逼产业转型升级,提高治理污染的技术水平,实现科学发展、有序发展、高质量发展,以此推行绿色发展理念。

以我国现代煤化工行业的绿色高质量发展探索为例:一家煤基化肥企业,同一台造气炉产出的合成气,制成合成氨、氮肥是高耗能产业;制成烯烃、乙二醇、吗啉、苯乙烯、四氧化二氮等,被称为新材料产业;制成超纯氢,被列为新能源产业。目前,我国新一代煤基能源化工不仅可以全面替代三烯、三苯物质体系的石油化工产品,而且可以生产石油化工所不能及的碳化工系统,形成煤制清洁燃料和煤制化学品两大领域。

氢能不仅是重要的化工原料,也是未来的新能源。我国目前年产氢气 2000 万吨,但氢气的使用主要集中在石化生产领域。其中,50% 用于石油和煤化工,45% 用于合成氨。有很多氮肥企业转型开发氢能其他用途,不仅可以降低传统石化行业污染,也可作为石化生产领域的原料,实现化工和氢能利用的双赢。

以煤制合成气为原料,通过羰基化、甲氧基化、氧化偶联等化学过程,可以比较方便地获得醇、醚、醛、酸、脂等一系列煤基含氧化合物及其衍生物,成为氮肥企业实现"一头多尾"的生产模式。以低成本的合成气为龙头,下游不再是单一的尿素,而是延伸许多产品,如三聚氰胺、双氧水等。

在化肥化工企业的绿色高质量发展升级转型过程中,可依托新型煤气化工艺,利用过程中的氢气、CO、CO_2、甲醇、氨等资源,采用绿色新工艺,开发下游精细化工、化工新材料产品,如合成气、液氨、尿素、甲醇、二甲醚、车用尿素、车用尿素溶液、复合肥、CO_2 深加工等产品,形成"基础化工—精细化工"产业链,实现一头多尾,柔性调节、提高产品盈利能力,增强产品抗风险能力。同时,结合资源化、再循环、生态型的循环经济模式,从现有装置的废气、废渣排放中寻找有价值的成分进行循环利用,提高资源利用效率,降低废物排放,延伸基础化工产品产业链,提高化工产品附加值。

除此之外,首先选择与环境保护相适应的天然绿色原料进行生产,大量使用可再生能源,减低原料选择问题带来的环境污染问题。例如,煤炭与其他含碳原料共气化将成为煤化工发展的新趋势,可以采用生物质气化、废塑料热解气化等进行产业结构调整。据估计,我国可供开发的生物质能达 8.37 亿吨标准煤,相当于能源消费总量的 20% 以上。根据国家"十三五"生物质能发展规划,到 2020 年年底,生物质能利用量目标为 5800 万吨标准煤,其中,生物热化学法应达到 3000 万吨标准煤。为减少碳排放,"十四五"期间生物质能利用会加速,煤与秸秆等农林废弃物的生物质共气化有良好的协同效应,在内陆、新疆等生物质资源丰富区域发展煤化工与农林生物质协同气化,生产化学品、油品，具有得天独厚的条件。此外，我国废塑料热解气化潜力巨大，与美国、日本等发达经济体相比，我国废塑料回收率低，2018 年我国一次性塑料制品耗量高达 2000 万吨；2019 年我国产生废塑料 6300 万吨，其中填埋 2016 万吨、焚烧 1953 万吨、废弃 441 万吨、回收 189 万吨，回收率仅 30%。目前，国内的大多数废塑料回收企业生产工艺落后、污染大、产品质量低下、安全状况差，采用煤气化技术集成热解回收废塑料效率高、产品品质高、环保状况好，是理想的工艺路线，是国内外废塑料化学回收的大趋势。利用我国先进、丰富的煤气化技术，以废塑料和煤共焦化技术，在 1200 ℃高温下通过干馏，可得到 20% 焦炭、40% 油化产品和 40% 焦炉煤气。

（3）加快化工园区集约化、智慧化建设。化工园区是现代化学工业为适应资源或原料转换，顺应大型化、集约化、最优化、经营国际化和效益最大化发展趋势的产物。上海化工园区从 1996 年开始建设，借鉴国际一流化工园区经验，实施"产品项目、公用辅助、物流传输、环境保护、管理服务"五个一体化，排放标准达到或超过欧美标准。园区化、一体化是化工产业发展的方向，既可以有效破解邻避效应，也能够实现集约高效管理和污染集中整治，化工产业园区集约化、智慧化建设势在必行。

"十三五"以来，中国化工园区建设已迈上了新台阶。截至 2018 年年底，全国重点化工园区或以石油和化工为主导产业的工业园区共有 676 家，其中国家级化工园区 57 家，省级化工园区 351 家，地市级化工园区 266 家。全国已形成石油和化学工业产值超过千亿超大型园区 14 家，产值在 500 亿～1000 亿的大型园区 33 家，产值 100 亿～500 亿的中型园区 224 家，产值小于 100 亿的小型园区 405 家。而目前我国化工园区向东部沿海地区集聚趋势比较明显，化工企业整体入园率还不高。要突破"化工围城""城围化工"的窘境，还要加大"退城入园"力度。

目前国内大部分化工园区的管理方式还比较粗放，智能化水平偏低，环境和安全依然是困扰园区发展的主要因素，而近期发生的几起危险化学品重大事故，给化工园区带来了严峻的挑战，而信息化正是解决这些问题有效的技术手段之一，把化工园区真正打造成为工业化与信息化两化深度融合的平台，是"十四五"时期化工园区规范建设的重要内容。

国家相关行业管理部门提出智慧化工园区建设建议，行业"十四五"规划也提出要全面提升化工园区数字化、智能化的管理水平。鼓励有条件的园区全面整合园区信息化资源，积极推进智能制造，鼓励建设数字车间、智能工厂和智慧化工园区，以信息化、智能化应用提高安全和环保水平建立安全、环保、应急救援和公共服务一体化信息管理平台，促进化工园区的转型升级。多个化工大省先后提出促进产业转型升级方面的改革举措，化工园区的智慧化升级是行业发展的必然趋势。

1.1.4.6　化工产业绿色高质量发展的设想和展望

要实现高质量发展，化工行业在新时期的发展思路将是坚定不移贯彻创新、协调、绿色、开放、共享的新发展理念，实现转变发展方式、优化经济结构和高质量发展目标。通过技术改造和技术创新，保障工农业生产和粮食安全，满足人民生活高质量新需求，继续探索转型发展新思路，应对严峻的环保形势。

在新时期，化工企业将以"安全、绿色、减量、增值"为转型方向，实施采用清洁生产技术的绿色升级；探索多品种化学品多联产发展新途径，从基础化工原材料向高端化工产品方向转变，从初级产品向高附加值精细化产品方向转变；发展系列化、多样化、差异化的化工产业链，建设优势显著、技术独占、市场不易复制的化学品产业；加快基地化布局、园区化发展、绿色化改造、增值型生产，提升安全环保水平，延伸产业链条，提高质量效益。

本书重点介绍的煤化工产业的生产过程将会更加高效、低碳和节能，产品高端化、高价值化发展，原料将更加广泛、丰富，煤化工的化工工艺性能和环保处理能力将深度结合，成为集高端产品生产与石焦油、垃圾、污泥等危废协同处理中心，煤基氢能产业链和 CO_2 化工产业链将迅速发展，自主装备制造水平不断提高，基于自主过程控制的装置数字化、智能化水平大幅提高。

绿色是生命的希望、活力的象征。绿色是化工产业健康可持续发展的重要保障。实施绿色可持续发展战略，建设化工工业强国，是人民的呼声、时代的召唤、行业的追求。展望“十四五”，面对新机遇新挑战，牢固树立绿色发展的新理念，把绿色发展理念与高质量发展深度融合，必将为推动我国化工工业高质量发展做出新的更大贡献。

1.1.5 化工工程伦理和责任关怀

1.1.5.1 工程伦理和职业道德概述

随着现代工程对人类社会和自然界的影响越来越深远，大量现代化工程迫切需要具有良好职业道德、敢于担当责任的工程技术人才。他们一方面要掌握扎实的理论技术，另一方面要具备较高的专业道德和工程伦理素养。工程伦理是应用于工程学的道德原则系统，是塑造未来高素质工程技术人员的道德准则。将公众的安全、健康和福祉以及保护生态环境放在首位已成为国际工程界普遍遵守的原则，这不仅可以提高工程技术人员的道德素质和道德水平，即“德行”和“卓越”，而且还可以保证工程质量达标乃至优秀，最大限度地避免工程风险。因此，职业道德和工程伦理素养已成为工程专业人员必须具备的重要素质。

1.1.5.2 工程伦理责任在化工专业实践教学体系中的具体表现

化工生产过程具有高耗能、高污染、高连续性工业流程、高危险性、专业属性强等特点，因而化工工程师需要肩负起具有专业特色的工程伦理责任。在化工专业实践教学体系中，工程伦理责任主要包括职业伦理责任、社会伦理责任、环境伦理责任三个方面。

(1)职业伦理责任

1)职业伦理是化工工程师在化工行业范围内所采纳的一套标准，要求化工专业学生通过认知实习、专业实习、毕业(顶岗)实习系统掌握专业国家各主管部门制定的安全标准，如《化工企业静电接地设计规程》《工业企业厂内运输安全规程》等。

2)扎实的专业知识和技能是当前化工专业学生和从业者进行生产实践活动和提升职业素养的重要基础。因而在化工专业实践教学过程中，要求学生系统掌握基础知识和专业技能、实验技能，熟练使用化工设计软件等工具；结合科研训练和科学研究素养培育，了解化工行业前沿；主动提高团队协作和交流的能力。

（2）社会伦理责任

1）工程师对企业或公司的利益要求是有条件地服从，尤其是公司所进行的工程具有极大的安全风险时，工程师更应该承担起社会伦理责任。通过化工行业企业家的职业规划讲座、工程伦理课程等学习，要求学生理解企业各岗位操作流程和工艺原理，提出工艺路线缺陷类型，分析产生原因，提出工艺或操作改进措施，从而强化化工专业学生的工程伦理价值观。

2）通过参加具体的化工专业工程实践活动，学生接触到整个工程从生产、设计、研发、质量验收等环节可能存在的伦理问题，了解工程实践中化工行业对国民经济和社会发展的重要意义、工程各方的利益冲突，体会到在工程实践活动中遵守伦理规范、生产规范、质量标准以及工程验收标准的重要性，提升伦理判断力。

3）遵守法律法规、恪守行业职业准则；认同企业价值观、诚信工作、竭尽才能智慧创造价值；理性认识“跟风式”的跳槽行为；保守企业商业、技术秘密。遵守法律法规、恪守行业职业准则；参与技术革新，促进节能减排，保护环境；宣扬大国工匠精神，培养家国情怀，提升伦理道德意志力。

（3）环境伦理责任。掌握行业主要污染物排放标准和限制要求，重视安全生产，遵守企业相关安全规章制度，明确化工生产车间安全隐患因素。正确佩戴和使用劳动防护用品，正确操作设备，不鲁莽冒进违规操作，积极参与安全生产教育和培训，增强事故预防和应急处理的能力。对强令冒险作业和违章指挥，应当予以拒绝。主动参与技术革新、促进节能减排、保护环境。

1.1.5.3　中国化工学会工程伦理守则解读

2021年2月24日，由中国化工学会特制定的《中国化工学会工程伦理守则》（以下简称《守则》）正式发布，旨在倡导广大化工行业从业者承担社会责任，维护职业声誉，提升专业能力，培养职业道德情操和工程伦理素养，发扬爱国、敬业、诚信、友善的精神，不断完善自我、追求卓越，用专业知识和技能造福人民、造福社会。

《守则》倡导中国化工学会会员及广大化工行业从业者要发扬爱国、敬业、诚信、友善的精神，不仅应具备合格的专业能力，而且应具有高尚的职业道德情操和工程伦理素养，承担社会责任，维护职业声誉，不断完善自我，用专业知识和技能造福人民、造福社会。用以规范全体会员在从事工程、技术、科研、教育、管理和社会服务等工作中的行为，倡导广大化工行业从业者共同遵守本守则。其主要内容如下：

（1）在履行职业职责时，把人的生命安全与健康以及生态环境保护放在首位，秉持对当下以及未来人类健康、生态环境和社会高度负责的精神，积极推进绿色化工，推进生态环境和社会可持续发展。

（2）如发现工作单位、客户等任何组织或个人要求其从事的工作可能对公众等任何人群的安全、健康或对生态环境造成不利影响，则应向上述组织或个人提出合理化改进建议；如发现重大安全或生态环境隐患，应及时向应急管理部门或其他有关部门报告；拒绝违章指挥和强令冒险作业。

（3）仅从事自己合法获得的专业资质或具有的能力范围之内的专业性工作；保持专业严谨性，对自己的职业行为高度负责；严格审视自己的专业工作，客观评价他人的专业工作,并以专业能力和水平为唯一依据,不受其他因素干扰。

(4)在职业工作中对所服务的工作单位以及客户秉持真诚、正直和契约精神,主动避免利益冲突,恪守有关保密条例或约定;在需要披露信息时,或在网络等公开场合发表与专业相关的言论时,应以高度负责的精神做到诚实、客观。

(5)尊重和保护知识产权,杜绝一切损害工作单位以及其他任何组织、个人知识产权的行为;遵守学术道德规范,尊重他人科技成果,拒绝抄袭、造假等一切学术失德行为。

(6)在从事鉴定、评审、评估等专业咨询时应以诚实、客观、公正为行事准则,拒绝虚假鉴定、虚假评审、虚假评估;廉洁自律,拒绝贿赂、利益交换等一切腐败行为。

(7)在整个职业生涯中应注重不断学习,追求卓越,注重发挥个人专长,以良好的职业操守和工作业绩建立并提升个人职业声誉。

(8)在职业工作中保持客观、公正、公平和相互尊重,积极营造包容、合作的工作环境,促进团队合作,尊重他人专长,为下属提供职业发展机会,杜绝歧视和骚扰。

(9)在涉及境外或域外的职业活动中,应充分尊重当地文化和法律;应了解相关国家或地区的工程技术规范及其与我国相关规范的不同,针对涉及重大安全、生态环境保护问题的事项,应遵从要求等级较高的工程技术规范。

作为化工行业从业者,应当自觉遵守公民道德规范和中国化工行业基本公约。树立正确的职业伦理责任、社会伦理责任、环境伦理责任的三大工程伦理责任核心价值观和利益观,强化伦理道德意识;担负一定的生态伦理责任,保护自然环境、生态系统,自觉维护人与自然和谐发展;热爱化工事业,树立行业荣誉感,充分发挥主人翁精神和创造性;严格按照安全规则和操作流程工作,提高警惕,防止事故,保障人身安全;主动加强化学工程领域的工程伦理学习;强调协作与创新精神,不断学习新技术、新方法和新工艺,提高实际竞争力;精心爱护、保养设备,厉行节约,不浪费化工原料、燃料,切实提高工程职业素养。不断强化社会责任意识和安全生产意识,严格执行岗位职责并按照相关要求严格地进行各种操作。积极主动培养在复杂、矛盾和变化的社会中正确辨析工程活动中伦理问题的能力和利用专业知识解决复杂工程问题的能力,且具有强烈的伦理责任,早日成长为我国工程伦理精神的守护者和践行者,成为真正德才兼备的化工工程师。

1.2 化工生产实习教学要求及安排

1.2.1 化工生产实习的教学要求

面对中国特色社会主义新时代对本科人才培养的新要求,面对时代变革和科技发展带来的巨大挑战,面对知识获取和传授方式的革命性变化,教师和学生都应主动适应并调整教育教学和学习方法。

化工生产实习是化学工程与工艺专业本科培养计划中的重要实践教学环节,是在修过基础化学、化工原理、反应工程、化工热力学、化工设计等课程基础上开展的实践教学环节,后续课程为化学工艺学。在大部分专业教学计划中总学时为3周,3个学分。

化工生产实习要求学生通过对实际化工生产过程及设备的原理和应用的认识和分析，巩固提高已学习过的基础课和专业基础课，掌握在实际中综合应用各种专业知识解决复杂工程问题的方法，并为化工类专业课程的学习奠定基础。通过实习，使学生应用化学、化工原理、化工热力学和化学反应工程的知识，按照流体输送过程、传热过程（换热、蒸发、干燥等）、传质过程（吸收、精馏、分离等）以及反应过程（均相、多相等）综合认识和分析实习所在的化工企业生产过程的原理，以及各种化工操作过程理论基础、实际设备结构及工艺条件等。

通过生产实习，学生深入到生产一线，与技术人员、管理人员充分交流，获得较为深刻的工程实习和社会实践经历，了解化工企业的生产、管理、安全环保、企业文化，了解企业 HSE 管理体系，熟悉与化学工程领域相关的产业政策和法律法规等，并能够基于工程相关知识背景进行合理分析、评价化工专业的工程实践和复杂工程问题的解决方案对健康、安全、法律以及文化的影响，对环境保护、社会可持续发展的影响，并理解应承担的责任。

化工专业本科课程的学习，旨在培养学生把学习的各学科知识融会贯通形成分析解决实际问题的能力。例如，若要具备开发设计一种新产品新工艺的能力，首先应对所研究产品及行业有一定的了解、掌握及评判，对不同生产工艺技术有所了解并评价，对生产流程中的原料、产品、技术、工艺指标、设备、催化剂、生产原理熟练掌握。而生产实习是一次了解、体验、剖析一个产品的极好机会。要想理解这种产品为什么采用这样的设计，更快更好地理解工艺流程中的各种问题，在实习现场的学习及交流就显得尤为重要，若能提前充分预习并提出问题，带着问题去现场学习更会收到事半功倍的效果。

通过实习，学生要了解化工工程师的职业性质和责任，理解工程伦理的核心理念，在工程实践中能自觉遵守职业道德和规范；同时要求学生以分组形式进行实习，团结协作，培养学生在化工生产、设计、运行等各个环节和过程中的团队意识，理解团队中每个角色的重要性；培养学生运用专业术语就化工过程复杂工程问题与他人进行有效交流及沟通的能力；通过实习，使学生了解化工过程中涉及多学科的工程原理和经济管理决策方法，并能在多学科环境中应用。

因此，在实习过程中，同学们要充分利用好进入企业一线学习实践的宝贵机会，勤学慎思多问，借助实习教材和现场实习，并利用现代信息技术手段和丰富的教学资源等，努力掌握化工生产过程的不同工艺及设备，对生产过程有更深入的理解，全面提升综合素质和工程实践创新能力。

专业实习指导教师任务艰巨，负责学生在外实习期间的学习、生活、交通、住宿、安全等各个方面，同时还要和企业兼职指导教师一起做好学生进厂实习的专业知识教育、安全教育、学习生活的管理和辅导等。可通过跟班指导及现场实习考察学生的学习态度和实习效果；通过非授课及参观时间对学生提问，抽查学生对基础和专业知识的掌握程度；通过口试答辩对学生的学习效果进行评价；通过对学生口头答辩、试卷成绩和实习报告的分析发现学生容易出现的各种问题，相应地按学生实际情况调整实习教学内容及考核重点，有效协助教学目标的达成；对生产实习课程进行持续改进，不断提升实习质量和实习效果。

1.2.2 化工生产实习安排建议

化工生产实习教学计划一般为3周，建议实习具体时间及内容安排如下：①实习企业化工产品的生产工艺、过程原理、设备以及工艺条件的简要介绍(0.5～1天)。②实习企业的安全教育(工厂、车间、工段三级教育)(0.5～1天)。③实习企业的全厂参观(0.5～1天)。④生产车间实习(全厂分成若干个实习点)(12天)。⑤仿真实习(1～2天)。仿真实习技术是以计算机为工具，用实时运行的动态数学模型代替真实工厂进行教学实习的一门新技术。可开展计算机仿真实习作为现场实习的完善与补充，既弥补实习现场不能动手操作的不足，同时加深学生对典型过程的深入理解，提高实习效果。⑥撰写实习报告(3天)。实习报告，是对实习过程的总结，应认真规范撰写。根据实习的要求，报告包括对实习企业的主要生产任务、主要工艺过程原理、主要流程及设备的理解和分析，重点工段的带控制点的流程图，以及实习体会心得。

1.3 化工生产实习安全要求

化学工业利用化学反应改变物质结构、成分、形态等生产化学产品，是一个多品种、多产业、服务广泛、配套性强的工业部门。产品主要应用于基础工业、农业、轻工业、建筑材料等领域，化工产品既是生产资料又是生活资料，渗透人的衣食住行，既为农业服务，又为工业和国防建设服务。

化学工业生产所采用的原料、生产方法及产品具有多样性和复杂性；生产采用的装置具有大型化、综合化的特点；生产技术具有多学科合作、密集型的特点；生产系统含有易燃、易爆、有毒、有害、腐蚀性等危险性高的物质，工艺具有高温、高压的特点；整个生产系统设备多，连续性强。因此，化工生产的安全性显得尤其重要。

我国的安全生产方针：安全第一，预防为主，综合治理。我们每个人一定要从思想认识上高度重视安全生产，安全工作不仅关系到企业的生死存亡，是企业安身立命的根本，而且关系我们每一个人的生命、健康和家庭幸福，安全工作重于泰山。

国家颁布的所有化工企业安全生产禁令，包括生产厂区十四个不准，操作工的六严格，动火作业六大禁令，进入容器、设备的八个必须，机动车辆七大禁令，事故“四不放过”原则，“三个对待”等，都应牢记并恪守执行。

1.3.1 化工企业安全生产禁令

1.3.1.1 生产厂区十四个不准

(1)加强明火管理，厂区内不准吸烟。

(2)生产区内，不准未成年人进入。

(3)上班时间，不准睡觉、干私活、离岗和干与生产无关的事。

(4)在班前、班上不准喝酒。

(5)不准使用汽油等易燃液体擦洗设备、用具和衣物。

(6)不按规定穿戴劳动保护用品，不准进入生产岗位。

(7)安全装置不齐全的设备不准使用。

(8)不是自己分管的设备、工具不准动用。

(9)检修设备时安全措施不落实,不准开始检修。

(10)停机检修后的设备,未经彻底检查,不准启用。

(11)未办高处作业证,不系安全带,脚手架、跳板不牢,不准登高作业。

(12)不准违规使用压力容器等特种设备。

(13)未安装触电保安器的移动式电动工具,不准使用。

(14)未取得安全作业证的职工,不准独立作业;特殊工种职工,未经取证,不准作业。

1.3.1.2　操作工的六严格

(1)严格执行交接班制。

(2)严格进行巡回检查。

(3)严格控制工艺指标。

(4)严格执行操作法(票)。

(5)严格遵守劳动纪律。

(6)严格执行安全规定。

1.3.1.3　动火作业六大禁令

(1)动火证未经批准,禁止动火。

(2)不与生产系统可靠隔绝,禁止动火。

(3)不清洗,置换不合格,禁止动火。

(4)不消除周围易燃物,禁止动火。

(5)不按时作动火分析,禁止动火。

(6)没有消防措施,禁止动火。

1.3.1.4　进入容器、设备的八个必须

(1)必须申请、办证,并取得批准。

(2)必须进行安全隔绝。

(3)必须切断动力电,并使用安全灯具。

(4)必须进行置换、通风。

(5)必须按时间要求进行安全分析。

(6)必须佩戴规定的防护用具。

(7)必须有人在器外监护,并坚守岗位。

(8)必须有抢救后备措施。

1.3.1.5　机动车辆七大禁令

(1)严禁无证、无令开车。

(2)严禁酒后开车。

(3)严禁超速行车和空挡溜车。

(4)严禁带病行车。

(5)严禁人货混载行车。

(6)严禁超标装载行车。

(7)严禁无阻火器车辆进入禁火区。

1.3.1.6 事故“四不放过”原则

(1)事故原因未查清不放过。

(2)事故责任人未受到处理不放过。

(3)事故责任人和周围群众没有受到教育不放过。

(4)事故没有制订切实可行的整改措施不放过。

1.3.1.7 “三个对待”

(1)外单位发生的事故当作本单位对待。

(2)小事故当作大事故对待。

(3)未遂事故当作已遂事故对待。

1.3.2 实习期间安全管理

(1)生产实习多级安全教育体制。借鉴化工企业对新员工的安全教育模式,在化工生产实习过程中对参加实习的学生实行多级安全教育,即校级、厂级和岗位安全教育。校级安全教育针对化学工程与工艺专业的特点对学生进行教育,厂级教育是结合实习单位工作环境和生产特点来开展,岗位安全教育则是针对具体的实习岗位面临的风险进行教育和培训。通过多级安全教育的实施,使参加实习的学生全面掌握安全生产知识,提高安全防范意识和自我保护能力。

(2)生产实习安全教育考核制度。安全工作无小事,任何马虎或违规操作都可能为重大事故留下隐患,因此,为了强化实习安全教育的效果,在化工生产实习过程推行生产实习安全教育考核制度具有重要意义。化工生产实习安全教育应采用多样化手段,包括专题讲座、案例警示、知识竞赛等形式吸引学生认真学习,并在实习前考核,考核未合格者不得参加实习,以此来督促学生认真掌握生产实习安全知识。

(3)实习过程安全管理。高校许多实习是分散式进行,教师不可能全程参与实习过程,因而可通过建立安全管理网络平台实行实习过程管理。借助实习安全管理网络平台,学生随时可以向教师汇报实习情况,与教师交流实习中遇到的问题,教师能够掌握学生实习动态,一旦发现安全隐患,立即与实习单位合作,迅速采取有效的措施避免安全事故发生,保护学生安全。

(4)生产实习安全事故保障机制。安全防范工作再严密也无法保证不发生任何事故,建立生产实习安全事故保障机制,有利于确保实习学生在发生事故受到伤害时得到及时的经济补偿。由于学生与实习单位之间没有劳动关系合同,劳动过程中受到伤害无法通过工伤保险得到补偿,因而借助商业保险是防范和化解学生实习安全风险的有效途径之一。通过购买生产实习安全责任保险,一方面能够保障学生在生产实习期间的合法权益,避免在安全事故发生时因经济纠纷无法得到及时救治,另一方面能够转移学校和企业的风险,维护正常的教学秩序。

1.3.3　实习期间注意事项

(1)学生进厂需经过三级安全教育,即厂级安全教育、车间安全教育与班组安全教育,在教育过程中建立起正确的安全观,强化自己的安全意识。

(2)进厂按规定穿工作服,戴安全帽。不许穿凉鞋。进出厂区要单列排队,靠右侧,在安全线内行走。

(3)进入厂区,女同学不准穿裙子、高跟鞋,以防在攀梯或在篦子板上行走时造成扭伤或摔伤。女同学的长发必须盘在头顶,并必须按要求规范佩戴工作帽,以防头发被转动设备卷入,造成伤亡。

(4)厂区内严禁抽烟,不许携带烟火。

(5)在实习现场严禁同学间相互嬉戏,以防发生交通事故、高空坠落、机械伤害等恶性事故,造成人员伤亡。

(6)在实习现场严禁进入任何废弃的设备内,以防发生窒息死亡事故。

(7)严禁在没有带队老师、车间技术人员陪同或允许下单独进入生产车间。在没有可靠的安全保障的条件下不准随便登高。

(8)在实习现场行走时,要随时注意头顶的管道和脚下的阴沟与地槽。

(9)在实习现场时,不要随便触摸裸露的管道与设备,以防烫伤;更不要随便动现场的阀门与按钮,以防发生紧急停车、物料放空等生产事故,造成重大经济损失。

(10)现场实习结束离开前,一定要清点人数,保证所有人员一起撤离实习现场。

1.4　化工生产实习考核

合理化的生产实习考核评定方案是调动学生实习主动性,提高实践环节教学质量的重要保障。化工生产实习是一项复杂的系统工程,因此,其考核评价不能以单一生产实习报告成绩为基础,而是应将整个生产实习过程的不同阶段与实习成绩有机结合,通过分阶段,多个指标进行考察,才有助于全面衡量学生在生产实习期间的各种表现。生产实习课程的成绩确定是对学习过程及结果的综合考核。考核成绩分为优秀、良好、中等、及格、不及格。成绩构成主要包括以下四个方面,教师可根据实际情况调整各部分比例。

(1)现场表现。主要考核学生在实习现场的学习、工作表面,如遵守实习纪律情况:是否严格遵守考勤,是否遵守实习基地、住宿地、实习队的有关安全生产、培训、学习、生活管理规定;在现场是否文明、主动、积极学习,在学习过程中是否认真记笔记,是否能和工厂技术人员、教师、同学之间进行请教、学习、交流等。此部分分值比例为10% ~20% 。

(2)实习报告。实习报告内容应该包括实习目的、实习内容、行业及工厂情况、产品生产工艺流程、工艺指标、设备、生产原理、重点工段详细介绍、实习心得等内容。此部分分值比例为20% ~30% 。

(3)图纸。由于实习工段较多,可将同学分成若干组,每组设立重点工段并画出重点工段带控制点的工艺流程图。此部分分值比例为20% ~30% 。

(4)试卷。统一组织闭卷考试。此部分分值比例为20% ~30% 。

第2章 UHDE-ICIAMV合成氨工艺

2.1 概述

现代化学工业中,氨是化肥工业和基本有机化工的主要原料,主要用来生产硝酸、尿素、氯化铵、磷酸一铵、磷酸二铵、硫酸铵、氨基塑料、丁腈橡胶、冷冻剂等。

氨,是在1754年由普里斯特利(Priestly)加热氯化铵和石灰时发现的。1784年,伯托利(C. L. Berthollet)通过分析,确定氨是由氮和氢组成的。此后,人们便开始在实验室内从事直接合成氨的研究工作。

合成氨是指由氮和氢在高温高压和催化剂存在下直接合成的氨,为一种基本无机化工流程。利用氮、氢为原料合成氨的工业化生产曾是一个较难的课题,从第一次实验室研制到工业化投产,约经历了150年的时间。1795年科研工作者就试图在常压下进行氨合成,后来又有人提高压力到50个大气压下进行实验,但结果都失败了。19世纪下半叶,物理化学取得蓬勃发展,基础理论研究使人们认识到由氮、氢合成氨的反应是可逆的,增加压力与降低温度将使反应向生成氨的方向移动,但是降低温度又使反应速度过小,催化剂对反应会产生重要影响。这为合成氨实验提供了理论依据。当时在物理化学研究领域有很好基础的德国化学家哈伯决心攻克这一令人生畏的难题。

弗里茨·哈伯(F. Haber,1868—1934),1868年12月9日出生于西里西亚的布雷斯劳,父亲是知识丰富又善经营的犹太染料商人,家庭环境的熏陶使他从小就对化学有兴趣。

哈伯好学好问好动手,小小年纪就掌握了不少化学知识,他曾先后到柏林、海德堡、苏黎世求学,做过著名化学家罗阿尔德·霍夫曼和罗伯特·威廉·本生的学生。大学毕业后在耶拿大学一度从事有机化学研究,撰写过轰动化学界的论文,哈伯19岁就破格被德国皇家工业大学授予博士学位,1896年在卡尔斯鲁厄工业大学当讲师,1906年起任物理化学和电化学教授。

哈伯首先进行一系列实验,探索合成氨的最佳物理化学条件。然后成功地设计出一套适于高压实验的装置和合成氨的工艺流程。经过对氮气、氢气原料气的获得,不同实验条件(温度、压力、催化剂等)的探索,哈伯最终以锲而不舍的精神,不断的实验和计算,终于在1909年取得了鼓舞人心的成果。这就是在500~600 ℃高温、175~200个大气压和以锇为催化剂条件下,得到产率为6%的合成氨。为了解决转化率低的问题,哈伯又设计了原料气的循环工艺。这个过程中,反应气体在高压下循环加工,并从这个循环中不断地把反应生成的氨分离出来,这就是合成氨的哈伯法。

要将这一实验室成果转化到工业化生产,仍需要做很多工作。哈伯将他设计的工艺流程申请了专利后,把它交给了德国当时较大的化工企业巴登苯胺和纯碱制造公司(BASF)。BASF 公司组织了以化工专家伯西(Boasch)为首的工程技术人员将哈伯的设计付诸实施。实施过程中为了寻找高效稳定的催化剂,两年间,他们进行了多达 6500 次实验,测试了 2500 种不同的配方,最后选定了铁系催化剂。哈伯合成氨的设想终于在 1913 年得以实现,一个日产 30 t 的合成氨工厂建成并投产。

哈伯成为第一个从空气中制造出氨的科学家,使人类从此摆脱了依靠天然氮肥的被动局面,加速了世界农业的发展,因此获得 1918 年瑞典科学院诺贝尔化学奖。

我国合成氨生产始于 20 世纪 30 年代,初期只有几个中小型氨厂。20 世纪 60 年代,迅速发展了一批小氮肥厂和中型厂,20 世纪 70 年代初引进了 13 套年产 30 万 t 合成氨的大型现代化合成氨厂,以后又陆续引进和自建一批中、大型合成氨厂,现在形成了以大型厂为骨干,煤、气、油为原料全面发展格局。

合成氨生产工艺从压力上区分可分为高压法、中压法和低压法。高压法(70 ~ 100 MPa)现在基本上已经全部淘汰,国内外的大型氨厂全部采用低压法(10 ~ 20 MPa),操作压力由早期的 20 ~ 30 MPa 降至目前的 8 ~ 15 MPa。

20 世纪 70 年代初期我国引进了以天然气为原料的 Kellogg(凯洛格)型和 TEC(东洋工程)型大型合成氨厂,吨氨能耗为 3.977×10^7 kJ。此后,国外许多公司相继研究开发了合成氨节能型新流程,目前已工业化的有三种。即英国 ICI 公司 AMV 流程、美国 Braun 公司低温净化流程和美国 Kellogg 公司的低能耗流程。这三种流程吨氨能耗都能达到 2.930×10^7 kJ。

西德伍德(UHDE)公司用 AMV 技术于 1985 年在加拿大建成一座大型合成氨装置。投产后经考核证明吨氨能耗和产量均能达到设计水平,为了进一步减少能耗、降低投资,伍德公司在实践经验的基础上对 ICIAMV 流程做了较大修改,形成了自己的工艺,称为 UHDE-ICIAMV。河南濮阳中原化肥厂是国内第一家采用 UHDE-ICIAMV 技术的大型氨厂。UHDE-ICIAMV 合成氨技术特点如下:

2.1.1 转化部分

(1)减少一段转化负荷。出口甲烷体积分数含量由传统流程的 10%,提高到 16.3%。具体操作条件:①降低水碳比,由传统流程的水碳比 3.5 降低到 2.75,从而减少一段转化热负荷和降低转化炉管的阻力;②降低烟气排出温度,由传统流程的排出温度 200 ℃降低到 128 ℃,因此也提高了燃料天然气的利用率;③提高转化操作压力,由传统流程的 3.5 MPa 提高到 4.9 MPa,从而使一段转化炉炉管数减少。

(2)在二段加入过量空气。二段转化的任务有二:将残余甲烷转化;加入空气,以便得到合适氢氮比。由于降低了一段转化负荷,较多的剩余甲烷移到二段转化,因此在二段转化炉需要加入较多空气,这造成了氮的过量,过量的氮将在合成回路中采用深冷法除去。

(3)采用燃气轮机。传统流程中的空气压缩机都采用蒸汽轮机,本流程采用燃气轮机驱动,排放的废气作为一段转化炉燃烧空气,燃气轮机的综合循环效率可达 85% 以上。

2.1.2 净化部分

净化部分与传统流程一样，采用高、低温变换串联甲烷化的工艺；但二氧化碳脱除则采用改良的苯菲尔法；在解析塔后采用四级喷射和蒸汽压缩机，回收解吸塔出口溶液的余热。

2.1.3 合成部分

由于采用新开发的活性高的氨合成催化剂，可以选用 10.5 MPa 的低压合成和比传统流程低得多的空速，氨净值可达 12%，但因此也增加了催化剂用量和设备重量。

另外，在合成回路中设有深冷装置，在驰放气中的氨被回收后，将其冷却到 -195 ℃，使部分氮及甲烷冷凝。

2.1.4 动力系统

(1) 提高高压蒸汽的压力和温度，与传统流程相比，压力由 10.5 MPa 提高到 12.5 MPa、温度由 482 ℃提高到 535 ℃，从而提高蒸汽做功的效率，减少蒸汽用量。

(2) 采用一台余热回收后的发电机来代替众多由蒸汽驱动的一些机、泵，从而提高了能量利用率。

由于 UHDE-ICIAMV 流程采用了以上节能措施，吨氨能耗降到 2.882×10^7 kJ（为设计值）。

2.2 原料气脱硫

界区天然气组成见表 2.2-1。

表 2.2-1 界区天然气组成

成分	CH_4	C_2H_6	C_3H_8	C_4H_{10}	C_5H_{12}	CO_2	N_2	总 S（其中有机 S）/（$\times10^{-6}$）
体积分数/%	92.59	3.78	1.38	0.28	0.02	1.40	0.55	50(30)

天然气中的硫化物一般有硫化氢、硫醇（R—SH）、硫醚（R—S—R′）、二硫化碳、硫氧化碳（COS）、噻吩（C_4H_4S）等，其中大部分硫化物被氧化锌脱硫剂直接脱除，但性质很稳定的噻吩，即使在 500 ℃条件下也很难分解，故称为“非反应性硫化物”，对这种硫化物，需先经过钴、钼催化剂加氢反应将其转化为无机硫（H_2S），然后再用氧化锌脱硫剂脱除。

2.2.1 预脱硫（钴、钼加氢转化）

2.2.1.1 加氢转化反应

在钴钼催化剂存在下，有机硫化物加氢转化反应为：

$$R—SH+H_2 = RH+H_2S \quad (2.2-1)$$

$$R—S—R'+2H_2 = RH+R'H+H_2S \quad (2.2-2)$$

$$C_4H_4S+4H_2 = C_4H_{10}+H_2S \quad (2.2-3)$$

$$COS+H_2 = CO+H_2S \quad (2.2-4)$$

$$CS_2+4H_2 = CH_4+2H_2S \tag{2.2-5}$$

同时烯烃加氢如：

$$C_2H_4+H_2 = C_2H_6 \tag{2.2-6}$$

上述反应均为放热反应，在一般温度范围内的平衡常数值都很大，因此，加氢转化反应能进行得十分完全。

2.2.1.2 钴钼催化剂

其主要成分是 MoO_3 和 CoO，用 Al_2O_3 作载体。一般 CoO 质量分数为 1% ~6%，MoO_3 质量分数为 5% ~13%，采用 γ-Al_2O_3 作载体时能促进催化剂的加氢能力。为增强催化剂结构的稳定性，有时将 SiO_2 或 $AlPO_4$ 加入 γ-Al_2O_3 载体中，Al_2O_3 载体不仅可提供较大的表面积、微孔容积及较高的微孔分布率，且 Al_2O_3 酸性较弱，不利于烃类裂解的析碳反应（副反应），而有利于有机硫的转化反应。

虽然 CoO、MoO_3 具有一定活性，但经过硫化后活性可以大大提高。其反应为：

$$MoO_3+2H_2S+H_2 = MoS_2+3H_2O \tag{2.2-7}$$

$$9CoO+8H_2S+H_2 = Co_9S_8+9H_2O \tag{2.2-8}$$

对于含硫量低的天然气，尤其是“非反应性硫”少的原料气，钴钼催化剂可不必进行硫化。只要通入原料气便能逐渐达到硫化的目的。常使用的加氢转化催化剂的性能见表2.2-2。

表2.2-2 加氢转化催化剂的性能

国家（公司）	型号	组成	规格 /mm	堆密度 /(kg/m³)	温度 /℃	压力 /MPa	空速 /h⁻¹
中国	T201	CoO 2% ~2.5% MoO_3 11% ~11.3% Al_2O_3	ϕ3×(4 ~10) 条形	600 ~750	300 ~400	3 ~4	1000 ~3000
美国（CCI）	C49-1	CoO 2.45% MoO_3 8.8% Al_2O_3 76.7%	ϕ3.5×5 条形	640 ~750	260 ~430	0.7 ~4.2	500 ~1500
丹麦（TOPSϕe）	CMK-2	CoO 2% MoO_3 9% ~12% Al_2O_3	ϕ2 ~5 球形	800 ~850	350 ~400	1 ~4.5	500 ~1500

2.2.1.3 工艺条件

（1）温度。钴钼催化剂具有的活性温度范围一般为 260 ~400 ℃。对有机硫加氢转化，从 350 ℃时随温度上升反应速率加快，超过 370 ℃后，反应速率增加就不显著；如高于 430 ℃，则烃类加氢分解及其他副反应加剧。为防止高温下的析碳和裂化反应的发生，不宜超过 430 ℃。从保护催化剂的低温活性，延长其寿命的角度讲，操作中只要能达到加氢转化的要求，力求在较低温度下运行。

(2)压力。加压对加氢反应有利,理论上讲在允许范围内,尽可能选择高的压力。实际压力是根据流程和设备的要求来决定,本装置为 5.16 MPa 左右。

(3)浓度。氢浓度的增加对加氢转化反应的深度和速率都有利。加氢量应根据原料气中的有机硫含量及品种来定,一般加氢转化后气体中氢的体积分数以 2% ~5% 为宜,过小不能保证转化的完全,过大则功耗增加。

对加氢转化器入口气体中 CO、CO_2 含量的限制是极为重要的。在钴钼催化剂上,温度 290 ℃,有 CO、CO_2 及 H_2 的存在情况下,会发生甲烷化反应。

$$CO+3H_2 \longrightarrow CH_4+H_2O+206.15\ kJ \quad (2.2-9)$$

$$CO_2+4H_2 \longrightarrow CH_4+2H_2O+165.08\ kJ \quad (2.2-10)$$

甲烷化是强放热反应。如原料气为纯甲烷气,则含 1% CO(体积分数)会使催化剂床层绝热温升 38 ℃,1% CO_2(体积分数)温升 30 ℃。温升过大会损坏催化剂和反应设备。

本装置加氢气组成(体积分数)为:H_2 70.06%,N_2 28.08%,Ar 0.33%,CH_4 1.53%。经加氢后原料气中含 H_2 2.46%(体积分数),CO_2 1.35%(体积分数),因此,温升至少 40.5 ℃,应注意调节进入加氢转化器的入气温度,以免超温。

(4)空速。由催化剂性能、原料气中硫化物的品种及数量和操作压力来定,一般为 500 ~3000 h^{-1}。本装置采用的空速为 1672 h^{-1}。

2.2.1.4 加氢转化器(01-R001)

结构如图 2.2-1,为一立式圆筒,内径 ϕ2200 mm,总高 9505 mm,催化剂床层高度 4560 mm,装 T201 型催化剂 17.3 m^3。为使气体分布均匀和集气之用,在催化剂床层上面铺有一层 ϕ15 mm×15 mm×2 mm 的瓷环,高度为 300 mm,催化剂床层下面堆积两层 ϕ15 ~20 mm 和 ϕ25 ~30 mm 的陶瓷球。壳体材质为 1Cr0.5Mo 钢。设计温度 420 ℃,压力 5.7 MPa,操作温度 390 ℃、压力 4.99 MPa,床层最大压降 0.1 MPa。

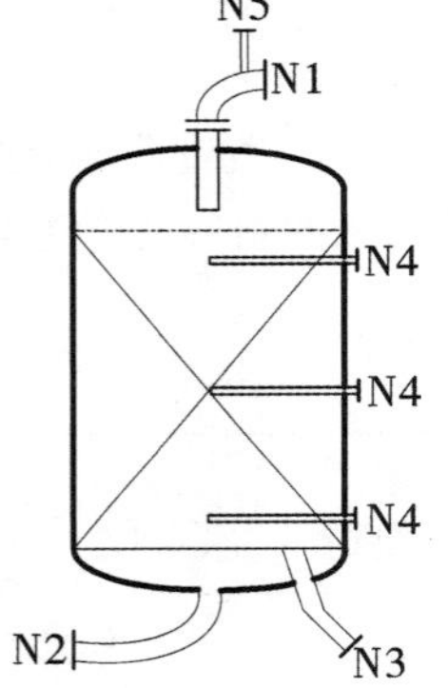

N1—气体入口;N2—气体出口;N3—催化剂卸料口;N4—热电偶接口;N5—放空口。

图 2.2-1 加氢转化器结构示意图

2.2.2 氧化锌脱硫

2.2.2.1 脱硫反应

氧化锌是一种内表面积大、硫容较高的接触反应型脱硫剂,除噻吩外,硫化氢及有机硫均能被脱除,能将出口气中硫的体积分数降低至 $0.1×10^6$ 以下。

$$ZnO+H_2S \longrightarrow ZnS+H_2O+76.6\ kJ/mol \quad (2.2-11)$$

$$ZnO+C_2H_5SH \longrightarrow C_2H_5OH+ZnS \quad (2.2-12)$$

$$ZnO+C_2H_5SH \longrightarrow C_2H_4+ZnS+H_2O \quad (2.2-13)$$

$$ZnO+C_2H_5—S—C_2H_5 \longrightarrow 2C_2H_4+ZnS+H_2O \quad (2.2-14)$$

气体中有氢存在时,硫氧化碳、二硫化碳等有机化合物先转化为硫化氢,反应式如下:

$$COS+H_2 \longrightarrow H_2S+CO \quad (2.2-15)$$

$$CS_2+4H_2 \longrightarrow 2H_2S+CH_4 \quad (2.2-16)$$

然后硫化氢与氧化锌反应,硫被脱除。上述反应均为放热反应。

2.2.2.2 脱硫剂

氧化锌脱硫剂以 ZnO 为主体,含氧化锌 75% ~99%。一般制成球状或条状,呈灰白或浅黄色,使用过的氧化锌呈深灰色或黑色。

早期使用的脱硫剂,只含 ZnO,压成片状,孔隙率小,脱硫效率不高,硫容只有 6%(质量分数)左右。后经加入促进剂,改进成型,制成多孔型的脱硫剂,硫容达 20%(质量分数)以上。"硫容"是指在满足脱硫要求的使用期间,单位质量(或体积)的新脱剂所能脱除硫的质量(或体积),常以百分数表示。如用作天然气的脱硫时,在该生产的工艺条件下硫容为 18% ~20%(质量分数),用作低温变换催化剂的保护段时仅为 1% ~3%(质量分数)。大型氨厂使用的氧化锌脱硫剂性能见表 2.2-3。

表 2.2-3 氧化锌脱硫剂的性能

国家(公司)	型号	组成(质量分数)	规格/mm	堆密度/(kg/m^3)	温度/℃	压力/MPa	空速/h^{-1}	硫容/%(质量分数)
中国	T305	ZnO≥98%	ϕ4×(4~12)	1150~1250	200~400	常压~4	1000~3000	>22
美国(CCI)	C7-2	ZnO 75% SiO_2 11% Al_2O_3 8%	ϕ4×(4~6)	1100~1150	200~427	不限	1500	25
丹麦(TOPSϕe)	HT2-3	ZnO 99% 黏合剂	ϕ4×(4~6)	1300~1450	350~400	常压~5	3000	18~25

2.2.2.3 工艺条件

原料气的脱硫,关键在于硫容的确定,影响硫容的因素有温度、空速、汽气比等。

(1)温度。空速、汽气比一定时,400 ℃温度范围内,随温度的升高,硫容增大,超过 400 ℃,随温度的升高硫容降低,一般温度控制在 350~400 ℃。

(2)空速。温度、汽气比一定时,硫容随空速的增大而降低,本装置空速为 344 h^{-1}。

(3)汽气比。温度、空速一定时,硫容随汽气比的增大而降低,因此,原料气脱硫前,不能加入水蒸气。

2.2.2.4 脱硫槽(01-R002A/B)

氧化锌脱硫槽为一立式圆筒容器,结构如图 2.2-2。内径 ϕ3000 mm,总高 11 330 mm,脱硫剂床层高度 5950 mm,装 T305 型脱硫剂 42 m^3。壳体材质为 1 Cr 0.5 Mo 钢。操作温度 390 ℃、压力 4.91 MPa。

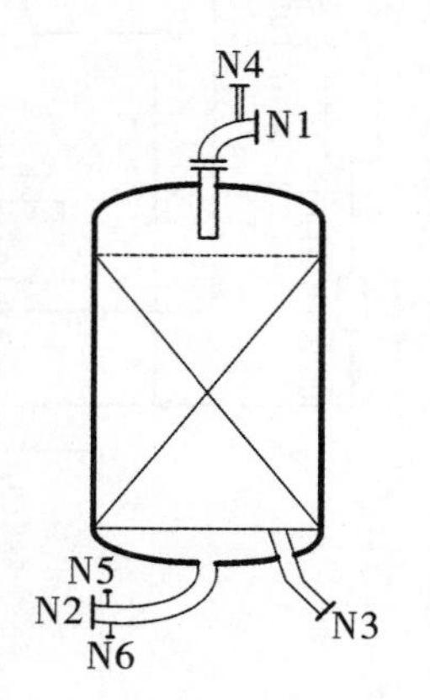

N1—气体入口;N2—气体出口;N3—催化剂卸料口;N4—放空口;N5—分析取样口;N6—排放口。

图 2.2-2 氧化锌脱硫槽结构示意图

一般设置两个脱硫槽，管线及阀门的配置为并串联，既可单独使用一个槽，又可两槽串联使用。

天然气压缩、脱硫和工艺空气压缩工序的流程见图 2.2-3。

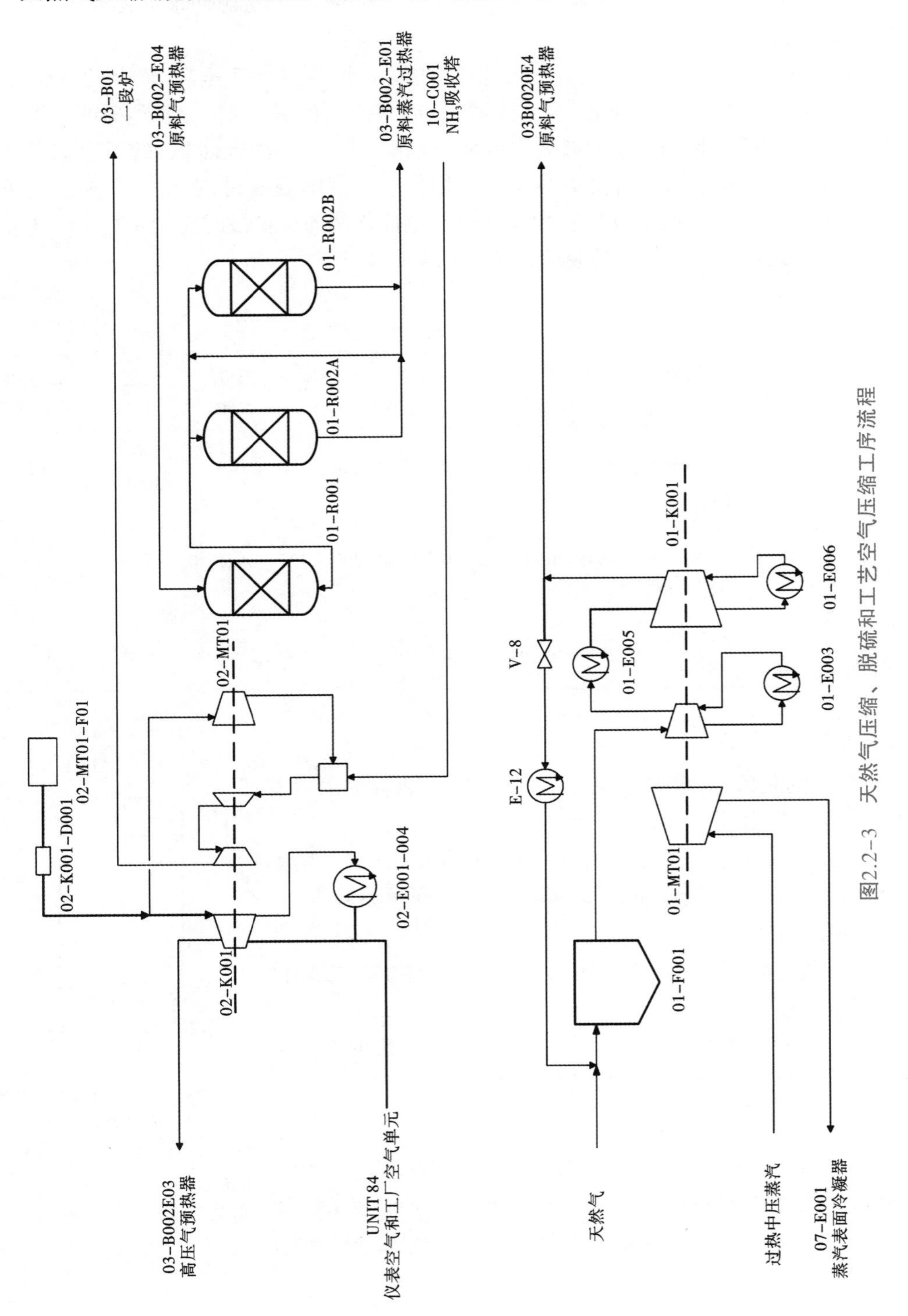

图2.2-3　天然气压缩、脱硫和工艺空气压缩工序流程

思考题

(1)试论合成氨的意义及主要工艺。
(2)原料气中含有哪些硫化物？为什么要脱硫？如何脱硫？
(3)什么是反应性硫化物？如何脱除？
(4)钴钼加氢转化反应的目的是什么？所用催化剂主要成分及作用是什么？
(5)加氢转化工艺条件如何确定？
(6)用氧化锌脱硫主要脱除哪些硫化物？其反应原理是什么？
(7)什么是硫容？如何确定硫容？
(8)试分析氧化锌脱硫的工艺条件。
(9)说明氧化锌脱硫槽的结构和特性。

2.3 气态烃蒸汽转化

2.3.1 气态烃类转化反应

工业上以气态烃(天然气、油田气、炼厂气等)为合成氨的原料,20 世纪 50 年代就已广泛应用。早期烃类蒸汽转化都在常压下操作,1952 年开始采用加压法,以后随着耐高温的高强度合金钢的研制成功,压力逐步上升,现在本装置压力已达到 4.99 MPa(绝压)。

气态烃原料,主要含有甲烷,此外还含有乙烷、丙烷、丁烷及戊烷,有的甚至还有很少量的烯烃。因此,烃类蒸汽转化有以下反应:

烷烃

$$C_nH_{2n+2}+\frac{n-1}{2}H_2O = \frac{3n+1}{4}CH_4+\frac{n-1}{4}CO_2 \tag{2.3-1}$$

或

$$C_nH_{2n+2}+nH_2O = nCO+(2n+1)H_2 \tag{2.3-2}$$

$$C_nH_{2n+2}+2nH_2O = nCO_2+(3n+1)H_2 \tag{2.3-3}$$

烯烃

$$C_nH_{2n}+\frac{n}{2}H_2O = \frac{3n}{4}CH_4+\frac{n}{4}CO_2 \tag{2.3-4}$$

或

$$C_nH_{2n}+nH_2O = nCO+2nH_2 \tag{2.3-5}$$

$$C_nH_{2n}+2nH_2O = nCO_2+3nH_2 \tag{2.3-6}$$

从热力学原理可知,多组分混合物中组分的反应难易程度可以用反应的标准生成自由焓 $\Delta G_f^\ominus$ 大小来判断,$\Delta G_f^\ominus$ 值愈小或负值愈大,表示反应愈不易进行。不同温度下气态烃原料中一些烃化合物的标准生成自由焓值见表 2.3-1。

表 2.3-1 不同温度下一些气态烃的标准生成自由焓 $\Delta G_f^{\ominus}$ (kJ/mol)

温度	298 K	300 K	400 K	500 K	600 K	700 K	800 K	900 K	1000 K
甲烷 CH_4	-50.87	-50.70	-42.16	-32.87	-23.07	-12.81	-2.34	8.33	19.18
乙烷 C_2H_6	-32.95	-32.62	-14.44	4.86	24.95	45.64	66.61	87.92	109.40
丙烷 C_3H_8	-23.49	-23.03	4.98	34.46	64.9	96.00	127.49	159.31	191.38
正丁烷 C_4H_{10}	-17.17	-16.5	21.35	60.92	101.61	143.15	185.10	227.47	270.05
正戊烷 C_5H_{12}	-8.37	-7.54	40.24	90.1	141.3	193.39	246.02	299.10	352.42
乙烯 C_2H_4	68.16	68.29	74.06	80.6	87.59	94.96	102.53	110.32	118.28
丙烯 C_3H_6	62.76	63.01	77.96	93.99	110.78	128.12	145.78	163.70	181.83

由表 2.3-1 可见,各种烃化合物中甲烷自由焓值最小,最为稳定。对同一种烃化合物中,温度愈低愈稳定。

同时,从以上反应过程来看,不论何种烃化合物与水蒸气反应都需经过甲烷蒸汽转化这一阶段,因此,气态烃的蒸汽转化可用甲烷蒸汽转化来表示:

$$CH_4+H_2O = CO+3H_2 \quad (2.3-7)$$

而甲烷与水蒸气的转化是一个复杂的反应平衡系统,可能发生的反应有

主反应:

$$CH_4+H_2O \rightleftharpoons CO+3H_2 \quad (2.3-8)$$

$$CH_4+2H_2O \rightleftharpoons CO_2+4H_2 \quad (2.3-9)$$

$$CH_4+CO_2 \rightleftharpoons 2CO+2H_2 \quad (2.3-10)$$

$$CH_4+2CO_2 \rightleftharpoons 3CO+H_2+H_2O \quad (2.3-11)$$

$$CH_4+3CO_2 \rightleftharpoons 4CO+2H_2O \quad (2.3-12)$$

$$CO+H_2O \rightleftharpoons CO_2+H_2 \quad (2.3-13)$$

副反应:

$$CH_4 \rightleftharpoons C+2H_2 \quad (2.3-14)$$

$$2CO \rightleftharpoons C+CO_2 \quad (2.3-15)$$

$$CO+H_2 \rightleftharpoons C+H_2O \quad (2.3-16)$$

对于复杂的反应平衡系统,首先应确定独立反应方程数。一般说来,独立反应方程数等于反应系统中所有的物质数减去构成这些物质的元素数。上述平衡系统,共有 CH_4、H_2O、H_2、CO、CO_2 和 C(炭黑)六种物质,这些物质由 C、H、O 三种元素构成,故独立反应方程数为 6－3＝3,即上述反应平衡系统中仅有三个独立反应方程。譬如选择(2.3-8)、(2.3-13)和(2.3-14),其他六个反应均可从这三个反应导出。如果反应系统中没有炭黑生成,则独立反应方程数为 5－3＝2,即可选择反应(2.3-8)和(2.3-13)。

2.3.2 气态烃蒸汽转化催化剂

工业上对催化剂的要求:选择性好,活性好,特别是低温活性好,热稳定性好,机械强度高,寿命长,抗毒和抗析碳性能强,成本低廉。

天然气的蒸汽转化是在 4.99 MPa 压力和 800 ℃的高温,且尚存在析碳的可能性条件下进行,因此,要求催化剂不仅具有高活性和高强度,还应有耐热稳定性和抗析碳性(表 2.3-2)。

表 2.3-2 转化催化剂

国家（公司）	型号	组成/%（质量分数）	规格/mm	堆密度/(kg/m^3)	温度/℃	压力/MPa	空速/h^{-1}	水碳比	用途
中国	211	NiO≥14 SiO_2≤0.2 Fe_2O_3≤0.2 少量稀土氧化物	环状 $\phi16\times16\times6$ 五筋车轮状 $\phi16\times8$	1220 1210	450~1000	常压~4.5	500~200 （以碳计）	2.0~3.5	一段炉
中国	107	NiO≥14 SiO_2≤0.2	环状 $\phi16\times8\times16$	1200~1300	入反应管气温 400~650 出反应管气温 750~850	常压~4.5	最大 2000	2.5~4.5	一段炉
中国	204	NiO≥14 Al_2O_3≥55 CaO≥10 SiO_2≤0.2 Fe_2O_3≤0.2	环状 $\phi16\times16\times6$ $\phi19\times19\times9$	1200~1230 1150~1200	450~1200	常压~3.45	4500 氢空速	—	一、二段炉
中国	205	NiO 5~7 Al_2O_3 88~90 CaO 3~5 SiO_2≤0.2	环状 $\phi25\times16\times10$	1100~1150	450~1350	常压~3.45	—	—	二段炉顶部
英国（ICI）	57~1	NiO≥32 Al_2O_3≥54 CaO 3~5 SiO_2≤0.1	环状 $\phi17\times17\times5$	—	<1000	<3.55	—	—	一段炉
丹麦（托普索）	PKS-1	NiO≥17 SiO_2≤0.2	环状 $\phi19\times19\times9$ $\phi16\times16\times6.5$	1000~1060	425~1350	<3.95	—	—	一段炉

2.3.2.1 催化剂组成

(1)活性组分。转化催化剂的活性组分为镍(Ni)。活性随镍含量增加而增大,当镍含量增至一定数量后(如质量分数50%),则随着镍含量的增加活性显著下降。目前使用的催化剂质量分数为4%~30%。活性的大小还与镍的比表面积有关,为了制得高活性催化剂,要求把镍制备成细小分散的晶粒,尤其要防止或减少催化剂在使用过程中晶粒的长大,这需要把活性组分分散在载体上。

制备成NiO的催化剂不具有活性,使用前必须还原为金属镍(Ni)。

(2)载体与助催化剂。载体起分散和隔离主体的作用,使催化剂比表面积增加,防止晶粒烧结,从而提高催化剂活性和机械强度。转化催化剂的载体还需要耐高温并能在高水蒸气分压下运行,所以要求熔点高于2000 ℃,满足这些要求,可以作为载体的金属氧化物大致有以下几种。

1)铝酸钙:以Al_2O_3为载体,CaO水泥为黏结剂所形成的铝酸钙,含CaO少于10%(质量分数),SiO_2少于0.2%(质量分数)。其具有低温活性好,收缩性小,但高温下对烃类裂解反应有催化作用,长期使用后强度下降,这是碳氧化物与铝酸钙作用的结果,且$\gamma-Al_2O_3$会缓慢转变为$\alpha-Al_2O_3$,在相转过程产生结构上的收缩,使气孔率、比表面积减小,降低了催化剂的强度与活性。

2)耐火氧化铝:在高温下煅烧的氧化铝,纯度高,CaO、SiO_2含量均很少,结构稳定,耐热性能好,强度高,在还原和使用过程变化极小,由于它是用浸渍法制备的催化剂,活性镍含量受限,导致活性稍低。

3)含氧化镁载体:氧化铝载体加入MgO生成镁铝尖晶石,构成含MgO载体,它具有抗析性能强和良好的耐热性,又不存在钾转移问题。

高温下氧化镁能与水蒸气发生水合作用,导致催化剂强度下降,甚至破碎。其反应为:

$$MgO+H_2O(g) = Mg(OH)_2 \tag{2.3-17}$$

为了防止水合作用的发生,水蒸气的分压应低于操作条件下$Mg(OH)_2$表面上的水蒸气平衡分压。表2.3-3列出了平衡分压与温度的关系。

表2.3-3 不同温度下水合反应的水蒸气平衡分压

温度/℃	250	300	350	380	400	420	450	500	600
水蒸气平衡分压/MPa	0.03	0.20	0.81	0.14	2.23	3.34	5.07	1.42	6.38

由表2.3-3可知,使用MgO载体的催化剂时,当转化压力为4.99 MPa的装置,在升温阶段温度低于430 ℃时,严禁用水蒸气作为加热介质。

Al_2O_3、CaO、MgO既是载体,也可认为是助催化剂,因此,载体与助催化剂有时是难以分清的。

2.3.2.2 催化剂形状和尺寸

为适应转化的强吸热反应和减轻内扩散影响,又不使流动阻力过大,转化催化剂大多选用环状或车轮状，其尺寸大小根据工艺要求有各种不同规格。

本装置在一段炉转化管的上部位装填Z111型ϕ16 mm×8 mm×6 mm的短环催化剂，下部位装填Z111型ϕ16 mm×16 mm×6 mm的长环催化剂。这样装填主要是因为短环催化剂相对活性大，传热速率快，能使上部转化管内大量的甲烷被转化，且管壁温度不致过热；长环催化剂相对空隙率大，虽转化后气体体积增大，仍不致炉管压降过大。二段炉顶部装填耐高温的Z205型催化剂，主体装填活性较大的Z204型催化剂。

2.3.3　工艺条件

目前工业上甲烷蒸汽转化法制合成氨的N_2、H_2混合气工艺大多采用分段转化，并要求转化气中甲烷体积分数低于0.5%及$\frac{n(CO+H_2)}{n(N_2)}=3.1\sim3.2$。

2.3.3.1　两段转化

如果是一段转化，在加压2.96～3.56 MPa操作条件下，要求转化气中甲烷体积分数低于0.5%，相应的转化温度约1000 ℃。吸热的烃类蒸汽转化反应，要进行连续生产，只能采用外部供热式。而当前的耐热合金钢管一般只能在800～900 ℃下工作，不能满足1000 ℃的要求。同时考虑到合成氨不仅需要氢，还应有氮，所以采用两段转化。

一段转化：在外部供热的转化炉管内进行，操作压力为3.56 MPa，转化温度800～835 ℃，相应一般转化气出口中甲烷体积分数为9%～11%。

二段转化：一段转化气进入二段炉首先与空气进行燃烧反应，放出大量的热。此热量保证剩余的甲烷与水蒸气反应需要。

二段炉还可能存在反应：

$$2CO+O_2 = 2CO_2 \qquad (2.3-18)$$

但氢与氧的燃烧反应速度比其他反应快$1\times10^3\sim1\times10^4$倍，燃烧后温度迅速升至1200～1250 ℃，随后甲烷与水蒸气反应吸热。出二段炉转化气的温度约1000 ℃、含CH_4体积分数低于0.5%，并且配入了氮。

20世纪70年代我国从凯洛格（Kellogg）、东洋工程（TEC）及赫尔蒂（Hertey）公司引进的大型合成氨装置，在二段炉加入的空气量均由转化气中$\frac{n(CO+H_2)}{n(N_2)}=3.1$左右来确定，而本装置从节能和延长转化炉管的寿命考虑，将一段炉的负荷减轻，把它转移到二段炉，这样就必然要加大气量，多余的N_2在合成氨工序中采用深冷法除去。

2.3.3.2　工艺条件

（1）压力。烃类蒸气转化反应，从热力学分析，加压对平衡不利，宜在低压下进行。可实际生产中，从20世纪50年代至今，已逐渐提高压力为3.56～5 MPa。实际生产中，转化压力的变化是随着生产负荷和系统阻力的增加而提高。正常操作条件下主要受负荷变化的影响，为此生产负荷变化范围控制在75%～110%。

（2）温度。就烃类蒸气转化反应来说，提高温度对平衡、速率都有利，但生产中还需从工程各方面考虑。在给定的压力、水碳化条件下，理论上便能确定转化反应的平衡温度和平衡甲烷含量。可实际中大部分反应是达不到平衡的，因此，出转化炉的实际温度，经常高于转化反应的平衡温度。

1）一段转化炉管进口温度。进入一段转化炉的原料气和蒸汽混合气，预先经对流段盘管预热。这样能缩短反应气体在管内的升温过程。较快达到反应温度，提高反应速率，既提高了转化管的生产强度，又可以降低辐射段的热负荷，减少燃料气量。现有大型合成氨厂一段炉进口温度一般为 450～538 ℃。K、T 型厂设计为 510 ℃，H 型厂为 490 ℃，本装置为 580 ℃。预热温度过高或过低都会给生产带来不利。温度过高会增大原料气在预热盘管中由于热裂解而析碳的可能性。尤其是含分子量大的烷烃和不饱和烃的原料气，务必要倍加注意。温度过低需要防止蒸汽冷凝带进转化炉管，否则会因骤冷使炉管破裂。

2）一段转化炉出口温度。炉管寿命是决定一段炉出口温度的关键因素。众所周知，在 900 ℃左右的高温加压条件下，金属材料会发生严重蠕变，再升高温度，便会大大缩短炉管寿命。例如 HK－4 钢管，当管壁温度由 950 ℃升至 960 ℃时，其使用时间将由 84 200 h缩短至 60 300 h，即缩短 28.3%，因此，生产中严防管壁温度达到或超过 950 ℃。这类高级合金钢管，价值昂贵，为保证炉管的使用寿命，设计时一般按 80 000～100 000 h 计算。为此同时考虑传热、传质速率及反应速率，相应的出口温度在 800 ℃左右。K、T 型厂为 822 ℃，H 型厂 800 ℃。甲烷体积分数为 9%～11%，本装置从节能和保护炉管出发，相应出口气中甲烷体积分数较高，为 16.3%。为实现此工艺条件，要求转化催化剂应具有活性高，又适合低水碳比和抗析碳的性能。

3）二段转化炉出口温度。正常生产中，在规定压力和水碳比条件下，出二段炉转化气中 CH_4 含量是由出口温度控制的。如要求转化气中残余甲烷体积分数低于 0.5%，出口温度约在 1000 ℃。因此，二段炉比一段炉出口温度大致高出 150～200 ℃。

在压力和水碳比条件下，影响二段炉出口气温度变化的因素有：从一段炉来的转化气量、甲烷含量及温度；二段炉加入的空气气量和温度。其中，空气加入量是最主要的因素。但对 K、T 型和 H 型厂，空气加入量是由$\dfrac{n(CO+H_2)}{n(N_2)}=3.1\sim3.2$来确定，因此，不能随意调节。而本装置可以通过改变空气量来调节温度。

K、T 型厂出二段炉转化气中 CH_4 体积分数低于 0.5%，温度 1003 ℃，H 型厂 CH_4 体积分数 0.5%，温度 975 ℃。本装置 CH_4 体积分数 0.9%，温度 983 ℃。

4）二段炉空气进口温度。从回收废热和减少二段炉的空气加入量及安全考虑，空气进入二段炉前预先在对流段加热盘预热，预热温度为 450～550 ℃。预热温度不宜过高，因热空气具有强氧化性，温度的升高对加热盘管材质要求高，会增加投资费用。本装置空气进口温度为 500 ℃。

（3）水碳比。从转化反应考虑，增大水碳比对平衡、速率均有利，这不仅可降低残余甲烷含量，且能抑制析碳。但水碳比增大也有其不利的方面：一是增加了一段炉的热负荷，炉管壁的热流密度［一般为 165～210 $MJ/(m^2\cdot h)$］随之增大，使燃料气的消耗增多；二是增大了系统压力降；三是过量的水蒸气即使在后继的废热回收设备中能全部利用，但因降低了热能品位和水的质量，在经济上是极其不合理的。所以从提高经济效益，节省能量的角度分析,应尽可能降低水碳比,考虑到防止析碳,水碳比不可低于2,K、T型厂为3.5~4,本装置为2.75左右。

(4)空间速度。空间速度简称空速,是指在单位时间内通过单位催化剂末层的标准气体体积数,单位为h^{-1}。空速增加,传热系数随之增大,管壁温度降低,有利于炉管寿命的延长,但压力降会有所增加。

K、T型厂一段炉干基原料气空速1650~1750 h^{-1},理论氢空速1650 h^{-1}。二段炉理论氢空速3500 h^{-1}。本装置一段炉理论氢空速1669 h^{-1},二段炉理论氢空速2632 h^{-1}。

2.3.4 工艺流程

工艺流程见图2.3-1。

脱硫后,硫的质量分数低于0.1×10^6的原料气与来自工艺冷凝液汽提塔(05-C003)顶部的气体及中压蒸汽(4.905 MPa,368 ℃)相配合,调节此混合气中水碳比为2.75左右,温度372 ℃,送一段炉对流段过热器(03-B002-E01A/B)加热,由喷雾调温器(03-B002-E08)控制,加热至580 ℃。然后混合气经一段炉(03-B002)顶的上集气管、猪尾管从转化管顶部进入,气流自上而下流过催化剂层进行转化反应。出转化管气体压力4.35 MPa、温度804 ℃、含CH_4体积分数16.3%,汇集于下集气管、总管,送往二段炉底部,而后由二段炉内中心管上升到顶部燃烧区。

工艺空气经空压机(02-K001)加压至4.5 MPa、148 ℃,经对流段工艺空气预热器(03-B002-E03)预热至500 ℃,入二段炉顶部混合器与来自一段炉的转化气相混合,于锥形顶部燃烧区进行燃烧反应,反应放热,温升达1250 ℃左右。此高温气体流经催化剂床层将剩余甲烷继续转化,因转化反应吸热,出二段炉转化气温为983 ℃,甲烷体积分数小于0.9%。0.185 MPa,30 ℃的燃料气,在对流段燃料预热器(03-B002-E07)中预热至110 ℃,入一段炉辐射段顶部烧嘴(燃烧器)与来自燃气轮机的尾气(0.103 MPa,495 ℃)相混合并燃烧,放出大量的热供转化反应吸热所需。烟气自上而下流动与管内反应气流方向完全一致。离开辐射段的烟气温度约为1003 ℃。为提高炉子的热效率,烟气进入对流段,依次流过混合气、过热高压蒸汽、工艺空气、原料天然气、锅炉给水、燃料气等加热盘管,以回收热量。

燃气轮机的过剩尾气,由压力调节器调节,从原料预热器(03-B002-E04)上部位置加入,烟气用烟气风机(03-K002)排出,排出烟气温度为128 ℃。

出二段炉含CH_4体积分数0.9%、983 ℃高温转化气,为回收热量,依次流经工艺气体冷却器(03-E001)和高压蒸汽过热器(03-E002),转化气温度冷却至370 ℃,进入CO变换工序。

工艺气体冷却器是一卧式火管锅炉,产生12.5 MPa高压蒸汽,锅炉汽包(03-D001)设计为与变换废热锅炉(04-E001)和辅助锅炉(03-B003)共用。离开汽包的高压蒸汽与来自合成工序废热锅炉所产生的高压蒸汽相汇合,依次流经高压蒸汽过热器(03-E002)、(03-B003-E01)和(03-B002-E02),得到535 ℃、12.5 MPa的过热高压蒸汽,送蒸汽透平85-MT01和09-MT01。

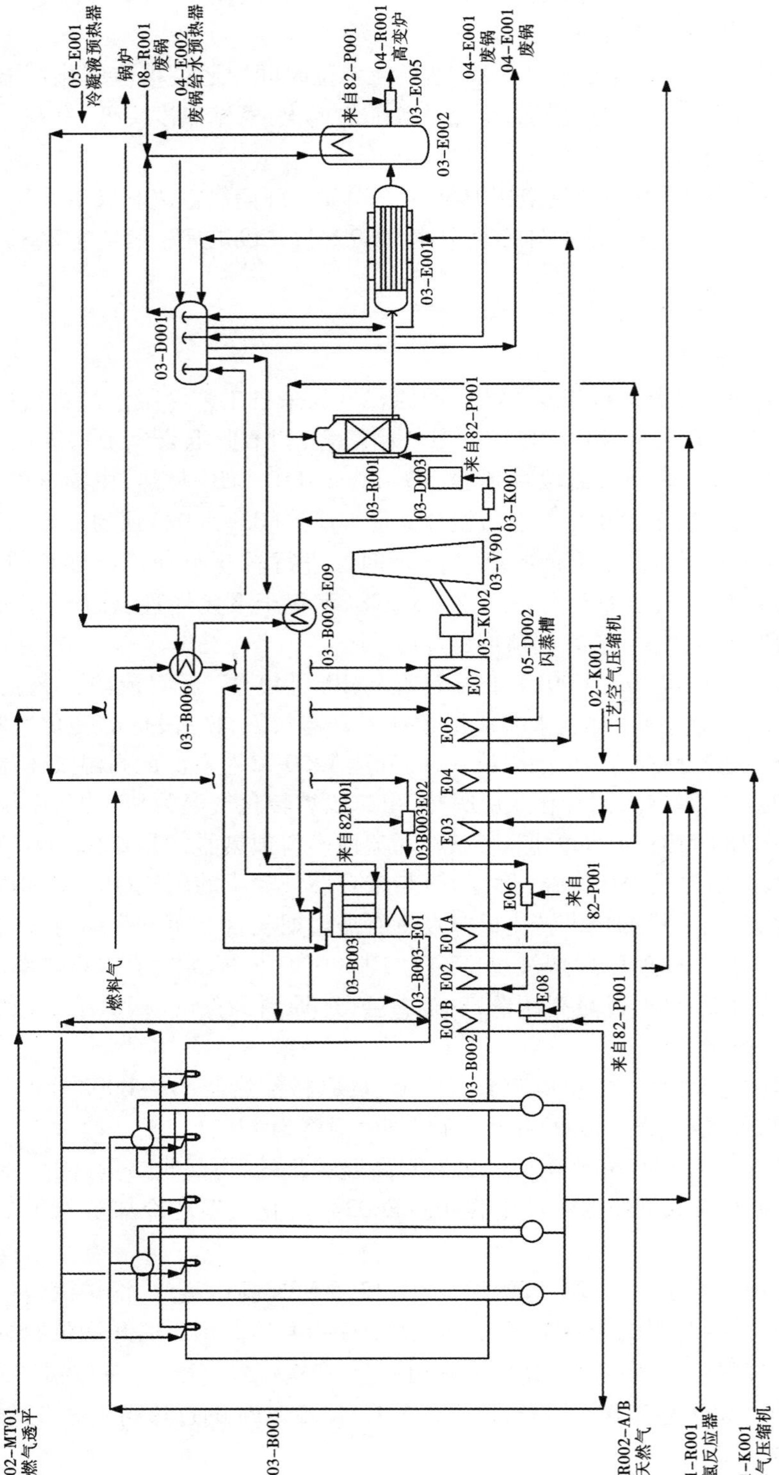

图2.3-1　蒸汽转化和热回收工序流程

辅助锅炉(03-B003)是为平衡氨和尿素装置总的蒸汽需求量而设置的。它的烟道与一段炉对流段高压蒸汽过热器(03-B002-E02)下游位置相连接,烟气与一段炉对流段烟气汇合后,由(03-B002-E02)下游位置相连接,烟气与一段炉对流段烟气汇合后,由(03-K002)排出。燃烧空气由燃烧空气送风机(03-K001)经消音器(03-D003)抽入,送加热器(03-B002-E09)加热至 80 ℃,而后进入辅助锅炉燃烧器。

此流程特点如下:

(1)从节能考虑,将热效率较低的一段转化炉部分负荷,转移至热效率高的二段转化炉。因此,出一段炉转化气中甲烷体积分数由通常的9% ~11%增至16.3%左右,从而降低了一段转化炉的苛刻条件,既延长了炉管寿命,又降低了能耗。

(2)尽量回收废热和较为合理地使用不同等级的能量。如将燃气轮机尾气用作燃烧空气;不仅预热燃气,也预热燃烧空气等,经过回收废热,使排出烟气温度降低至 128 ℃。

(3)设置喷雾温度调节器,使操作更为灵活、实用。

2.3.5　主要设备

2.3.5.1　一段转化炉

一段转化炉由辐射段和对流段所组成,辐射段内竖排着若干根转化炉管,管内转化反应所需热量由管外加热室供给,烟气带走的热量由对流段回收,并预(加)热各工艺介质。

(1)炉型。辐射段的加热室因烧嘴布置的不同,分为顶烧、侧烧、梯台和底烧炉,目前顶烧、侧烧炉采用较多,本装置采用顶烧炉。

1)侧烧炉。侧烧炉辐射段为长条形,烧嘴分成多排分布于辐射室两侧的炉墙上,采用无焰烧嘴或碗式烧嘴。转化管在炉膛内按锯齿形排成两行或直线单行排列,炉管被加热的方式主要靠炉墙壁的热辐射。由于烧嘴可沿炉墙上下任意布置,使炉管轴向受热良好,周边受热均匀,可以得到较为均匀的炉管外壁温度分布。这种侧烧炉,有上、下烟道之分,因热的烟气自然向上流动,故以上烟道为多。

这种炉型的优越性是温度调节灵活。但炉管径向温度分布不如顶烧炉均匀,烧嘴数量多,管线多,操作和维修比较复杂。

2)顶烧炉。顶烧炉辐射段多为方箱形或矩形,如图 2.3-2,长 14.9 m,宽 8.9 m,高 12.5 m。

来自天然气和水蒸气混合气总管的气体分两路进入上集气管(分布管)。由于转化管外壁温度是在 950 ℃左右高温下运行,热膨胀量很大(200 mm 左右),为此必须采用挠性较好的猪尾管把转化管与上集气连接起来,气体通过每根上集气管中将气体均匀分布送给两排 90 根(2×45)转化炉管。一段炉配置四排总共 180 根转化管,管间距 300 mm,排间距 1900 mm。气体经过转化管后分别汇集于四根下集气管,再由此汇集于转化气总管,送往二段炉。

在炉顶部的四排转化管的管排间,均匀分布 5 排烧嘴,每排 18 只,共 90 只顶部烧嘴。如此布置,使经烧嘴燃烧后的烟气自上而下流动,与工艺气体流向完全一致,燃烧放热,正好供给转化吸热所需。

炉底砌有 4 条烟道，每条烟道出口处设有一只烧嘴，叫平衡烧嘴，作为进入对流段烟气温度的调节手段。

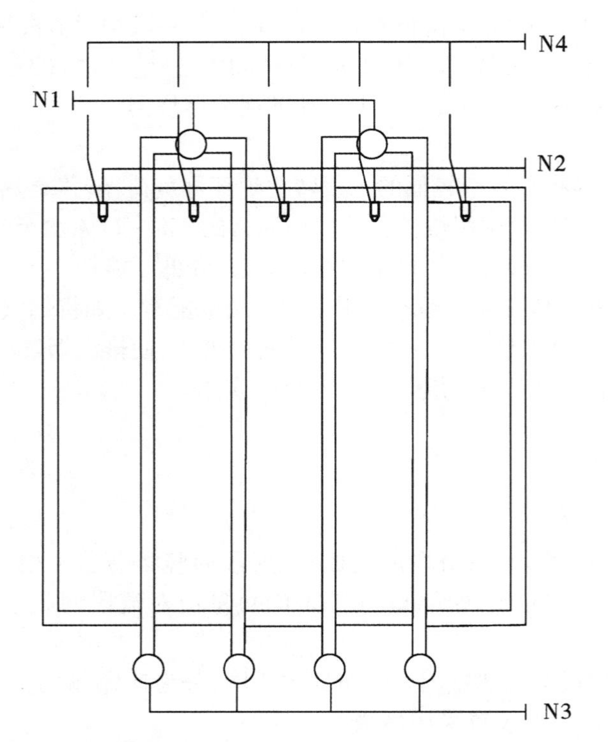

N1—原料气入口；N2—燃料气入口；N3—原料气出口；
N4—空气入口。

图 2.3-2　一段转化炉燃烧段

（2）对流段（03-B002）。对流段的作用是利用来自燃烧段 1034 ℃的高温烟气，加热工艺介质，同时回收热量，提高装置的热效率。

本装置对流段内，按被加热介质温度的高低，依次设置 03-B002-E01B、03-B002-E02、03-B002-E01A、03-B002-E03、03-B002-E04、03-B002-E05、03-B002-E07 七组加热盘管，与烟气逆流换热，各加热盘管传热面积的大小主要由热负荷来决定。各盘管的材质由被加热介质的性能和温度来选择，盘管的配置及对流段的结构还需考虑生产安全和维修方便。图 2.3-3 为本装置对流段各盘配置的示意图。

本装置与 K、T 型厂比较，主要不同点在于本装置是尽量提高过热蒸汽温度（可达 535 ℃），K(T)型厂为 441 ℃（482 ℃）。这样可以提高蒸汽的可用能㶲等级，并通过降低烟气出口温度[128 ℃，K(T)型厂为 250 ℃（204 ℃）]，提高了设备的热效率。

为减少炉子的热损失，在对流段碳钢壳体内浇铸、衬砌有耐热或绝热材料，与高温气体接触的内层是陶瓷纤维，中层为可浇铸的绝热层，外层是碳酸钙绝热块砌造。

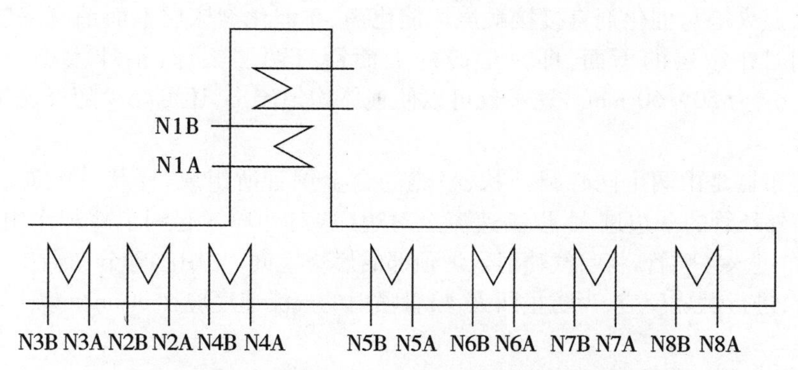

N1A/B—高压蒸汽过热器出入口；N2A/B—高压蒸汽过热器出入口；N3A/B—工艺蒸汽过热器出入口；N4A/B—工艺蒸汽过热器出入口；N5A/B—工艺空气预热器出入口；N6A/B—原料气预热器出入口；N7A/B—锅炉给水预热器出入口；N8A/B—燃料气预热器出入口。

图2.3-3　一段转化炉对流段

2.3.5.2　二段转化炉

二段转化炉的作用是使一段转化炉出口气中16.3% CH_4 继续转化，保证二段炉转化气中残余甲烷体积分数在0.9%以下，此时转化温度约1000 ℃。此高温气及转化反应所吸收的热量的热源与一段炉不同的是“自燃式”，即由炉中加入的空气与一段转化气中氢进行燃烧反应放出的热量来供给。由于加入的空气量，已超过合成氨原料气中配 N_2 所需空气量的比值[按配 N_2 比为 $\frac{n(CO+H_2)}{n(N_2)}=3.1$]，因此，多余的氮在合成工序用深冷法除去。此为本装置转化工序节能的特色之一。

二段炉结构如图2.3-4所示。其为一立式圆筒，碳钢壳体，抗压不耐温，内衬或浇铸三层耐火绝热材料，直接与高温气体接触的内层是刚玉砖（Al_2O_3 质量分数99%以上）或高铝混凝土浇筑，中层为高铝（90%～95% Al_2O_3）绝热混凝土；外层绝热混凝土（49% Al_2O_3）。且高铝混凝土中 SiO_2 含量小于0.15%，以免高温下 SiO_2 的流失。同时为保护壳体，壳体外有水夹套。

壳体内径 ϕ3800 mm，衬里内径 ϕ3000 mm，总高约14.5 m，催化剂床层高度3.5 m，可装填催化剂23.7 m^3（堆密度为1200 kg/m^3）。

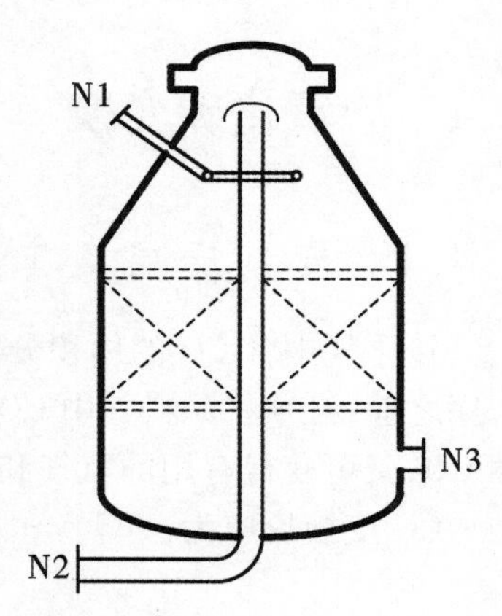

N1—工艺空气入口；N2——一段转化气入口；N3—二段转化气出口。

图2.3-4　二段转化炉结构示意图

本装置二段炉结构与K、T型厂的主要不同点：K、T型厂一段转化气是从炉顶部的侧壁进入；而本装置是从炉底部进入，经炉内中心管上升，通过气体分布器进入炉顶部空间，然后与从空气分布器出来的空气混合进行燃烧反应。这样的结构较简单，对热膨胀的补偿问题较易解决。

为了防止高温火焰与催化剂直接接触烧坏催化剂,在催化剂床层上面铺有一层0.2 m厚的铝块。同时在床层的下面,即拱形砖的上面铺有两层铝球,铝球大小一层为25～30 mm,另一层为50～60 mm。这不仅可以使气体均匀流出,还可减少随气流带出的催化剂微小颗粒。

空气分布器是由两个同心圆环状、耐热的合金钢管所组成,环状管上安装有两排喷管。空气由外环管的一边进入,以高速流至对边(这对外环管起到了冷却作用)进入内环管,然后分布进入各喷管,将空气喷射入炉顶部的燃烧空间,与中心管分布器出来的一段转化气相混合,进行燃烧反应,为防止回火,喷管喷射的气流速度应在30 m/s以上。

思考题

(1)气态烃原料的主要成分是什么?蒸汽转化的主要反应和主要目的是什么?

(2)复杂反应独立反应方程数如何确定?

(3)工业上对催化剂的要求是什么?试分析气态烃蒸汽转化催化剂的活性成分、载体和助催化剂及作用。

(4)为什么采用两段转化?

(5)试分析压力对气态烃蒸汽转化的影响,本系统压力为多少?

(6)试分析温度对气态烃蒸汽转化的作用及各段进出口温度的确定原则。

(7)分析水碳比对转化反应的影响。

(8)剖析空速的概念和对转化过程的影响?说明本系统选择的空速范围。

(9)剖析一段转化炉的结构,为什么设置猪尾管?在一段转化炉对流段内是如何逐级利用能量的?

(10)分析二段转化炉与K、T型厂二段炉的区别。

(11)描绘转化工序的工艺流程。

2.4 一氧化碳变换

2.4.1 变换反应及其热效应

转化气中含CO的体积分数为12%～15%,CO对氨合成催化剂是毒物,因此在合成工序之前,必须将原料气中CO清除。工业上通过一氧化碳与水蒸气的变换反应,既能除掉CO,又可获得有用的氢气和制取尿素的原料——二氧化碳。

CO变换反应为:

$$CO+H_2O \longrightarrow CO_2+H_2+Q \tag{2.4-1}$$

此反应是一可逆的放热反应,反应热(Q)随温度(T)升高而减少,其关系式为:

$$Q=9420+3.16T-8.314\times10^{-3}\times T^2+5.17\times10^{-6}\times T^2 \tag{2.4-2}$$

不同温度的反应热,也可以从表2.4-1查出。

表 2.4-1 不同温度下的反应热

温度/K	298	400	500	600	700	800	900
反应热/(kJ/mol)	41.12	40.60	39.80	38.84	37.85	36.81	35.77

2.4.2 变换催化剂

2.4.2.1 高温变换催化剂

工业上广泛应用的高温变换催化剂是以 Fe_2O_3 为主体，Cr_2O_3 为主要添加物的多组分铁-铬系催化剂。一般含 Fe_2O_3 80% ~90%（质量分数），Cr_2O_3 7% ~11%（质量分数），还有少量 K_2O（K_2CO_3）、MgO 和 Al_2O_3 等成分。

但 Fe_2O_3 不具有活性，只有还原成 Fe_3O_4 才有活性。Fe_2O_3 晶相结构有 α-型与 γ-型，前者为六方晶格，后者为立方晶格。研究表明：γ-Fe_2O_3 还原的 Fe_3O_4 活性最高，这是由于 γ-Fe_2O_3 在还原后晶格不变的缘故。

氧化铁催化剂加入 Cr_2O_3 后，因 Cr_2O_3 与 Fe_2O_3 的晶系相同，制成的固熔体能防止 Fe_2O_3 还原时表面积减少，使催化剂具有更细的微孔结构及较大的比表面。因此，可提高催化剂活性并抑制生成 CH_4 和 CO 分解析碳的副反应，同时还可提高催化剂的机械强度，延长使用寿命。Cr_2O_3 的添加量有一最佳值，实验证明，含量超过 14% 时催化剂活性反而下降，这是由于 Cr_2O_3 将部分 Fe_3O_4 表面覆盖所造成。

MgO 也能与 Fe_2O_3 生成固熔体，加入 MgO 能提高催化剂抗 H_2S 毒害的性能和机械强度，因 MgO 与 H_2S 发生以下可逆反应：

$$H_2S+MgO \rightleftharpoons MgS+H_2O \qquad (2.4-3)$$

这种反应使 Fe_3O_4 活性中心不受 H_2S 毒害。但 H_2S 含量过高也会使催化剂活性下降，不过一旦 H_2S 含量降低和通入大量蒸汽后，催化剂仍可恢复原来的活性。

Fe_2O_3-Cr_2O_3 系催化剂中加入极少量 K_2O（或 K_2CO_3），可以增加催化剂低温活性，耐热性和机械强度提高，但添加量超过 3%（质量分数）活性反而降低。

Al_2O_3 具有熔点高、耐热性能好、比表面大等特性，加入 Al_2O_3 后，可阻止催化剂受热失活，从而提高催化剂的热稳定性。水合氧化铝是一黏结剂，它可改进催化剂的机械性能。

我国以气态烃为原料制取合成氨的大型厂所使用的高温变换催化剂性能列于表 2.4-2。

表 2.4-2 高温变换催化剂性能

国家（公司）	型号	组成（质量分数）	规格 /mm	堆密度 /$(\times10^3 kg/m^3)$	温度 /℃	压力 /MPa
中国（南化）	B110	Fe_2O_3 81.6% Cr_2O_3 10% K_2O 0.33%	$\phi9\times5$ 片剂	1.5	340～510	<3
中国（辽化）	B113	Fe_2O_3 79%～85% Cr_2O_3 10%～11% K_2O 0～0.35%	$\phi9\times(4.5\sim6)$	1.25～1.35	320～470	<5
美国（CCI）	C12-1-05	Fe_2O_3 87%～91% Cr_2O_3 7%～11% AL_2O_3<1% 碳（石墨型）1.5～3%	$\phi9.7\times(4.5\sim5)$ 片剂	1.2	340～510	<4.5

2.4.2.2 低温变换催化剂

低温变换催化剂的主要成分是氧化铜，它被还原为金属铜微晶时才具有活性，但金属铜微晶极易烧结。致使活性降低，寿命缩短，所以工业上使用的低温度换催化剂尚需添加 ZnO、Cr_2O_3（或 Al_2O_3）及少量的 Na_2O，Cr_2O_3（或 Al_2O_3）起“间隔体”作用，即分散和隔离铜微晶，以防铜微晶的烧结导致比表面减少，活性降低；Na_2O 起结构促进剂作用，可进一步增加催化剂活性和热稳定性。

由于加入添加物的不同，低温变换催化剂分为 CuO-ZnO-Al_2O_3 系和 CuO-ZnO-Cr_2O_3 系。

低温变换催化剂一般含 CuO 质量分数为 18%～35%，ZnO 质量分数为 30%～50%，Al_2O_3 质量分数为 7%～41% 或 Cr_2O_3 质量分数约为 40%，外观为黑色或铜绿色的小圆片。铜绿色的产品含有碳酸盐，首次升温还原会放出 CO_2。

我国大型氨厂常用的几种低温变换催化剂性能列于表 2.4-3。

表 2.4-3 低温变换催化剂性能

国家（公司）	型号	组成（质量分数）	规格 /mm	堆密度 /$(\times10^3 kg/m^3)$	温度 /℃	压力 /MPa	空速 /h^{-1}
中国（辽化）	B203	CuO 17%～19% ZnO 30%～31% Cr_2O_3 47%～48% 石墨 4%	$\phi4.5\times4.5$	1.05～1.1	200～300	<5	400

续表 2.4-3

国家（公司）	型号	组成（质量分数）	规格 /mm	堆密度 /($\times10^3$kg/m^3)	温度 /℃	压力 /MPa	空速 /h^{-1}
中国（南化）	B204	CuO 37.7% ZnO 38.4% Al_2O_3 8.1% Na_2O 0.13% S 0.04%	ϕ5×5.5	1.4～1.7	210～250	3	200～3000
中国（南化）	B205	CuO ZnO Al_2O_3	ϕ5×(4.5～5.5)	1.4～1.6	180～260	3～4.2	2000～3000
美国（CCI）	C18-1	CuO 23.8% ZnO 48.5% Al_2O_3 18.1% Na_2O 0.12% S 0.03%	ϕ6.4×3.2	0.945～1.2	180～275	3	—
英国（ICI）	ICI52-1	CuO 27% ZnO 43.2% AL_2O_3 10.9% Na_2O 0.1% S 0.063%	ϕ5.4×3.6	0.8～2.9	200～600	<3	—

2.4.3 工艺条件

2.4.3.1 压力

压力对CO变换反应的平衡几乎无影响，加压却促进了析碳和甲烷化副反应的进行，似乎不利。但加压会增快反应速率（$r\propto p^{0.35\sim0.55}$），提高催化剂的生产强度，减小设备和管件尺寸，且加压下的系统压力降所引起的功耗比低压下少；加压还可提高蒸汽冷凝温度，从而提高冷凝液的价值。由于氨的合成是在高压下，这样压缩原料气比压缩变换气所需功耗降低，其能耗可降低1.5%～30%。当然，加压后会使系统冷凝液的酸度增大，对设备、管件材料的腐蚀性增强，这是不利的一面，设计时应加以解决。

以天然气为原料的蒸汽转化法制氨装置，变换工序的压力由转化工序来确定。本装置为4.2 MPa，空速2494 h^{-1}左右。

2.4.3.2 最终变换率

甲烷化要求CO含量低，因此，需要CO变换后的最终体积分数为0.5%以下，为达此目的，从热力学分析，变换温度必须低至250 ℃左右。如果只采用低温变换，因受温升范围的限制，且低变催化剂价值昂贵，所以生产中采用了高变串低变的工艺。

含 CO 体积分数 13% ~15% 的转化气，先经高温变换(440 ℃左右)，使 CO 体积分数降至3% ~4%，冷却后入低温变换(230 ℃左右)，使低变气 CO 体积分数为 0.3% ~0.5%。

2.4.3.3 温度

变换是在有催化剂存在下的可逆放热反应，从反应动力学可知，温度升高，反应速度常数增大，对反应速率有利，但平衡常数却随温度的升高而减小，即 CO 平衡含量(P^*_{CO})增大，反应推动力($\Delta P=P_{CO}-P^*_{CO}$)减小，扩散速度减慢，对反应速度不利，可见温度对两者影响是相反的，因此有一最大速率的温度。当组成压力一定时，对某一催化剂有一最大速度的温度，称为最适宜温度(最佳温度)。

低温变换的温度，除应限制在催化剂活性温度范围内，还必须考虑该气体条件下的露点温度，以防止水蒸气的冷凝。低温变换操作温度一般比露点温度高出 20 ℃左右。如若控制不严，万一水蒸气冷凝则有氨水生成(变换副反应有氨生成)。它凝聚于催化剂表面，生成铜氨络合物，不仅活性降低，还使催化剂破裂粉碎，引起床层阻力增加等弊端。

本装置对整个 CO 的变换来说是二段变换，高温变换的入口气体积分数为 CO 13.53%，入口温度 370 ℃，变换后 CO 体积分数为 3.85%，出口温度 442 ℃左右；低温变换的入口气 CO 体积分数为 3.85%，入口温度 204 ℃，变换后 CO 含量 0.36%，出口温度 234 ℃左右。

2.4.3.4 水蒸气比例

水蒸气比例的表示，一般用汽气比$\left[\frac{n(H_2O)}{n(干气)}\right]$或汽碳比$\left[\frac{n(H_2O)}{n(CO)}\right]$来表示。增加水蒸气量，即汽气比增加，便加大了反应物质的浓度向生成物方向移动，提高了平衡变换率，同时有利于高变催化剂活性组分 Fe_3O_4 相的稳定和抑制析碳与甲烷反应的发生，过量的水蒸气还起载热体的作用，使催化剂床层温升相对减少。

但汽气比过大，水蒸气消耗量多，会增加生产成本，不利于经济效益的提高，且过大的水蒸气量，反而使变换率降低。这是由于实际生产中反应不可能达到平衡，加入过量的水蒸气便冲稀了 CO 的浓度，反应速度随之减小，加之反应气体在催化剂床层停留时间的缩短，使变换率降低，对低变催化剂如汽气比过大，操作温度愈接近于露点温度，亦不利于催化剂的维护。

烃类蒸汽转化法变换工序的汽气比是由转化工序确定的。K、T 型厂一段转化的水碳比为 3.5 ~3.75 时，高变进口汽气比为 0.6 ~0.7，低变进口汽气比为 0.45 ~0.6。本装置一段转化碳比为 2.75，这样高变进口汽气比为 0.45，低变进口汽气比为 0.33。变换的汽气比降低了，且操作压力又有所增高，这对高、低变催化剂性能的要求也相应提高。即催化剂活性要好、抗析碳能力强、强度大，以适应提高了压力和低汽气比的 CO 变换条件。

2.4.4 工艺流程及主要设备

2.4.4.1 工艺流程

变换和甲烷化工序工艺流程图见图 2.4-1。

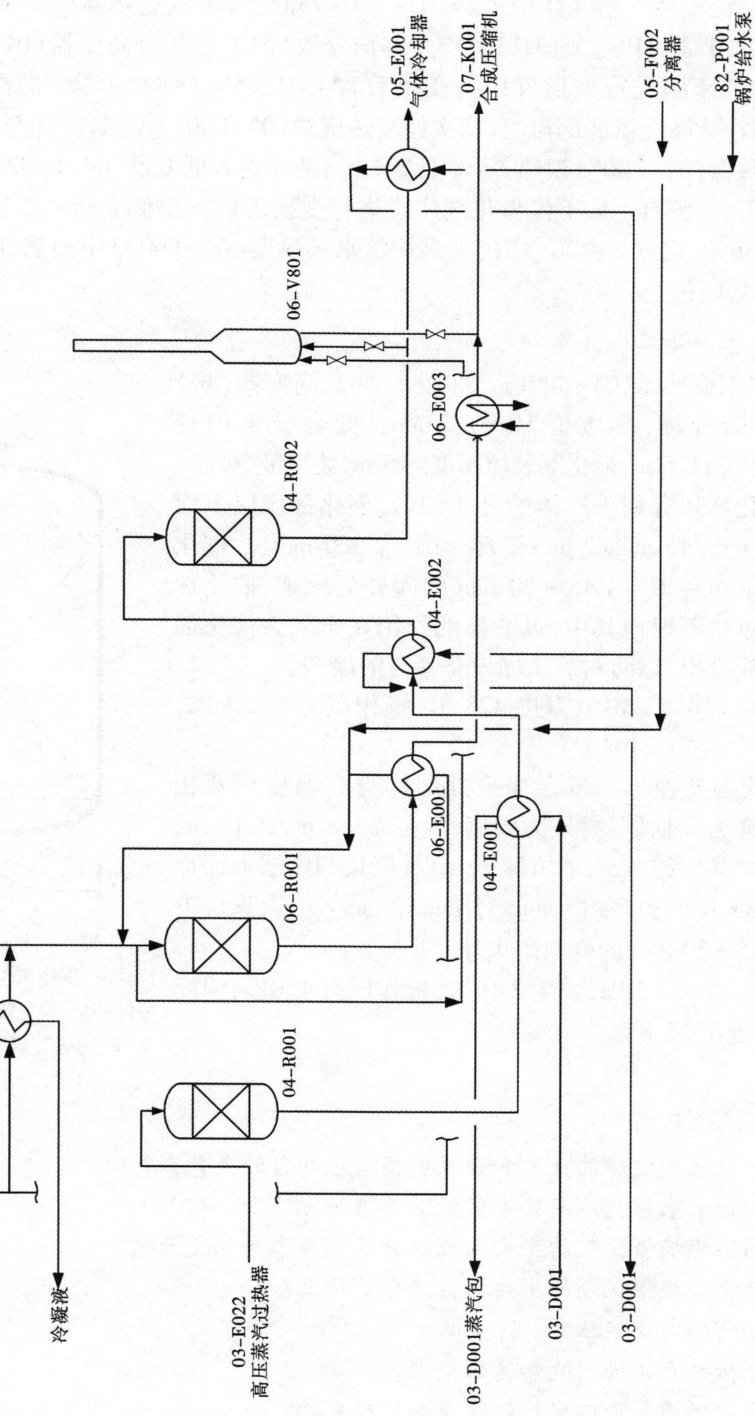

图2.4-1　变换和甲烷化工序流程

二段转化气经工艺气体冷却器(03-E001)和高压蒸汽过热器(03-E002)被冷却至370 ℃,压力4.21 MPa,含CO13.53%(体积分数)的工艺气自高变器(04-R001)顶部进入,经催化剂床层进行变换反应。变换后含CO3.85%(体积分数)的高变气,温升至442 ℃左右,从高变器底部流出,依次经废热锅炉(04-E001)换热,冷却至375 ℃,再与锅炉给水预热器(04-E007)换热,冷却至204 ℃,随即进入低变器(04-R002),在B205型催化剂作用下,气流自上而下经催化剂床层进行变换反应。出低变器的工艺气中CO体积分数为0.36%,温度234 ℃左右,于锅炉给水预热器(04-E003)中换热,降温至177 ℃,而后送脱碳工序。

2.4.4.2 主要设备

(1)高温变换器(04-R001)。如图2.4-2,高变器(炉)壳体为一圆柱体,材质是1Cr 0.5 Mo。低合金钢内径ϕ3.8 m,高约11.5 m,催化剂装填高度约5 m,装填量56 m^3。为保护催化剂和有利于气体的分布均匀,催化剂床层上面装填有15 mm×15 mm×2 mm瓷环一层(厚300 mm)。催化剂床层的下边装填有ϕ15~20 mm的陶瓷耐火球,催化剂卸出管和过滤器埋在其中,过滤器的作用在于减少催化剂粉尘随气流带出,以防对后工序设备管道的堵塞。

设计压力4.52 MPa,温度475 ℃,操作压力4.1 MPa,温度442 ℃,空速2494 h^{-1}。

(2)低温变换器。低温变换器结构与高温变化器相同。壳体亦为圆柱体,材质为碳钢,内径ϕ3.8 m,高14 m,催化剂装填高度约8 m,装填量90 m^3。催化剂床层上面也装有300 mm厚的瓷环(15 mm×15 mm×2 mm)一层,床层下边装填ϕ25~30 mm的陶瓷耐火球。

设计压力4.4 MPa,温度270 ℃,操作压力4 MPa,温度236 ℃,空速1755 h^{-1}。

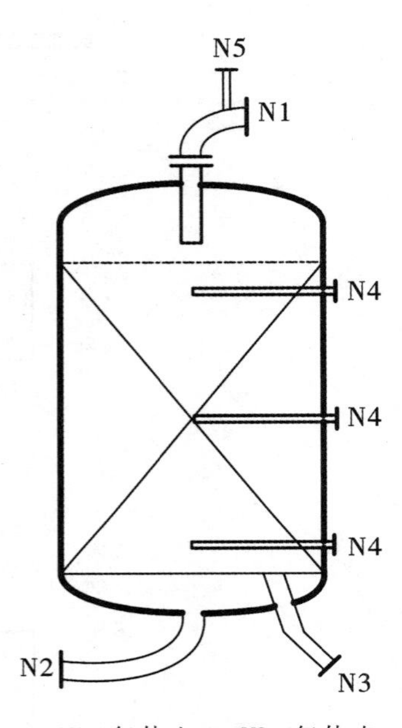

N1—气体入口;N2—气体出口;N3—催化剂卸料口;N4—热电偶接口;N5—放空口。

图2.4-2 高变器结构示意图

思考题

(1)一氧化碳变换的反应和设置变换工序的目的是什么?

(2)为什么采用高温变换串联低温变换的方法?

(3)高温变换催化剂的主要活性组分及主要添加物是什么?

(4)低温变换催化剂的主要活性组分是什么?

(5)如何确定变换压力?

(6)分析水汽比的影响和选取范围。

(7)高温变换和低温变换温度是如何确定的?

(8)变换炉的类型和特点是什么?

2.5 二氧化碳的脱除

2.5.1 二氧化碳脱除反应

一氧化碳变换后的低变气，CO_2 体积分数一般为 17%。CO_2 既是氨合成催化剂的毒物，又是制取尿素的原料，为此需要对 CO_2 进行脱除与回收。

工业上脱除二氧化碳常用液体吸收法，分为物理吸收法和化学吸收法。本装置使用化学吸收法——热钾碱法。

碳酸钾水溶液吸收 CO_2 在常温下吸收速度很慢，为增加速率，吸收过程是在较高温度(105～130 ℃)下进行，这还可提高碳酸氢钾的溶解度，增加溶液的吸收能力。然而，这一称之为"热法"的吸收速度仍较慢。随着生产的发展，在碳酸钾水溶液中加入少量的活化剂，可使反应速率大大加快。本装置加入二乙醇胺为活化剂，又称苯菲尔法。

热钾碱法，净化度高，回收的 CO_2 纯度在 98.5% 以上，适宜于分离出 0.15～0.7 MPa 的二氧化碳气体，不过在溶液再生时需消耗一些热能。

苯菲尔法脱除二氧化碳反应为：

$$\begin{array}{l} CO_2(g) \\ \quad\Big\| \\ CO_2(l) + K_2CO_3 + H_2O \rightleftharpoons 2KHCO_3 + Q \end{array} \tag{2.5-1}$$

这是一个可逆反应，利用减压和升温促进吸收的逆过程进行再生。

2.5.2 苯菲尔法脱除 CO_2 的工艺条件

2.5.2.1 溶液组成

(1)碳酸钾浓度。碳酸钾溶液对二氧化碳的最大吸收能力为化学平衡所限制。当 K_2CO_3 浓度增加时，反应速率加快，对 CO_2 的吸收能力亦增加。对吸收相同数量的 CO_2 而言，增加 K_2CO_3 浓度，则溶液循环量相应减少，K_2CO_3 浓度增加 1%，循环量可减少 2%～3%。

如果提高溶液中的 K_2CO_3 浓度，吸收后溶液中的 $KHCO_3$ 浓度也增大，易于结晶析出，且腐蚀加重。

由溶解图分析可见，在 116 ℃条件下，溶液含 K_2CO_3 40%(质量分数)，且全部转化为 $KHCO_3$，此时不会有结晶析出。若 K_2CO_3 质量分数大于 40%，则结晶析出的可能性增大。生产中从安全着眼，溶液的原始 K_2CO_3 质量分数一般控制在 27%～30%，相应的对 CO_2 吸收能力为 23～25 $m^3_{CO_2}/m^3_{溶液}$。

使用的 K_2CO_3 纯度不低于 99%(质量分数)，KCl 质量分数不高于 0.01%。

(2)活化剂含量。加入二乙醇胺(DEA)活化剂，不仅使反应速率加快，同时还降低了溶液的 CO_2 平衡分压，有利于提高气体的净化度。一般加入量为 2.5%～3.5%，若加入过量，活化作用不明显，而且损耗增大。不同含量的 DEA 对 CO_2 吸收速度的影响列于表 2.5-1。

表 2.5-1 DEA 含量对 CO_2 吸收速率的影响

DEA 含量/%（质量分数）	进口气 CO_2/%（体积分数）	进口气流量/($\times10^{-3}$ m^3/h)	溶液流量/($\times10^{-3}$ m^3/h)	溶液温度/℃	吸收能力（$m^3_{CO_2}/m^3_{溶液}$）	净化气 CO_2/%（体积分数）
0	19.3	442	3.41	110	24.1	0.79
1	20.9	452	3.41	112.5	27.6	0.1
3	19.5	495	3.41	113	23.2	0.09

(3)缓蚀剂。碳酸钾溶液对碳钢设备管道有腐蚀性，为防止其腐蚀，溶液中加入缓蚀剂，苯菲尔溶液中加入少量的 KVO_3 或 V_2O_5 为缓蚀剂。当加入 V_2O_5 时，其溶解于热碳酸钾溶液中（溶解速度慢，一般约需 4 天才可完全溶解），而后反应生成 KVO_3，反应式为：

$$V_2O_5+K_2CO_3 = 2KVO_3+CO_2\uparrow \qquad (2.5-2)$$

溶液中总钒质量分数一般控制为 0.7% ~1.5%，低于 0.7%，缓蚀效果差；高于 1.5%，则随溶液机械漏损的钒消耗增多。当溶液的 pH 值过大时，钒降解为二价或四价，易沉淀，严重时会引起溶液泵进口的粗滤器堵塞。

V_2O_5 纯度要求在 99.5%（质量分数）以上，SiO_2 质量分数 <0.12%，Na_2O 质量分数 <0.23%，K_2O 质量分数 <0.02%，Fe_2O_3 质量分数 <0.07%。

(4)消泡剂。常用的消泡剂有硅酮型、聚醚型和高级醇等。消泡剂的作用是破坏气泡间液膜的稳定性，促使气泡破裂，降低溶液的起泡高度，因此，当溶液起泡时，需要连续或间接地将消泡剂加入溶液中，加入量极少，在溶液中含量仅为百万分之几。

2.5.2.2 吸收压力

提高吸收压力，气相中 CO_2 分压相应增大，则吸收推动力增加，吸收速度加快。因此，吸收设备的尺寸相应减小，既提高了气体的净化度，又增加了溶液的吸收能力，减少了溶液循环量。但对化学吸收来说，溶液的最大吸收能力受化学反应计量的限制，当压力提高到一定程度，上述影响不再显著。所以 CO_2 分压一般不超过 0.7 MPa。天然气蒸汽转化法脱碳工序的压力，主要由前后工序的压力来确定。一般为 2.6 ~3.9 MPa。

2.5.2.3 吸收温度

提高吸收温度，化学反应速率加快，是有利于加快吸收速率的一面，但同时平衡 CO_2 分压升高，吸收推动力减小，随之扩散溶解速度减慢，又不利于吸收速率的加快，因此提高吸收温度，必须以保持有足够的推动力为前提。为降低再生的耗热量，应尽量将吸收温度提高到相同的再生温度或接近的程度。对 K、T 型厂的两段吸收、两段再生流程，入吸收塔的半贫液温度几乎与再生塔中部温度相等，为 110 ~115 ℃。吸收塔顶部温度，即入塔顶的贫液温度，主要由吸收压力和对 CO_2 净化度的要求程度来决定，通常为 70 ℃左右。吸收塔底部温度，主要由入塔低变气温度根据热平衡来确定，即富液出口温度 118 ℃，它一般比半贫液温度高几度。

2.5.2.4　溶液的转化度

再生后贫液、半贫液转化度的大小是再生好坏的标志，从吸收角度考虑，要求再生后的溶液转化度越小越好，这样吸收速度快，被吸收后的气体中 CO_2 含量低，同时溶液的吸收能力也提高。然而，再生时要达到较低的溶液转化度，需要消耗更多的热量。表 2.5-2 列出了两段吸收，两段再生流程中贫液、半贫液的转化度和气体净化度、再生耗热量之间的数量关系(中间实验数据)。

表 2.5-2　溶液转化度与净化气 CO_2 和再生耗热量的关系

贫液转化度/%	0.27	0.25	0.24	0.23	0.22
半贫液转化度/%	0.46	0.45	0.46	0.43	0.40
净化气 CO_2/%(体积分数)	1.87	0.8	0.40	0.20	0.10
再生用蒸汽/($kg_{汽}/m^3_{CO_2}$)	2.70	2.70	3.10	3.21	3.58

在改良热钾碱法的两段吸收、两段再生流程中，贫液的转化度为 0.15 ~ 0.25，半贫液的转化度为 0.35 ~ 0.45，富液的转化度为 0.83 左右。

2.5.2.5　溶液循环量

溶液循环量主要由生产负荷，即低变气量的多少和溶液的吸收能力来确定。对填料塔应保证足够的喷淋密度[$m^3/(m^2 \cdot h)$]，使填料表面得到全部充分润湿，确保吸收过程气-液相的紧密接触。同时，从节能角度出发，在保证气体净化度的前提下，尽量增大半贫液量的分流比，减小贫液量的分流比，使更多的半贫液在等温下吸收与再生，又不消耗热量。如 K 型厂半贫液量为循环量的 75%，贫液量为循环量的 25%。而 T 型厂半贫液量为 85%，贫液量只占 15%。表 2.5-3 是我国部分大型合成氨厂的溶液循环量及气体净化度的比较。

表 2.5-3　溶液循环量及气体净化度的比较

厂型条件	K 型厂	T 型厂	H 型厂	本装置
(1)进吸收塔上段溶液量/(m^3/h)	276	165.8	370	224
进下段溶液量/(m^3/h)	838	936.4	1080	678
上段喷淋密度/[$m^3/(m^2 \cdot h)$]	52.8	40	55	59.1
下段喷淋密度/[$m^3/(m^2 \cdot h)$]	127	112	97.5	99.7
贫液半贫液分配比例	25/75	15/85	25/75	25/75
溶液吸收能力/($m^3_{CO_2}/m^3$)	24.5	23.2	24.5	29.5
(2)进吸收塔气量/(m^3/h)	167 292	155 041	159 907	158 029
进口气体中 CO_2/%(体积分数)	17.95	17.23	21.97	17.74
下段出口气体中 CO_2/%(体积分数)	1.35	0.9	0.5	0.4
上段出口气体中 CO_2/%(体积分数)	0.1	0.1	0.1	0.1

2.5.2.6 再生温度和再生压力

提高再生温度,可以加快溶液的再生速率(解吸速率),对再生有利。但生产中再生塔是沸点下操作的,当溶液组成一定时,溶液的沸点仅由操作压力而定,因此,再生温度是由再生压力确定。为了提高溶液的再生温度而去提高压力显然是不经济的。因再生压力略为提高,将使解吸推动力明显下降,再生的耗热量及溶液对设备的腐蚀性会大大增加,同时要求再沸器的传热面也增大(因热负荷增加和传热温差减小)。再者从理论上分析,解吸过程应减压,甚至负压更有利。所以从理论上和实践上都不要求提高再生压力。然而生产中再生塔顶部的压力(0.12~0.16 MPa)略高于大气压,这是为了将再生出来的 CO_2 气送往尿素装置,既方便操作,又降低了尿素生产的压缩费用。

再生塔顶部温度一般为 100 ℃左右,底部温度 120 ℃左右。本装置既保持了再生塔顶部为正压 0.15 MPa,又降低了再生后贫液温度为 100 ℃。它采用了从再生塔底部流出的半贫液进入溶液闪蒸槽(05-D002),经四级蒸汽喷射泵和蒸汽压缩机,将从闪蒸槽闪蒸出来的 CO_2 气压缩后送回再生塔作为汽提气。这样既有利于再生,降低了溶液转化度,又节省了能耗。喷射泵的吸入压力:一级 0.15 MPa(绝);二级 0.142 MPa(绝);三级 0.131 MPa(绝);四级 0.12 MPa(绝)。此时温度由 116 ℃降至 109 ℃。

2.5.2.7 溶液的起泡和对碳钢设备的腐蚀

(1)溶液起泡的原因和防止。用胺-碳酸钾溶液吸收 CO_2 时,操作上一个很重要的问题是溶液起泡。溶液一旦起泡,吸收塔和再生塔的压力降明显增大,严重时会发生液泛(拦液),甚至造成泵抽空或溶液被气体大量带出的恶性事故。溶液起泡的机制目前说法不甚一致,多数人认为起泡的因素有二:一是溶液中混入某些有机杂质降低了溶液表面张力,使气体容易进入液体表面形成气泡;二是溶液中某些物质增加了气泡的稳定性。如某些可溶性物质聚附在气泡的液膜表面,增加了膜的强度;而某些憎水性固体颗粒(如铁锈、催化剂粉尘等)附着在气泡表面使相邻气泡间的液膜不易黏结,从而使气泡更加稳定。

这些杂质可能由以下途径进入溶液系统:随低变气进入的烃类、油类、粉尘、铁锈,以及由药品和水一同进入的杂质;设备的腐蚀产物;溶液中某些组分(主要是活化剂和消泡剂)的降解产物和溶液与气体中的某些杂质的反应生成物;由泵、溶液槽等引进的杂质(如润滑油等)。

生产中避免起泡的根本办法是保持溶液的清洁度,常采用的措施是在溶液系统设置过滤装置,除去其中的杂质;保持药品的纯度,软化水的水质及采取良好的防腐措施等。一旦发生溶液起泡,应立即向溶液注入消泡剂。

(2)溶液对碳钢设备的腐蚀。在胺-碳酸钾溶液脱除二氧化碳的系统中,除了酸性气体及其冷凝液对设备管道有腐蚀外,碳酸钾溶液本身对设备管道也有较强的腐蚀性。

溶液对设备的腐蚀是电化腐蚀,当设备表面由于碳钢的成分不均匀或存在应力集中,以及金属晶粒间存在着微小的缺陷等,都使得这些部位间的电子逸出电位不同。当设备与电解质溶液接触时,在这些部位之间便形成一个个微电池,这样就造成了金属表面的电化腐蚀。尤其是当溶液中溶有 CO_2 时,对碳钢的腐蚀更为严重,对不锈钢也有一定的腐蚀性。

生产中为防止或降低溶液的腐蚀性，向溶液中加入缓蚀剂。苯菲尔法溶液以 KVO_3 或 V_2O_5 为缓蚀剂。这样五价钒离子和铁、氧原子作用，生成一层牢固的钝化膜附着在金属表面上，它有效防止了溶液对设备管道的腐蚀。因此，生产中对脱碳的新建装置或经检修过的设备管道，应严格认真地进行钝化操作才可转入正常运转。正常生产时，溶液中总钒含量保持在0.7%（质量分数）左右（以 KVO_3 计），其中五价钒为总钒量的10%以上。

2.5.3 工艺流程及主要设备

2.5.3.1 工艺流程

工艺流程见图2.5-1。此工艺流程使用两段吸收和具有蒸汽喷射泵、蒸汽压缩机的一段再生流程。

温度177 ℃，含 CO_2 17%（体积分数）左右的低变气，依次经气体冷却器（05-E001）、再沸器（05-E002）和脱盐水预热器（05-E009），低变气冷却至160 ℃、132 ℃和95 ℃之后，从吸收塔（05-C001）下部进入与来自塔中部、顶部两路喷入的不同温度、流量的贫液逆流接触吸收。低变气中大量 CO_2 在下段塔被吸收，这时入塔气的 CO_2 分压较大，能保证在足够的吸收推动力前提下，为加速吸收速度而尽力提高吸收温度。所以从塔中部喷入100 ℃的贫液，使得出下段塔的气体中 CO_2 体积分数为0.4%左右。为保证净化度，使出塔气中 CO_2 体积分数在0.1%以下，即要求降低气相 CO_2 的平衡分压。此时采用降温的办法，将贫液经换热器（05-E010A/B）降温至70 ℃，而后从塔顶喷入，同时，为了减少逸出气体带出的钾碱液量，自塔顶还喷入每小时1000 kg的脱盐水进行洗涤，吸收塔出口气体经分离器（05-F002）进行气液分离，而后送往甲烷化工序。

温度为106 ℃的富液由吸收塔底流出，因吸收塔压力高，富液经水力透平（05-MT01）减压膨胀所回收的能量可补偿轴功率需要量的40%。然后借自身的残余压力自动流入再生塔（05-C002）上部。溶液进塔内闪蒸出部分二氧化碳和水蒸气后，沿塔下流与塔内由再沸器加热产生的蒸汽和蒸汽喷射泵送入的汽提气逆流接触，与此同时，溶液被加热达到沸点，CO_2 不断地被解吸出来。再生塔底的溶液温度为119 ℃左右。为减少和防止溶液对设备的腐蚀及活化剂在高温下的降解，再生塔底温度一般不应超过120 ℃。但温度低 CO_2 解吸不彻底，为确保贫液的转化度，自再生塔底流出的溶液，进入溶液闪蒸槽（05-D002），经四级蒸汽喷射泵（05-A001～05-A004）和蒸汽压缩机（05-K001），将减压闪蒸出的 CO_2 和水蒸气压缩送回再生塔下部。闪蒸槽出来温度100 ℃的贫液，经贫液泵加压循环回吸收塔。

再生塔顶部逸出的 CO_2 气（94 ℃，0.152 MPa），经脱盐水预热器（05-E004A/B）和 CO_2 冷却器（05-E007A/B），冷却降温至40 ℃，绝大部分水蒸气被冷凝，经分离器（05-F003）和（05-F005）气液分离后，CO_2 气出界区去尿素装置。

为减少自再生塔顶逸出 CO_2 气中所带出的钾碱液量，从（05-F003）分离出的部分冷凝液（10 t/时），用泵（05-P002A/B）循环打入再生塔顶部的浮筏塔板上，洗涤逸出的 CO_2 气，大部分冷凝液经冷凝预热器（05-E008）加热至120 ℃，送入（05-E001）作为锅炉给水，少量冷凝液送作水力透平的洗涤液的闪蒸槽的补液。

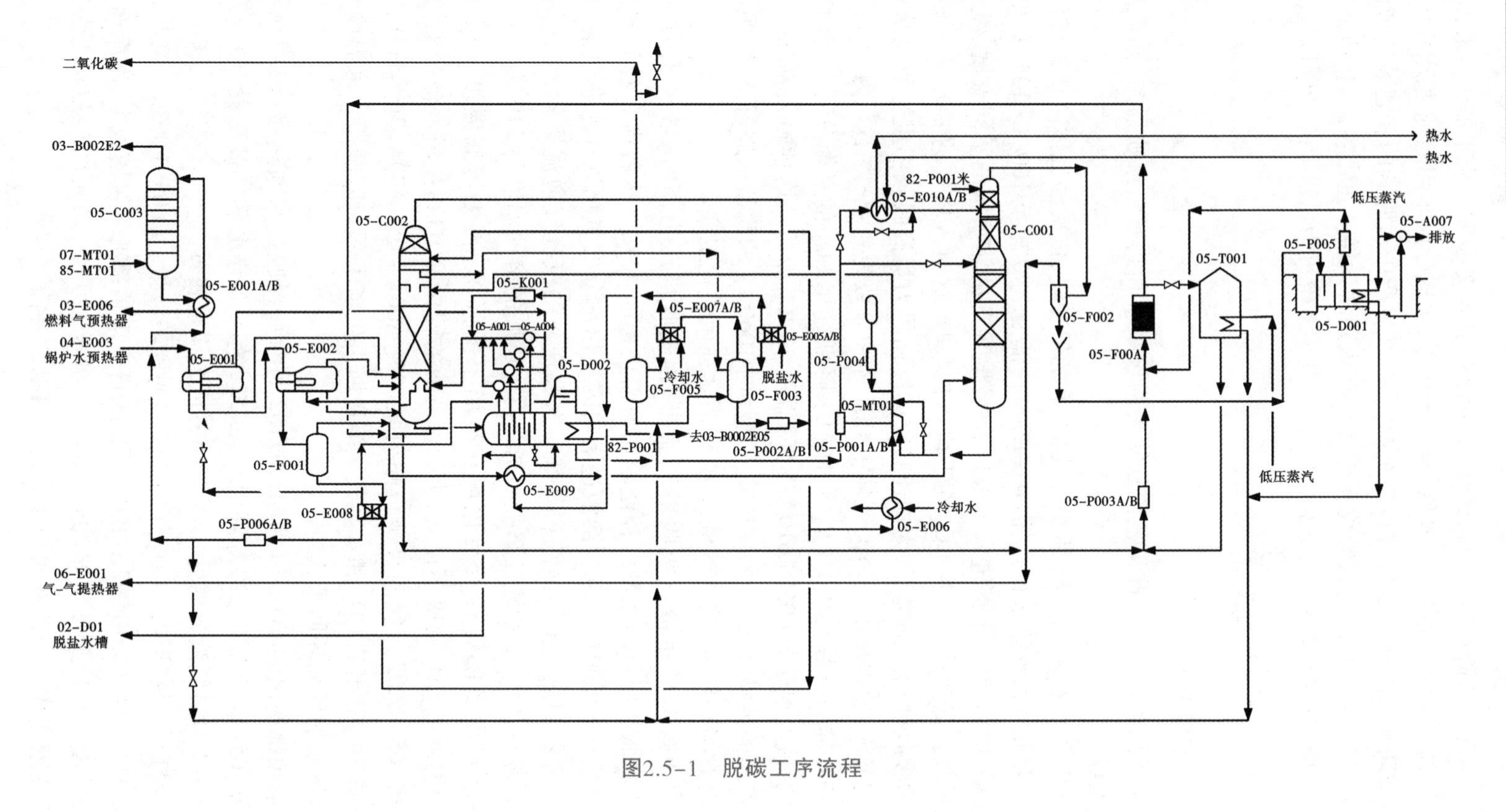
二氧化碳
03-B002E2
05-C003
07-MT01
85-MT01
05-E001A/B
03-E006
燃料气预热器
04-E003
锅炉水预热器
05-E001
05-E002
05-C002
05-K001
05-A001—05-A004
05-D002
05-F001
05-E009
05-E008
05-P006A/B
06-E001
气-气提热器
02-D01
脱盐水槽
05-E007A/B
05-E005A/B
冷却水
05-F005
脱盐水
05-F003
82-P001
去03-B0002E05
05-P002A/B
05-P004
05-MT01
05-P001A/B
冷却水
05-E006
热水
热水
82-P001来
05-E010A/B
05-C001
05-F002
05-F00A
05-P003A/B
05-T001
低压蒸汽
05-P005
低压蒸汽
05-A007
排放
05-D001

图2.5-1 脱碳工序流程

从(05-F001)分离出来未接触过钾碱液的冷凝液经(05-F008)换热后,用泵(05-P006A/B)送入冷凝液汽提塔(05-C003)。然后用部分工艺蒸汽进行汽提,将冷凝液中的氨及有机物质(如甲醇、甲醛等)解吸出来,随同工艺蒸汽自塔顶逸出,重新送回一段转化炉管内转化。被汽提后的冷凝液从塔底流出,经(05-E011)冷凝液预热器回收热量,继送转化工序回收热量后,经处理重新作锅炉给水。

流程中还配置有溶液储槽(05-T001)、补给地下槽(05-D001)及溶液过滤器(05-F004)、过滤泵(05-P003A/B)等设备,作为开停工和配制溶液用。同时为了保证溶液的清洁度,防止起泡,使生产正常进行,约循环溶液量的 5% 的溶液,连续经过过滤器(05-F004)过滤。

表 2.5-4 和表 2.5-5 为我国部分大型氨厂脱碳系统的主要温度、压力及能耗状况的比较。

表 2.5-4　大型氨厂脱碳系统主要温度、压力及能耗状况

温度和压力		K 型厂	T 型厂	H 型厂	本装置
吸收塔	气体进塔压力/MPa	2.71	2.76	2.63	4.04(估计)
	气体出塔压力/MPa	2.685	2.73	2.62	4.0
	气体进塔温度/℃	127	82	124	95
	气体出塔温度/℃	71	70	75	70
	上塔贫液进口温度/℃	71	70	75	70
	下塔半贫液进口温度/℃	113	114	96.5	100(贫液)
	富液出塔温度/℃	118	117	105	106
再生塔	塔顶压力/MPa	0.04	0.06	0.04	0.054
	塔底压力/MPa	0.068	0.08	0.055	0.07(估计)
	塔顶温度/℃	105	103	74	94
	塔底温度/℃	120	122	114	119
	CO_2 出温/℃	40	40	45	40

表 2.5-5　大型氨厂脱碳系统热能状况比较

热能状况		K 型厂	T 型厂	H 型厂	本装置
热能供给 /(×10^6 W)	工艺气冷却器	—	—	—	8.624
	工艺气再沸器	34.82	32.959	41.868	10.35
	蒸汽再沸器	4.303	—	—	0.8
	蒸汽压缩机	—	—	—	1.52
	合计	39.123	32.959	41.868	21.294
热能损失 /(×10^6 W)	CO_2 水冷却器	35.123	24.737	6.164	5.482
	CO_2 空气冷却器	—	—	15.026	—
	CO_2 冷凝水冷却器	—		14.77	0.073
	合计	35.123	24.737	35.96	5.555
热能回收 /(×10^6 W)	贫液/锅炉给水预热器	15.584	9.723	7.606	—
	半贫液/锅炉给水预热器	—	—	7.606	—
	低变气/锅炉给水预热器	—	12.77	—	6.855
	贫液/热水加热器	—	—	—	7.4
	CO_2/脱盐水预热器	—	—	—	10.49
	CO_2/冷凝液预热器	—	—	—	1.052
	合计	15.584	22.493	15.212	25.797
再生塔	塔顶温度/℃	105	103	74	94
	塔顶水碳比	2.25	1.77	1.1	1.08
	再生 CO_2 量/(m^3/h)	27 350	26 031	35 544	27 904
	再生能耗/(W/$m^3_{CO_2}$)	1430	1266	1177	763

此工艺流程和 K、T 及 H 型厂均为改良热钾碱法脱碳，只是 H 型厂溶液中的活化剂是氨基乙酸，本流程和 K、T 型厂流程配置不一样，K、T、H 型厂均为两段吸收，两段再生流程，本装置乃是两段吸收、一段再生和具有热泵的节能型流程。加之本装置的转化压力均较其他厂为高，脱碳的操作压力也随之增高。基于前述条件，本流程特点如下：

(1)溶液吸收能力大、循环量少。改良热钾碱法脱 CO_2 时伴有化学反应的吸收过程，增加系统操作压力，气体中 CO_2 分压随之增加，即 CO_2 的溶解推动力增大，使溶解速度增快，此时液相中 CO_2 浓度增大，化学反应速度也随之加快，所以吸收速度快。同时，在温度一定时，增加压力，有利于吸收平衡，即气体净化度可提高。如果温度、净化度在等同的条件下，随着操作压力的提高，则溶液吸收能力增大。K、T、H 型厂的溶液吸收能力为 23 ~ 25 $m^3_{CO_2}$/(m^3 · h)，而本装置为 29.5 $m^3_{CO_2}$/(m^3 · h)。相近的生产规模，溶液吸收能力大的，则溶液循环量少，本装置溶液循环量仅为 902 m^3/h。

(2)脱碳系统能耗低

1)再生能耗低。本流程的再生能耗为763 $W/m^3_{CO_2}$,几乎为K型厂再生能耗的一半。获得低能的主要措施采用了蒸汽喷射泵和蒸汽压缩机(简称热泵)。热泵是节能的好手段,这是人们共知的。此流程是自再生塔底流出的溶液入闪蒸槽(05-D002),采用四级蒸汽喷射泵(05-A001-A004)和蒸汽压缩机,使闪蒸槽形成减压闪蒸,闪蒸出来的水蒸气和CO_2,由喷射泵和压缩机抽出、压缩送回再生塔下部。这即是从闪蒸槽低温热源吸取热量,送往再生塔高温热源下部。送回再生塔的水蒸气不仅有部分蒸汽起冷凝传递热量的作用,同时还有部分水蒸气起汽提介质的作用,对降低溶液转化度极为有利。而蒸汽喷射泵所用的水蒸气是由气体冷却器(05-E001)提供的0.37 MPa饱和蒸汽。换句话说这热量是来源于低变气,是低变气提供的热量在(05-E001)中产生的蒸汽。使用这些蒸汽先做功后供热,是合理使用热能的有效途径。

2)热能回收量大。为合理利用低变气的热能,经再沸器(05-E002)换热后的低变气温为132 ℃,继入脱盐水预热器(05-E009)换热,回收热量6855 kW,温度降至95 ℃。即95 ℃的低变气进入吸收塔下部,它与132 ℃的低变气入塔时相比较,大大减少了带入吸收塔的水蒸气量,因此,减少了水蒸气在吸收塔中的冷凝液量。这既有利于溶液循环系统的水平衡,又便于吸收塔底温度的操作控制。同时还通过贫液/热水加热器(05-E010)。将出(05-D002)的部分贫液由100 ℃降温至70 ℃,回收热量7405 kW。通过CO_2冷凝液换热器(05-E008),回收热量1052 kW。特别是配置了CO_2脱盐水预热器(05-E004),它将再生CO_2气中所带出的水蒸气的极大热量(10 490 kW)进行回收。而K、T、H型厂对这部分热量不但未回收,还需设置水冷却器来冷却。

3)系统水平衡。溶液损失少由于设置了脱盐水预热器(05-E009),低变气冷至95 ℃进入吸收塔,它在该温度下所带入溶液系统的水蒸气量基本上与脱CO_2后的净化气在70 ℃条件下带出水蒸气量加上再生CO_2气在40 ℃下带出水蒸气量之和相当。正常生产时,从吸收塔顶部每小时喷入锅炉给水一吨,以洗涤净化气,减少溶液损失,同时作为水平衡的调节手段之一。

同时,再生CO_2气中所带出水蒸气的冷凝液,几乎全部用于脱碳系统,外排量甚少(约1.5 t/h)有利于减少溶液的损失。相比之下,K型厂因低变气吸收塔气温高至127 ℃,带入蒸汽量大,致使溶液系统水不平衡,每小时需排放冷凝液8~10 t,既浪费热能又损失溶液。

2.5.3.2　主要设备

(1)吸收塔(05-C001)。构造如图2.5-2。吸收塔是加压下操作,采用两段吸收,入上塔的溶液量仅为循环量的四分之一,同时,上塔吸收CO_2的负荷较小。为节省投资,塔分为直径不同的上下两段,上塔内径ϕ2.2 m,下塔内径ϕ3.4 m,总高约33.5 m。上塔装填碳钢鲍尔环填料,由于气、液界面处易腐蚀,故于碳钢鲍尔环上面铺填0.6 m高度的不锈钢鲍尔环以抗腐蚀,填料高7.4 m,合计28.1 m^3。下塔装填碳钢鲍尔环两层,除每层上面装0.6 m高的不锈钢鲍尔环外,在第二层的下面还装填1.2 m高度的不锈钢填料,以防止进气对填料的冲刷,导致钝化膜的破坏,其总高为12.4 m,合计填料112.6 m^3。

为防止填料被气流吹翻,每层填材上均装有压紧格板,为使气液分布均匀,溶液进塔处装有由分布管和分布盘组合的液体分布器。为克服塔壁效应,本系统下塔填料分两层,层间还设有再分布器。

对大直径的塔,填料支撑板的结构设计极为重要,既要有足够的刚度和强度,又要有足够大的自由截面积,不能小于填料层本身的自由截面积,以防液泛所采用的是波纹状多孔支撑板。

为防止塔底流出溶液因产生旋涡将气体带入再生塔,因此,在富液出口处有破旋涡装置。

(2)再生塔(05-C002)。如图 2.5-3,其结构与吸收塔大致相同,由于再生时的操作条件,溶液和气体介质的腐蚀性增强,设备材质的选择更为重要。

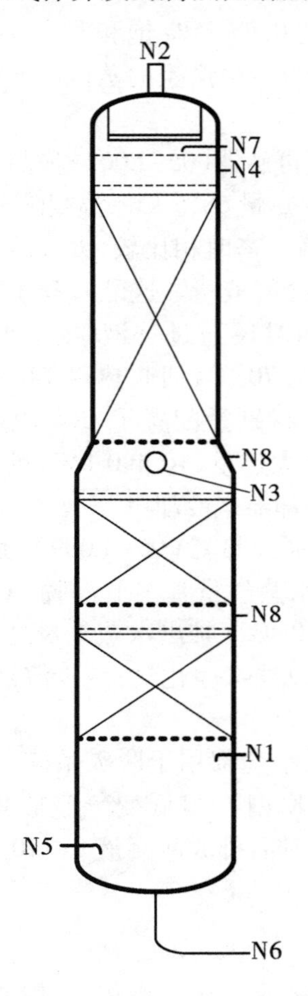

N1—气体入口;N2—气体出口;N3—溶液入口;N4—溶液出口;N5—溶液出口;N6—排放口;N7—锅炉给水入口;N8—分析取样口。

图 2.5-2 吸收塔构造示意图

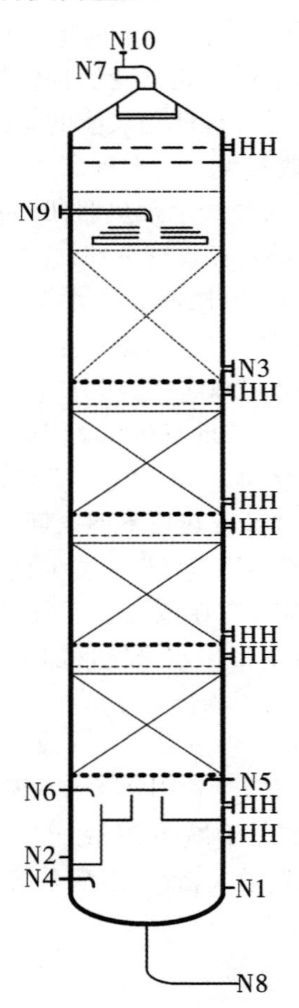

N1—液体入口;N2—液体出口;N3—液体入口(来自再沸器);N4—液体出口(去闪蒸槽);N5—汽化气入口;N6—闪蒸气入口;N7—气体出口;N8—溶液排放口;N9—冷凝液进口;N10—放空口;HH—手孔。

图 2.5-3 再生塔构造示意图

塔内径 ϕ4.2 m,总高 57.2 m,分四层装置碳钢鲍尔环填料,每层上面装有 0.6 m 高度的不锈钢鲍尔环,合计填料高 7.1 m。

塔上部除捕雾器外，设有两块浮筏塔板，喷入冷凝液洗涤即将逸出的再生 CO_2 气，以减少溶液带出量，同时降低再生 CO_2 出气温度至 94 ℃，减少了 CO_2 气带出热量，即降低再生热耗。

自塔中流下的溶液需要进一步再生，加热升温有利。因此流出的溶液，入再沸器被加热沸腾，再返回塔内，借助热虹吸作用原理，溶液进行自然循环。

从再生塔底流出的溶液，进入闪蒸槽，经减压闪蒸出的 CO_2 和水蒸气返回塔下部位。返回的 CO_2 和大部分蒸汽作为汽提气，部分水蒸气冷凝放热，供给塔底溶液中 CO_2 解吸时吸热所需。

(3)闪蒸槽(05-D002)。结构如图 2.5-4，由两室组成，Ⅰ室装有换热器和三块洗涤塔板，Ⅱ室分为四个部位，依次与四级蒸汽喷射泵相连。正常生产时，再生塔底溶液入闪蒸槽，然后依次流经蒸汽喷射泵(05-A001 ~ A004)所属部位，吸入压力分别为 0.154 MPa(绝)、0.142 MPa(绝)、0.131 MPa(绝)、0.12 MPa(绝)，相应温度为 116 ℃、114 ℃、111 ℃、109 ℃，闪蒸汽返回再生塔底部。Ⅱ室第四部位的溶液经液位调节器流出，进入Ⅰ室，蒸汽压缩机(05-K001)吸入压力 0.085 MPa(绝)，相应温度 101 ℃。Ⅰ室中溶液闪蒸解吸所需要吸收的热量，部分在热交换器中换热，由锅炉给水供给(由 128 ℃冷却至 110 ℃)。Ⅰ室的闪蒸汽流经三块洗涤塔板，与喷入的 CO_2 气冷凝液逆流接触洗涤下带出的溶液，然后经蒸汽压缩机吸入，压缩送回塔底，再生合格贫液由贫液泵送往吸收塔。

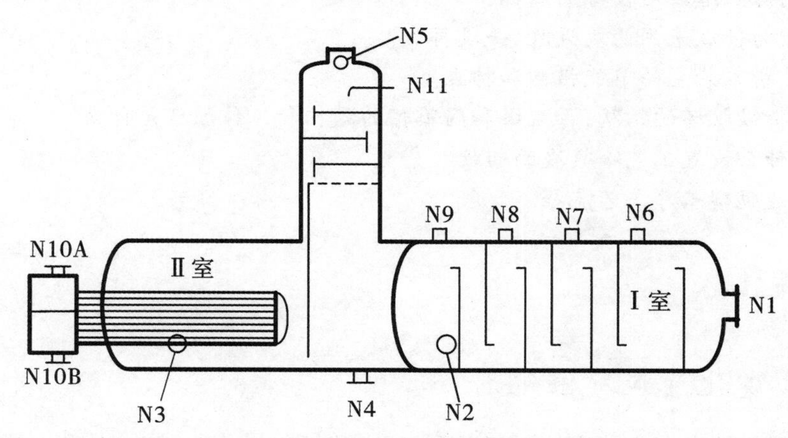

N1—液体入口；N2—液体出口；N3—液体入口；N4—液体出口；N5—汽化气出口；N6 ~ N9—闪蒸气出口；N10A/B—锅炉给水出入口；N11—冷凝液入口。

图 2.5-4 闪蒸槽(05-D002)结构示意图

2.5.4 工艺冷凝液的回收

转化气在中、低变工序中，除主反应 CO 变换为 CO_2 外，尚有副反应发生，特别当变换操作压力较高，在低变铜-锌-铝系催化剂条件下，副反应生成的氨、甲醇、甲醛、甲酸等物质相应增多。这些物质当低变气进入脱碳工序，经气体冷却器(05-E001)、再沸器(05-E002)和脱盐水预热器(05-E009)后，随水蒸气的冷凝而溶解于冷凝液中，这不仅对设备管道腐蚀加重，且甲醇还是极毒物质，如不经处理除掉，会累积增多，造成危害，因此，必须设置工艺冷凝液的回收。

从(05-F001)分离出来的冷凝液(约 34 t/h)，用泵(05-P0064A/B)送冷凝汽提塔(05-C003)，冷凝液从塔的上部进入与自塔下部进入的温度 422 ℃的中压蒸汽进行逆流接触，经传热、传质过程将溶解的副产物解吸出来，同时，还有部分液态水汽化为水蒸气，一同从汽提塔顶逸出，送一段转化炉炉管内重新转化，塔底流出的冷凝液，送水处理装置，处理后重新用作锅炉给水。

思考题

(1)为什么要设置脱碳工序?

(2)分析苯菲尔法脱除二氧化碳的原理。苯菲尔法溶液组成及各组分的作用是什么?

(3)分析温度和压力如何对吸收过程产生影响?

(4)如何确定溶液循环量?

(5)如何选择再生温度和再生压力?

(6)溶液转化度的意义是什么?

(7)如何防止溶液对设备的腐蚀?

(8)脱碳为什么采用两段吸收、一段再生?

(9)试分析本装置的节能措施和特点。

(10)分析吸收塔的结构，再生塔和闪蒸槽的结构和工作原理是什么?

(11)为什么设置工艺冷凝液的回收?

(12)描述脱碳工序工艺流程。

2.6 甲烷化

2.6.1 甲烷化反应及催化剂

工业上要求进入合成工序的氮氢混合气中，碳氧化物(CO,CO_2)体积分数在 1×10^{-5} 以下。在催化剂条件下将 CO、CO_2 加氢反应生成甲烷，称之为甲烷化。甲烷化是强放热反应，温升很大，因此，甲烷化反应必须是含碳氧化物体积分数低于 1% 的条件下进行。也就是说甲烷化法，是基于低温变换实现的前提下才有可能。

2.6.1.1 化学反应

$$CO+3H_2 = CH_4+H_2O+206.16\ \text{kJ/mol} \tag{2.6-1}$$

$$CO_2+4H_2 = CH_4+2H_2O+165.08\ \text{kJ/mol} \tag{2.6-2}$$

如原料中有氧存在时，氧与氢反应：

$$O_2+2H_2 = 2H_2O+241.99\ \text{kJ/mol} \tag{2.6-3}$$

某种条件下，还会有以下副反应发生：

$$2CO \xlongequal{} C+CO_2 \quad (2.6\text{-}4)$$

$$Ni+4CO \xlongequal{} Ni(CO)_4 \quad (2.6\text{-}5)$$

因此,操作条件的选择,应有利于(2.6-1)、(2.6-2)甲烷化反应的进行,而不利于副反应(2.6-4)、(2.6-5)的发生。

2.6.1.2 甲烷化催化剂

甲烷化是甲烷蒸汽转化的逆反应,因此,甲烷化所用催化剂与甲烷蒸汽转化一样,都是以镍为活性组分的催化剂,所不同的是甲烷化反应是在较低的操作温度(280～420 ℃)下进行,要求低温活性好的催化剂。所以催化剂含镍较高,其质量分数通常为15%～35%,有的还加入铜和稀土元素作促进剂,同时,甲烷化是强放热反应,绝热温升大,要求催化剂耐热性能好,一般都以耐火材料(Al_2O_3)作载体,可耐温 700 ℃,有时还加入K_2O、Na_2O、MgO 或 Cr_2O_3 作为促进剂和稳定剂,催化剂可压成片状或球形,颗粒大小为4～6 mm。

几种国内外甲烷化催化剂的性能列于表 2.6-1。

表 2.6-1 甲烷化催化剂性能

国家(公司)	型号	组成	规格/mm	堆密度/(kg/m³)	温度/℃	压力/MPa	空速/h^{-1}
中国	J105	NiO+MgO+Al_2O_3+稀土	φ5×5 片剂	1100～1200	300～500	<3	6000～8000
美国(CCI)	C13-4-04	NiO 18%～22% $Al_2O_3$57%～72% CaO 4.5%～5.5% S 0.028%	φ3.2～6.4 球形	720～880	230～450	<25	—
丹麦(托普索)	PKR	Ni 14% AL_2O_3 SiO_2	φ4～8 球形	900～950	250～500	2.5	6000
英国(ICI)	ICI11-3	NiO+载体	φ45.4×3.6 片剂	1100	340～400	0.5～25	5000～8000

催化剂中的镍一般以 NiO 形态存在,使用前应还原。还原反应如下:

$$NiO+H_2 \xlongequal{} Ni+H_2O+1.26\ kJ/mol$$

$$NiO+CO \xlongequal{} Ni+CO_2+38.5\ kJ/mol$$

还原反应的热效应比较小,因此温升不大。但还原后的催化剂具有加快甲烷化反应速率的活性,而甲烷化反应速率快、温升大,很容易超温,为此还原时要严格控制碳氧化物的浓度,一般不超过1%(体积分数)。生产中常用脱碳气进行还原,当还原温度升高到 250 ℃时,要逐步提高系统压力,待温度达 325～400 ℃,恒温 4～6 h,即可完成催化剂的还原。本装置选用 J105 型催化剂,装填 23 m^3,空速为 5689 h^{-1}。

还原后的催化剂不能使含有 CO 的气体升温，尤其当温度在 200 ℃以下时，要严禁含 CO 的气体与催化剂接触，否则会生成羰基镍[$Ni(CO)_4$]，这不仅毒害了催化剂，而且对人体也是极其有害的。

硫、砷及卤素，即使含量非常少也会使催化剂中毒，低温下硫对催化剂的毒害性更大，且是累积性，永久性的中毒，如表 2.6-2 所示，所以对甲烷化催化剂的维护至关重要，尤其当开、停车，高变催化剂放硫时期，严禁含硫气体导入甲烷化工序。甲烷化催化剂正常使用寿命一般可达 6 ~ 8 年。

表 2.6-2 甲烷化催化剂中硫吸附量与活性的关系

硫吸附量 /%（质量分数）	相对活性（以新催化剂为 100）	硫吸附量 /%（质量分数）	相对活性（以新催化剂为 100）
0.1	90	0.3 ~ 0.4	20 ~ 30
0.15 ~ 0.2	50	0.5	0

2.6.2 工艺条件

压力：提高压力对甲烷化反应的平衡和速率均有利。但操作压力的确定，要从合成氨生产的全过程来考虑，如此甲烷化的操作压力是由前后工序的压力来决定。本装置为 3.83 MPa。

温度：甲烷化是强放热反应，绝热温升大。如按前述脱碳气组成来计算，绝热温升与 CO、CO_2 和 O_2 含量的关系如图 2.6-1 所示，即体积分数为 1% 的 CO 温升 72 ℃；体积分数为 1% 的 CO_2 温升 59 ℃；体积分数为 1% 的 O_2 温升 159 ℃。

为便于操作控制，流程中还设置有脱碳气不经汽-气交换器的副线，用来调节甲烷化炉的入气温度。

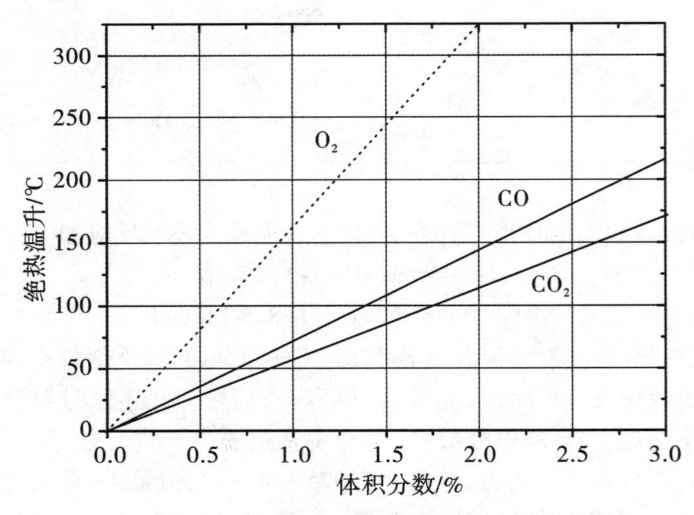

图 2.6-1 CO、CO_2 和 O_2 含量与绝热温升的关系

2.6.3 甲烷化炉(06-R001)

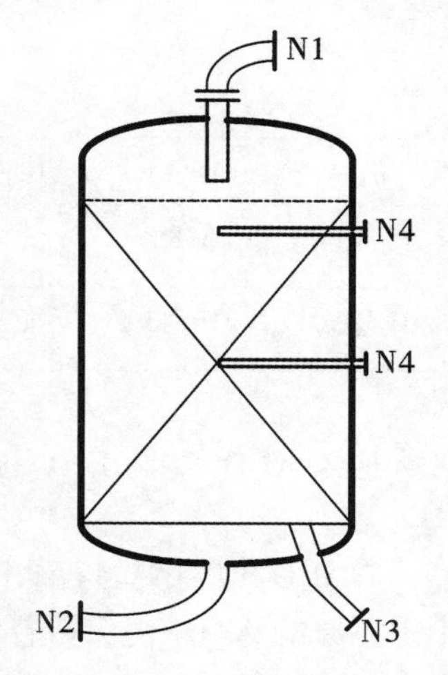

N1—气体入口;N2—气体出口;N3—催化剂卸料口;N4—热电偶接口。

图2.6-2 甲烷化炉结构示意图

甲烷化炉构造如图2.6-2所示。内径 ϕ2.6 m,总高约9.7 m,催化剂床层高度4.34 m,装填J105型催化剂23 m^3。为使进入气体于催化剂床层上分布均匀,设有气体分布器,并在催化剂上面装填一层厚300 mm的耐热瓷环(15 mm×15 mm×2 mm)。为防止或减少甲烷化气带出的催化剂粉尘,催化剂床层下边装填有耐火球(ϕ15~20 mm),气体出口处有集气器,同时,为防止床层松动,催化剂最上面设有篦子板。

甲烷化炉的热损失为总热量的1.1%,可忽略不计,可以近似认为是一绝热反应器。气体介质中,含 H_2 体积分数约75%,考虑氢腐蚀,炉子材质采用1Cr-0.5 Mo的低合金钢,耐火温度设计为450 ℃。

思考题

(1)什么叫甲烷化?流程中设置甲烷化的目的是什么?

(2)甲烷化的主、副反应有哪些?

(3)甲烷化催化剂的组成和蒸汽转化催化剂有什么不同?

(4)甲烷化催化剂的还原中为什么要严格控制碳氧化物的浓度?

(5)分析甲烷化操作压力是如何确定的?

(6)分析温度对甲烷化反应的影响,如何调节?

(7)简述甲烷化炉的结构和类型。

(8)简述甲烷化工序的流程。

2.7 氨的合成

2.7.1 氨合成反应及催化剂

氨合成反应是分子数减小,放热的可逆反应,其总反应方程式为:

$$\frac{1}{2}N_2+\frac{3}{2}H_2 \rightleftharpoons NH_3(g)+46.22\ kJ/mol \qquad (2.7-1)$$

氨合成所用的催化剂为铁系催化剂,活性组分为 α-Fe。未还原之前的催化剂为 Fe_3O_4(FeO和 Fe_2O_3),其中FeO占24%~38%(质量分数),当 $\frac{n(Fe^{2+})}{n(Fe^{3+})}$ 之间的摩尔比约为0.5时,活性最佳(见表2.7-1),一般为0.47~0.57,活性组分为尖晶石结构。根据添加助催化剂的情况可分为双促进剂催化剂($K_2O \cdot Al_2O_3$)、三促进剂催化剂($K_2O \cdot Al_2O_3 \cdot CaO$)、四促进剂催化剂($K_2O \cdot Al_2O_3 \cdot CaO \cdot SiO_2$)。此外,还有加入MgO、BaO、CoO等促进剂的催化剂。

表 2.7-1 氧化铁组成与活性的关系

$n(Fe^{2+})/n(Fe^{3+})$	0.352	0.551	0.648	0.772	1.29	2.16	3.63	7.68
3 MPa $Y_{NH_3}=5.8\%$	3.18	3.80	3.45	3.54	2.55	2.00	1.82	1.72
10 MPa $Y_{NH_3}=16.43\%$	3.30	5.47	3.45	4.58	3.57	2.37	2.52	2.15

加入 Al_2O_3 能与 FeO 作用生成 $FeAl_2O_4$，即

$$FeO+Al_2O_3 \xlongequal{} FeAl_2O_4$$

$FeAl_2O_4$ 具有尖晶石结构，在 Fe_3O_4 中均匀分布。当铁催化剂被氢还原为 α-Fe 时，不被还原的 Al_2O_3 仍保持着尖晶石结构，并起到骨架作用，从而防止了铁细晶的长大。由于 Al_2O_3 的存在，α-Fe 的微晶间便出现了空隙，形成纵横交错的微型孔道结构，构成内表面。据测定，含有 2%（质量分数）Al_2O_3 的四氧化三铁的表面积为纯 Fe_3O_4 表面积的 10 倍左右，活性中心数目也成倍增加。由于加入适量的 Al_2O_3 改善了还原态铁的结构，使催化剂表面增加，氨含量也随之增大，呈现出促进作用，所以称之为结构型促进剂。Al_2O_3 的加入也产生一定的不利影响，它使催化剂的还原速率减慢。

MgO 的作用与 Al_2O_3 相似，也是结构型促进剂。它能增强铁催化剂对硫化物的抗毒性能和保护催化剂在高温下微晶不至于破坏而导致活性降低。

Fe-Al_2O_3 催化剂中加入适量 K_2O 后，催化剂的表面积有所下降，活性反而显著增加。这是由于 K_2O 为电子型促进剂，它可使金属电子逸出功降低。氮活性吸附在催化剂表面上形成偶极子时，电子偏向于氮，电子逸出功降低有助于氮的活性吸附，从而提高了催化剂的活性。

CaO 也属于电子型促进剂，同时，CaO 能降低熔体的熔点和黏度，有利于 Al_2O_3 与 Fe_3O_4 固熔体的形成，此外还可以提高催化剂的热稳定性。但如加入过量的 CaO，尤其当磁铁矿中亚铁含量较高时，CaO 熔解在磁铁矿中，导致大部分的钾与二氧化硅反应，使催化剂活性下降，所以促进剂的加入必须适量。

二氧化硅一般作为磁铁矿的杂质存在，具有中和氧化钾、氧化钙之类碱性组分的作用，并具有提高催化剂抗水蒸气毒害和耐烧结的性能。

在正常操作条件下（压力 14～45 MPa，空速 10 000～20 000 h^{-1} 和温度 380～550 ℃）具有最佳活性的组成（质量分数）是 Al_2O_3 2.3%～5%，CaO 2.5%～3.5%，K_2O 0.8%～1.2% 和 SiO_2 1.2%。

氨合成铁催化剂为黑色，有金属光泽、磁性，一般是外形不规则的固体颗粒，在空气中易受潮，会引起可溶性钾盐析出，导致活性下降。还原后的铁催化剂若暴露在空气中，便会迅速燃烧，丧失活性。

氨合成铁催化剂堆密度一般为 $(2.5\sim3)\times10^3 kg/m^3$，孔隙率 39%～42%，比表面积约为 20 m^2/g，孔容积（$\frac{催化剂内部微孔体积}{催化剂重量}$）为 0.12 mL/g 左右。

大型合成氨厂所使用的氨合成铁催化剂主要性能如表 2.7-2 所示。

表 2.7-2　氨合成催化剂

国家（公司）	型号	组成	规格 /mm	堆密度 /（$\times10^3$kg/m^3）	温度 /℃	压力 /MPa
中国	A110-1	$n(Fe^{2+})/n(Fe^{3+})$0.55 $Al_2O_3$2%～3% CaO 2% K_2O 0.5%～1.5% 总 Fe 67%	2.2～20	2.7～2.8	380～510	15 以上
中国	A103	总 Fe 66.5%～68.0%	1.5～3.0	2.35	380～550	10～60
美国	C73-101	Fe_3O_4，CaO，K_2O，SiO_2	1～12	1.7～3.0	400～600	18.5～10.5
丹麦（托普索）	KMI	Fe_3O_4，Al_2O_3，CaO，K_2O	1.5～23.0	1.83～2.8	380～550	10～100
英国（ICI）	ICI35-4	Fe_3O_4，Al_2O_3，CaO，K_2O MgO，SiO_2	3～9	2.65～2.85	350～530	15～60
英国（ICI）	ICI74-1		1.4～2.8	2.45～2.55	360～530	10.6

2.7.2　工艺条件

从热力学分析，高压低温对平衡有利，但低温反应速度极慢。工业生产中，为加速反应，必须使用催化剂，这样温度要受到催化剂活性温度的约束，从动力学分析，氨合成速度受内扩散影响严格，基于这些来确定工艺条件。

2.7.2.1　压力

提高压力对氨合成的平衡和反应速率均有利，所以合成装置的生产能力随压力而提高，且在高压下，可简化氨分离流程，如在 45 MPa 时，氨分离只需水冷即可，这样设备紧凑，占地面积少。但压力高时对设备材质、制造的要求水平均高，同时高压下的反应温度一般较低压为高，相应催化剂的使用寿命较短。

氨合成压力的高低，也影响氨生产的能量消耗。从经济效益来讲，能量消耗是选择生产操作压力的主要依据。

当然，能量消耗即生产操作费用并非决定经济效益的唯一因素，经济效益的高或低，还与工艺流程的配置，装置的生产能力，原料、动力及设备的价格，热能的综合利用等因素有关，总称为综合费用。当压力从 10 MPa 提高至 35 MPa 时，综合费用可下降 40%，继续提高压力效果则不显著。

当工艺流程配置不同时，有不同的适宜操作压力，本装置的压力选择为 10.5 MPa。

2.7.2.2　温度

在铁催化剂上氨合成反应动力学方程式为：

$$r_{NH_3}=k_1p_{N_2}\frac{p_{H_2}^{1.5}}{p_{NH_3}}-k_2\frac{p_{NH_3}}{p_{H_2}^{1.5}}=k_1p_{N_2}\frac{p_{H_2}^{1.5}}{p_{NH_3}}\left(1-\frac{1}{K_p^2}\frac{p_{NH_3}^2}{p_{N_2}\cdot p_{H_2}^3}\right)$$

当压力、组成、催化剂活性一定时，温度升高，反应速率常数 k_1 增大，对反应速度有利，而对化学平衡不利，K_P值减小。因此，当其他条件一定时，必存在一个氨合成反应速度最大时的温度，即最适温度。

从理论上讲，如氨合成反应按最适温度曲线进行，则催化剂用量最少，合成效率最高。而实际上是不可能的，这是由于反应初期，最适温度已远超过催化剂活性温度高限。同时，刚入塔的反应气体，其合成反应速率很大，没有必要一定要达到最适温度。因此，对合成塔催化剂层的入口温度，在设计时应取为比催化剂活性温度低限高 20 ℃左右，且床层内热点温度不可高于催化剂活性温度的高限，出合成塔催化剂床层的温度低于热点温度，这时主要考虑平衡，温度低对平衡有利。因此在合成塔的结构设计时，尽可能使反应的中、后期靠近最适温度曲线进行。如果合成塔的结构、催化剂装填量等设计得较合理，在操作时还应根据催化剂使用的不同时期，使用中所发生过的不同状况来进行分析、比较、计算选择最佳操作条件，这对强化生产，降低成本十分有益。本装置使用 ICI74-1 型催化剂，设计入催化剂床层温度 380 ℃，热点温度 472 ℃（催化剂使用后期约 479 ℃），出催化剂床层温度为 415 ℃。

2.7.2.3 气体组成

（1）氢氮比。从平衡角度考虑，在不计组成对氨合成反应的平衡常数的影响时，$\frac{n(H_2)}{n(N_2)}=3$，平衡氨浓度最大，然而在高压下平衡常数不仅随温度、压力变化，也随组成而变，这时$\frac{n(H_2)}{n(N_2)}$接近于 3 时才可获得最大的平衡氨浓度。

如果忽略溶解于液氨中的少量氮、氢气，氨合成反应所需氢氮气总是按 3∶1 的摩尔比率消耗的。因此，新鲜气中的氢氮比应控制为 3，否则系统中多余的氢和氮就会积累起来，造成氢氮比的失调。

至于循环气中氢氮比，从宏观动力学考虑，是按不同的操作压力、不同时期催化剂的活性、惰气含量等因素而变。一般来说，操作压力高或催化剂活性好的时期$\frac{n(H_2)}{n(N_2)}$可控制高一些，为 2.5 ~ 2.9；反应操作压力低，催化剂活性又接近衰老时期，$\frac{n(H_2)}{n(N_2)}$控制为 2.1 ~ 2.6。

（2）惰性气含量。惰性气体含量的增加，对氨合成反应的化学平衡和反应速率均不利，理论上是愈少愈好。但实际生产中惰气是由新鲜气带入的，新鲜气中惰气量带入的多少是根据不同的原料气制造方法和净化方法来确定的。

惰性气体不参与氨合成反应，因此，随着反应的进行，惰气量会不断地积累增加。为控制循环气中惰性气体的一定含量，必须排放部分气体。当新鲜气的惰性气体含量一定时，若控制循环气中含惰性气体量较少，则排放气量增大，N_2、H_2 也随之排出，新鲜气耗量增多。因此，循环气中惰性气体含量多少为宜，应根据新鲜气中惰性气体的含量、操作

压力、催化剂活性及是否设有氢回收装置等条件而定。

本装置的新鲜气中惰性气体体积分数较高，为1.86%，合成操作压力较低，为10.5 MPa，循环气中惰性气体体积分数设计值也较低为5.85%。这是考虑到在操作压力低、新鲜气中惰性气体体积分数又较高的条件下，要有利于氨的合成反应，则要求控制循环气中较低的惰性气体含量，以降低惰性气体分压，提高 N_2、H_2 分压，向生成氨的方向进行。不利因素是排放气量增多，故本装置设有氢回收装置来利用排放气中的氢。

(3)入塔气氨含量。入塔气中氨含量低，离平衡较远，对氨合成反应的平衡、速率有利，氨净值大，如表2.7-3所示。

表2.7-3 不同进口氨含量与净值的关系

进口氨体积分数/%	2.68	2.52	2.44	2.26	1.55	1.15	0.78
出口氨体积分数/%	9.35	9.5	9.49	9.38	9.65	9.05	9.8
氨净值(体积分数)/%	6.67	7.00	7.05	7.12	8.1	8.5	9.02
相对生产能力	100	10 495	105.7	106.75	121.4	127.4	135

入塔气中氨含量由操作压力和氨分离方法而定。采用冷凝法，当操作压力高，氨含量可大一些，如30 MPa装置的入口氨体积分数为3.2%～3.8%，15～20 MPa装置的氨体积分数为2%～3%。采用水或其他溶剂的吸收法，入塔气中氨体积分数可降至0.5%左右。

本装置为冷凝法，水冷和氨冷两次分氨，入塔气中的氨体积分数为4.12%。

(4)水蒸气含量。合成气中的水蒸气含量，直接影响着氨产品的纯度，而水蒸气含量的多少取决于合成气压缩机最后一段的吸入状态和冷冻设备的设置。饱和状态下合成气中的水蒸气含量在低压下可用道尔顿分压定律来计算，高压下则计算值偏差甚大。在压力10～100 MPa(绝)、温度20～50 ℃，可查图2.7-1求得每单位体积压缩气体中的水分含量。

2.7.2.4 空间速度、出口氨含量及氨净值

空间速度(简称空速)的大小，就是接触时间的长短。当入塔气氨含量一定时，在一定范围内的空速增大，即循环气量加大，相应的出塔气中氨含量有所降低，氨净值减小，但催化剂的生产强度和产氨量增加。这是由于空速增大，在催化剂床层中对于一定位置的平衡氨浓度与气体中实际氨含量的差值增大，即浓度差(推动力)增大，使反应速度加快。此时氨净值的降低程度小于因反应速度加快所生的氨量，所以总的产氨量增多。

其他条件一定时，增加空速可提高催化剂的生产强度。但随着空速增加系统阻力增大，循环功耗和氨分离的冷冻负荷也相应增大。如空速过大，单位循环气量的产氨量减少，放出的反应热相应减少，加之循环气带的热量增多，导致合成塔“自热”难以维持的地步。所以对上述诸因素中的利弊加以比较，确定其适宜的空速。大型合成氨厂为了充分利用反应热、降低功耗和延长催化剂的使用期，一般多采用低空速。如操作压力15 MPa的轴向冷激式合成塔，空速为10 000 h^{-1}，氨净值10%左右；操作压力26.9 MPa

的径向冷激式合成塔,空速为 16 200 h^{-1};本装置操作压力为 10.5 MPa,空速为 5415 h^{-1},氨净值为 12.22%。从表 2.7-4 可看出,一般氨净值为 10%~13%。

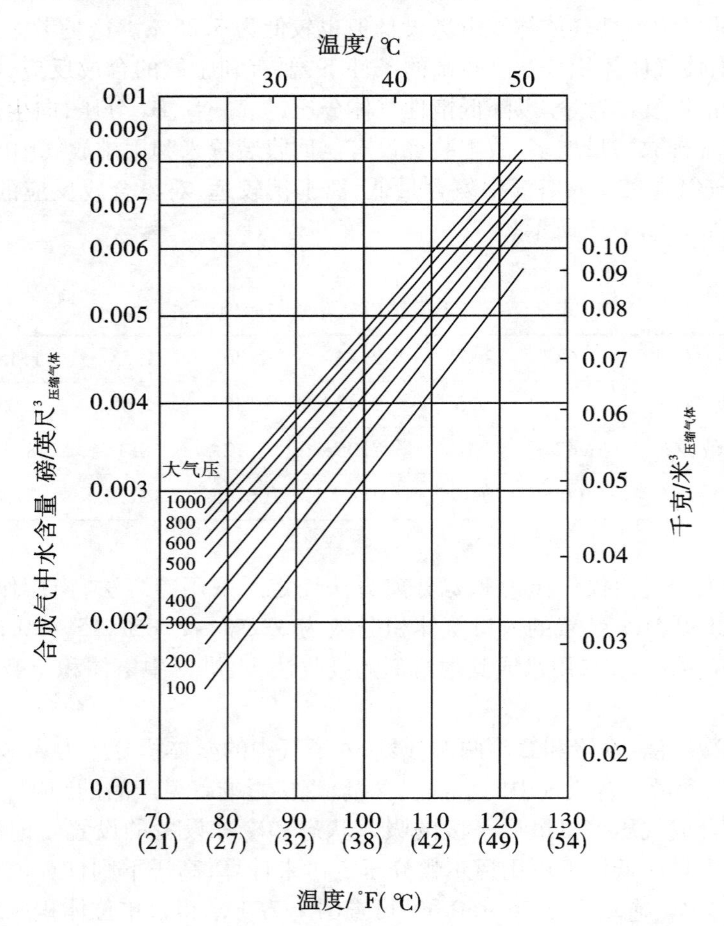

图 2.7-1 合成气中的水分含量

表 2.7-4 合成塔出入口的氨值(体积分数)

合成回路压力 /MPa	氨分离温度 /℃	惰性气体含量 /%	入塔气氨含量 /%	出塔气氨含量 /%	氨净值 /%
14.8	-23.3	13.5	2.00	12.00	10.00
18.3	-13.3	1.0	2.20	15.20	13.00
19.0	-23.3	13.5	1.80	12.50	10.70
21.6	-12.2	13.5	2.50	14.00	11.50
253.0	-23.3	13.5	1.61	13.80	12.19
33.0	-3.9	13.5	2.90	16.00	13.10

2.7.3　工艺流程

2.7.3.1　氨合成工艺的基本步骤

氨合成工艺(合成回路)的循环,分为下列几个步骤:

(1)新鲜气的压缩。目前,工业上氨合成的最低压力仍然在10 MPa以上,而氮、氢原料气的制备与净化的各种方法至今尚未有达此等级的压力,因此,新鲜气均要进行压缩至合成工序的操作压力。压缩时可采用离心式或往复式压缩机,大型合成氨厂因气量大,多采用离心式压缩机。

(2)氨合成。氮气和氢气在一定温度、压力(高压高温)下于铁催化剂上合成氨的反应是在合成塔中进行的,合成塔是自热反应器,为合成氨生产的关键设备。

(3)氨的分离。将在合成塔中反应生成的氨分离出来,而未反应的氮、氢气继续循环使用。

(4)循环气升压。经氨冷凝分离后的回路气中还有大量的氮、氢气,应重新循环回合成塔进行反应,由于回路系统的压力降,必须要对循环气升压。循环气的升压方式为:专门设置循环压缩机或利用合成气离心式压缩机最后一段作为循环段,大型合成氨厂大多采用后者。循环段在合成回路的最佳位置是气量少、气温低处,即在氨冷凝分离和惰气排放之后。

(5)惰性气体的排放。惰性气体的排放位置应设在惰气含量高,氨含量低的部位。

惰性气体的放空量可按下式计算:

$$V_{放空气}=\frac{V_{新鲜气}\cdot y_{i新鲜气}-I_{溶解}}{y_{i放空气}}$$

式中,$y_{i新鲜气}$、$y_{i放空气}$分别为新鲜气、放空气中惰气含量,%;$I_{溶解}$表示溶解于液氨中的惰气量,m^3/t_{NH_3}。

(6)热能的合理利用。氮气和氢气合成氨是放热反应,除维持合成塔内反应的“自然”进行外,尚有多余的热能可回收。因此,在合成回路的设计中设法合理利用有效能,除设置热-热交换器,以求提高入合成塔的气体温度,从而使合成塔的出气温度升高,然后利用此高温气体的热能产生高压蒸汽,以达节能和降低氨成本的目的。

2.7.3.2　工艺流程

工艺流程见图2.7-2。自合成压缩机(07-K001)循环段来的循环气(10.54 MPa,26 ℃),为了调节系统惰性气体含量,其中约占总气量6%(体积分数,1449.9 kmol/h)的气体,排放至氨回收塔(10-C001),其余气体入热-热交换器(08-E002)。循环气被加热至239.4 ℃,含氨4.12%(体积分数),进入合成塔(01-R001)进行氨合成反应。出合成塔气体(10.13 MPa,414 ℃,氨体积分数16.36%)首先入废热锅炉(08-E001),回收大量的热,产生12.7 MPa的饱和水蒸气。正常生产时,每小时可产高压蒸汽45.5 t。气体被冷却至275 ℃,进入热-热交换器(08-E002),加热合成塔的循环气,气体继续被冷却至53 ℃,而后依次入水冷却(08-E003),气温冷至38 ℃,入冷热交换器(08-E004)气温冷至23 ℃,此时已有部分氨冷凝,占产氨量的31.8%(约13.3 t/h),气体中氨体积分数降至13.09%。为了继续冷凝分氨,气体再依次入第一、二氨冷器,于第一氨冷器(08-E005)中,冷凝氨量约21.3 t/h,占产氨量的51%,出第一氨冷器的气温为5 ℃,含氨体积分数约7.3%。此气体入第二氨冷器前在管道上与来自分离器(07-F003)的新鲜气相汇合,汇合后的气体中氨的体积分数5.6%,入第二氨冷器(08-E006),出第二氨冷器的流体温度为-10 ℃,入氨分离器(08-E006),分离出的液氨入闪蒸槽(08-D001),减压至1.2 MPa,将溶解于液氨的气体弛放出来。闪蒸后的液氨,用泵(08-P001A/B)送冷冻工序的热交换器(09-E004)。分离出-10 ℃的回路气,氨的体积分数为4.12%,入冷热交换器(08-E004),将从水冷器来的循环气冷却,以达回收冷量的目的,同时冷气被加热至23 ℃,又循环入合成气压缩机的循环段。这样的循环过程,称为合成回路。

工艺流程中还配置有开工加热炉(08-B001),供合成塔催化剂升温还原使用。

此流程有5个特点:

(1)UHDE-ICIAMV工艺装置为我国目前大型氨厂中氨合成的压力(10.58 MPa)、温度(479 ℃)均低的装置。低温对氨合成的化学平衡十分有利,且设计中选用了低温活性好的ICI74-1型催化剂,这样既保证了较大的氨净值,又使热能回收量大,加之低压下,压缩机功率消耗少,所以节能效果明显。

(2)采用了径向合成塔,合成塔压力降只有0.4 MPa,合成回路压力降0.83 MPa,比通常的合成工序的压力降1.3~1.8 MPa明显减小。

(3)采用两级氨冷。新鲜气从第二氨冷前加入,使得新鲜气中微量的CO_2、H_2O等物质能被彻底清除,保证了入合成塔氮、氢混合气的纯度,减少了对催化剂的毒害;新鲜气压缩后的氨冷和回路气的一级氨冷在同一氨冷器中,即第一氨冷器(08-E005),这既减少了冷损失,又节约了设备的占地面积;合成工序只有唯一的液氨(冷氨)产品,便于管理控制。

(4)由于新鲜气与回路气缸外混合,且氨分离后的循环气入循环段,可减少循环段的功耗。

(5)本工艺的不足是排放气量大,占循环气量的6%,而同等级的装置排放气量只占循环气量的3%左右。这是由于新鲜气中惰性气体含量高,而系统操作压力又低,为了控制循环气中惰性气体含量的较低水平(体积分数为7.22%),以提高氮、氢气的分压,有利于氨的生成,而加大排放气量。设计中采用了氢回收装置来加以弥补。回收的氢返回合成回路。

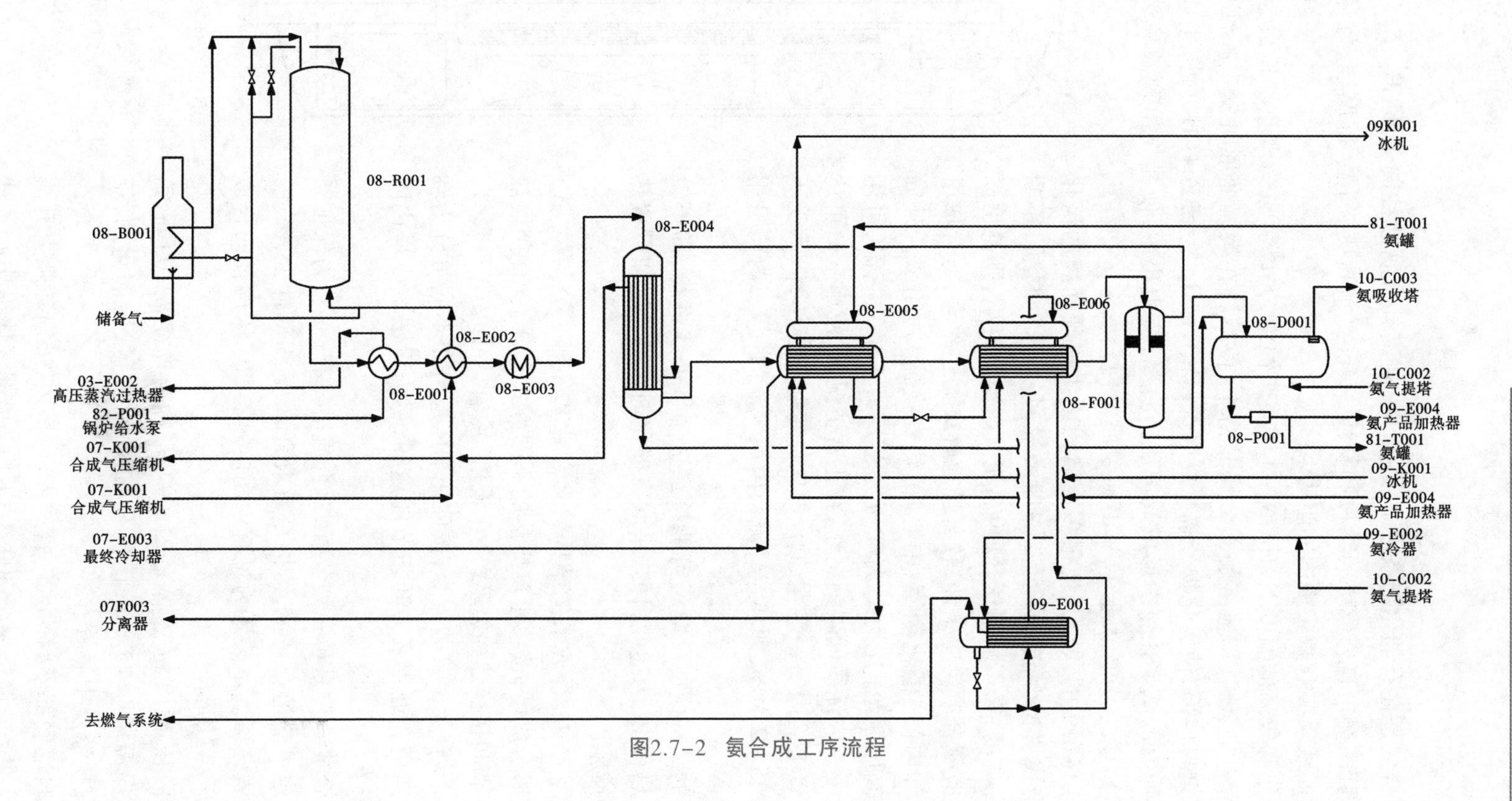

图2.7-2　氨合成工序流程

2.7.4 氨合成塔

氨的合成是在有催化剂条件下，在高压、高温具有腐蚀性的介质（H_2、N_2、NH_3）中进行反应，因此，要求氨合成塔的结构和材质，不仅要耐高压、高温、抗腐蚀，且尽可能按最适宜温度曲线反应和减少塔内的阻力。

在高压和较高的温度下，H_2、N_2 对材质腐蚀中，尤以氢更为严重。造成氢腐蚀的原因有两个，一是氢脆，即氢溶解于金属晶格中，使钢材在缓慢变形时发生脆性破坏；二是氢渗透到钢材内部，使碳化物分解生成甲烷（$Fe_3C+2H_2 \xlongequal{} 3Fe+CH_4$），所生成的甲烷聚积于晶界原有的微观孔隙中形成局部压力过高，应力集中，使晶界出现破坏裂纹。当温度超过 221 ℃，氢分压大于 1.4 MPa，氢腐蚀便会发生。在高压高温下，氮与钢中的铁及其他很多金属元素生成硬而脆的氮化物，导致金属机械性能的降低。一般来说，耐高压的材质，不耐高温；耐高温的，又不耐高压，既耐高压又耐温的材质，则价值昂贵。为适应氨合成反应条件，较合理地解决上述矛盾，氨合成塔均由外筒和内筒（催化剂筐、中心管、热交换器）所组成。外筒主要承受高压（操作压力与大气压力之差），不承受高温，可用普通低合金钢或优质低碳钢制作，在正常情况下，使用寿命可达四五十年以上。内筒一般在 500 ℃左右高温下操作，但承受压力只有 0.35～2 MPa，即环隙气流与内筒气流的压差，内筒可用合金钢制造。

内筒的结构应使反应尽可能按最适温度曲线进行，即要设法将反应热移出，为达此目的，采取将催化剂床层分层和设置热交换器等措施。

工业生产中，合成塔的结构繁多。就其外形来分，有立式、卧式和球形合成塔；按移走反应热的不同方式来分，有直接换热（冷激式）和间接换热（冷管式）合成塔，冷管式中又有双套管、三套管、U 形管及单管并流等；按催化剂床层分布不同可分为轴向塔和径向塔。近年来为开拓节能途径，尽力设法减少塔内阻力，径向塔发展迅速。

大型合成氨厂是单系列装置，氨合成塔只有一个，为保证长周期的稳定可靠运行，对塔结构是力求简单、易损部件少，因此，多采用冷激式塔。本装置为具有中间换热器的三床层径向合成塔，如图 2.7-3 所示。

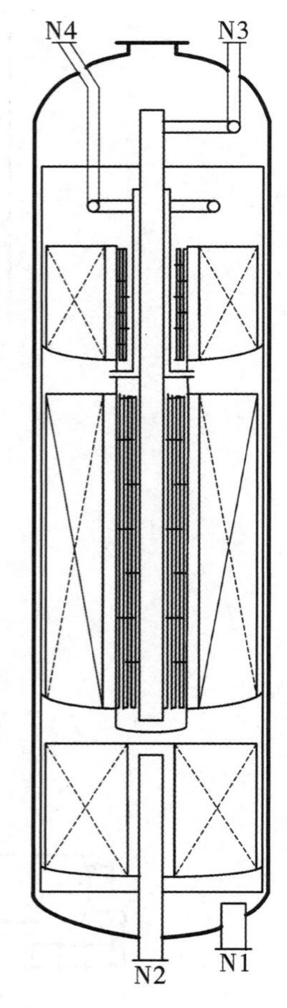

N1—气体入口；N2—气体出口；N3—冷激气入口；N4—冷激气出口。

图 2.7-3　合成塔结构示意图

外筒内径 ϕ3.2 m，主体高 21.097 m，内筒外径 ϕ3.09 m，筒外壁绝热保温层厚 25 mm，筒内分布第一、二、三层催化剂，第一、二热交换器及中心管。

气体自塔底部下封头入气管进入，沿塔内、外筒环隙上升流至顶部，以维持外筒壁温于 300 ℃以下。顶部气体沿中心管往下流动至底面后反向流经第二和第一热交换器管内，与管外的热气体换热，此时管内气体被加热至约 395 ℃入催化剂第一床层，径向地流过催化剂，氢与氮反应生成氨，反应放热使气体温升至 478 ℃左右。此高温气体流经第一热交换器管间与管内气体换热，降温至 386 ℃左右，继续入催化剂第二床层，反应放热温升至439 ℃。此 439 ℃气体流经第二热交换器管间，冷却至 375 ℃，流入第三床层催化剂中进行反应。反应后温升至 415 ℃，经中心管由下封头出气管流出，此时气温为 414 ℃。

塔上封头设置两根冷激副线，分别作为催化剂第二床层和第一床层入气温度的调节手段。

外筒材料为 20 MnMoNi55，内筒材料为 X6CrNiNb1810，接管材料为 Inconel 600。考虑塔各部件的材质不同，为预防热胀冷缩时对部件的破损，设计为整个内筒置于外筒的下封头上面，这样的结构，内筒可自由向上伸缩，并且，所有不同直径的中心管均底端固定，上端可自由伸缩。

催化剂装填量：第一床层 19.0 m^3，第二床层 31.7 m^3，第三床层 45.5 m^3，总计 96.2 m^3，设计为三床层、催化剂装填量大的原因是为了使反应温度分布能更接近于最适温度曲线，以提高出塔气中氨浓度，从而增加氨净值。

日产 1000 t 氨厂，合成塔中催化剂的装填量，冷激轴向塔一般为 65 m^3 左右，冷激径向塔为 31 m^3 左右，此塔装填 96.2 m^3，因此塔内压降较大，为 0.41 MPa。

思考题

(1) 分析氨合成的反应及特点是什么？
(2) 合成氨催化剂的活性成分、促进剂及作用是什么？
(3) 分析压力对合成反应的影响如何？确定原则是什么？
(4) 分析温度的影响怎样？最适宜温度如何确定？
(5) 分析氮氢比对反应的影响和控制范围。
(6) 什么是惰气，其对反应的影响和控制范围是什么？
(7) 试分析进入合成塔氨含量的要求，本系统是如何控制的？
(8) 分析水蒸气的来源和对产品的影响有哪些？
(9) 分析空间速度、合成塔出口氨含量和氨净值的关系。
(10) 轴向和径向合成塔的区别及其特点是什么？
(11) 现在工业上使用的合成塔内换热方式和特点有哪些？
(12) 剖析 Uhde-AMV 工艺合成塔的结构和特点。
(13) 试述合成工序的流程。

2.8 气体压缩和氨、氢回收

2.8.1 气体压缩

制氨装置对气体的输送、压缩和制冷过程，共设置了四台离心式压缩机。即原料气压缩机(01-K001)、空气压缩机(02-K002)、合成气压缩机(07-K001)和氨气压缩机(09-K001)。这四台离心式压缩机除空压机由燃气轮机驱动外,其他均为汽轮机所驱动。

2.8.1.1 原料气压缩机(01-K001)

对大型化、单系列、日产1000 t氨的装置,原料气流量大,压缩比又较低的条件下,宜采用离心式压缩机。由于界区送来天然气气压低,进吸入端压力仅为0.23 MPa,因此,选用了2MCL528-2BCL358型双缸四段离心式压缩机,它由NK32/36型蒸汽透平所驱动。

正常生产时,入压缩机原料气流量为23 261 kg/h,经三段压缩后其中1402 kg/h送燃气轮机,其余21 859 kg/h入四段,压缩至5.2 MPa后入一段转化炉。2MCL528-2BCL358型压缩机的主要结构性能及压缩参数列于表2.8-1。

表2.8-1 2MCL528-2BCL358型压缩机的主要结构性能及压缩参数

项目	2MCL528		2BCL358	
	一段	二段	三段	四段
入口压力/MPa	0.23	0.58	1.39	2.71
出口压力/MPa	0.6	1.43	2.78	5.2
入口温度/℃	30	42	42	42
出口温度/℃	121	126	107	114
流量/(kg/h)	23 261	23 261	23 261	21 859
级数	8	8	8	8
叶轮直径/mm	600	600	430	430
叶轮出口宽度/mm	18.5	18.5	9	9
叶片	17	17	13	13
出口角/(°)	45	45	17	17
转速/(r/min)	9200	9200	11 230	11 230
功率/kW	4760	4760	4760	4760

注:额定条件为流量105%;压缩机功率5205 kW;转速9450 r/min。

2.8.1.2 空气压缩机(02-K001)

二段转化炉工艺所需空气,燃气轮机所需燃烧空气和全厂的仪表空气等均由空气压缩机供给,因不同用处所需空气压力、流量等参数的不同,故选用了2MCL850-3MCL457型离心式压缩机。该机由MS3002型燃气轮机(02-MT01)驱动,在开工操作和极限操作工况时,为保证燃气轮机工作状态的效率,还配置有由中压蒸汽驱动的背压汽轮机作为辅机。

为保证燃气轮机所使用空气的质量,配置有全自动的脉冲净化过滤器(02-MT01-FOV)和空气入口消音器(02-K001-D001)。

空压机的主要结构性能及压缩参数见表2.8-2。

表2.8-2　2MCL805-3MCL457型压缩机的主要结构性能及压缩参数

项目	2MCL805		3MCL457		
	一段	二段	三段	四段	五段
入口压力/MPa	0.1	0.24	0.7	1.26	2.07
出口压力/MPa	0.25	0.71	1.28	2.09	4.52
入口温度/℃	30	40	40	40	40
出口温度/℃	142.3	178.1	112.5	100.4	144
流量/(kg/h)	62 418	62 418	62 418	58 985	58 985
叶轮级数	2	3	2	2	3
叶轮直径/mm	890	870~780	400	320	410~380
叶轮出口宽度/mm	44	24	22	14	7.5
叶片数	17	17	17	17	17
出口角/(°)	60~45	45	45	45	45
转速/(r/min)	6400	6400	11 620	11 620	11 620
功率/kW	8550	8550	8550	8550	8550

2.8.1.3　合成气压缩机(07-K001)

为实现氨合成回路的要求，并使本装置入合成气压缩机的进入压力为3.8 MPa、最终排出压力为10.58 MPa，针对这一压缩比小而段数少的特征，选用双缸三段的BCL407-2BCL407型离心式压缩机，最后一段为循环段，新鲜气与回路气在缸外混合。该机由汽轮机(07-MT01)驱动。BCL407-2BCL407型压缩机的主要结构性能及压缩参数见表2.8-3。

表2.8-3　合成气压缩机的主要结构性能及压缩参数

项目	BCL407	2BCL407	
	一段	二段	三段(循环段)
入口压力/MPa	3.8	6.5	9.7
出口压力/MPa	6.5	10.2	10.6
压缩比	1.72	1.57	1.09
入口温度/℃	40	42	23
出口温度/℃	112	100	32
流量/(kg/h)	55 202	55 417	277 292
叶轮级数	7	6	1
叶轮直径/mm	470	470	470

续表 2.8-3

项目	BCL407	2BCL407	
	一段	二段	三段(循环段)
叶轮出口宽度/mm	15	—	18.5
叶片数	17	—	13
出口角/(°)	40	—	15
转速/(r/min)	9200	9200	9200
功率/kW	8270	8270	8270

压缩流程:经甲烷化冷却器(06-E003)冷却后的合格 N_2、H_2 混合气,即合成气,其中含水分 0.19%(体积分数)。在 3.8 MPa 40 ℃入(07-K001)一段,压缩至 6.54 MPa,温度 112 ℃。出一段合成气约 45.4 kmol/h 的气量送脱硫工段供钴-钼加氢反应使用,其余气量经中间冷却器(07-E002)和分离器(07-F002)冷却、分离水后进入二段压缩。出二段气压力为 10.2 MPa、100 ℃气中还存有极少量的水蒸气及 CO_2,这些含氧化合物不仅是催化剂的毒物,且易产生结晶,堵塞管道,危害设备。为了确保安全生产,必须清除极少量的水汽及 CO_2,因此,出二段的合成气依次经水冷器(07-E003)和氨冷器(08-E005),降温至 5 ℃,此时水蒸气及 CO_2 几乎全部冷凝,入(07-F003)将其分离。出分离器的合成气与回路气汇合后循环入三段(循环段),经循环段压缩至 10.5 MPa,32 ℃。

设计这种压缩比小且段数少的压缩过程,其目的是降低压缩功耗,以节省吨氨能耗。表 2.8-4 为几个大型合成氨厂合成压缩机主要参数比较。

表 2.8-4　几个大型氨厂的合成气压缩机主要参数的比较

厂型 型号	本装置 BCL407-2BCL407			TEC 型 2BC-9	2DF-9	2BF8-6		Kellog 型		
缸数	第一缸	第二缸		第一缸	第二缸	第三缸		第一缸	第二缸	
段数	一段	二段	循环段	一段	二段	三段	循环段	一段	二段	循环段
叶轮级数	7	6	1	9	9	5	1	9	7	1
新鲜气/(kg/h)	55 202	55 202	55 202	53 176	53 176	53 176	53 176	46 477	46 477	46 477
入口压力/MPa	3.8	6.5	9.7	2.6	6.4	15.8	22.1	2.5	6.2	13.1
出口压力/MPa	6.5	10.2	10.6	6.5	15.8	22.7	24.1	6.4	13.5	15.3
入口温度/℃	40	42	23	37.8	7.78	37.8	23.9	37.8	7.8	53.9
出口温度/℃	112	100	32	171	140.6	98.3	34.4	171	—	—
压缩比	1.72	1.57	1.09	2.49	2.47	1.44	0.99	2.54	2.15	1.18
转速/(r/min)	9200	9200	9200	10 479	10 479	10 479	10 479	10 413	10 413	10 413
功率/kW	8270	8270	8270	19 066	19 066	19 066	19 066	20 507	20 507	20 507

2.8.1.4　氨气压缩机(09-K001)

氨气压缩机又称冰机。

本装置为两级氨冷,冷冻循环选用了 2MCL528/1 单缸两段离心式压缩机,由 HG32/20 背压冷凝式蒸汽透平(09-MT01)所驱动,该机主要结构性能及压缩参数见表 2.8-5。

表 2.8-5　2MCL528/1 型氨气压缩机的主要结构性能及压缩参数

项目	一段		二段
	一级	二级	
入口压力/MPa	0.23	0.43	0.9
出口压力/MPa	0.43	0.93	1.66
入口温度/℃	-13	2.5	42
出口温度/℃	—	86	100
压缩比	1.86	2.19	1.83
流量/(kg/h)	16 776	37 649	55 420
叶轮级数	2	3	3
叶轮直径/mm	540	500	470
转速/(r/min)	10 770		
功率/kW	4565		

2.8.2　氨回收与氢回收

2.8.2.1　氨回收

(1)氨回收的基本原理。为控制循环气中惰气含量,必须排放部分气体,此排放气中氨的体积分数为4.12%,同时还有液氨经减压闪蒸的弛放气(氨的体积分数为43.60%),为了不损失这些氨,应进行回收处理。

排放气和弛放气中 H_2、N_2、CH_4、Ar、NH_3 各种气体在水中的溶解度是不相同的,如表 2.8-6 所示。

表 2.8-6　常压下各种气体在水中的溶解度(q)

温度/℃	H_2 ($q\times10^4$)	N_2 ($q\times10^3$)	Ar ($q\times10^2$)	CH_4 ($q\times10^3$)	NH_3 (q)
0	1.922	2.942	1.024	3.959	89.9
10	1.740	2.312	0.797	2.955	68.4
20	1.603	1.901	0.661	2.319	51.8
30	1.474	1.624	0.558	1.904	40.8

注:q 表示气体分压与水蒸气分压之和为 0.103 MPa 时,100 g 纯水溶解的气体质量(g)。

工业上常利用氨在水中的溶解度性质与其他气体分离。吸收的氨水溶液，再解吸(汽提)为99.9%以上的气氨，在一定压力条件下经冷凝为液氨。

氨在水中的溶解度随压力的增加，温度的降低而明显增大，如表2.8-7所示。

表2.8-7　氨在水中的溶解度　(g/100 g)

温度/℃	压力/MPa					
	0.103	0.206	0.412	0.618	0.824	1.03
-33.2	100	—	—	—	—	—
0	47.3	61.4	94.7	—	—	—
10	40.6	52.6	71.5	—	—	—
20	34.6	45.6	60.2	74.6	94.6	—
30	29.1	39.3	52.2	62.0	73.5	87.0
40	24.0	33.7	45.5	54.0	62.0	70.2
50	19.0	28.5	39.7	47.5	54.1	60.0
60	14.4	23.4	34.2	41.9	47.5	52.2
70	10.0	18.5	29.2	36.6	41.9	46.0
80	6.1	14.0	24.4	31.4	36.4	40.6
90	2.9	10.0	19.8	26.6	31.4	35.6
100	0.0	6.2	15.5	22.0	26.7	30.8

气体氨易于冷凝为液体氨，温度愈低，液氨蒸汽压愈小，因此降温、加压有利于氨的液化。

(2)氨回收的工艺条件。氨回收系统包括排放气及弛放气的用水吸收过程，氨水溶液的解吸(汽提)过程和气氨的冷凝液化过程，这些过程是相互依存又相互约束的。

1)氨回收的温度、压力。对用水吸收排放气及驰放气的过程而言，提高压力、降低温度，有利于溶解度增大和吸收速度的加快，且有利于气氨的液化过程，但对氨水溶液的解吸不利。如果在吸收和液化过程提高压力，降低温度，而在解吸过程又提高温度、降低压力，这样，对孤立的各过程似乎很有利，可是对能量利用极其不利，且设备增加，操作复杂。

综合上述诸因素，首先在高压10.5 MPa、低温(40 ℃)下吸收，使氨回收完全，尾气中氨体积分数为0.02%以下。氨水溶液的解吸则适当的降低压力为2.78 MPa、提高汽提塔的塔底温度为230 ℃，使解吸彻底。此时气氨在2.78 MPa、63 ℃条件下液化，这样在给定的冷却水温下，传热温差较大，有利于节省冷却水量及减少冷凝器的传热面积。

2)洗水循环量。正常生产时，排放气量及弛放气可认为定值，为使气-液相充分接触有利于氨的回收，可改变吸收剂量，即洗水循环量。洗水循环量的变化就是改变液气比。液气比如何确定方法如图2.8-1所示。因进、出口气相组成的 Y_1 和 Y_2 以及吸收剂洗水的进塔组成 X_2 都由工艺条件所决定，即操作线的一端如图上的 D 点便确定了，操作线的另一端将随操作线的斜率$\left(\frac{L}{V}\right)$而变化。如果洗水循环量减少过多，不仅会导致吸收塔底流出的氨水浓度的增加和吸收塔顶逸出原气中氨含量的增多，还会使解吸(汽提)塔底温度上升，蒸汽消耗量增大。当液气比小到某一极限时，即操作线与平衡线相交，此时的吸收剂用量最小（L 最小），最小液气比一般可用作图法求得。实际生产中不可能选用最小液气比，因为在最小液气比时的吸收推动力为零，吸收过程已停止。但洗水的循环量过大，也是不适宜的，这不仅会增大动力消耗，也增加了吸收带液的危险性，同时还加大了汽提过程的能量消耗。实际生产中选用的液气比还必须满足喷淋密度的要求。通常吸收剂用量为最小用量的1.2～2倍。

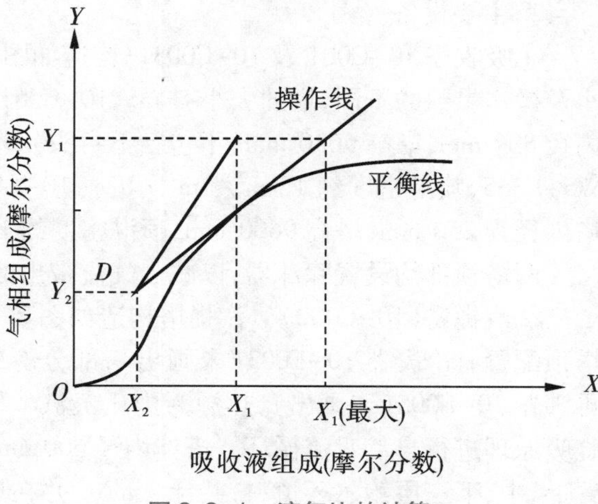

图2.8-1　液气比的计算

3）吸收塔液位。吸收塔液位应调控适当。因吸收塔是在10.5 MPa压力下操作，汽提塔是2.7 MPa，如果吸收塔液位控制不当，液位太低时，高压气体会串入低压设备（汽提塔）内，危害极大。为此设置有低液位控制阀。若液位过高，塔下部的进气管会埋没于液体中，使操作波动。

（3）工艺流程及设备

1）工艺流程。自合成工序来的排放气（10.54 MPa、26 ℃），从吸收塔10-C001底部进入，与自塔顶喷洒下的洗水逆流接触，氨被吸收后的尾气从塔顶逸出。逸出的尾气中含0.02%（体积分数）的氨及少量水分，此尾气按 $n(NH_3):n(CO_2)$ 所要求的比值进行调节，大部分尾气进入10-E004气体冷凝器，将尾气中的 NH_3 及水分除掉一部分，而后入氢回收的分子筛干燥器11-R001A/B；剩余的尾气送燃气轮机02-MT01作燃料。

闪蒸槽08-D001来的弛放气（1.2 MPa、4 ℃），自吸收塔10-C003底进入与塔上部喷淋下的洗水逆流吸收。经吸收后的尾气含 $NH_3$0.1%，送燃料系统。

洗水吸氨后的氨水溶液，浓度为15.6%（摩尔分率）左右，分别自吸收塔10-C001及10-C003底部流出。自10-C001流出的氨水溶液（10.5 MPa、57 ℃）入氨水预热器10-E001A/B/C，加热至188 ℃左右，经减压阀减压至2.7 MPa，而后从汽提塔的中部位置进入；从10-C003流出的氨水溶液（1.2 MPa、100 ℃），经洗水泵10-P002A/B加压至2.7 MPa以上，于管线上与塔10-C001的氨水溶液相汇合一起入汽提塔10-C002。

经减压、升温的氨水溶液，自汽提塔的中部进入，此时大部分氨气解吸出来，解吸出来的氨气与水蒸气沿塔上升，进入精馏段；尚未解吸完全的稀氨水溶液沿塔下降，进入提馏段，塔底设置有再沸器10-E005，用5.25 MPa、422 ℃的中压蒸汽进行加热，控制塔底温度在230 ℃左右，此时洗水中的氨几乎全部被解吸，加热所产生的水蒸气沿塔上升与下降的氨水溶液相接触，使之充分发挥汽提的作用。

汽提塔顶逸出的氨气体积分数为99.9%以上，于2.7 MPa、63 ℃入冷凝器10-E003，用冷却水来冷却，在此操作条件下气氨冷凝为液氨。部分液氨作回流液使用，其余液氨作为成品回收，从冷凝器排出，送液氨产品闪蒸槽08-D001。

冷凝器中不能冷凝的惰性气体及少量未冷凝的气氨从冷凝器顶排出，而后入惰气冷却器09-E001，将带出的气氨进一步冷凝回收。

2）主要设备

①吸收塔 10-C001 及 10-C003。构造如图 2.8-2 所示。均为填料塔，因处理气量大小及操作参数的不同，塔的大小有异。10-C001 处理气量大，操作压力高（10.5 MPa），塔内径 800 mm，塔高 9630 mm（不包括下封头），塔中放碳钢鲍尔环填料 3 m^3，塔体材质为 WS+E355，喷淋密度约 12 $m^3/(m^2 \cdot h)$。10-C003 处理气量少，操作压力低（1.2 MPa），塔内径为 250 mm，塔高 9600 mm，喷淋密度约 16 $m^3/(m^2 \cdot h)$。

两塔顶部均设置除沫器，以减少气流带出的液沫。

②汽提塔（10-C002）。汽提塔构造如图 2.8-3 所示。其为一典型的精馏单元操作，塔顶配置有冷凝器 10-E003（未画出），部分冷凝液可直接作为回流液使用；塔底配置有再沸器 10-E005（未画出），热源为中压蒸汽。根据流程的配置，被加热的洗水是利用热虹吸原理进行自然对流循环。塔体内径 600 mm，塔高 18 160 mm，高径比为 30，塔体中放置上、中、下三层鲍尔环填料，共计 3 m^3。并在层间设置有再分布器，使气-液分布均匀，充分接触，并防止壁流效应的产生，使解吸过程进行彻底。

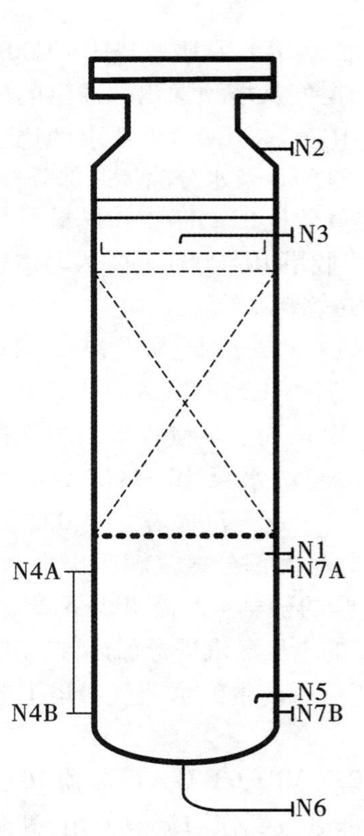

N1—气体入口；N2—气体出口；N3—洗涤水入口；N4A/B—液面计接口；N5—氨水入口；N6—排放口；N7A/B—液面控制接口。

图 2.8-2　氨回收吸收塔构造示意图

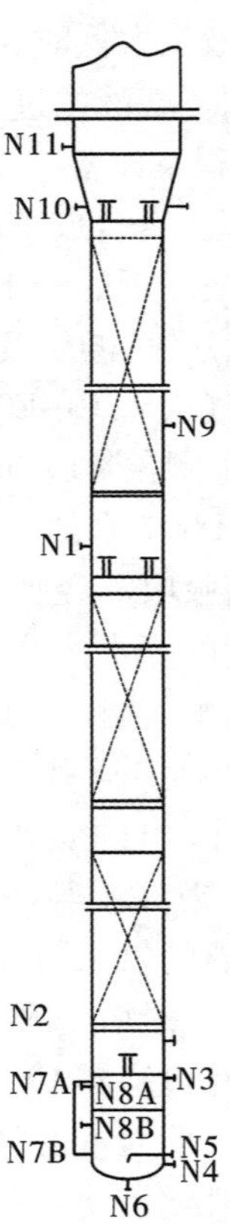

N1—氨水入口；N2—水蒸气入口；N3—液体去再沸器；N4—液体来自再沸器；N5—液体出口；N6—排污口；N7A/B—玻璃液面计接口；N8A/B—液面控制器接口；N9—温度计接口；N10—分析取样口；N11—压力计接口；N12—液氨出口。

图 2.8-3　汽提塔构造示意图

氨水溶液自塔的上、中层填料之间进入，加料口之上即精馏段，之下为提馏段。为补充操作过程洗水的损失量，于塔下部还设有补充水加入管线。

2.8.2.2　氢回收

(1)氢回收的基本原理。氨回收后的气体中氢的体积分数为63.38%，如果将此含氢这么高的尾气送去作燃料，十分可惜。加之新鲜气中按3∶1体积比合成氨消耗氢、氮气之后，还有多余的氮气(因在二段炉加入过量的空气)，为实现氢、氮比的最佳值，应进行氢回收。

尾气中主要含氢、氮、甲烷及氩气，这些气体的冷凝温度如表2.8-8所示。

表2.8-8　某些气体在不同压力下的冷凝温度　(℃)

气体名称	压力/MPa(绝)			
	0.1	1	2	3
CH_4	-161.4	-129	-107	-95
Ar	-185.8	-156	-143	-135
N_2	-195.8	-175	-158	-150
H_2	-252.8	-244	-238	-235

从表2.8-8可知，在同一压力下，各种气体冷凝温度是不一样的，其中氢的冷凝温度最低，利用这一特性，将氢回收。

如果要将除氢之外的气体冷凝，需在-100 ℃以下的低温。工程上一般是利用高压气体进行绝热膨胀来获得低温。绝热膨胀有两种：一种是膨胀过程对外不做功，另一种是膨胀过程对外做功。其降温效果不相同。

氢回收的降温采用节流膨胀。含氢气体的节流膨胀，因参数的不同而会产生致冷效应或致热效应，为产生致冷效应，压力应小于0.9 MPa，初温愈低愈有利。因此氢回收系统的压力是有限制的。

(2)工艺流程及设备

1)工艺流程。经氨回收后的尾气中还含有体积分数为0.02%的NH_3及微量水分，如不除去，于深冷过程易冻结。因此，尾气首先进入分子筛干燥器11-R001A/B，干燥器中除放置分子筛外，还放有一层矾土，矾土吸收水分，分子筛吸附NH_3。出干燥器的气体入冷箱11-E001，冷却至-195 ℃，此时绝大部分的N_2、CH_4、Ar冷凝为液体并溶解部分H_2，冷凝液与未冷凝的气体以气-液混合物形式一同进入分离器11-F001，自11-E001顶逸出的-195 ℃低温气体入冷箱11-E001，此富氢气(H_2 92.95%；N_2 6.47%；CH_4 0.45%；Ar 0.13%)与尾气进行换热，加热至10 ℃左右，入合成气压缩机07-K001循环段，这样可回收90%的氢气。而从11-F001底部流出的冷凝液，经节流阀LV-11002由10.35 MPa节流膨胀降至0.27 MPa，降温至-197 ℃，此低温、低压气体返回冷箱走壳程，即作为冷损失的补充。该气体组成(体积分数)：$H_2$16.01%；$N_2$65.30%；$CH_4$15.13%；Ar 3.51%，出冷箱后入11-E002加热器，加热后的气体作为11-R001的再生气，最终送燃料系统。

2)冷箱 11-E001 及分离器 11-F001。冷箱结构如图 2.8-4 所示,为一双联管型热交换器,净化后的尾气与富氢气走管侧,燃料气走壳侧,为逆流换热。净化气由 13 ℃冷却至-195 ℃,富氢气由-195 ℃加热至 10 ℃左右,燃料气由-197 ℃加热至 10 ℃左右。

在正常生产时,各物料组成如表 2.8-9 所列。

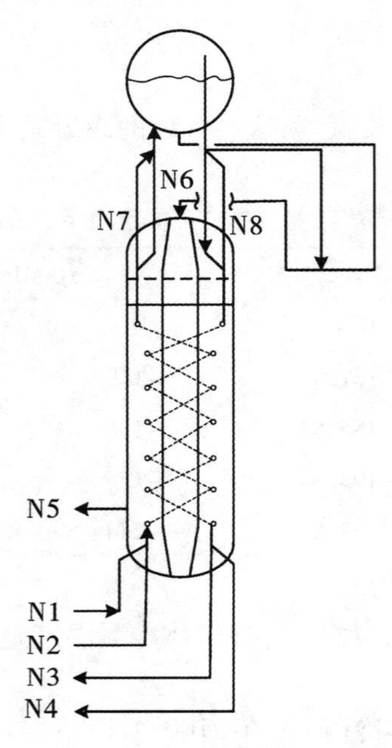

N1—净化气进口;N2—尾气进口;N3/4—富氢气出口;N5—燃料气出口;N6—燃料气进口;N7—净化气出口;N8—富氢气进口。

图 2.8-4 冷箱示意图

表 2.8-9 各物料组成

组成/%(摩尔分数)	物料			
	尾气	净化气	富氢气	燃料气
H_2	63.88	63.39	92.95	16.01
N_2	29.08	29.09	6.47	65.30
CH_4	6.09	6.09	0.45	15.13
Ar	1.43	1.43	0.13	3.51
NH_3	0.02	—	—	0.05
H_2O	饱和	—	—	来自尾气

思考题

(1)压缩机的类型和各自特点是什么？

(2)为什么要分段压缩？

(3)简述蒸汽透平的特点。

(4)简述合成气压缩机的压缩流程。

(5)氨气压缩机的作用和压缩参数是什么？

(6)分析氨回收的原理,氨回收的温度和压力要求是什么？

(7)为什么要控制洗水循环量？

(8)为什么控制吸收塔液位及控制方法是什么？

(9)描述氨回收工艺流程。

(10)氨吸收塔的结构特点是什么？

(11)氢回收的原理是什么？简述氢回收的工艺流程。如何获得低温？氢回收采用什么降温？

(12)何谓冷箱？

第3章 SNAMPROGETTI尿素工艺

3.1 概述

3.1.1 尿素及其生产工艺

尿素，化学名碳酰二胺，分子式$CO(NH_2)_2$，属有机化合物，在人类及哺乳动物的尿液中含有这种物质，故俗称尿素。

1773年，化学家鲁埃勒(Rouelle)蒸发人尿第一次制得尿素结晶。1798年，富克拉伊(Fourcray)和沃克兰(Vauquelin)从尿制得尿素硝酸盐，其后由Proust从它制出纯尿素。1824年，德国化学家武勒(Friedrich Wohler,1800—1882年)第一次用人工方法从无机物中制得人体排泄的有机化合物尿素，打破了当时流行的“生命力论”，成为现代有机化学兴起的标志。在武勒之后，又出现了其他制备尿素的很多方法，但由于种种原因，这些方法都未能工业化。尿素工业的兴起是以氨和二氧化碳作为基础原料去合成尿素。第一座以氨和二氧化碳为原料生产尿素的工业装置是德国法本公司(I. G. Farben)于1922年在奥堡(Oppau)工厂建成并投入生产，该装置采用热混合气压缩循环。

尿素(纯态)为无色、无味、无臭的针形或棱形四角晶体。在大气压力下熔点为132.7 ℃。当加热至接近熔点温度时，开始呈现不稳定。高温下能发生缩合反应生成缩二脲，反应式：

$$2CO(NH_2)_2 = NH_2—CO—NH—CO—NH_2(\text{缩二脲}) + NH_3 - Q \qquad (3.1\text{-}1)$$

固体尿素的密度为1.335 g/cm^3，20 ℃下的比热容为1.334 kJ/(kg·℃)。

尿素易溶于水和液氨中，其溶解度随温度的升高而增加。尿素在水中能缓慢地进行水解，随温度的升高，水解速率增加，水解程度也增大(如80 ℃时，1 h内可水解0.5%)。水解时，先转化为氨基甲酸铵，最后分解为NH_3和CO_2。水解反应式：

$$CO(NH_2)_2 + H_2O = NH_2COONH_4 = 2NH_3 + CO_2 \qquad (3.1\text{-}2)$$

尿素理论含氮量为46.6%，是一种含氮量很高的化肥，具有较好的物理化学性质：不挥发，吸湿性低(尿素的吸湿性低于硝酸铵而略高于硫酸铵)。施入土壤中后，所分解的各种组分(N的化合物及CO_2)都能为作物所吸收。

尿素为一中性速效肥料，长久施用不会恶化土壤，因此是一种优质的氮肥。此外，尿素还可以与一些氮肥、磷肥、钾肥等混合制成混合(复合)肥料，为作物提供多种营养元素，有广阔的发展前途。我国氮肥品种丰富，有尿素、碳铵、硝铵、氯化铵和复合肥等。其中，尿素产量占总氮肥的60%以上。

尿素具有与直链有机化合物形成晶体络合物或加合物的性质，因而在工业上也有着广泛的用途。尿素在工业上的总消耗量中约一半用来制造尿素-甲醛树脂，及用于生产塑料、油漆和胶合剂等。尿素还可作为牛、羊等反刍动物的辅助饲料，试剂级尿素还用于某些药物的制备。我国规定的农业用尿素与工业用尿素必须达到国家标准，见表3.1-1。农业用尿素对缩二脲含量的要求，是因为缩二脲能烧伤植物的叶子和嫩枝，故含量需要控制。

尿素生成总反应为：

$$2NH_3+CO_2 \xlongequal{\quad} CO(NH_2)_2+H_2O+Q \tag{3.1-3}$$

表3.1-1 中华人民共和国尿素标准(GB 2440—2017)

项目[①]			工业用		农业用	
			优等品	合格品	优等品	合格品
总氮(N)的质量分数		≥	46.4	46.0	46.0	45.0
缩二脲的质量分数		≤	0.5	1.0	0.9	1.5
水分[②]		≤	0.3	0.7	0.5	1.0
铁(以Fe计)的质量分数		≤	0.000 5	0.001 0		
碱度(以 NH_3 的质量分数计)		≤	0.01	0.03		
硫酸盐(以 SO_4^{2-} 计)的质量分数		≤	0.005	0.020		
水不溶物的质量分数		≤	0.005	0.040		
亚甲基二脲(以HCHO计)[③]的质量分数		≤			0.6	0.6
粒度[④]	d 0.85～2.80 mm	≥			93.0	90.0
	d 1.18～3.35 mm	≥				
	d 2.00～4.75 mm	≥				
	d 4.00～8.00 mm	≥				

注：①含有尚无国家或行业标准的添加物的产品应进行陆生植物生长试验，方法见HG/T 4365—2012的附录A和附录B。

②水分以生产企业出厂检验数据为准。

③若尿素生产工艺中不加甲醛，不测亚甲基二脲。

④只需符合四档中任意一档即可，包装标识中应标明粒径范围。

⑤工业用尿素对粒度不作要求，可根据供需双方协议约定参照农业用尿素“粒度”项目指标在包装标识中明示粒径范围。

⑥工业用尿素在生产工艺中加入甲醛等添加物的应在质量证明书标明。

目前尿素的生产都是以这个反应为基础的。这是一个可逆的放热反应，受化学平衡的限制，NH_3 和 CO_2 通过合成塔，一次反应只能部分转化为尿素（CO_2 转化率一般为

50% ~70%)。为了从合成反应液中回收和处理未转化物,出现了各种不同的工艺流程。20 世纪 50 年代末 60 年代初,尿素生产以水溶液全循环法为主,生产规模一般为日产 500 t 以下。近年来随着农业生产对化肥的需求,国外尿素生产有了迅速发展,装置生产规模不断扩大,消耗指标不断降低。20 世纪 80 年代世界尿素的生产能力,已比 70 年代初期增加了两倍还多,到 20 世纪末,又有成倍的增长。目前世界上尿素的几种主要生产方法:荷兰的斯塔米卡邦(Stamicarbon)的二氧化碳汽提法、意大利的斯那姆普罗盖提 SNAMPROGETTI(以下简称为斯那姆)的氨汽提法以及日本的三井东亚全循环改良 C 法。此外又出现了一些新的流程,如等压双循环新工艺 IDR、美国尿素技术公司 UTI 热循环法等,它们代表着当前世界尿素生产的主要技术水平。

我国自行建立的第一套水溶液全循环法尿素工业生产装置于 1966 年 11 月在河北省石家庄化肥厂投产,自此先后在 10 多个省市的中型氨厂配套建立了尿素生产车间。在积极发展我国自行设计的中型尿素装置的同时,为了进一步促进农业的发展,于 20 世纪 70 年代开始先后引进了 13 套大型尿素装置,都是与日产 1000 t 合成氨配套,日产尿素 1620 t 或 1740 t。其中 11 套为荷兰斯塔米卡邦 CO_2 汽提法,2 套为日本全循环改良 C 法,1976 年后相继建成并投产,以后又与外商联合设计,建成了三套大型 CO_2 汽提法尿素装置。至此我国尿素产量增长更快,到 1987 年全国尿素产量达 725 万 t(其中大氮肥厂尿素产量 439 万 t,中氮肥厂尿素产量 286 万 t),尽管如此,但仍然满足不了农业发展的需要。1986 年以后,河南、内蒙古、新疆、海南引进了多套日产 1760 t 斯那姆氨汽提法尿素生产装置。

斯那姆公司是意大利尿素工艺设计和工厂建设的承包公司,该公司开发氨汽提法经历了 8 年的历史,开始于 1962—1963 年,建成一套年产 33 t 的中间工厂,研究工艺条件及流程的可行性,1966 年建成年产 2.3 万 t 的试验工厂,以取得生产经验,1969 年末,第一套氨汽提法工业装置(年产 10 万 t)投入运行。以后又有多套建成。1975 年以后出现了第二代氨汽提法,与早期方法相比,最主要的改进有两点:第一,利用液氨喷射器作为动力,构成高压甲铵液的循环,从而取消了原来利用重力自流的高层(70 m)框架结构,减少了投资,且更易于操作;第二,从原来的氨汽提法改为自身汽提(或称热汽提),即并不直接把氨气引入汽提塔,而是利用合成液在汽提塔中受热自动析出氨气作为汽提剂。这样可大大简化高压部分的流程,而且由于汽提后的尿液中氨的含量减少,降低了回收系统的负荷。目前世界各地采用斯那姆氨汽提法的工厂遍布各大洲,如美国 1974—1980 年引进 3 套。其中田纳西州 W. R. GRACE 公司(日产 1000 t 尿素)于 1980 年开工;德国 HULS 化工公司日产尿素 1000 t 于 1979 年开工生产;苏联 1979—1980 年引进了3 套,规模均为日产 1500 t 尿素;墨西哥于 1980—1984 年间先后引进的 3 套装置规模日产尿素亦均在 1500 t,印度从 1981—1987 年间共引进并建成 12 条生产线,其生产能力均在日产 1100 t 以上。

该工艺较其他的尿素生产工艺有如下特点:

第一,在合成回路中氨含量高(NH_3 与 CO_2 的摩尔比为 3.3 ~3.6),这不仅能提高尿素的转化率(CO_2 转化率常在 64% ~67%),还能减轻生产中的腐蚀,减少钝化用空气量,降低惰性气体浓度,因此随惰性气放空时带走的氨损失量也相应减少,特别还避免了由于过量氧存在所形成的混合气体的爆炸性问题。

第二,汽提塔使用了钛材,这不仅允许提高温度操作(可超过 200 ℃),使分解率增高,而且提高了装置的适应性,例如使合成工段可以“封塔保压”多天,大大提高了装置的开工率。

第三,在合成回路中,采用了以液氨为动力的喷射器来循环甲铵溶液。喷射器没有转动部件,几乎不用维修,因而投资少,运行平稳可靠,且可使用一个釜式甲铵冷凝器使装置变成水平式的布置。很明显,设备在地平面上的布置,可以省掉昂贵的钢结构件,从而缩短安装时间,减少费用,便于设备维修,并可方便操作。

第四,设置了一个两段回收系统,以回收汽提塔出口尿液中的过量 NH_3 和未分解甲铵,能提高装置的适应性与灵活性(指 NH_3 与 CO_2 的摩尔比可在较大的范围内变化而装置仍能稳定运行),特别是还可以通过改变汽提塔的操作参数(如塔底部温度)以改变甲铵分解量,从而可以改变甲铵冷凝器中生成的低压蒸汽量,因而可以根据蒸汽透平或装置的其他部分的蒸汽需要量来平衡低压蒸汽的输出,在蒸汽平衡上有较高度灵活性,同时也使流程线路的长度增长。

本教材主要介绍我国引进的日产 1760 t 粒状尿素的意大利斯那姆氨汽提法尿素生产工艺,着重讨论其工艺原理。

3.1.2 斯那姆汽提法尿素装置工艺流程

3.1.2.1 原料的供给

本装置的两种原料均来自合成氨装置。液氨压力不低于 2.2 MPa,温度 40 ℃。进入装置界区的液氨存储在氨受槽 V-105(先通过位于其上的氨回收塔 C-105 而喷洒下来),再经两台串联的泵打入高压系统。第一台是氨升压泵 P-105,出口压力 2.2 MPa,第二台是高压氨泵 P-101(两级高速离心泵),进一步加压到高压系统所需压力。高压液氨在氨预热器 E-107 中预热到 95 ℃,同时回收了低压系统气体的冷凝热。预热后的高压液氨压力为 21.9 MPa,用作甲铵喷射器 L-101 的动力,将循环的甲铵液(甲铵分离器 V-101 压力是 14.7 MPa)一并带入尿素合成塔 R-101 底部。

从合成氨装置进入界区的 CO_2 气体,温度不高于 40 ℃,压力 0.15 MPa,经 CO_2 压缩机入口液滴分离罐 V-111,分离清除雾滴后进入由蒸汽透平驱动的双缸四级离心式 CO_2 压缩机 K-101,加压至 15.9 MPa。压缩机级与级之间设有中间冷却器,但从最后一级出来的 CO_2 气体不再经过冷却直接送入尿素合成塔 R-101。在 CO_2 压缩机入口分离器(V-111)前的管线上,需要加入一定量空气,用来钝化高压系统不锈钢设备的表面,使其免受反应物和产物的腐蚀。

3.1.2.2 高压合成、汽提、回收系统

尿素合成的条件:188 ℃,15.6 MPa,进料 NH_3/CO_2 摩尔比是 3.6,H_2O/CO_2 摩尔比是 0.67。但按实际物料衡算准确计算,NH_3/CO_2 摩尔比是 3.5,H_2O/CO_2 摩尔比是 0.66。

尿素合成塔 R-101 内发生如下的化学反应:

$$2NH_3+CO_2 = NH_2COONH_4+Q \quad (3.1-4)$$

$$NH_2COONH_4 = CO(NH_2)_2+H_2O-Q \quad (3.1-5)$$

在上述条件下反应是在液相中进行的,反应的程度以原料 CO_2 的转化率来表示。

为了回收未反应物,离开尿素合成塔的反应混合物流入与合成塔同样压力的氨汽提塔E-101。混合液在塔内向下流动时因受热而有 NH_3 逸出,利用逸出的 NH_3 气作为汽提剂,又使 CO_2 气体逸出。分解与汽化所需热量,由饱和中压蒸汽供给,蒸汽压力为2.42 MPa。

由汽提塔E-101出来的气体,与中压系统返回的碳铵液(先经高压碳铵泵P-102增压并在预热器E-105预热)汇合,一并进入高压甲铵冷凝器E-104,在此几乎全部冷凝下来,其冷凝热用于副产0.35 MPa低压蒸汽。

甲铵冷凝器E-104出来的混合物进入甲铵分离器V-101进行气液分离。液相称甲铵液,经喷射器L-101返回合成塔。未冷凝的气体主要是惰性气体(空气),还含少量 NH_3 和 CO_2,再减压送往中压分解器E-102。

高压系统的主要设备包括合成塔R-101,汽提塔E-101和高压甲铵冷凝器E-104。

高压合成、汽提和回收工序工艺流程见图3.1-1。

3.1.2.3 中压分解回收系统

离开汽提塔底部的尿液,虽经过汽提,相当数量的未反应物 NH_3 和 CO_2 已经逸出,但尚须进一步回收和提纯。本流程的分解回收系统分为三级,即中压分解回收,1.8 MPa(绝)级;低压分解回收,0.45 MPa(绝)级;真空分解回收,0.035 MPa(绝)级。

离开汽提塔底部的尿素溶液减压到1.7 MPa,进入降膜式中压分解器E-102,同时,高压系统的少量未冷凝气体(自分离器V-101)亦进入E-102。

中压分解器E-102分为两部分:经过减压的尿液首先进入它的顶部分离器V-102,将闪蒸出来的气体排走,然后液体流入位于其下的管束,即分解部分,使残留的甲铵受热继续分解。所需热量来自两部分:壳体上部(E-102A)使用的是0.47 MPa、155 ℃的蒸汽;壳体下部(E-102B)使用的是来自汽提塔的2.4 MPa蒸汽冷凝液,并补充有一定数量的同压蒸汽,以满足热量的要求。

离开中压分解E-102的液体送低压分解回收系统。

从中压分解器顶部分离器V-102出来的气体与来自低压系统的碳酸氢铵液(经中压碳铵液泵P-103加压)汇合,然后送往真空预浓缩器E-113的管间部分,在此进行气体吸收,而放出的吸收热和冷凝热用来蒸发尿素溶液。

离开真空预浓缩器E-113管间部分的气液混合物,送往中压冷凝器E-106进一步冷凝,此时放出的热量已无法利用,被冷却水带走。

离开中压冷凝器E-106的气液混合物进入中压吸收塔(C-101),塔的下部是鼓泡段,在此用碳酸氢铵液循环吸收。未被吸收的气体继续上升到精馏段,与喷淋下来的回流液氨(来自氨受槽V-105)和氨水(来自中压降膜吸收塔E-111)相遇,气体中的 CO_2 几乎完全被吸收下来。

塔顶得到氨气,但同时含有进入系统的惰性气体和微量 CO_2(体积分数为 2×10^{-5} ~ 10×10^{-5})。塔底溶液经高压碳酸氢铵泵P-102升压,送往高压系统。

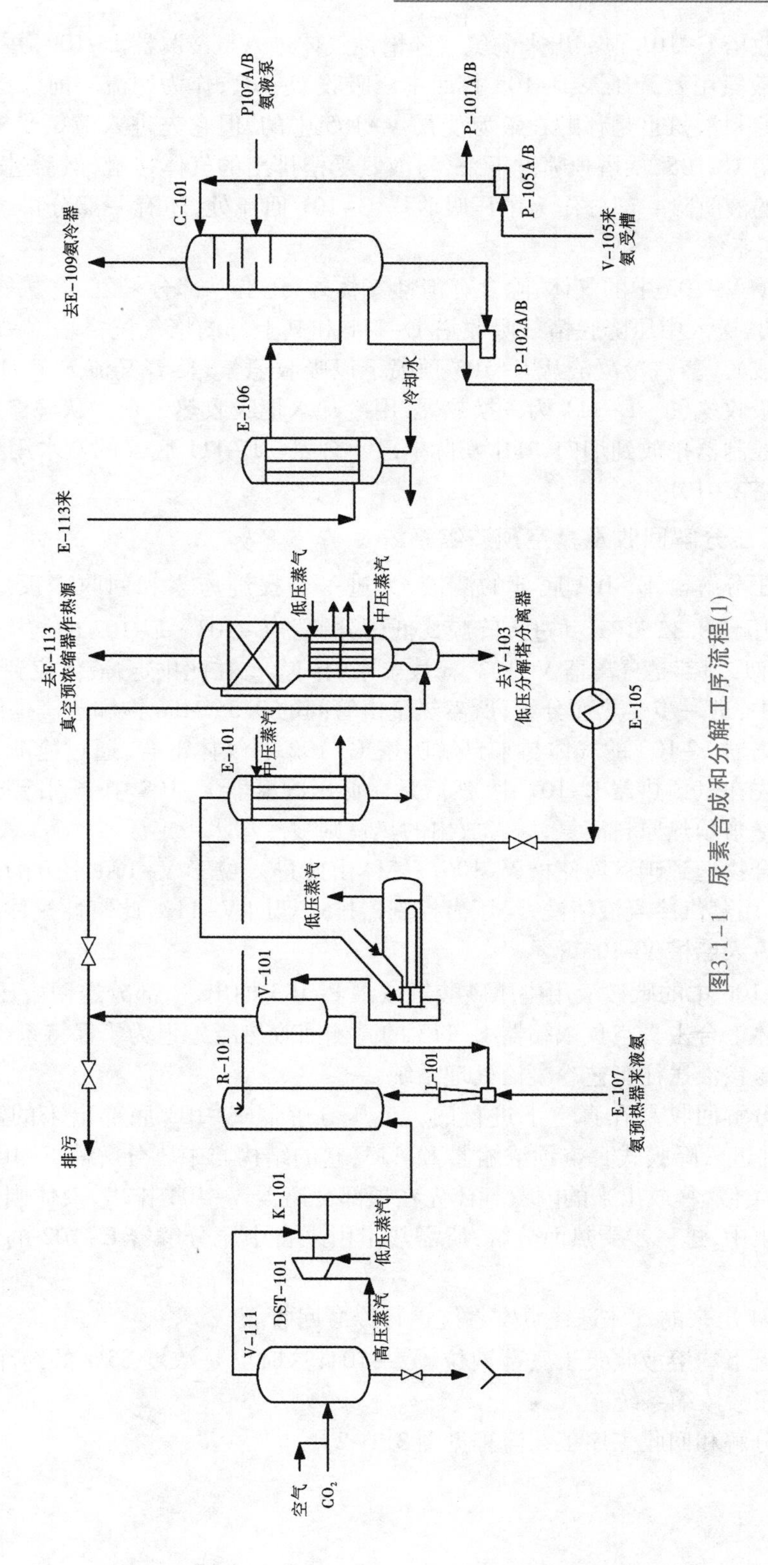

图3.1-1　尿素合成和分解工序流程(1)

中压吸收塔 C-101 顶部出来的氨气和惰性气体进入氨冷凝器 E-109,并进入液氨受槽 V-105。液氨用氨升压泵 P-105 打回中压吸收 C-101,作为回流。前已指出,来自合成氨装置的原料液氨也是存贮在液氨受槽 V-105 中的,但它先进入液氨受槽 V-105 上方的氨回收塔 C-105,从塔顶喷淋下来,与液氨受槽排出的气体接触,然后进入受槽。泵 P-105 打出的液氨除一部分作为中压吸收塔 C-101 回流处,还有一部分再经高压泵 P-101 送入高压系统。

液氨受槽 V-105 中的气体,除含有惰性气体外,还有一部分氨气,它从氨回收塔 C-105 顶部排出,送入中压降膜惰气吸收塔 E-111 和其上部的惰气洗涤塔 C-103(由三块浮阀塔板组成)。蒸汽冷凝液从 C-103 顶喷下以吸收氨气,接着又流入 E-111 的管束,以降膜形式吸收氨气。E-111 为一换热器,用冷却水把吸收热带走。从洗涤塔顶排出的气体经压力控制器排放到烟囱,其中实际上已不含氨。E-111 底部的氨水用泵 P-107 回到中压吸收塔 C-101。

3.1.2.4 低压分解回收及真空预浓缩系统

离开中压分解器 E-102 底部的溶液,为进一步提纯尿素和回收未反应的 NH_3 和 CO_2,再次减压到 0.35 MPa,并进入降膜式低压分解器 E-103。E-103 的结构与中压分解器 E-102 类似,顶部是分离器 V-103,释放出来的闪蒸汽在此排走,液体流到下方的分解部分的管束中,进一步受热而分解,所需热量由管间的 0.35 MPa 饱和蒸汽提供。

离开分离器 V-103 的气体与来自解吸塔 C-102 的气体汇合,通过冷凝和吸收的方法回收。首先在氨预热器 E-107 中,然后是在低压冷凝器 E-108 中受到冷却和冷凝,前者放出的热量来预热原料液氨,后者放出的热量则被冷却水带走。

气液混合物送到碳铵液储槽 V-106。气体由此进入位于 V-106 上方的低压惰气洗涤塔 C-104,用蒸汽冷凝液清洗,经压力控制器排入烟囱 V-113,此惰性气体实际上不含氨。清洗液流入储槽 V-106。

储槽 V-106 中的碳铵液用中压碳酸氢铵泵 P-103 抽出,一部分送回中压系统(与中压分解器气体汇合去真空预浓缩器 E-113 的壳侧回收热能),但为了保持系统的水平衡,其余的碳酸氢铵液送往工艺冷凝液处理系统。

第三级分解回收是在真空下进行的。低压分解器 E-103 底部出来的溶液减压到 0.035 MPa 并进入降膜式真空预浓缩器 E-113,它的结构与中压分解器 E-102 和低压分解器 E-103 类似,释放出来的闪蒸气体先在顶部分离器 V-104 排出,液体则进入下部分解部分的管束中,进一步受热而分解,所需热量由来自中压分解器 E-102 的气体的冷凝和吸收供应。

由 V-104 出来的气体送往真空系统进行冷凝回收。

E-113 流下的溶液收集于底部液位罐 L-104,这时已是浓度 85% 的纯净尿液,经泵 P-106 送往尿素浓缩系统。

中低压分解和回收工序工艺流程见图 3.1-2。

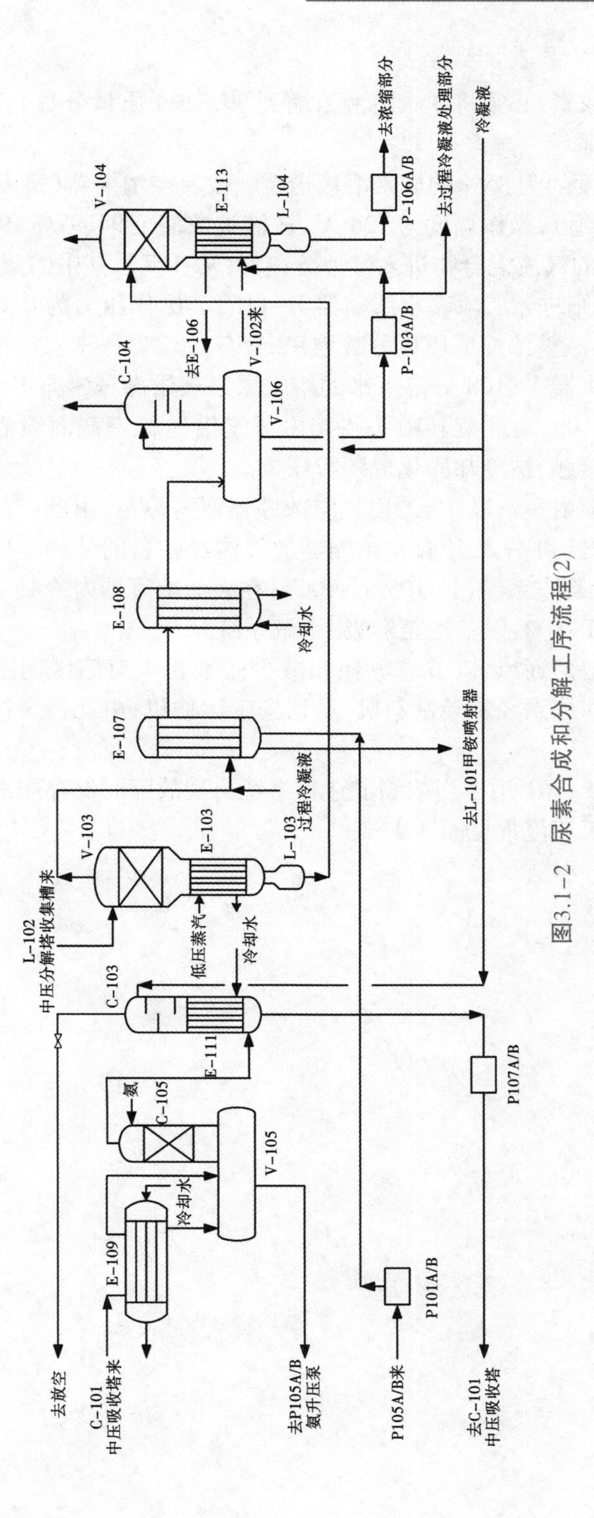

图3.1-2　尿素合成和分解工序流程(2)

3.1.2.5 真空浓缩(蒸发)与造粒

为了制得粒状尿素,必须将尿素溶液浓缩到 99.7%(质量分数),为此设置了一套两段真空浓缩(蒸发)系统。

来自 P-106 浓度约为 85% 的尿素溶液送至一段真空浓缩器(蒸发器)E-114,其操作压力为 0.035 MPa(绝),操作温度为 128 ℃,尿液被浓缩至 94.97%(95%,质量分数)。

由 E-114 出来的气液混合物进入气液分离器(V-107),其中的蒸汽被一段真空系统 L-105 抽走,而液体则进入二段真空浓缩器 E-115,其操作压力为 0.003 MPa(绝),操作温度 136 ℃,尿素溶液被浓缩成质量分数为 99.75% 的熔融尿素。

由二段真空分离器 V-108 分离下来的熔融尿素被熔融尿素泵 P-108 加压送至造粒塔顶的造粒喷头 L-109,由此旋转喷头将熔融尿素沿造粒塔截面喷洒成小液滴下落,和上升的冷空气逆流接触,被冷却固化成颗粒尿素。

真空系统所需喷射蒸汽及一、二段真空浓缩器所需热量,由副产的 0.35 MPa 低压蒸汽供给,真空预浓缩器和一、二段真空浓缩器的气体经各自的分离器(V-104,V-107,V-108)后送至一、二段真空系统(L-105/L-106),在表面冷凝器内冷凝成工艺冷凝液,汇集在工艺冷凝液储槽 T-102,以备送至解吸-水解系统。

尿素造粒塔为自然通风,以节省电耗和减少尿素粉尘对厂区周围环境的污染,落在造粒塔底部的颗粒状尿素经旋转刮料机,送到皮带运输机,由此再送往自动称量机,然后进入仓库。

尿素溶液储罐 T-101 用于当浓缩或造粒系统出现故障时储存尿液。

真空蒸发工序工艺流程见图 3.1-3。

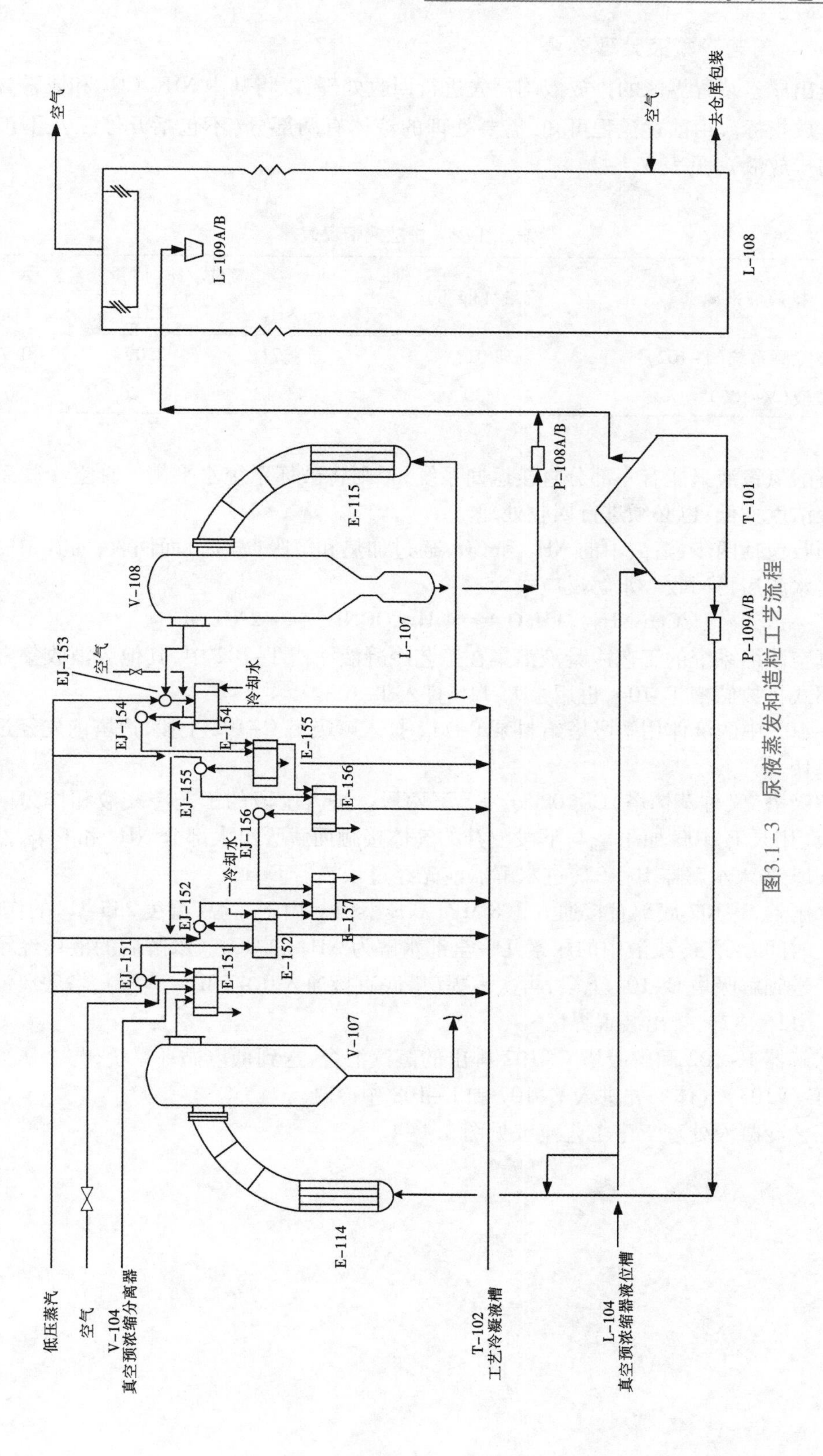

图3.1-3　尿液蒸发和造粒工艺流程

3.1.2.6 工艺冷凝液处理

送出尿素装置界区的排放液均需先进行回收处理，以将其中 NH_3、CO_2 和尿素含量降低到排放指标。由前述流程可知，需要处理的液体有两部分（不包括开停工及不正常生产时的排放液）（见表 3.1-2）。

表 3.1-2 排放液情况表

排放液来源	流量/(kg/h)	组成/%（质量分数）		
		NH_3	CO_2	Ur
真空冷凝系统（T-102）	38 912	4.71	2.09	0.77
碳铵液（V-106）	4430	43.47	10.26	0

碳酸氢铵液只能有一部分直接返回系统，否则将破坏系统水平衡。真空冷凝系统的冷凝液浓度太低，也必须进行回收处理。

回收包括两步：溶液中的 NH_3 和 CO_2 通过加热和解吸（汽提）而回收，而其中的尿素则使之水解后再回收。水解反应式为：

$$CO(NH_2)_2+H_2O \xlongequal{} NH_2COONH_4 \xlongequal{} 2NH_3+CO_2 \tag{3.1-2}$$

真空浓缩系统的工艺冷凝液汇集在工艺冷凝液储槽 T-102 中，其他废液收集在碳酸氢铵闭式排放储槽 T-104，也用泵 P-116 打入 T-102。

T-102 中的液体用解吸塔给料泵 P-114 打入解吸塔 C-102 上段，进塔前先经过预热器 E-116。

解吸塔（又称蒸馏塔）C-102 分为上下两段。进入上段的工艺冷凝液和作为回流的碳铵液（用泵 P-103 加压），与下段上升的气体接触而解吸出大部分 NH_3 和 CO_2，然后经泵 P-115 送入水解器 R-102（进水解器前先经过预热器 E-117）。

水解器 R-102 底部直接通入 3.8 MPa 高压蒸汽。由于高温（温度 235 ℃）的作用，经过一定时间，工艺冷凝液中的尿素几乎全部水解为 NH_3 和 CO_2。水解后的液体经预热器 E-117 送到解吸塔 C-102 下段，再次汽提（塔底直接通入 0.47 MPa 蒸汽），塔底废液经预热器 E-116 冷却，排出装置界区。

水解器 R-102 和解吸塔 C-102 排出的蒸汽汇合，送到低压循环系统，与中压分解器（E-103/V103）气体一并进入 E-107 和 E-108 中冷凝。

工艺冷凝液处理工序工艺流程见图 3.1-4。

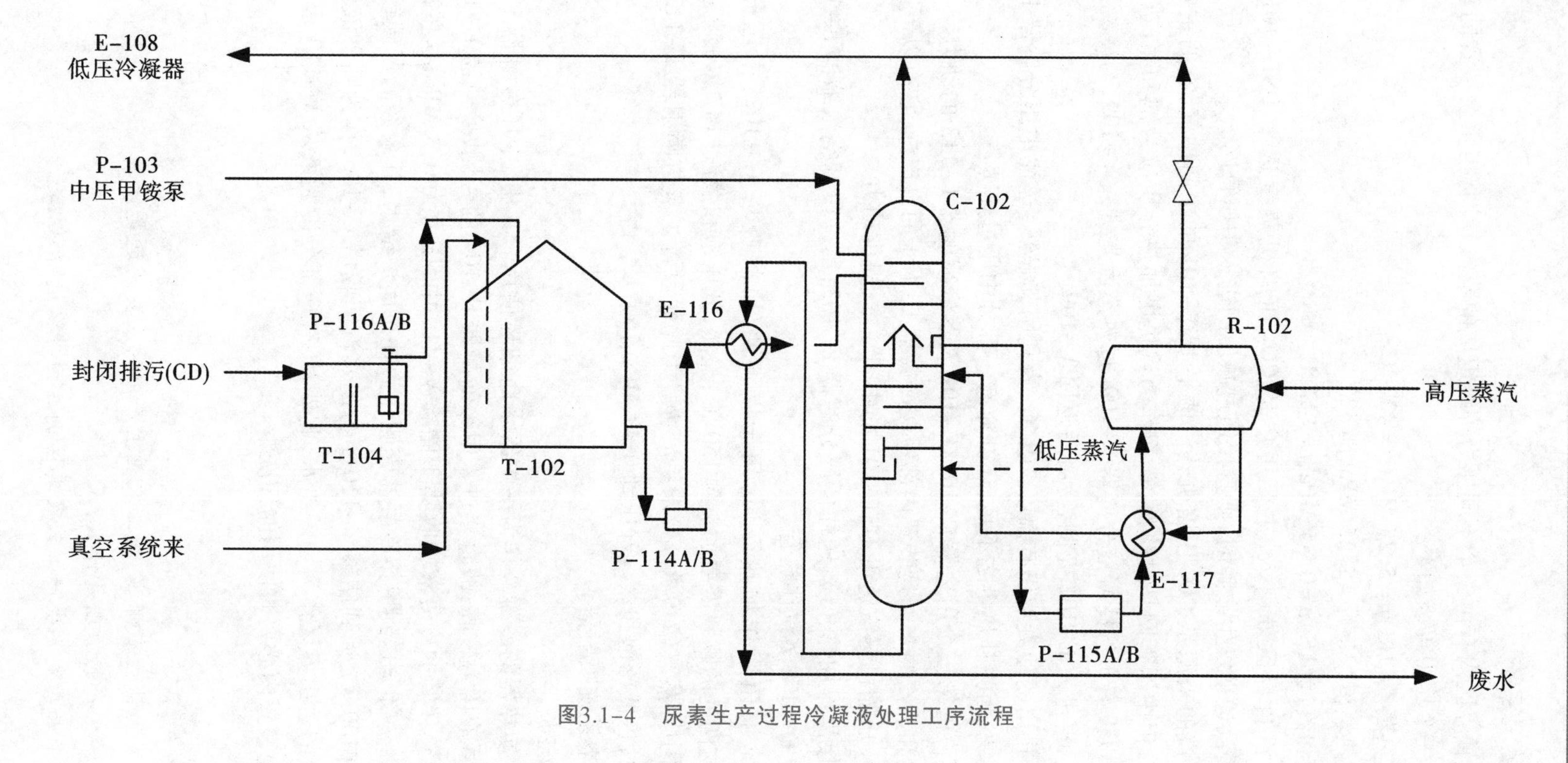

图3.1-4　尿素生产过程冷凝液处理工序流程

3.1.2.7 蒸汽系统

尿素装置界区内有由三个不同压力等级组成的蒸汽管网,担负全装置的动力和热能的需要。这三个压力等级如下:

高压过热蒸汽(HS)p=5.25 MPa,t=422 ℃;

中压过热蒸汽(MS)p=2.25 MPa,t=325 ℃;

低压饱和蒸汽(LS)p=0.35 MPa,t=147 ℃。

高压蒸汽自界区外引入,主要用户是 CO_2 压缩机蒸汽透平 DST-101 和水解器 R-102,当蒸汽透平发生故障时,则直接通过减压阀进入中压管网。

中压蒸汽的来源是 CO_2 压缩机蒸汽透平 DST-101 的中间抽气,它的主要用户是汽提塔 E-101,但中压管网是过热蒸汽,而作为汽提塔加热介质应为饱和蒸汽(2.22 MPa,219 ℃),所以设有蒸汽冷凝液分离器 V-109,过热蒸汽先进入 V-109,与冷凝液接触而成为饱和蒸汽,再进入 E-101 壳侧,冷凝后返回 V-109。

V-109 排出的冷凝液仍有温度 219 ℃,为利用其显热,送往中压分解器 E-102 壳体下部作为热源,为弥补热量之不足,还补充有一部分中压过热蒸汽。

中压蒸汽的第三个用途是 C-102/E-102 及蒸汽喷射器 L-113 的动力。

低压饱和蒸汽的来源是装置内部甲铵冷凝器 E-104 的自产汽,它有以下 5 个用户:

(1)CO_2 压缩机蒸汽透平 DST-101 的中间注汽,提供动力。

(2)直接用作加热介质,送往低压分解器 E-103;第一段真空浓缩器 E-114;第二段真空浓缩器 E-115;蒸汽伴热管。

(3)经常增压用作加热介质,用于以下两处:解吸塔 C-102;中压分解器上部 E-102A。这两处的物料需要加热到 150 ℃,显然,低压饱和蒸汽(147 ℃)满足不了要求;但直接采用中压蒸汽(219 ℃)又未免浪费。为此而设置了蒸汽喷射器 L-113,以中压蒸汽作为动力,将低压饱和蒸汽升压到 0.47 MPa、160 ℃。

(4)真空系统喷射器。

(5)冲洗水。

以上各换热器的冷凝液作为锅炉给水而循环使用。其中,中压分解器 E-102(上下两段)的冷凝液压力较高,故直接进入甲铵冷凝器 E-104 的壳侧,换热器 E-103、E-114、E-115 以及热伴管的冷凝液则收集于储罐 V-110 中,压力为 0.3 MPa,这些冷凝液用泵 P-113 抽出,一部分送到甲铵冷凝器壳侧作为补充锅炉给水,其余经高压碳铵预热器 E-105,冷却到 100 ℃,回到储罐 V-110 上方的蒸汽回收塔 C-106,作为喷淋液使闪蒸蒸汽冷凝。多余的送出界区作为锅炉给水,此外,还有一部分冷凝液从 V-110 送泵P-110 和 P-111,作为装置内必要时使用的冲洗水。

思考题

(1)尿素的特性有哪些,在工农业生产中的主要用途是什么?

(2)尿素生产的原理是什么?

(3)简述尿素主要生产工艺及其区别。为什么选择该工艺?

(4)说明斯那姆氨汽提工艺的原料来源和供给工序流程。

(5)尿素生产为什么采用高压合成、中压分解回收、低压分解回收和真空浓缩?说明各工序主要流程。

(6)工艺冷凝液如何处理?

(7)说明尿素界区三级蒸气管网的蒸气来源、温度(压力),试用学过的专业知识分析其用途。

3.2 尿素的合成

3.2.1 尿素的合成反应

由氨气及二氧化碳合成尿素的过程,在工业上是在高温(160~220 ℃)和高压(10~25 MPa)下进行的。

其反应分为两步:

第一步,氨基甲酸铵(简称甲铵)合成

$$2NH_3+CO_2 = NH_2COONH_4 \tag{3.2-1}$$

第二步,氨基甲酸铵(简称甲铵)脱水

$$NH_2COONH_4 = CO(NH_2)_2+H_2O \tag{3.2-2}$$

3.2.2 尿素合成工艺条件

确定尿素合成的工艺条件,不仅要考虑平衡因素,还要考虑工业实现的可能性和经济性,如反应速率(习惯用单位时间所能达到的转化率来表示)、设备强度、防腐蚀材质等等,此外还要考虑合成条件对后续诸工序的影响。

3.2.2.1 温度

实验结果表明,尿素转化率一般随温度而升高,但如其他条件不变,当超过一定温度后,转化率又开始下降(在一般生产所采用的条件下,这一转变温度大概在200 ℃左右)。这可以理解如下:在此进行的两个反应如式(3.2-1)、式(3.2-2),前者为放热反应,后者为吸热反应。

两个反应的反应进程存在竞争。在通常条件下,式(3.2-1)反应几乎全部移向右侧,即 CO_2 几乎全部呈甲铵形式,这样,尿素转化率理应随温度的升高而增加,但反应式(3.2-1)的热效应远大于反应式(3.2-2),所以其平衡常数随温度的变化就比后一反应为快。当达到一定温度后,前一反应向左移动的程度将不能忽略,即甲铵变为游离 CO_2 的趋势可与脱水为尿素的趋势相竞争,从而存在一个最高的尿素转化率。

工业生产中决定温度工艺条件时,除转化率外还必须考虑其他的一些因素,最重要的是:第一,介质的腐蚀性随温度升高而急剧上升,在高温下操作的合成塔需要采用更昂贵的材质来制造;第二,为了保持系统介质处于液态,温度愈高则压力亦需相应提高,从而对设备结构及动力消耗都不利,用含铬-镍-钼不锈钢衬里的合成塔,其操作温度在200 ℃以下,一般取180~190 ℃,斯那姆氨汽提法生产中合成塔采用尿素级316L不锈钢衬里，其操作温度为 188 ℃，三井东亚改良 C 法采用了更高的操作温度（200 ℃），所以采用了钛衬里的合成塔。

3.2.2.2 氨碳比

氨碳比指反应物料中氨与二氧化碳的摩尔比。当其他条件不变时，提高原料的氨碳比，可以提高尿素的平衡转化率。例如，在 20 MPa，温度 180 ℃，H_2O 与 CO_2 的摩尔比为 0.5 时，由实验测定的不同氨碳比下，平衡转化率见表 3.2-1。

表 3.2-1 不同氨碳比的平衡转化率

氨碳摩尔比	3.7	4.22	4.51
平衡转化率/%	64.4	67.2	68.6

根据化学平衡移动的原理，这是容易理解的。增加反应物 NH_3 的浓度，必然会增加 CO_2 转化为尿素的转化率，另外，由于加入过量氨，使之与生成的水结合成 $NH_3 \cdot H_2O$，这就等于移去了部分生成物，也促使反应平衡向生成尿素的方向移动。

过剩氨的存在，还可以抑制某些副反应的产生，也有利于提高转化率。这些副反应如：

$$NH_2COONH_4+H_2O \xlongequal{} (NH_4)_2CO_3 \tag{3.2-3}$$

$$2CO(NH_2)_2 \xlongequal{} NH_2CONHCONH_2+NH_3 \tag{3.2-4}$$

由于过量 NH_3 与 H_2O 生成 $NH_3 \cdot H_2O$，使反应的平衡左移。反应（3.2-4）在合成过程中是应该尽量避免的，因为产品尿素对缩二脲含量有一定要求。

提高氨碳比的另一个优点是降低了系统的腐蚀性，因为高温下尿素的腐蚀是由于尿素异构化产生氰酸铵，氰酸铵分解生成游离氰酸引起的。

$$CO(NH_2)_2 \xlongequal{} NH_4CNO（100\ ℃以上） \tag{3.2-5}$$

$$NH_4CNO \xlongequal{} NH_3+HCNO（100\ ℃以上） \tag{3.2-6}$$

增大氨碳比可以抑制上述反应，故可减轻腐蚀。

这些都是提高氨碳比的优点。但从另一方面来讲，高氨碳比使得有更多过剩量的氨循环，增加了反应物的总量，并增加了回收吸收等后继工序的负荷。此外高氨碳比还使系统平衡压力升高，所以氨碳比的选择需综合考虑。斯塔米卡邦 CO_2 汽提法采用的氨碳比（a=2.89）较低，其压力（14.3 MPa）也较低，回收系统省去了 1.8 MPa 这一级，流程较为简单，但其代价是转化率（X_{CO_2}=62%）较低，反之，TEC 法（三井东亚改良 C 法）采用氨碳比为 4.0，转化率可达 76%，但其操作压力却高达 25 MPa，斯纳姆氨汽提法，氨碳比为 3.5，介于二者之间。

3.2.2.3 水碳比

水碳比，即原料中水和二氧化碳的摩尔比。

在现有的各种尿素工艺的全循环法（包括汽提法）中，都有一定量的水随同回收的未反应的氨和二氧化碳返回合成塔去。从平衡移动原理可知，水的加入，不利于尿素生成，因此水碳比的提高，将使尿素平衡转化率下降。实验表明，水碳比每增加 0.1，转化率将

下降约1%。

表3.2-2和表3.2-3列出在188 ℃、$NH_3/CO_2=3.5$ 和 $NH_3/CO_2=4.5$ 时不同 H_2O/CO_2 比对转化率的影响(用大塚英二公式计算)。

表3.2-2 氨碳比3.5时不同水碳比对平衡转化率的影响

水碳比	0.3	0.5	0.7	0.9	1.1
平衡转化率/%	73.27	69.75	66.23	62.59	59.19

表3.2-3 氨碳比4.5时不同水碳比对平衡转化率的影响

水碳比	0.3	0.5	0.7	0.9	1.1
平衡转化率/%	79.88	77.13	74.37	71.62	68.86

由表3.2-2和表3.2-3可见,在氨碳比高的时候,水碳比对尿素平衡转化率的影响变小。

实际生产中的水碳比,要视后续的回收工序的完善程度而定。如对一般的水溶液全循环法水碳比为0.8~1.0,而二氧化碳汽提法则降低到0.3~0.5,氨汽提法时为0.5~0.6。

3.2.2.4 压力

前已指出,压力可不视为一个独立变量,当温度和配料比一定,系统存在一个平衡压力,实际操作时压力应不低于它,而且还应考虑惰性气体的存在,所以实际操作压力稍高于平衡压力。

平衡压力的高低,与前述三个因素的关系是:温度愈高,平衡压力愈高;水碳比愈高,平衡压力愈低。氨碳比对平衡压力的影响则较为复杂,当其他条件一定(温度,水碳比)时,存在着一个最低平衡压力。图3.2-1是 NH_3 和 CO_2 混合物(水碳比为0)的平衡等温线。由图可见,最低平衡压力随温度的升高而升高,且相应的氨碳比亦随之向高 NH_3 方向移动,温度从140 ℃提高到200 ℃,对应于最低平衡压力的 NH_3 从69%变化到76%(摩尔分数),即摩尔比从2.2变化到3.1。此外,从图中还可以看到,当 NH_3 或 CO_2 超量时,压力都会上升,但过量 NH_3 情况下压力增高比较平缓,而过量 CO_2 则使压力急剧上升,这可相似于 NH_3 在水中溶解度很大,而 CO_2 则仅微溶于水的情况。一般氨碳比的确定有两种考虑方法,其一是在最低压力下操作,可省动力,且设备亦较易解决,但是,此时的转化率不如高氨碳比的情况,这样未反应的 CO_2 循环量较大;另一种考虑方法是采用更高些的氨碳比,此时合成压力较高,但转化率可提高,大体上 Stamicarbon 采用前一方法,斯那姆和 TEC 采取后一做法。

3.2.2.5 反应时间

图3.2-2表明原料中氨碳比为4.0(即氨过量率 $E=100\%$)时,不同温度下反应时间与尿素转化率的关系。从图中曲线中可以看出,尿素合成反应至少需要40~50 min 的反

应时间才能达到接近平衡状态的转化率(合成率),如果反应时间小于 40 min,则转化率明显降低,但过长的反应时间也是不利的,因为一般说来,虽然这样可以得到较高的转化率(应指出,当氨碳比较低时,由于副反应的原因,过长的反应时间,转化率反而有所下降),但整个合成塔的生产强度[以 $t_{尿素}/(m^3 \cdot d)$ 表示]却降低了,故一般选取1 h 左右的反应时间。

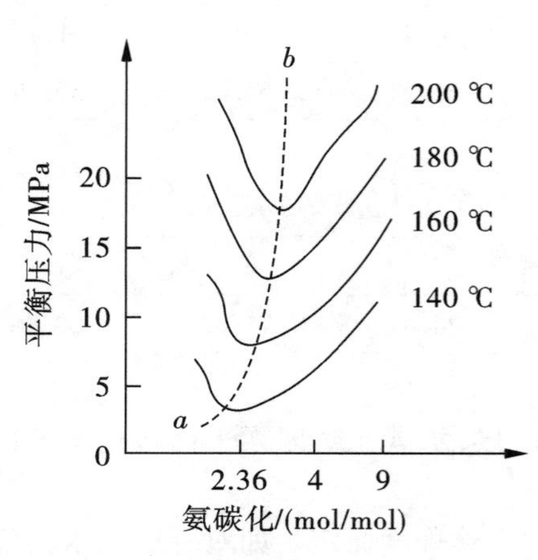

图3.2-1 不同温度下 NH_3、CO_2 混合物的平衡压力

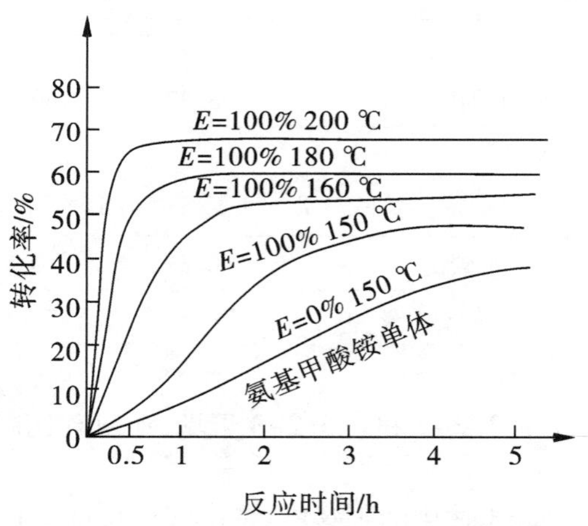

图3.2-2 反应时间与转化率的关系

3.2.2.6 原料纯度

由于作为原料的氨及二氧化碳不可能百分之百的纯,尤其是二氧化碳,常常含有氮气、氢气等惰性气体(因原料二氧化碳气系氨厂的脱碳再生气),另外,还有为了防止腐蚀而加入系统的少量氧气(或空气),这些惰性气体占据了反应器的一部分容积,缩短了反应物料的停留时间,惰性气体的存在还要求相应地提高反应压力。有些 NH_3 和 CO_2 还随惰气转入气相,增加了回收负荷。

特别应该注意的是,氨厂供应的原料 CO_2 中含有的氢气,将会有惰气爆炸的危险,所以应尽量控制在最低的范围内,必要时需设置二氧化碳气体的脱氢装置,总之从尿素合成的角度看,要求氨及二氧化碳气体的纯度要高。

3.2.3 主要设备——合成塔(R-101)

尿素合成是在 188 ℃、15.6 MPa、氨碳比为 3.6、水碳比为 0.67 的条件下进行的。为了满足反应的进行,斯那姆氨汽提法尿素合成塔的设计温度为 210 ℃,设计压力为 17 MPa。

考虑到反应物料具有较强的腐蚀性,因此,合成塔的材质必须具备优良的耐腐蚀性能,选择尿素级 316L 不锈钢作为尿素合成塔的衬里,并在操作中加入少量的空气,使之能在不锈钢衬里表面上形成“钝化膜”以防止腐蚀。

尿素合成反应是在液相中分两步进行的。第一步甲铵的生成反应为瞬间反应,但第二步甲铵脱水生成尿素的反应需要时间(实验得知此液相反应在 160 ℃以上,反应速度才显著加快)，因此合成塔要有足够的容积(合理的高径比)，以保证一定的停留时间(约1 h)，达到所需的转化率(平衡转化率)。此外，一个反应器应该具有的特点如原料的良好接触、结构简单、密封良好、便于检修等均需考虑。

斯那姆氨汽提法尿素工艺所用的合成塔构造如图 3.2-3 所示。

为了防止尿素甲铵熔融液对筒体的腐蚀，在高压筒内部衬有一层耐腐蚀的 316L 不锈钢板，其厚度按防腐要求，根据使用经验均选为 7 mm。

合成塔的容积很大，物料从塔底部进入，由塔顶部溢流管流出，即尿素的浓度自下而上增加，相应地，物料重度亦自下而上逐渐增高，这就使合成塔上部尿素含量较多的物料易与底部尿素含量较低、氨含量高的物料混合，这种现象叫作“返混”。返混的结果，不仅降低了出口尿素溶液中的尿素含量，而且，由于顶部的生成物尿素返回底部，使反应速度减慢，直接影响转化率且使合成塔的生产强度下降，因此，防止返混是提高转化率和生产强度的一个重要因素。大直径反应器中，通常都是采用加筛板间隔的办法来防止返混，斯那姆尿素合成塔就是这种形式的反应器，它是从距离顶边 1500 mm 以下的地方开始，装有 10 块 316L 不锈钢的筛板，板上等间距开有 500 个 ϕ8 mm 的小孔，筛板与筛板间距离为 2500 mm。

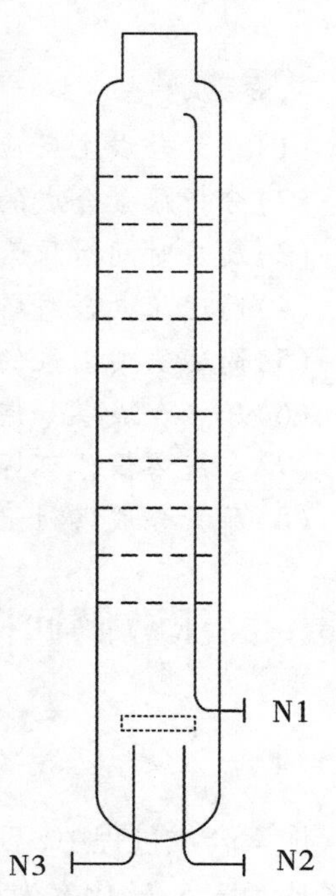

N1—尿液出口；N2—二氧化碳入口；N3—液氨(甲铵液)入口。

图 3.2-3 尿素合成塔结构示意图

考虑到筛板在制造、安装及合成塔内壁检查与修理上的方便，每块筛板都是拼接而成，用螺栓连接起来，这种构造，保证了筛板可以从入孔中拆卸，筛板与筒体的连接，采用了可拆螺栓，筛板固定于 316L 不锈钢制支架上，支架直接焊于反应器内筒衬里上，所形成的筛板与筒壁之间的环隙，是液体物料往上流动的通路。筛板安装时要注意沿圆周方向保证均匀，以免液体走偏，形成死角，导致缺氧而造成局部腐蚀。

筛板下面有个裙座，气液混合物料进入筛板下部后，气体从气液混合物中逸出，在筛板的下面形成一气相层，筛板的裙座就是为了保证此气相层高度，使气体能从筛孔中通过上升，液体则通过筛板与筒壁的环隙上升，正是由于筛板的开孔率很小，能够在每块筛板下面形成一气相层，筛板好像把合成塔分隔成为 11 个串联的小室，由于气体通过筛板小孔时的速度较大，使得每一个小室中的物料相互混合得很激烈，浓度近似于相同，而上边一个小室的生成物浓度总比下边的一个小室的生成物浓度高，就这样保证了合成塔操作的技术经济性，每块筛板的厚度足以承受 150 kg 集中载荷。

思考题

(1)尿素合成主反应是什么?
(2)分析尿素合成的工艺条件,如何选择?
(3)反应时间对尿素合成有什么影响?
(4)简述尿素合成塔的结构。
(5)简述氨喷射泵的工作原理和作用。
(6)尿素合成塔如何防止返浑?
(7)合成塔筒体环焊缝如何检漏?
(8)尿素合成塔衬里的材质是什么?为什么选择这种材质?

3.3 高压分解回收

3.3.1 未反应物分解回收总论

尿素合成过程中,不可能把进入合成塔的原料 NH_3 和 CO_2 全部转化为尿素,例如:当氨碳比为3.5,转化率为65%时,则约有35%的 CO_2 和63%的 NH_3 未转化成尿素,必须分解回收并重新利用。未反应 CO_2 和 NH_3 的分解及回收后再循环回尿素合成过程,均要消耗能量,因此尿素产品生产成本在很大程度上取决于这一工序。

工业上采用的分解回收方法,是使 NH_3 和 CO_2 以气态形式与尿素水溶液(简称尿液)分离,再以液体形式返回到合成塔,使用的常规方法包括减压、升温和汽提。

未转化的 NH_3 和 CO_2,或以游离状态形式溶解于液体中,或结合成为甲铵,后者是不稳定化合物,所以不论是何种形式,随着压力的降低或温度的升高,都可使之从液相中分离出来。这两个手段通常是同时进行的,因为单独减压而不加热,则仍会有相当数量的 NH_3 和 CO_2 溶解于尿液中(NH_3 在水中的溶解度很高,CO_2 单独在水中的溶解度虽不算大,但当有 NH_3 存在时,二者互相作用增加了双方的溶解度);如果单独加热而维持原压,则温度将升高到不能允许的程度。

在制定分离方法的同时,还必须考虑到回收了的 NH_3 和 CO_2 如何循环回到合成系统。由于二者以气相形式加压送回到合成塔,在技术上存在着许多困难,所以工业上几乎都是使 NH_3 和 CO_2 气体混合物(不可避免的还有 H_2O)重新冷凝成液体,并用水吸收,然后用泵送回到合成塔。需要注意的是,这时对温度、压力的要求恰恰与分离过程时相反。

从技术上可行和经济上合理来考虑,工业上采取多级减压加热分离,多级冷凝回收的方法。减压是分成几级完成的。如果采用一次减压,而减压后压力仍很高,则分离很难完全,需要加热到很高温度才能达到分解的要求。如果采用一次降到很低压力,则尽管分离效率可以很高,但在低压下回收时吸收效率很低,吸收液变稀,返回到合成塔会导致尿素合成率下降。此外,低压下的吸收和冷凝将只能低温下进行,放出的大量热能不能合理利用。所以一般分成几个压力等级,逐级进行分离,最后得到几乎不含 NH_3 和

CO_2 的尿液送去蒸发。而每级的气体经冷凝和吸收成为液体(碳铵液或甲铵液)后,再逐级加压,返回到高压合成系统。至于采用几级,要权衡各种因素来确定。

将汽提技术引入循环回收系统,使得尿素生产的技术经济指标有了更进一步的改善。汽提是分离液相混合物的方法之一,即用一种气体通过待分离的一种液体混合物,从而把易挥发组分携带出来而达到分离的目的。根据相平衡原理,一定温度下的液体混合物中,每一组分都有一平衡分压,若组分 i 的平衡分压用 p_i^* 表示,当与之接触的气相中该组分的分压 p_i 为零或虽不为零,但小于平衡分压($p_i \leq p_i^*$),则组分 i 将由液相转入气相,这就是汽提过程。反之,则由气相转入液相,一般称之为吸收过程。

汽提气可以用某种惰性气体,但这样一来,则带出的有用气体的回收(汽提的逆过程)又成为难以解决的问题。尿素工业上实现的两种汽提技术,均采用被汽提的组分本身。Stamicarbon 方法是利用原料二氧化碳气,而斯那姆方法,则是利用原料 NH_3 气(后来又改为利用液相本身受热而放出的 NH_3 气,称“自汽提”)。这样可以在与合成等压的条件下使未反应的 NH_3 和 CO_2 部分地转入气相,而汽提出来的气体经冷凝后,又可以不必用泵加压而直接回到合成塔,从而简化了回收流程、节省了设备(严格地说,为克服流动阻力,仍需少许动力,斯塔米卡邦法利用位差,斯那姆法利用氨喷射器)。另一方面,由于汽提出来的气体是在高压下冷凝的,其冷凝温度较高(例如,0.103 MPa 下,水蒸气冷凝温度是 100 ℃,而 1.05 MPa 的水蒸气冷凝温度是 180 ℃)。这样,原本将 NH_3 和 CO_2 气体冷凝吸收需要用大量冷却水排走的热量,现在则可用该热量产生蒸汽(锅炉),或作为加热介质。

汽提技术的实现,是尿素生产技术的一大进步,事实上,当前最通用的尿素生产中,Stamicarbon 法和斯那姆法均采用汽提技术,自 1981 年 CO_2 汽提专利技术到期后,TEC 的水溶液全循环法也部分地采用了 CO_2 汽提,可见汽提过程在尿素生产中的作用。

3.3.2 主要设备

3.3.2.1 汽提塔(E-101)

汽提过程在汽提塔中进行,该设备的构造见图 3.3-1,它是一个直立管壳式换热器。整个设备由 2574 根 ϕ27 mm×3.5 mm,有效长度为 5032 mm 的钛管制成,换热面积 814 m^2(按管内面积),设备总重 117 t。

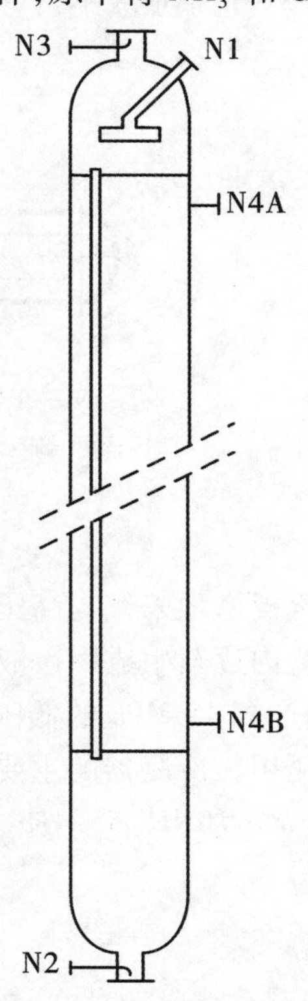

N1—尿液入口;N2—尿液出口;N3—汽提气出口;N4A/B—蒸汽出入口。

图 3.3-1 汽提塔结构示意图

该设备上下都是对称的,根据设备的腐蚀情况,当上部列管厚度达最小值时,汽提塔上下部可以翻转使用,延长设备使用寿命。为了防止腐蚀,上下管箱均衬以 5 mm 厚钛板,管侧管板面衬 10 mm 厚钛板。管子固定在上下管板上,为了使液体均匀地分配到每根管中,在上管板上装了分布器(液体分布器是用 25Cr22Ni_2Mo 钢制造)。汽提塔的液体分布器是该设备上的关键部位。因为汽提过程进行得好坏,主要在于液体是否能均匀地分配到每一根换热管中,并在每根管子的管壁上保持一层薄膜,所以汽提塔又称降膜换热器。

为了供给甲铵分解与气化时所需要的热量在汽提塔壳侧由接管 N4A 通入 2.2 MPa(表压)饱和蒸汽,蒸汽冷凝液由接管 N4B 流出。

从尿素合成塔来的尿液从汽提塔上部进入,经液体分布器进入每一根汽提管端沿切线方向开出的 ϕ3.2 mm 的小孔,使在管壁上形成一层液膜流下。经汽提后的尿液从底部流出,在塔底部设有 *r* 射线液位计,做液位指示调节,汽提气从每根管顶端出来,在上封头内汇集后,经接管送往高压甲铵冷凝器。

汽提塔的管程和壳程之间的压力差是较大的,为了防止管内的高压液体从管中泄漏出来使外壳突然承受高压而破坏,所以装有爆破板安全装置。此外,由于换热器的管束采用固定管板式,为了减少壳体和管速之间由于热膨胀不同而产生的热应力,在壳体上还装了膨胀节。

3.3.2.2 高压甲铵冷凝器(E-104)

由氨与二氧化碳生成液态甲铵的过程在高压甲铵冷凝器中进行,它是一卧式带蒸发空间的 U 形管换热器,U 形管长 12 m,材质为 25-22-2(Cr-Ni-Mo)不锈钢,管箱内衬以 8 mm 厚 316L 尿素级不锈钢,见图 3.3-2。

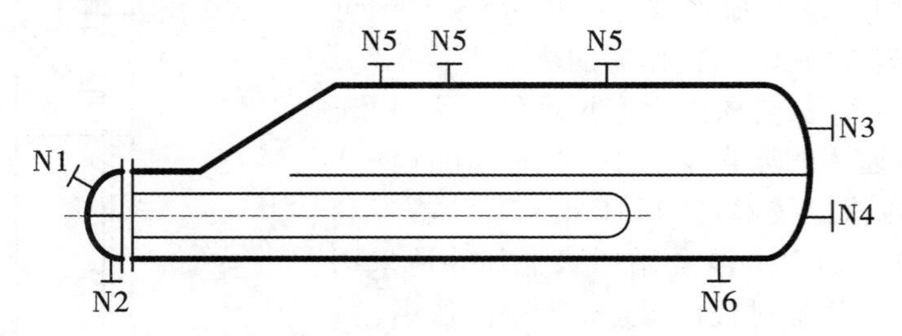

N1—甲铵入口;N2—甲铵出口;N3—冷却水出口;N4—冷却水入口;N5—安全排放口;N6—液体排放口。

图 3.3-2 高压甲铵冷凝器

由汽提塔顶来气与高压碳铵液泵送来的碳铵液,进入高压甲铵冷凝器,NH_3 与 CO_2 在换热管内逐渐生成甲铵液,放出的热量(包括冷凝热和反应热),被管外沸腾着的水取走,可副产 0.45 MPa 的低压蒸汽。

高压甲铵冷凝器的主要工艺条件:温度 156 ℃、压力 14.6 MPa(表压),出口物料组成(体积分数)为 NH_3 53.4%、CO_2 26.45%。

思考题

(1)尿素生产为什么设计分解回收工序?分解回收方法有哪些?制定分离方法时需要考虑哪些因素?

(2)说明汽提的原理,现有的分解甲铵的汽提种类有哪些?

(3)说明氨汽提和二氧化碳汽提的特点。

(4)试分析压力、温度、生产负荷和停留时间对汽提各有什么影响?

(5)汽提塔为什么称为降膜换热器?

(6)汽提塔液位的指示调节靠什么设备?试分析其工作原理。

(7)高压甲铵冷凝器壳侧为什么设置两个安全阀?

(8)说明高压甲铵冷凝器的结构,试分析影响高压甲铵冷凝器产气量的原因。

3.4 中低压分解回收

从尿素合成塔出来的尿素溶液,虽然经过了氨汽提塔的回收,但是由于受汽提工艺条件的限制,未反应物 NH_3 和 CO_2 未能全部加以回收。本部分的任务是尽量完全地回收这些剩余的 NH_3 和 CO_2,并将其循环返回到合成塔。

由于 NH_3 和 CO_2 的易挥发性,可直接采用减压加热法,以逐出液相中的 NH_3 和 CO_2,再经冷却吸收制得含有 NH_3 和 CO_2 的水溶液,所得水溶液最后再循环回尿素合成系统。为此要求所得的含 NH_3 和 CO_2 的水溶液(简称碳酸氢铵液)的浓度要高(否则水分带入合成塔,使转化率下降),但又不得有结晶析出,造成堵塞。此外,在这样的分解回收全过程中,还应尽可能地避免有害的副反应发生,同时还要回收、利用冷却吸收的热量,以降低能耗。

以上这些要求往往互相矛盾,为了弄清楚各种因素与关系,首先必须对 NH_3-CO_2-H_2O 三元系气液和液固相图有一较全面的了解。

3.4.1 NH_3-CO_2-H_2O 气液平衡

下面将分析适于中、低压分解回收的温度、压力条件下的相图。

斯塔米卡邦公司测定了在一定温度下,溶液组成与压力关系的三元相图;分别为40 ℃、60 ℃、80 ℃、100 ℃与120 ℃温度下的等压线(图3.4-1~图3.4-5)。以40 ℃相图为例(图3.4-1),图中给出了若干条等压线,压力从0.015 MPa到1 MPa(绝)。由图可以查得一定组成的溶液在40 ℃的饱和蒸汽压,或一定组成的溶液在该压力下的沸点为40 ℃。

由图可见,溶液浓度越高,即离开 H_2O 点越远,则饱和蒸汽压越高,即要获得这样组成的冷凝液,需要较高压力。反过来说,如果把同一压力、不同温度的相图画在同一图上,则可以看出,溶液越浓,相应的温度越低(见图3.4-6和图3.4-7)。

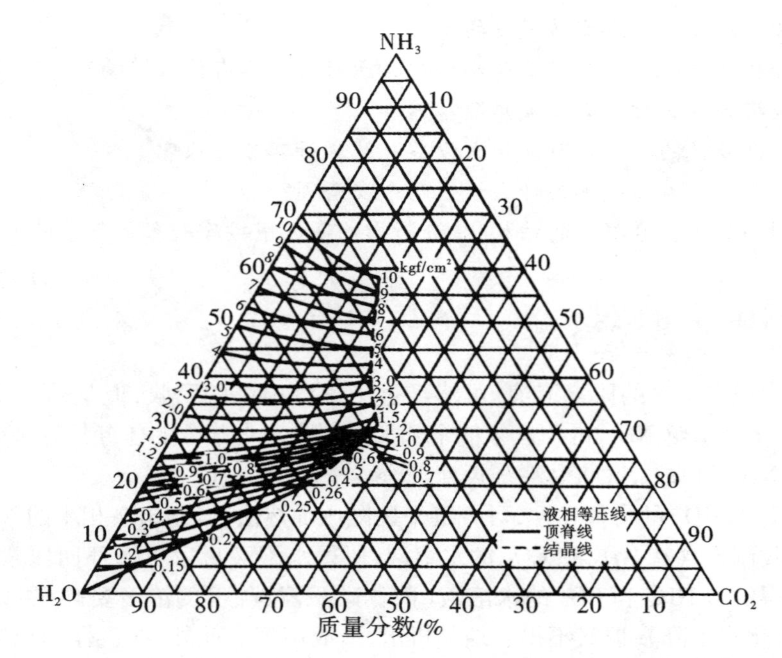

图 3.4-1　NH_3-CO_2-H_2O 三元系统恒温气液平衡相图(40 ℃)

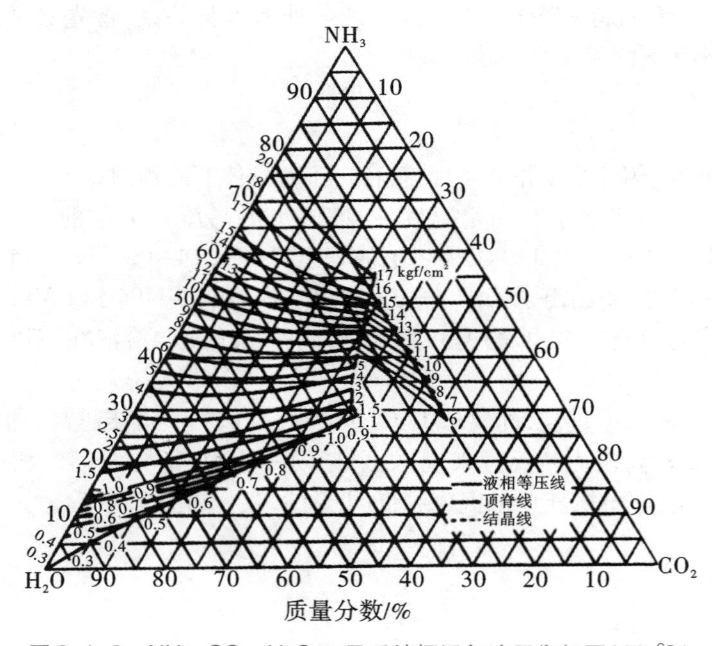

图 3.4-2　NH_3-CO_2-H_2O 三元系统恒温气液平衡相图(60 ℃)

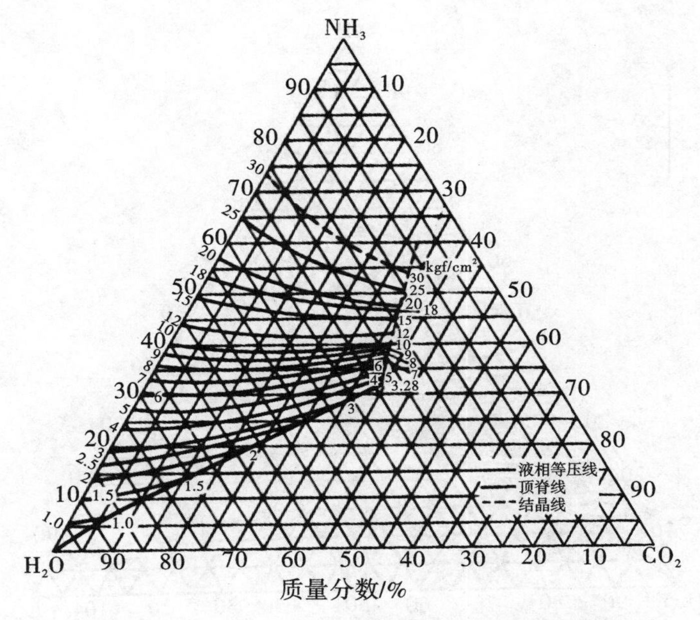

图 3.4-3　NH_3-CO_2-H_2O 三元系统恒温气液平衡相图(80 ℃)

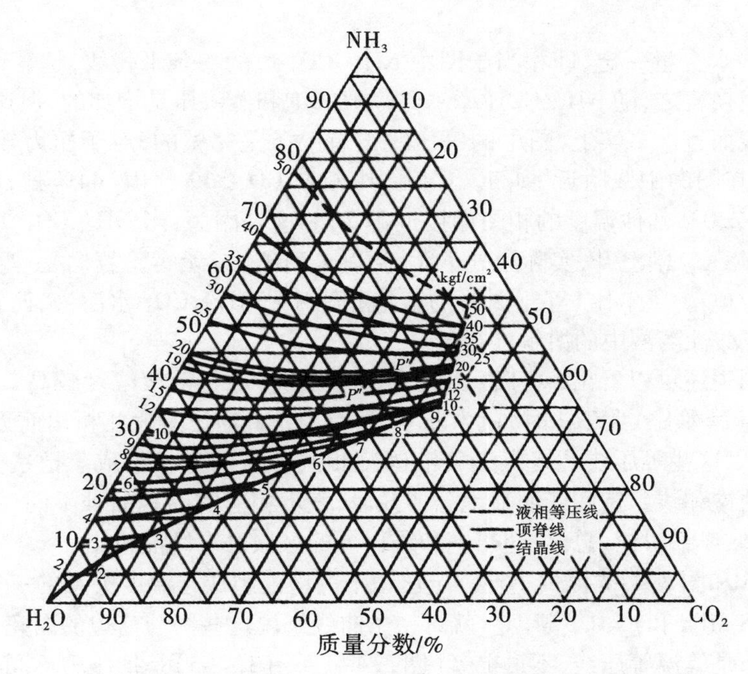

图 3.4-4　NH_3-CO_2-H_2O 三元系统恒温气液平衡相图(100 ℃)

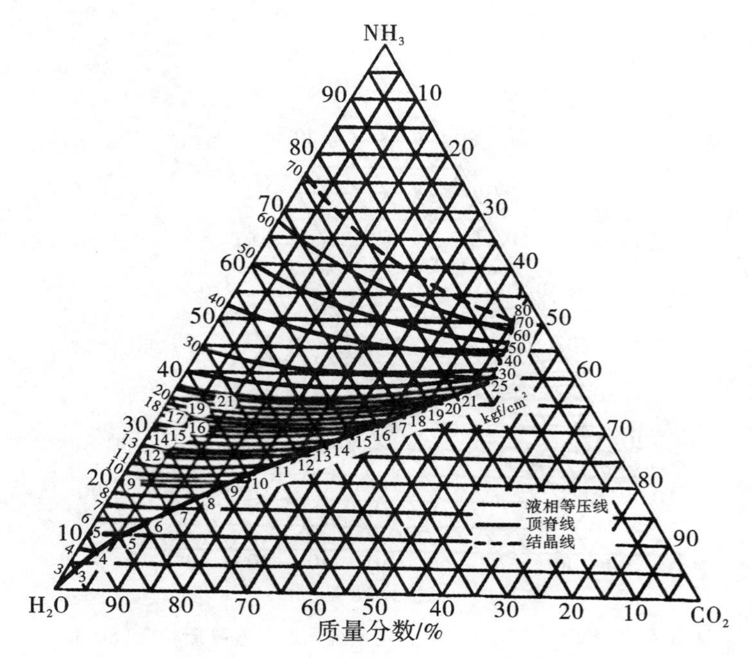

图 3.4-5　$NH_3-CO_2-H_2O$ 三元系统恒温气液平衡相图(120 ℃)

若溶液的水含量一定,即相当于图中 NH_3-CO_2 边的一条平行线,越靠近 NH_3 顶点,其压力越高。换言之,随 NH_3/CO_2(摩尔比)增加,饱和蒸汽压是增加的,但这仅就图中给出的一段曲线而言。事实上,图中的等压线没有一条是完整的,对于压力较低的几条等压线,都中断在图的中线附近[如 40 ℃相图中断在 CO_2 56%、NH_3 44%处,相当于 NH_3/CO_2(摩尔比)2.03,其他温度的相图亦接近于 2]。这是因为,当 NH_3/CO_2(摩尔比)大于 2 时,饱和蒸汽压急剧上升,实际用处不大,所以未列出(或无实验数据)。这是可以理解的,因为 NH_3/CO_2(摩尔比)等于 2 时的溶液相当于 $(NH_4)_2CO_3$ 水溶液,已近于中性,而 CO_2 在中性或酸性溶液中的溶解度很低。

从这些图中还可以看出,对于压力较高的等压线(也是溶液浓度较高),则在此以前[即 NH_3/CO_2(摩尔比)大于 2 时]就中断了,这是由于此时已有固相析出而无法提高溶液的氨碳比,所以这些等压线的终点是气液固三相共存时的液相组成。把这些点相连,就是图中所示的饱和线。饱和线明显地分成几段,表示相应的固相品种不同,关于液-固相平衡,下边再作详细讨论,总之,超出饱和线以外的区域已有结晶析出。

图 3.4-6 和图 3.4-7 提供了在一定压力下的溶液组成与温度关系的三元相图,压力分别为 $p=1.8$ MPa 和 $p=0.3$ MPa。就每一条曲线来说这些图与前边的图完全一样,因为每一条曲线都是等温等压线,不过前者(图 3.4-1 ~ 图 3.4-5)是把压力不同、温度相同的曲线合并在一张图上;而后者(图 3.4-6 和图 3.4-7)是把温度不同压力相同的曲线合并在一张图上。如图 3.4-6,图中最左端粗线(压力边缘线),指在 1.8 MPa 下 CO_2 气能溶解的极限条件(温度及对应组成),CO_2 再多时压力将急剧上升,虚线为固液饱和线(气-液-固三相平衡线)。注意图中的 T 点(饱和线的转折点),该点的溶液含 CO_2 量最高,即

H_2O/CO_2 比最低(其 NH_3/CO_2 摩尔比为2.2~2.4),由于其水含量最低,有利于尿素生产全系统的水平衡。再者,该点(T 点)的平衡温度也很高,有利于回收冷凝热,所以该点常称之为最佳操作点。

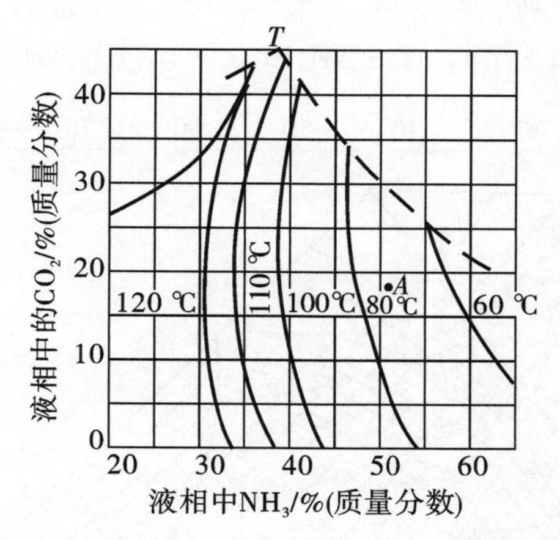

图3.4-6 1.8 MPa 下 NH_3-CO_2-H_2O 体系气液两相平衡图

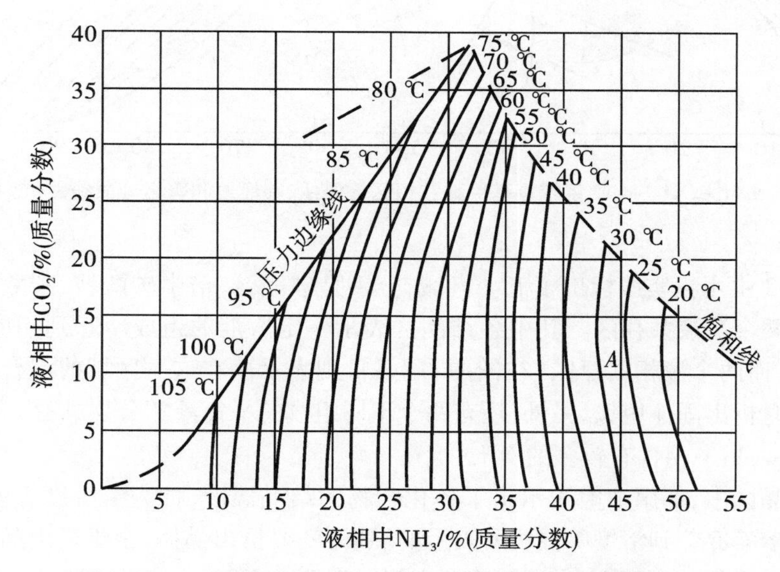

图3.4-7 0.3 MPa 下 NH_3-CO_2-H_2O 体系气液两相平衡图

3.4.2 NH_3-CO_2-H_2O 液固平衡相图

上述相图也给出了液固平衡关系(饱和线)。由于液固平衡与压力关系不大,少了一个自由变量,所以相图表示就更简单一些,可以把所有数据表示在一张图上。

NH_3-CO_2-H_2O 三元系统的液固平衡相图见图3.4-8,是用直角坐标表示的相图,横坐标为 NH_3(%,质量分数),纵坐标为 CO_2(%,质量分数)。在这个三元系统中,可以出现许多种固体化合物，如碳酸氢铵[NH_4HCO_3]、碳酸铵[$(NH_4)_2CO_3$]、倍半碳酸铵[$2(NH_4)_2CO_3 \cdot NH_4HCO_3 \cdot H_2O$]与氨基甲酸铵($NH_4COONH_2$)。根据各种化合物的组成，可以在相图上定出其组成点。如 NH_4HCO_3 中含有 21.5% 的 NH_3 和 56.7% 的 CO_2，在相图的横坐标上取 21.5%，在纵坐标上取 56.7%，其交点即 NH_4HCO_3 的组成点。同理可以定出$(NH_4)_2CO_3$、$2(NH_4)_2CO_3 \cdot NH_4HCO_3 \cdot H_2O$ 与 NH_4COONH_2 的组成点。

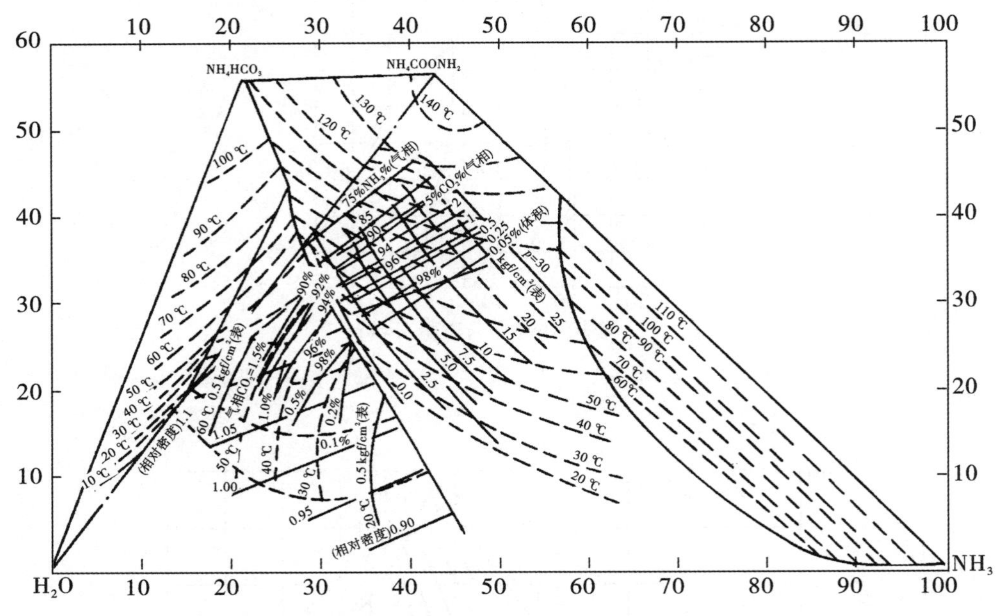

图 3.4-8　$NH_3-CO_2-H_2O$ 系统氨基甲酸铵相区等温线、等压线和等组分曲线图(饱和溶液)

图 3.4-8 中用粗实线标出了五个区域，分别是碳酸铵、倍半碳酸铵、碳酸氢铵、甲铵的结晶区和两个溶液共存区。其中各结晶区表示一定溶液的组成冷却到相应温度析出固相的种类，而两个液相共存区(在图的右下侧)则表示落在这一区域的混合物，当冷却到相应温度时析出固体甲铵，另外，还有两个不同组成的平衡液相分层共存(其中一相含有较多的 CO_2，另一相含有较多的 NH_3)。

在各结晶区中，都用细虚线示出了各化合物的结晶温度，称为溶解度等温线。如果某一组成的溶液冷却到溶度等温线所表示的温度，就要析出晶体，至于析出晶体的种类，则由所在结晶区的种类而定，在高于溶解度等温线的温度下，溶液不会结晶。

如果在碳酸氢铵、倍半碳酸铵的饱和溶液中加入 NH_3，系统就沿着原先溶液的组成点与纯 NH_3 组成点的连线移动。可以看出，随着 NH_3 的加入，结晶温度将不断下降，所以饱和溶液在不改变温度的条件下，可以用加 NH_3 的方法使之成为不饱和溶液。各种饱和溶液加入水之后，其结晶温度也普遍降低，故也可以通过加水使之成为不饱和。在甲铵结晶区内，还分别绘出了一组等压线和等组分线，它表示系统在一定组成和温度下，熔点(固相饱和)的饱和蒸汽压及与溶液呈平衡的气体组成。

在研究液固相平衡时，压力的影响是很小的，可以忽略不计，所以该图既可以用于研究低压甲铵冷凝器的结晶条件，也可以用于研究高压甲铵冷凝器的结晶条件。

3.4.3 中压分解回收

斯那姆法合成条件：$\frac{n(NH_3)}{n(CO_2)}=3.5$（摩尔比），合成率65%，由此可算得未反应的 NH_3 和 CO_2 量，也就是需要回收的数量。

取 $CO_2=1$ mol 则

$$\text{未反应 } CO_2=1-0.65=0.35 \text{ mol} \tag{3.4-1}$$

$$\text{未反应 } NH_3=3.5-2\times0.65=2.2 \text{ mol} \tag{3.4-2}$$

$$\frac{n(NH_3)}{n(CO_2)}=\frac{2.2}{0.35}=6.3 \tag{3.4-3}$$

该氨碳比与合成塔出液相当。

由于采用汽提技术，汽提塔出液所含 NH_3 和 CO_2 较之合成塔出液时已大为减少，而且由于 NH_3 和 CO_2 的汽提率不等，故$\frac{n(NH_3)}{n(CO_2)}$亦有所变化。由物料平衡表（表3.4-1）可以算得，需要经过本工序予以回收的 NH_3 和 CO_2 数量。

表3.4-1 物料平衡表 (kg/h)

	NH_3	CO_2
汽提塔出口	40 124	9883
高压气出口	4091	127
合计	44 215	10 010

由表中数据计算：

$$\frac{n(NH_3)}{n(CO_2)}=\frac{44\ 215/17}{10\ 010/44}=11.4\text{（摩尔比）} \tag{3.4-4}$$

因此，返回到高压系统的物流组成，可在三角形相图上表示出来，如图3.4-9。在 NH_3-CO_2 边上，取$\frac{n(NH_3)}{n(CO_2)}$（摩尔比）= 11.4 的点 $D[n(NH_3)=(11.4\times17)/(11.4\times17+44), n(CO_2)=1-0.815=0.185]$。如 NH_3 及 CO_2 回收完全，则返回物流组成必位于 DC 连线上，从气液平衡相图可以查得给定组成的液相形式回收时的温度和压力。为使汽提塔出口液体中的 NH_3 和 CO_2 完全逸出，压力不能太高。根据相图分析，当温度和 H_2O 含量固定，则压力最低的NH_3/CO_2（摩

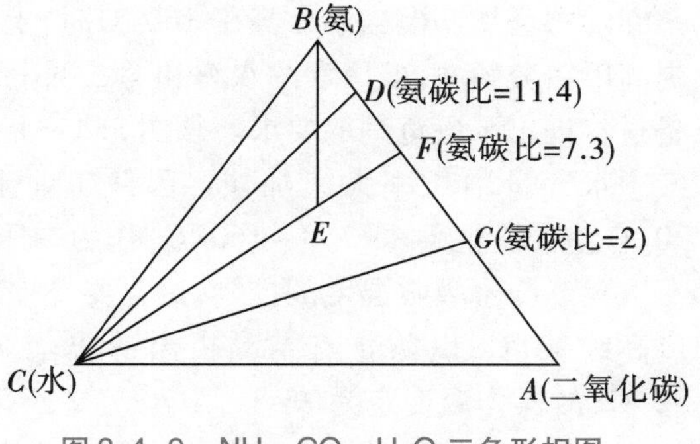

图3.4-9 $NH_3-CO_2-H_2O$ 三角形相图

尔比)在2附近。虽然增加H_2O含量或降低温变亦均有利于冷凝和吸收,但前者带来缺点是增加了返回高压系统的水分而使合成转化率降低,后者则受限于冷却水温度,并有析出固相的危险。

权衡上述各种因素,目前除Stamicarbon的CO_2汽提法因汽提液$\frac{n(NH_3)}{n(CO_2)}$(摩尔比)较低(约为2),一次降压到$p=0.35$ MPa(绝),并以碳铵液形式将全部回收的NH_3和CO_2返回外,其余工业化生产方法都增设$p=1.8$ MPa(绝)的中压循环,将回收的NH_3和CO_2分为液氨和碳铵液两股返回高压系统。由于有相当多的NH_3以纯液氨形式回收,这样降低了碳铵液的$\frac{n(NH_3)}{n(CO_2)}$比,而有利于吸收,中压压力选为1.8 MPa(绝)左右,正是根据纯NH_3液化的温度压力条件而确定的。考虑冷却水所能达到的冷却温度,可以取液氨温度为40 ℃,查饱和状态下氨的性质知道,40 ℃液氨饱和蒸汽压力1.585 MPa(绝),因为气相中尚存在少量惰气,所以中压分解回收的操作压力选为1.8 MPa(绝)。

在相图上,回收液氨和甲铵液的组成分别为图3.4-9上的*B*和*E*点,其数量可以根据杠杆规则由*BF*和*FE*的长度求之,见表3.4-2。

表3.4-2 物料平衡表

	NH_3/(kg/h)	CO_2/(kg/h)	H_2O/(kg/h)	氨碳比(摩尔比)
碳铵液	28 919	10 230	16 427	7.3
液氨	15 466	—	—	—
合计	44 385	10 230	16 427	7.3

所得数据与前边给出的汽提塔出口和高压气出口的数据基本相符,表中液氨为原料液氨量减去进入尿素合成塔的液氨量,此时碳铵液的氨碳比为7.3,比原来的11.4降低1/3。

压力确定后,由图3.4-10可以看出,随着分解温度的增高,总氨蒸出率及甲铵分解率亦随之增加。但当温度高于160 ℃时,上升曲线趋于平坦,温度再高,虽然可以进一步提高甲铵分解率,但尿素的水解和缩二脲生成的副反应均将加快,同时因腐蚀加剧,对设备材料提出了更苛刻的要求。从图3.4-11还可以看出,当分解温度高于160 ℃时,分解气中水含量增长率大大加快。因此工业上一般选用比该压力下甲铵的分解温度高30 ℃左右的温度,即150~160 ℃,作为中压段的分解温度。

至于冷凝吸收温度的控制,最主要是控制最终吸收制得的碳铵液温度应比其结晶温度高约25 ℃,以防止有结晶析出造成堵塞。中压吸收塔C-101出液的结晶温度为52 ℃,故操作温度定为75 ℃,$\Delta t=23$ ℃,不会有结晶析出。

中压分解回收的主要设备为中压吸收塔C-101,其作用是将进气中的CO_2尽量完全回收,使出气成为含极少量惰气的纯氨气,以备液化循环之用,塔底出口$NH_3-CO_2-H_2O$液送往尿素合成塔,中压吸收塔构造如图3.4-12,全塔分上下两段,316L不锈钢材制造,上段为板式吸收段,下段为浸没吸收段,有液面计控制液面。内有气液进口管,由中压冷凝器来的气-液混合物由塔侧管口 N3 进入,经塔下进口管小孔鼓泡通过 NH_3-CO_2-H_2O 液,未被吸收气体继续送上段吸收。塔上部由 N2 加入中压惰气吸收塔来的氨水,作为吸收液,为使出气中不含 CO_2(要求 CO_2 质量分数<0.01%),塔顶还要加入回流液 NH_3,起精馏作用吸收 CO_2。出气温度控制在 43~45 ℃,塔底出液(NH_3-CO_2-H_2O 液)温度控制在 75~76 ℃,既保证了返回尿素合成塔的 H_2O/CO_2(摩尔比),又不致有碳铵结晶析出造成堵塞。

中压分解塔与中压冷凝器的结构不再详述。

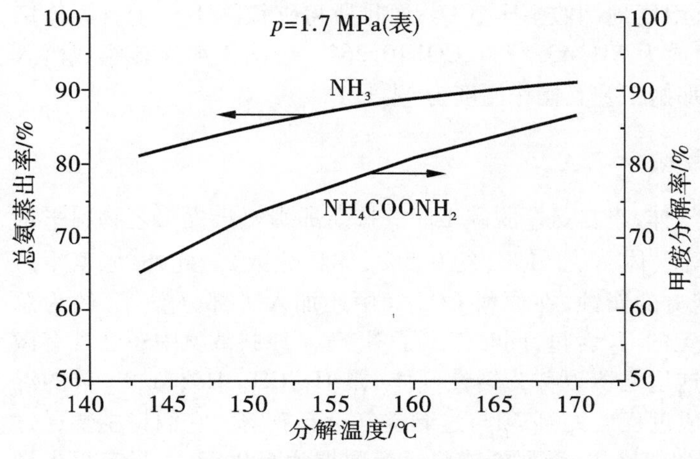

图 3.4-10 总氨蒸出率和甲铵分解率与分解温度的关系

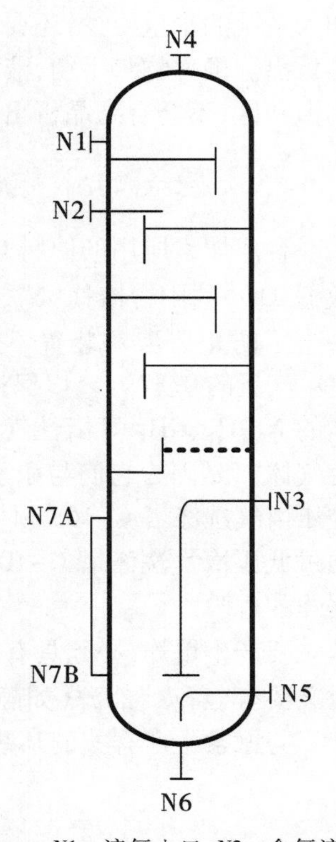

N1—液氨入口;N2—含氨液入口;N3—气液混合物入口;N4—气体出口;N5—溶液出口;N6—排放口;N7A/B—液面计接口。

图 3.4-12 中压吸收塔结构示意图

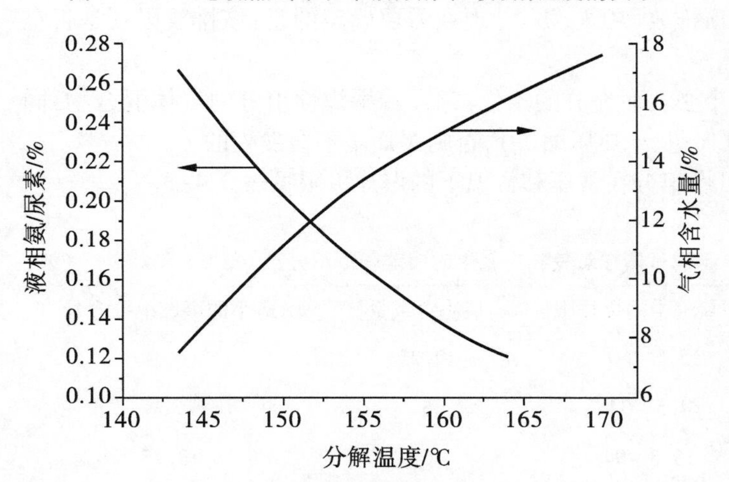

图 3.4-11 液相中的 NH_3/Ur 和气相中的含水量与分解温度的关系

3.4.4 低压及真空分解回收

由前得知,由于中压压力受限于液氨冷凝温度而不能过低,又由于设备腐蚀、尿素分解、加热蒸汽温度等原因,限制了中压分解塔温度不能太高,所以尿液经过中压分解后,还会含有一定数量的 NH_3 和 CO_2。由斯那姆物料平衡可知,含 NH_3 6.49%、CO_2 1.37%,为了进一步分解回收这些未反应物中的 NH_3 与 CO_2,无疑压力越低越好,但还要考虑后续工序设备管路的阻力、吸收后惰气的排放、冷凝吸收所得的 NH_3-CO_2-H_2O 液的饱和蒸汽压等。斯那姆氨汽提工艺低压分解压力定为0.35 MPa(表),真空预浓缩器压力为0.035 MPa。

压力确定后,温度的选择同样要考虑:NH_3 和 CO_2 的分解逸出要完全;尿素的水解及缩二脲的生成等副反应要减少;还要有利于系统的水平衡。斯那姆氨汽提工艺取低压分解器出液温度138 ℃,出气温度125 ℃,真空预浓缩器出液温度102 ℃,出气温度100 ℃。

低压分解气的冷凝吸收过程,压力为0.3 MPa(表),所得吸收液的组成则主要考虑加入系统的水量要少;还要最大限度地回收 NH_3、CO_2;而且所得碳铵液不至于有固体结晶析出。根据物料平衡,液相组成为 NH_3 43.47%、CO_2 10.26%,查图3.4-4该组成落入不饱和区,不会有结晶析出(斯那姆工艺其操作温度为44 ℃)。

3.4.5 尾气的爆炸性与防爆

合成尿素所用的原料 CO_2 气体,来自氨厂脱碳工序。按斯那姆氨汽提工艺物料平衡数据,CO_2 气中含惰气(N_2、H_2 等气体)低于1%(约0.8%,体积分数)。此外,尿素生产中为了防止尿液对装置不锈钢材的腐蚀,在原料 CO_2 气中还加入了部分空气(约为总 CO_2 气量的0.37%),以保持一定的 O_2 含量,同时带入了 N_2 气。原料液氨中还会含有微量的 N_2、H_2、CH_4 等惰性气体,这里之所以称为惰性气体(是 H_2、CH_4、He、Ar、N_2 等的混合气体),是因为它们与尿素生成过程无关,必须与过剩空气一起放空。它们将主要通过中压惰气洗涤塔C-103顶排放烟囱排放,斯那姆物料平衡数据为620 kg/h,只有很少量通过低压惰气洗涤塔C-104顶排放(10 kg/h)。现在需要确定的是:该排放尾气是否有爆炸的危险。

要产生爆炸,必须具有两个必要而充分的条件:存在着爆炸性组分的气体混合物,同时又要有"着火"能源(如静电火花、绝热压缩等),否则爆炸是不会发生的。

与尿素生产有关的某些可燃组分在常压和常温下的爆炸极限见表3.4-3。

表3.4-3 不同气体在氧气和空气中的爆炸限体积分数 (%)

气体	在空气中的爆炸限	在氧气中的爆炸限	最小含氧量	最小的可燃组分含量
CH_4	5~15	5.5~60	12.25	6
H_2	4~74	4.5~94	5	4.3
CO	12.5~74	15.5~94	6	13.75
NH_3	15.5~27	13.5~79	*	*

注:*实际非常接近爆炸下限,因此通常按下限考虑。

表3.4-3是爆炸性气体单独在空气或氧气中的情况,如果混合气体中可燃组分的含量在表3.4-3规定的范围内,那么这一可燃组分与纯氧或干燥空气的混合气体认为有"潜在的爆炸危险"。

对于混合气体如果同时存在几种不同的可燃组分,其爆炸限可按如下公式计算:

$$L=\frac{100}{\sum_{i=1}^{n}P_i/N_i} \tag{3.4-5}$$

式中,L 是可燃混合气体的爆炸限;N_i 是组分 i 的爆炸限;P_i 是在可燃混合气体中,每一可燃组分的体积分数。如不考虑惰气或空气:

$$\sum_{i=1}^{n}P_i=100 \tag{3.4-6}$$

示例:设有一气体混合物,其体积分数如下:$CH_4=50\%$、$NH_3=20\%$、干空气=30%。要确定该混合气体是否为爆炸性气体混合物,必须考虑没有空气存在时的可燃性混合气体的组成。

假设以100 kmol分子为基准,可燃混合气体是由50 kmol分子 CH_4 和20 kmol分子 NH_3 构成。

其相对体积分数是:

$$P_{CH_4}=50/70\times100\%=71.4\% \tag{3.4-7}$$

$$P_{NH_3}=20/70\times100\%=28.6\% \tag{3.4-8}$$

此混合气体的爆炸上下限:

在空气中爆炸下限(体积分数):$L_{LA}=\dfrac{100\%}{\dfrac{71.4}{5}+\dfrac{28.6}{15.5}}=6.2\%$ (3.4-9)

在空气中爆炸上限(体积分数):$L_{HA}=\dfrac{100\%}{\dfrac{71.4}{15}+\dfrac{28.6}{27}}=17.18\%$ (3.4-10)

如果可燃气体的实际组成在6.2%~17.18%(体积分数)范围内,即意味着此混合气体有潜在的爆炸危险,此例中的混合气体(可燃组成的体积分数为70%)是在爆炸范围以外。

对于一般的混合气体,可利用三角形的爆炸相图来表示,见图3.4-13。图中三个顶点表示三个组分,即可燃组分、氧和惰气。对给定的气体混合物,可以用一个点(A)表示其组成点。此外,该混合气体在氧中爆炸限(下限 L_{LOX},上限 L_{HOX}),在空气中的爆炸限(下限 L_{LA},上限 L_{HA}),能形成爆炸的最小可燃组分 Min_{feam} 和最小氧含量 Min_{ox} 也在图上标出。上下限之间所包括的区域称为"可燃爆区域",如果混合气体的组成点在可燃爆区域内,那么该气体混合物可认为有潜在的爆炸危险,如图中 A_1 组成,表示为爆炸性气体混合物。

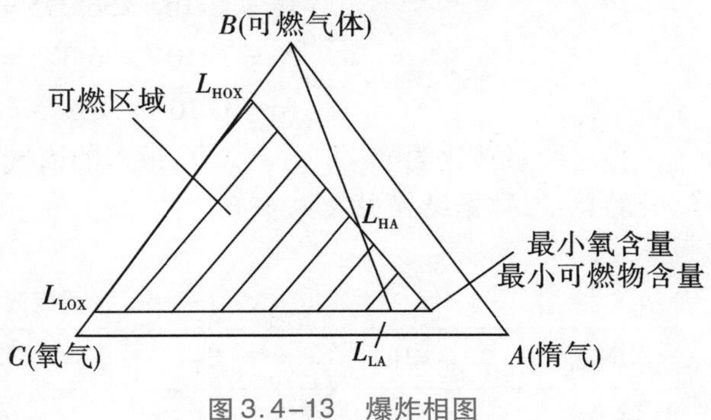

图3.4-13 爆炸相图

尿素装置的中压和低压系统放空的尾气中,含有惰性气体,可燃化合物和氢气,尾气的实际组成将取决于来自装置界区的二氧化碳和液氨的实际组成,还取决于加到二氧化碳中的钝化空气量。

示例:由从界区来的二氧化碳和液氨的组成计算尿素装置排出的尾气是否落在可燃爆区域内。

今假设 CO_2 的流量 24 683 m^3/h,其组成(在加入钝化空气后)见表 3.4-4。

表 3.4-4 物料组成体积分数

CO_2	H_2	N_2	Ar	O_2
97.33%	0.99%	1.32%	0.11%	0.25%

进装置液 NH_3 的流量 36 375 kg/h,其组成见表 3.4-5。

表 3.4-5 物料组成质量分数

NH_3	CH_4	H_2	N_2	Ar
99.8%	0.09%	0.01%	0.07%	0.03%

则由 CO_2 气体带入

$$H_2=9.9\times10^{-3}\times24\ 683=244\ m^3/h \tag{3.4-11}$$

$$N_2=1.32\times10^{-2}\times24\ 683=326\ m^3/h \tag{3.4-12}$$

$$Ar=1.1\times10^{-3}\times24\ 683=27\ m^3/h \tag{3.4-13}$$

$$O_2=2.5\times10^{-3}\times24\ 683=62\ m^3/h \tag{3.4-14}$$

由液氨带入

$$CH_4=9\times10^{-4}\times36\ 375=32.7kg/h \tag{3.4-15}$$

$$H_2=1\times10^{-4}\times36\ 375=3.6\ kg/h \tag{3.4-16}$$

$$N_2=7\times10^{-4}\times36\ 375=25.5\ kg/h \tag{3.4-17}$$

$$Ar=3\times10^{-4}\times36\ 375=10.9kg/h \tag{3.4-18}$$

将这些量转化为 m^3/h,并与 CO_2 带入的惰气相加,即可算出将要放空的气体中每种组分的总量,数据结果见表 3.4-6。

表 3.4-6 物料组成体积分数

N_2	CH_4	H_2	O_2	Ar	合计
44.9%	6.0%	36.8%	8.0%	4.3%	100%

$$H_2=244+40=284\ m^3/h\quad 36.8\%\text{(体积分数)}$$

$$CH_4=46\ m^3/h\quad 6.0\%\text{(体积分数)}$$

$$N_2=326+20=346\ m^3/h\quad 44.9\%\text{(体积分数)}$$

$$Ar=27+6=33\ m^3/h\quad 4.3\%\text{(体积分数)}$$

$O_2=62\ m^3/h$　8.0%(体积分数)

如果尾气进行彻底的洗涤回收,则此混合气中不含氨。下面计算其可燃气体,惰气和氧的组成以及它们的可燃爆炸限。

可燃气体:占总体积的42.8%,其中 H_2 为284 m^3/h,86%(体积分数),CH_4 为46 m^3/h,14%(体积分数),合计为330 m^3/h,100%(体积分数)。

惰性气体:占总体积的49.2%,其中 N_2 为346 m^3/h,91.3%(体积分数),Ar为33 m^3/h,8.7%(体积分数),合计为379,100%。

氧 O_2:占总体积的8%。

在空气中的爆炸上下限

$$L_{LA}=\frac{100\%}{\frac{86}{4}+\frac{14}{5}}=4.1\% \tag{3.4-19}$$

$$L_{HA}=\frac{100\%}{\frac{86}{74}+\frac{14}{15}}=47.8\% \tag{3.4-20}$$

在氧气中的爆炸上下限

$$L_{LO_2}=\frac{100\%}{\frac{86}{4.5}+\frac{14}{5.5}}=4.6\% \tag{3.4-21}$$

$$L_{HO_2}=\frac{100\%}{\frac{86}{5}+\frac{14}{12.25}}=87.1\% \tag{3.4-22}$$

氧的最小含量

$$O_2\text{ 最小含量}=\frac{100\%}{\frac{86}{5}+\frac{14}{12.25}}=5.5\% \tag{3.4-23}$$

可燃气的最小含量

$$\text{可燃气最小含量}=\frac{100\%}{\frac{86}{4.3}+\frac{14}{6}}=4.5\% \tag{3.4-24}$$

将可燃爆炸限和气体组成点(A_1 点)绘在图3.4-14上,该气体组成点落于可燃爆炸区域之外,因此为非爆炸性气体。但如果钝化空气加到二氧化碳气流中,使 O_2 含量达0.88%(体积分数)时,此时 CO_2 气体的组成为:CO_2 94.7%(体积分数),H_2 0.96%(体积分数),N_2 3.37%(体积分数),Ar 0.09%(体积分数),O_2 0.88%(体积分数),合计100.00%。设流量仍同前述:24 683 m^3/h,液氨的组成与流量亦相同。

则尾气组成应为:

H_2	284 m^3/h	19.72%(体积分数)
CH_2	46 m^3/h	3.19%(体积分数)
N_2	874 m^3/h	60.70%(体积分数)
Ar	33 m^3/h	2.29%(体积分数)
O_2	203 m^3/h	14.10%(体积分数)
合计	1440 m^3/h	100%

由于可燃性组分的组成，与混合气体的可燃爆上下限均与前相同，若混合气体的组成为：可燃气体 22.91%（体积分数），惰性气体 62.99%（体积分数），氧气 14.1%（体积分数）。

描绘于图 3.4-14 则为 B_1 点，落在可燃爆区域内，这意味着是处于危险状态，同理如果 CO_2 气体中的氢含量增高亦可能发生类似情况。这时若将某种惰性气体（如蒸汽、氮气）添加到尾气中去，则混合气体的组成点将由 B_1 点向惰气的顶点移动，就会移出燃爆区而成为安全状态。

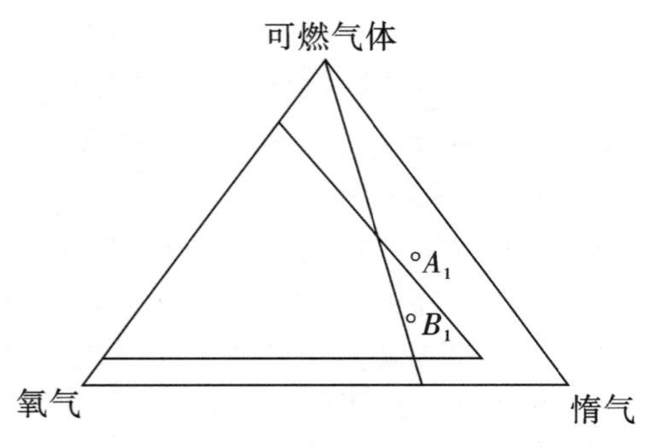

图 3.4-14 可燃爆炸限和气体组成点

以上分析均指常温常压条件下的数据。如果温度压力增加，燃爆限均随之增加，如图 3.4-15 是 NH_3-O_2-N_2 及 H_2-O_2-N_2 三元物系的爆炸限。在此组成三角形中，爆炸限被包围在一定的温度和压力条件下的三根线中，如 0.103 MPa、20 ℃，O_2-H_2 二元混合物的爆炸限为 4% ~92% H_2，NH_3-O_2 的爆炸限要窄些，而在 0.103 MPa，200 ℃时则为 15% ~79%。随着压力及温度的增加，H_2-O_2 和 NH_3-O_2 的爆炸限均随之扩大。

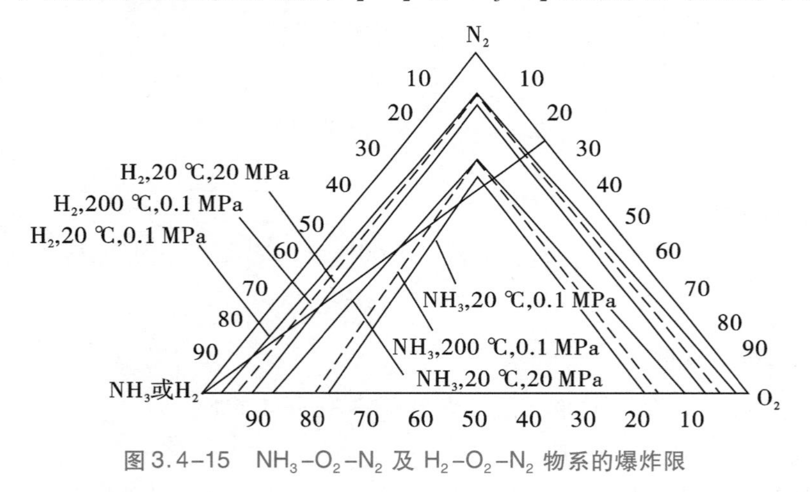

图 3.4-15 NH_3-O_2-N_2 及 H_2-O_2-N_2 物系的爆炸限

思考题

(1)为什么设置中压分解回收？试用相图分析如何选择中压系统压力？如何选择中压分解温度？如何选择中压冷凝吸收温度？

(2)分析中压系统尾气的爆炸性，如何防爆？

(3)简述中压吸收塔结构和工作原理。

(4)简述中压吸收塔液位控制设备和工作原理。

(5)试分析低压系统压力、低压分解温度、低压冷凝吸收温度各是如何选择的？

(6)简述低压分解塔结构和工作原理。

(7)分析低压系统超压的原因是什么？

(8)真空预浓缩的目的和条件是什么？

(9)可燃混合气体的爆炸限如何估算？试分析尿素合成尾气的爆炸性，如何防爆？

3.5 蒸发造粒及冷凝液处理

3.5.1 尿素水溶液及其熔融物的物理化学性质

3.5.1.1 尿素熔融物

尿素的熔点为132.6 ℃，当固体尿素加热熔化成熔体时，要吸入热量241.6 kJ/kg，熔融尿素固化时则要放出热量241.6 kJ/kg，固体尿素的比热为1.34 kJ/(kg · ℃)。

3.5.1.2 尿素在水中的溶解度

尿素在水中的溶解度见表3.5-1。

表3.5-1 尿素在水中的溶解度

温度/℃	0	5	10	15	20	25	30	35	40
溶解度/%	40	42.85	45.71	48.8	51.14	54.58	57.18	59.85	62.3
温度/℃	45	50	55	60	65	70	75	80	85
溶解度/%	64.72	67.23	69.58	71.1	74.11	76.28	77.56	79.61	81.66
温度/℃	90	95	100	105	110	115	120	—	—
溶解度/%	84.33	87	87.89	88.78	91.82	93.66	95	—	—

在常压下，尿素在水中的溶解度随着温度的升高而增大，在水中溶解时吸收热量，温度下降。

3.5.1.3 尿素水溶液加工过程的副反应

(1)尿素的水解反应总式：

$$CO(NH_2)_2+H_2O = 2NH_3+CO_2 \tag{3.5-1}$$

其过程如下：

$$CO(NH_2)_2+H_2O = NH_4COONH_2 \tag{3.5-2}$$

$$NH_4COONH_2+H_2O = (NH_4)_2CO_3 \tag{3.5-3}$$

$$(NH_4)_2CO_3 = NH_4HCO_3+NH_3 \tag{3.5-4}$$

$$NH_4HCO_3 = NH_3+H_2O+CO_2 \tag{3.5-5}$$

当温度低于80 ℃时，尿素的水解很慢，但超过80 ℃时，水解速度加快，145 ℃以上有剧增的趋势。在沸腾的尿素水溶液中，水解更为剧烈。当溶液中有游离 NH_3 存在时，能抑制水解反应的进行。

(2)尿素的缩合反应。生产中，尿素的水溶液或其熔融物，在缺氨的情况下加热，由于尿素的异构化作用形成缩二脲。总反应式：

$$2CO(NH_2)_2 = NH_3+NH_2CONHCONH_2\text{(缩二脲)} \tag{3.5-6}$$

其过程如下：

$$NH_2—\overset{\overset{\displaystyle O}{\|}}{C}—NH_2 \rightleftharpoons HN═\overset{\overset{\displaystyle OH}{|}}{C}—NH_2 \quad (3.5-7)$$

酮式尿素　　　烯醇式尿素

进一步由烯醇式尿素脱氨，产生异氰酸：

$$HN═\overset{\overset{\displaystyle OH}{|}}{C}—NH_2 \rightleftharpoons HN═C═O + NH_3 \quad (3.5-8)$$

烯醇式尿素　　　异氰酸

再由异氰酸与尿素反应生成缩二脲：

$$NH═C═O+CO(NH_2)_2 \rightleftharpoons NH_2CONHCONH_2 \quad (3.5-9)$$

异氰酸　　　缩二脲

三分子尿素的缩合反应：

$$3CO(NH_2)_2 ═══ NH_2CONHCONH_2(缩三脲)+2NH_3 \quad (3.5-10)$$

$$3CO(NH_2)_2 ═══ C_3N_3(OH)_3(三聚氰酸)+3NH_3 \quad (3.5-11)$$

由上述的反应式可以看出，在缩合反应中都会放出 NH_3。所以当增加尿素溶液中的 NH_3 量时，可以抑制这些反应，减少缩合物的生成；相反，凡减少尿素溶液或熔融物中的含 NH_3 量，或在高温下提高尿液的浓度以及在高温下长时间的停留，都有利于缩二脲的形成。这里用三张实验图线（图 3.5-1 ~ 图 3.5-3）分别说明温度、时间及氨分压对缩二脲生成速度的影响，由图可以看出，在尿液蒸发过程中，氨分压很低的情况下，应在尽可能低的温度和尽可能短时间内完成这一操作工序。如果要制备低缩二脲含量的尿素产品，可以利用尿素与缩二脲溶解度的不同，在生产过程的最后过程中增设一个结晶处理工序，以分离得到含缩二脲很低的尿素产品。而分离后缩二脲含量比较高的溶液可再返回尿素合成塔中（因尿素合成塔中 NH_3 含量高，可重新得到低缩二脲的尿素产品）。

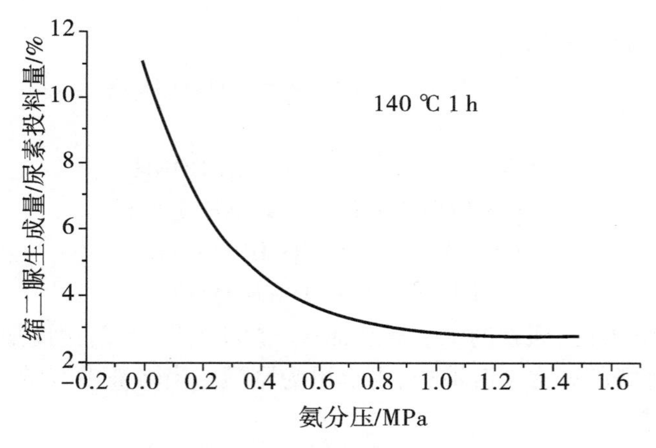

图 3.5-1　缩二脲生成量与氨分压的关系

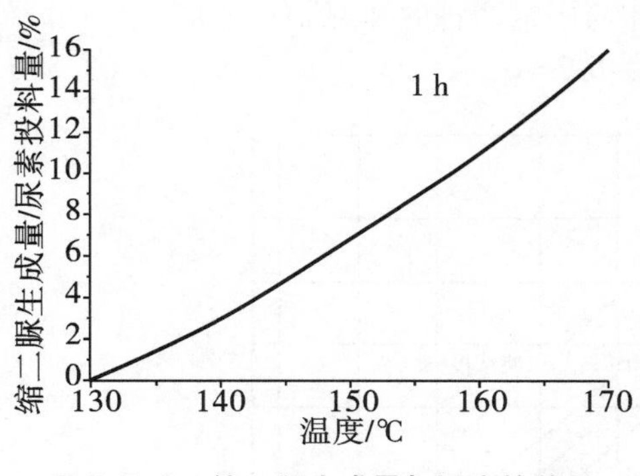

图 3.5-2　缩二脲生成量与温度的关系

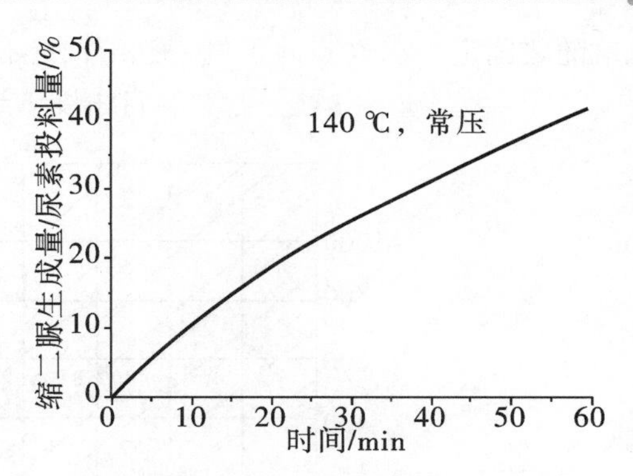

图 3.5-3　缩二脲生成量与时间关系

3.5.2　尿素水溶液的平衡相图

蒸发的条件，可以用尿素-水系统的组成-密度-温度-蒸汽压图（图 3.5-4）来确定，或直接用尿素水溶液的蒸汽压图（图 3.5-5）来讨论。图 3.5-4 中横坐标为尿素质量分数（%），纵坐标为温度（℃），*AB* 线是 H_2O 的冰点曲线。纯水的冰点是 0 ℃，由于加入了尿素，冰点下降。当含尿素 32.0% 时，冰点下降为-12 ℃。*BC* 线为尿素的结晶线，在这一曲线上都是饱和溶液。在 *AB*，*BC* 线上均为气-液-固三相共存，根据相律：

$$\text{自由度 } F=C-P+2=2-3+2=1 \tag{3.5-12}$$

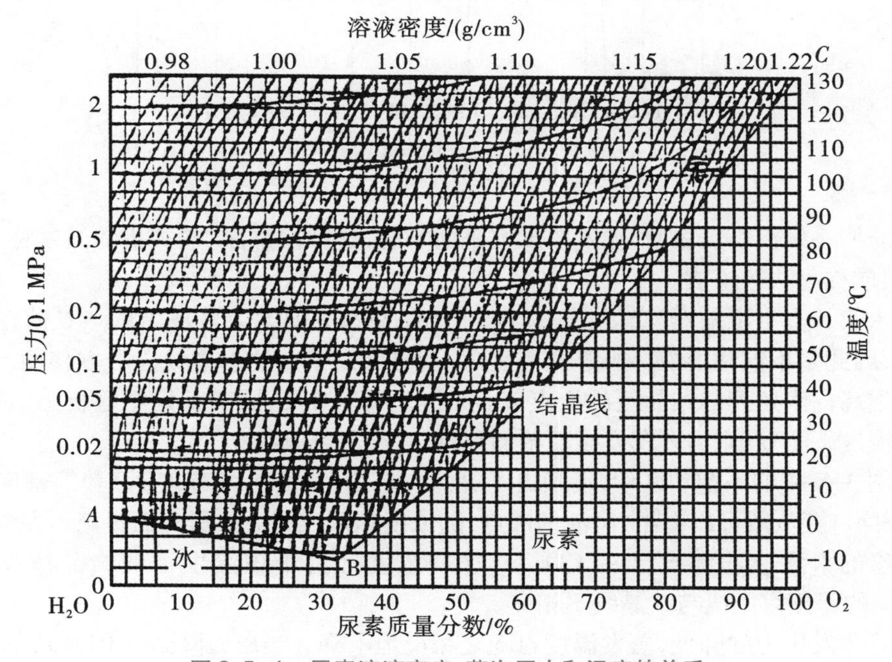

图 3.5-4　尿素溶液密度、蒸汽压力和温度的关系

即只要温度一定，饱和溶液的浓度也就随之固定。反之，溶液的饱和浓度一定，温度

也就随之固定。在 B 点除了气-液相外,还有冰与尿素两种固体,故有

$$自由度\ F=2-4+2=0 \tag{3.5-13}$$

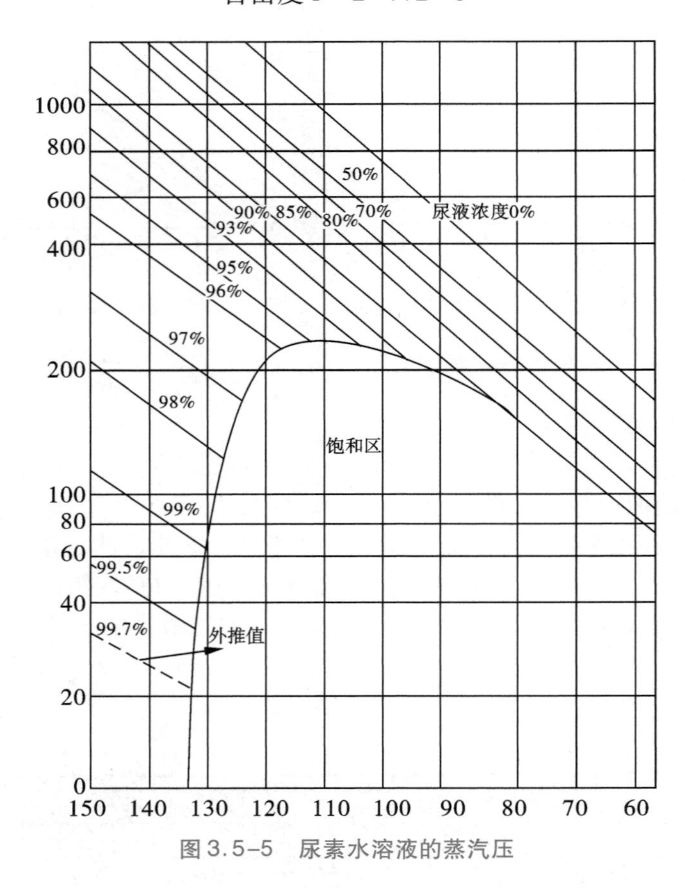

图 3.5-5　尿素水溶液的蒸汽压

这表明系统没有自由度,温度浓度都是固定的,这种两种冰、盐共析的温度称为共熔点,其组成称为共熔组成。

进入第一真空浓缩器(蒸发器)的 102 ℃、84.99% 的尿液在相图上的点 G 落在 BC 曲线以上,因此是不饱和溶液。当等温蒸发时,系统沿着 G 点的水平线向右方移动,尿素浓度逐渐增高。当达到与结晶线的交点 H 时,成为饱和溶液,尿素开始结晶析出。如果在更高的温度下蒸发,则需要蒸发至更浓的程度,才会与结晶线相交。

在图 3.5-4 的不饱和区中,还画出了等蒸汽压线(以 0.1 MPa 表示)和等密度线(以 g/cm^3 表示)。从图可以看出,溶液的沸点,随浓度和蒸汽压力的提高而提高。在常压下,85% 尿素的水溶液的沸点已在 130 ℃,这一浓度远低于该温度下的结晶浓度,因此 0.1 MPa 的等蒸汽压线与结晶线不相交。

随着蒸发压力的降低,蒸发温度也随之相应地下降。当压力降到 0.03 MPa 左右时,如图中所示,等蒸汽压曲线与结晶恰好相切,其切点 M 的尿素浓度为 95%,温度为 120 ℃ 左右。当蒸发压力降到 0.03 MPa 以下时,其等蒸汽压线与结晶线将有两个交点。(即所谓的双沸点)。

3.5.3 蒸发工艺条件

蒸发的任务是将真空预浓缩器送来的质量分数为84.99%的尿素溶液，进一步浓缩至尿素质量分数达到99.75%，再送至造粒塔制得产品尿素。在蒸发过程中，为了减少副反应的发生，应在尽可能低的温度和尽可能短的时间内完成，故均采用真空蒸发。

如果将质量分数为84.99%的尿素溶液，在一个蒸发器中直接（一步）蒸发浓缩到99.75%尿素，则由于99.75%尿液的蒸汽压小于0.005 MPa，在这样高的真空下，二次蒸汽冷凝困难。惰气压缩需要消耗大量的动力，因此蒸发过程通常分为两段进行，而两段的蒸发水量可以不相等，其具体分界浓度，还要结合加热蒸汽和冷却水的温度来综合考虑。

斯那姆氨汽提工艺的第一段蒸发在较高一些的压力下0.035 MPa进行，以蒸发掉大部分的水分，根据表3.5-1，95%尿素的尿液饱和温度为120 ℃，所以斯那姆工艺控制在128 ℃，尿素溶液质量分数为94.99%，这样的尿素溶液是不会结晶的。同时使用高压甲铵冷凝器中副产的饱和蒸汽，压力0.35 MPa（表）、饱和温度为147 ℃，可以满足传热的要求。所以正常的操作压力为0.035 MPa，出口尿素溶液温度128 ℃，尿素溶液质量分数为94.99%。

第二段蒸发，尿素溶液出口质量分数要求达到99.75%。为了防止尿素固化，温度应超过尿素的熔点（132.6 ℃），斯那姆工艺控制出口尿液温度为136 ℃，温度不能再高，以免大量缩二脲生成，加热用蒸汽为副产的0.35 MPa（表）的饱和蒸汽。

由图3.5-5可以查得，当尿素质量分数为99.75%、温度136 ℃时，溶液的饱和蒸汽压在0.003 MPa以下，这样低的蒸汽压不能使用一般冷却水来冷凝，因此必须采用升压泵，将蒸汽压力升高到0.012 MPa（绝），再使用冷却水冷凝。为了使质量分数为99.75%的熔融尿素溶液仍在不饱和区内，操作压力采用0.003 MPa（绝），操作温度136 ℃。斯那姆工艺二段蒸发的工艺操作条件即依此确定的。

从上面的讨论可知，尿素溶液的蒸发过程应尽量缩短在高温下的停留时间，所以目前均广泛采用高效率的升膜式管式蒸发器。

被蒸发的尿素溶液（应该接近沸点温度），从蒸发器加热室的底部进入列管内，在真空的抽携下迅速向上流动，此时管内尿素溶液被管间蒸汽加热（传热温差应该足够大）尿素溶液中水分被汽化亦在真空的抽携下迅速上升。此时未被气化的尿液，在快速气流的抽携下，在管内壁形成薄膜，随着蒸汽也以极快速度上升。

气液混合物以极高的速度从加热管口出来后，进入蒸发器分离室将尿素溶液与二次蒸汽分开，被分离的尿素溶液从分离室下部流出，分离的二次蒸汽经除沫将夹带的液滴除去，去冷凝器冷凝成液体。

由于流速极快，有的接近声速，物料在加热室停留时间极短，只有数秒钟，因此水解量和缩二脲的生成量都很少。从二段蒸发器出来的熔融尿素，为了防止在去造粒喷头的过程中固化，整个管路用蒸汽伴管保温。

3.5.4 造粒塔

造粒尿素的优点，在于其表面积小且表面光滑，能减轻吸湿结块，便于储存、运输及施肥。

尿素造粒过程是将二段蒸发出口的熔融尿素，经泵打到造粒塔顶，经旋转喷头 L-109 向塔内喷洒。旋转喷头的转速一般为 270～330 r/min，上有多排小孔（孔径 1.35～1.05 mm）。实验可知熔融尿液的浓度为 99.7%，从造粒塔顶部经喷头喷洒下落（颗粒直径在 0.5～2.0 mm），经过 24 m 高度的自由落程，在自然通风下骤冷到 132.6 ℃，固化并放出结晶热。所以国内自然通风造粒塔有效高度一般均在 50 m 左右，视当地气温、通风方法（自然通风或强制通风）和出料温度要求而有所差异。对自然通风造粒塔主要靠塔下部的百叶窗开度，以调节温度，保证出料尿素颗粒温度在 70 ℃左右，适宜的塔内对流空气量，每吨尿素 8000～10 000 m^3。

造粒塔（钢筋混凝土结构）塔壁的防腐蚀方面，国内已经做了不少实验与改进，且前多采用聚氨基甲酸酯涂料等。

3.5.5 工艺冷凝处理

来自真空浓缩系统的工艺冷凝液（其中含有少量 NH_3、CO_2 与微量尿素）汇集在工艺冷凝液储槽中。

工艺冷凝液处理的目的，就在于回收其中的 NH_3、CO_2（包括尿素中含的 NH_3 与 CO_2），使其重新返回到合成系统中去，而水则可作为锅炉给水的补充水（经精制）或做循环冷却水的补充水。

在前面讨论 NH_3-H_2O 系的气液平衡相图时，就曾提到可以利用 NH_3 与 H_2O 的沸点不同，借蒸馏的原理，将 NH_3 与 H_2O 分开。

本流程设置了一解吸塔 C-102，为一板式蒸馏塔，分为上塔与下塔两部分。上塔由 20 块多孔筛板组成，板距 400 mm，下塔由 35 块多孔筛板组成，用 304L 不锈钢材，塔内径 1400 mm，中间柱体高 26 000 mm，如图 3.5-6 所示。

冷凝液储槽中的工艺冷凝液，经预热后送至解吸塔的上塔顶部，与下塔上升的热气体逆流接触，以解吸出大部分的 NH_3 与 CO_2。从上塔下部出来的液体，送往卧式尿素水解器 R-102。在水解器的底部通入压力为 5.3 MPa（绝）、温度为 422 ℃的过热蒸汽。由于高温和较长停留时间的作用，使液体中的尿素几乎全部被水解成 NH_3 和 CO_2 并逸出。水解器顶部出气将与解吸塔出气汇合返回到中压循环系统中去，水解器底部的流出液经换热、减压进入解吸塔下塔的上部，借解吸塔底部通入的 0.45 MPa（绝）、温度为 147 ℃的饱和蒸汽的直接蒸汽蒸馏，几乎将工艺冷凝液中的 NH_3 和 CO_2 全部都解吸出来，正常时仅含 1×10^{-6}～3×10^{-6}的微量 NH_3 和尿素。

冷凝液处理系统为了充分回收热能，节省加热蒸汽，广泛设置了换热器。为了尽量减少解吸塔出气中的含水量，而采用了塔顶加回流液，以利全系统的水平衡，对提高尿素转化率来讲，这样的设计是合理的。

尿素水解器是斯那姆的专利设计，其结构如图 3.5-7 所示。为一卧式反应器，内径 2000 mm，中间柱体长 8500 mm，为 316 L 不锈钢材料制成，内置 10 块折流板，操作温度 235 ℃，压力 3.5 MPa（表）。

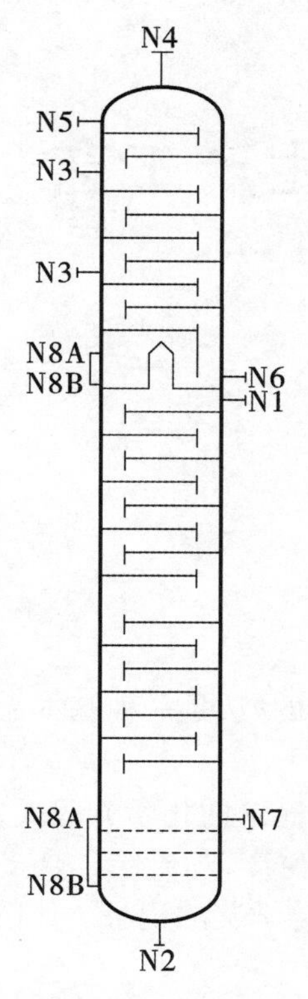

N1—液体入口；N2—水出口；N3—加液口；N4—蒸汽出口；N5—回流液口；N6—液体出口；N7—水蒸气进口；N8A/B—液面计接口。

图 3.5-6　解吸塔构造示意图

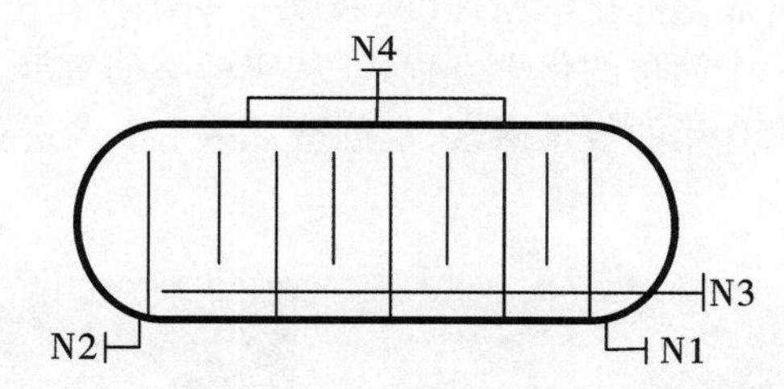

N1—液体入口；N2—液体出口；N3—蒸汽入口；N4—蒸汽出口。

图 3.5-7　尿素水解器构造示意图

思考题

(1)如何选择一段蒸发温度、压力和二段蒸发温度、压力？

(2)缩二脲在尿素生产中有什么危害？怎样尽可能降低缩二脲的生成？

(3)影响缩二脲生成的因素有哪些？

(4)为什么设置工艺冷凝液处理工序？

(5)如何选择解吸压力、解吸温度、水解系统工艺条件？

(6)解吸塔的结构及主要特点是什么？

(7)简述条形阀的结构和作用原理。简述水解塔的结构及折流板的作用。

(8)蒸发一、二段间设置 U 形管的作用和依据是什么？

(9)试分析为什么一、二段蒸发加热器采用膜式蒸发器？

(10)试分析二段蒸发为什么采用升压泵？

第4章 水煤浆加压气化法合成氨生产工艺

4.1 概述

4.1.1 合成氨历史

合成氨指由氮和氢在高温高压和催化剂存在下直接合成的氨，是一种基本无机化工流程。

合成氨的化学原理（$N_2+H_2 \longrightarrow NH_3$）写出来不过是一个简单的化学方程式，但就是这样一个简单的化学方程式，从实验室研究到成功实现工业生产，却凝结了众多科学家将近150年的艰难探索，也创造了单个工艺过程三获诺贝尔化学奖的记录。如图4.1-1所示。

1918年，Haber
实验室合成氨

1931年，Bosch
工业合成氨

2007年，Ertl
合成氨机理

图4.1-1　合成氨的三次诺贝尔化学奖

第一位就是大家熟知的Fritz Haber，他首次在实验室成功实现了氨的合成，成为第一个从空气中制造出氨的科学家。他的研究使“用空气制作面包成为可能”，被公认为“二十世纪科学领域最辉煌的成就之一”。德国巴斯夫公司购买了这一研究成果，任命青年

温故诺贝尔奖工作合成氨——如何研究工业催化剂

科学家 Carl Bosch 将科学转化为生产力，数年苦战，Bosch 团队解决了廉价催化剂和高压装置两大难题，于 1913 年正式建成投产，并迅速推广至其他国家。氨的量产成功把人们从被动状态变为主动，使人类摆脱只能依靠天然氮肥的局面，解决了世界粮食危机。如果没有这项技术，全世界粮食产量至少会减半。工业合成氨就是化学反应规律在生产中成功应用的典范，而工业合成氨的快速发展也为合成氨的理论研究奠定了基础。Gerhard Ertl 等人进行了数十年的专心研究，运用多种手段，证明了氮分子和氢分子在催化剂上的吸附位，向人们揭示了合成氨的机理，也为借助光催化、电催化、生物催化等新技术实现低温低压条件下合成氨的研究奠定了理论基础。

合成氨的工业发展已经历 100 多年的历史，在国民经济中占有重要地位。除液氨可直接作为肥料外，农业上使用的氮肥，例如尿素、硝酸铵、磷酸铵、氯化铵以及各种含氮复合肥，都是以氨为原料的产品。合成氨是大宗化工产品之一，据统计，世界合成氨产能已超过 1.76 亿 t/年，其中约有 80% 的氨用来生产化学肥料，20% 作为其他化工产品的原料。近年来，中国合成氨产量整体保持稳步增长的态势，年产量高于 4500 万 t。经过百年的发展，合成氨工业取得了巨大的进步。单套生产装置规模已由当初的日产合成氨 5 t 发展到目前的 2200 t，反应压力已由 100 MPa 降到了 10 ~ 15 MPa，能耗已从780 亿 J/年降到 272 亿 J/年，已接近理论能耗 201 亿 J/年。

4.1.2　合成氨工艺与我国合成氨生产现状

合成氨工艺可以分为 N_2 制备、H_2 制备和 NH_3 的合成三部分。根据制备 H_2 化石能源原料的不同，可以分为以天然气、油田气等气态烃为原料的蒸气转化法和以渣油和煤（粉煤、水煤浆）为原料的部分氧化法。

如图 4.1-2 所示，蒸气转化法包括气态烃的加氢脱硫（$R\text{-}SH + H_2 \longrightarrow RH + H_2S$）、水蒸气重整反应制取 H_2（$CH_4 + H_2O \longrightarrow CO + H_2$）、变换反应去除 CO（$CO + H_2O \longrightarrow CO_2 + H_2$）、脱碳反应去除 CO_2［$CO_2(g) \longrightarrow CO_2(l) + K_2CO_3 + H_2O \longrightarrow KHCO_3$］、甲烷化（$CO/CO_2 + H_2 \longrightarrow CH_4 + H_2O$）反应进一步净化 H_2 及空分制备 N_2 和氨合成（$N_2 + H_2 \longrightarrow NH_3$）等工段。代表性的蒸气转化法合成氨节能型流程包括英国 ICI 公司 AMV 流程、美国 Braun 公司低温净化流程和美国 Kellogg 公司的低能耗流程；西德伍德（UHDE）公司在实践经验的基础上对 ICIAMV 流程做了较大修改，形成了 UHDE-ICIAMV；河南濮阳中原化肥厂是国内第一家采用 UHDE-ICIAMV 技术的大型氨厂。其工艺细节在本书第 2 章有详细介绍。

部分氧化法（图 4.1-3）以渣油和煤为原料，首先经过部分氧化或气化制备合成原料气，其后再通过变换反应去除 CO、甲醇洗和液氮洗等净化工段获得合格的氨合成气。

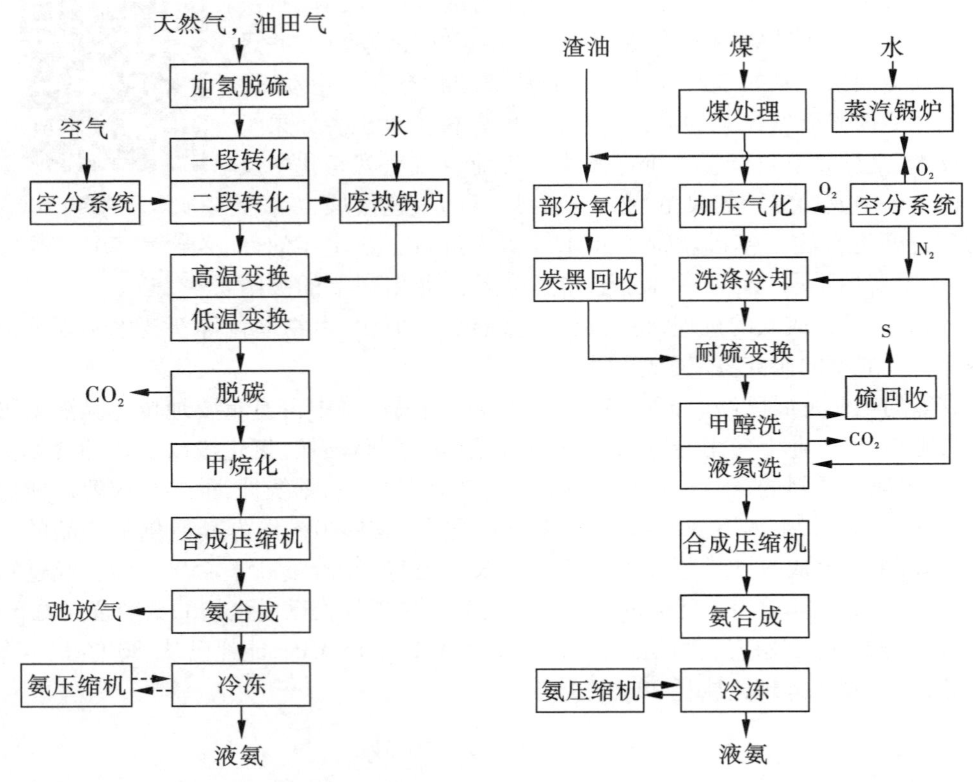

图 4.1-2　以轻质烃为原料蒸气转化法制氨流程

图 4.1-3　以煤和渣油为原料制氨流程

受我国“富煤、少气、贫油”的能源结构影响，我国合成氨的原料以煤为主，以天然气为辅，2011 年国内合成氨生产原料中，煤炭约占 76.2%，天然气约占 21.3%，油约占 1.5%，焦炉气约占 0.9%。因此，合成氨行业既是我国化肥工业的基础，也是传统煤化工的重要组成部分，我国合成氨产业规模已居世界第一数十年，并且是世界上最大的以煤为原料的合成氨产地。

工业合成氨工艺缘起

合成氨工艺流程详解

成熟的煤气化炉有 Texaco、Shell 高速气固并流床气化炉，Lurgi 固定床气化炉以及我国华东理工大学的四喷嘴对置式气化炉。单台气化炉煤处理量已超过 2000 t/d。近年来，合成氨工艺中部分关键位置的技术水平有了很大提高，尤其是在煤气化技术、合成工艺及装置的低压化和大型化、两段法变压吸附等多项技术上，拥有了自主知识产权，达到国际先进水平。

河南心连心化肥有限公司合成氨项目采用水煤浆加压气化法合成氨生产工艺，主要以烟煤和空分装置生产的氧气为原料，通过水煤浆气化技术生产粗煤气，并通过一系列变换、净化、氨合成顺序生产氨，同时包含锅炉、净水厂、脱盐水站、污水处理、仓库等辅助设施。液氨送往尿素车间合成尿素，低温甲醇洗单元排放的酸性气送至硫回收单元，生产固体硫黄。

合成氨项目在原有装置水煤浆制气、耐硫变换、低温甲醇洗和液氮洗精制原料气、国产 15 MPa 低压氨合成及国产改良 CO_2 汽提等一系列先进工艺技术的基础上，对水煤浆资源综合利用和节能新技术、分级研磨高浓度制浆技术、电机节能技术、热泵制冷技术、尿素工艺冷凝液零排放技术、尿素粉尘回收技术、湿式氨法脱硫技术、布袋除尘技术、工艺废气资源化及热能回收技术、废水资源化综合利用技术等 10 项清洁生产节能减排关键技术进行了重点改进，工艺技术路线先进，安全可靠，能耗低，三废排放达标。

现代大型合成氨装置是目前工业上最为庞大复杂的代表性工业装置之一，是一系列高新技术的集群装置，包含一系列现代高新技术成果，如能源、能量转化技术，气体净化和脱除技术，气体分离技术，信息和过程控制技术以及先进的反应工程技术等，涉及化工、能源、材料、环保领域等共性-关键技术。此外，还涉及高压、高温和极性低温材料，在科学研究领域中，关于氮分子等小分子的活化以及常温常压合成氨依然面临新的挑战。

4.2　氨合成原理

氨合成的化学反应式为：

$$N_2+3H_2 \xrightleftharpoons[\text{催化剂}]{300\sim600\ ℃,8\sim45\ \text{MPa}} 2NH_3$$

反应热焓为：

$$\Delta H(18\ ℃)=-92\ \text{kJ/mol}$$
$$\Delta H(659\ ℃)=-111.2\ \text{kJ/mol}$$

由表 4.2-1 可见，高压和较低的反应温度对氨的合成是有利的。相对而言，温度的影响比压力更大。在合成氨工业发展初期曾采用 70～100 MPa 的高压来提高氨合成的转化率。但高压给设备制造和操作安全带来不少的困难。后来经过不断改进，特别是催化剂的更新，使反应压力和温度不断下降。工业上合成氨有三种方法：

高压法 45 MPa 以上，500～600 ℃；

中压法 20～35 MPa，470～550 ℃；

低压法 8～15 MPa，350～430 ℃。

高压法已遭淘汰，国内外大型合成氨厂[生产能力 30 万 t/年以上]都采用低压法，若使用国产低温高活性催化剂，设计压力多选用 15 MPa。中国的中型合成氨厂大多采用中压法，一般采用国产催化剂，设计压力多选用 30 MPa。

表 4.2-1　氨合成的平衡常数 K_p 与温度和压力的关系　(MPa^{-1})

T/℃	p/MPa					
	0.101 3	10.13	15.20	20.27	30.39	40.53
350	0.259 1	0.297 96	0.329 33	0.352 70	0.423 46	0.513 57
400	0.125 4	0.138 42	0.147 42	0.157 59	0.181 75	0.211 46
450	0.064 086	0.071 31	0.074 939	0.078 99	0.088 35	0.099 615
500	0.036 555	0.039 882	0.041 570	0.043 359	0.047 461	0.052 259
550	0.021 302	0.023 870	0.024 707	0.025 630	0.027 618	0.029 883

4.3　原料气制备

原料气的制备主要包括磨煤工段、气化净化工段和渣水工段，主要是煤浆制备和气化，气化采用多喷嘴对置式水煤浆加压气化技术制备粗煤气(图 4.3-1)。煤以水煤浆的形式与气化剂(高纯氧)一起通过喷嘴，气化剂高速喷出与煤浆并流混合雾化，在气化炉内衬有耐火材料的反应室中进行火焰型非催化部分氧化反应的工艺过程。

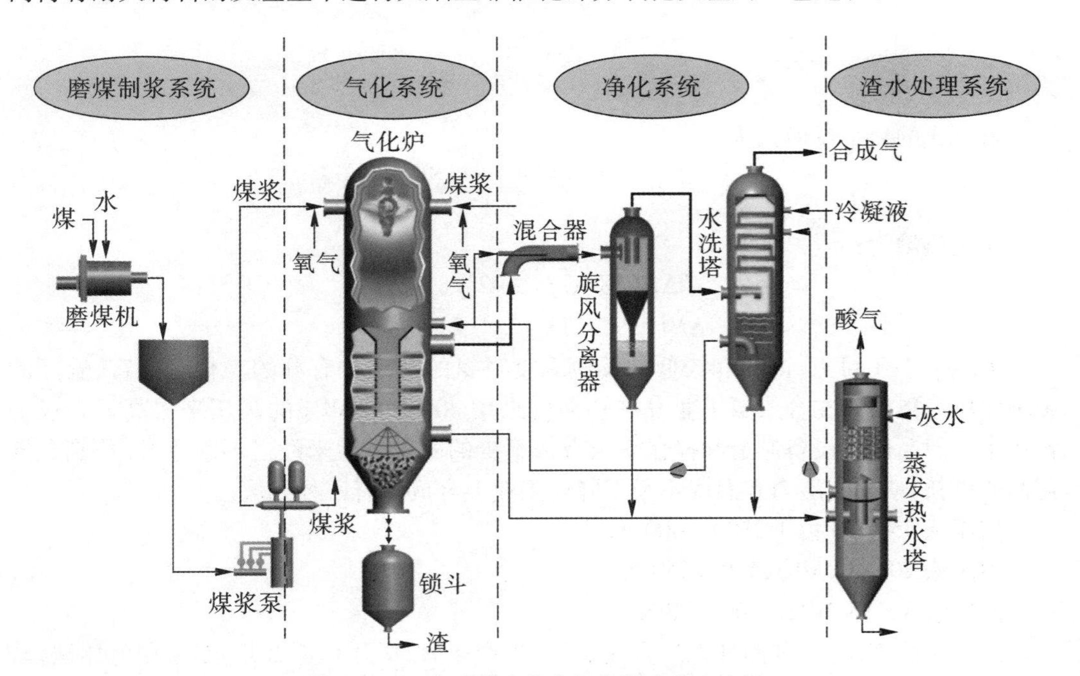

图 4.3-1　多喷嘴水煤浆气化技术基本流程

4.3.1　岗位任务

4.3.1.1　磨煤工段

(1)配制合格的添加剂供磨煤使用;磨制合格的水煤浆。

(2)将合格的水煤浆输送至多喷嘴对置式气化炉内。

4.3.1.2　气化净化工段

(1)将来自空分车间的氧气和煤浆制备工序送来的煤浆在气化炉内进行部分氧化反应产生粗煤气。

(2)保证气化炉工作正常。

(3)保证锁斗、烧嘴系统工作正常。

(4)通过增湿分离去除气化炉出口合成气中夹带的绝大部分固体颗粒。

(5)将经过洗涤后合格的合成气送往后系统。

4.3.1.3　渣水工段

(1)保证灰水指标在一定范围内。

(2)含渣水再生及热量回收利用。

4.3.2　煤浆制备

煤浆制备的作用是将原料煤、工艺水、添加剂研磨成合格水煤浆,并将合格的水煤浆输送至多喷嘴对置式气化炉内。主要设备包括称重给料机、棒磨机(图 4.3-2)、滚筒筛、煤浆出料槽泵、出料槽搅拌器、添加剂给料泵等。

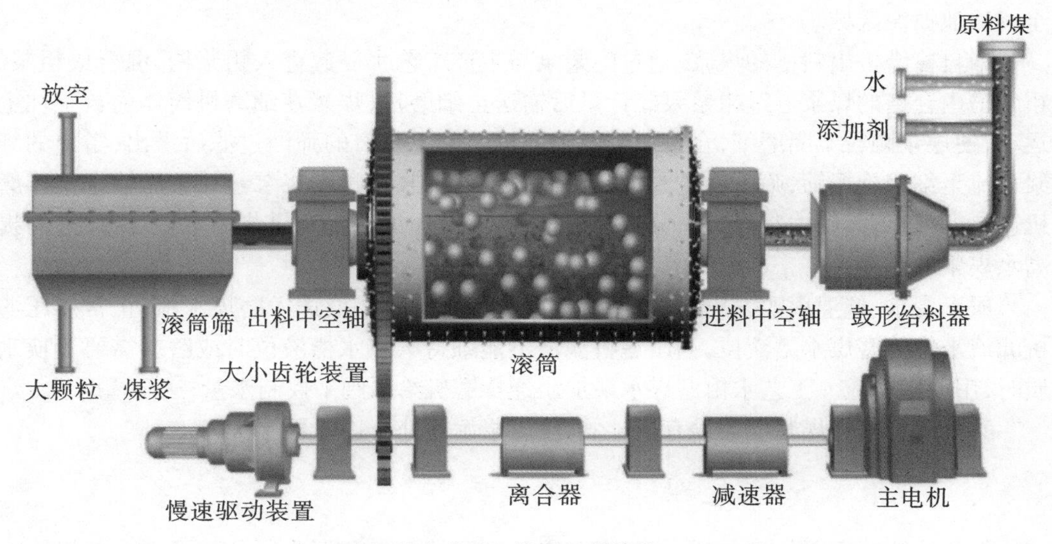

图 4.3-2　棒磨机的结构

棒磨机工作原理:水煤浆制备系统采用的磨煤机一般为湿式溢流型棒磨机。原料煤与工艺水、煤浆添加剂通过鼓形给料器强制给料,由进料中空轴内进料衬套给入筒体内部,主电动机经棒销联轴器、主减速器、气动离合器、大、小齿轮装置带动装有研磨料的筒体旋转,物料受到研磨料的撞击、研磨,达到合格粒度的物料,经排料中空轴内出料衬套排出,完成研磨过程,研磨后的物料经出料装置筛分,合格的产品(水煤浆)由出浆口进入下一道工序,粗颗粒由出渣口排出。

煤浆制备工序的工艺流程框图见图 4.3-3。

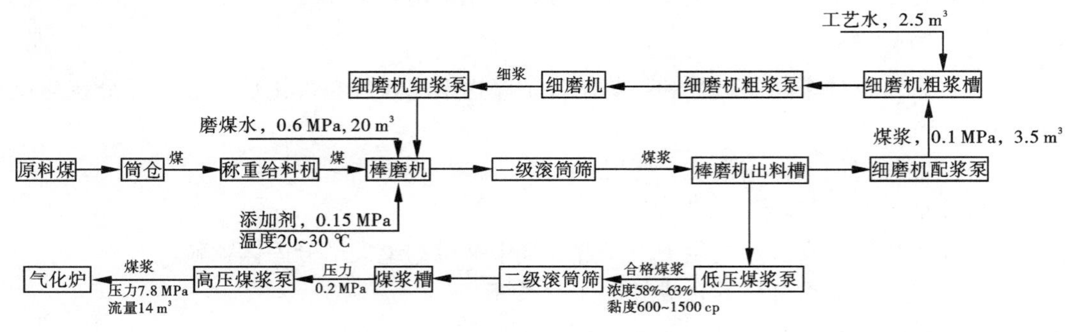

图 4.3-3 煤浆制备工艺流程框图

由煤储运系统来的碎煤进入煤仓后储存,经称重给料机称量后送入棒磨机。添加剂在复配站配制完成后送至添加剂槽中配制、储存备用,并由添加剂泵送至棒磨机中,在添加剂槽底部设有蒸汽盘管,在冬季维持添加剂温度,以防止冻结。

煤、工艺水和添加剂一同送入棒磨机中研磨成一定粒度分布的浓度合格的水煤浆。水煤浆经一级滚筒筛滤去大颗粒后溢流至磨煤机出料槽中,由低压煤浆泵送至二级滚筒筛再次过滤后,送至煤浆槽储存备用。一级滚筒筛滤出的大颗粒经溜管流入小推车,送至沉渣池抓泥区域。

来自棒磨机出料槽的煤浆,通过配浆泵与生产工艺水一起进入粗浆槽,混合成粗浆。粗浆槽内合格的煤浆通过粗浆泵经计量后输送至细磨机,煤浆在细磨机筒体内自下往上运动,使煤浆颗粒不断磨细,合格细浆经细磨机上部出浆口的筛网过滤后溢出,溢出的细浆自流至细浆旋振筛,筛下物进入细浆槽。合格的细浆通过细浆泵经计量后输送至棒磨机进口、一级滚筒筛内与煤、水、分散剂混合,通过增加细浆提高煤浆的堆积效率,进而提高水煤浆的浓度。

尿素废水、低温甲醇洗废水、低温变换废液和压滤机滤液送入磨煤水槽,正常用压滤机滤液来维持磨煤水槽液位,当压滤机滤液不能维持磨煤水槽液位时或磨煤需要置换水质时,用原水补充。工艺水由磨煤水泵加压经棒磨机给水阀来控制水量,送至棒磨机。

磨机出料槽和煤浆槽均设有搅拌器,使煤浆始终处于均匀悬浮状态。

4.3.3 气化及渣水处理

气化系统的主要任务包括:①将来自空分车间的氧气和煤浆制备工序送来的煤浆在气化炉内进行部分氧化反应产生粗煤气;②保证气化炉工作正常;③保证锁斗、烧嘴系统工作正常;④通过增湿分离去除气化炉出口合成气中夹带的绝大部分固体颗粒;⑤将经过洗涤后合格的合成气送往后系统。

4.3.3.1　气化系统

制备得到的煤浆经煤浆循环阀循环至煤浆槽。煤浆由高压煤浆泵加压送至气化炉内。空分装置送来的纯氧通过中心氧调节阀控制中心氧流量，送入工艺烧嘴中心通道。水煤浆和氧气经过两对对置安装的工艺烧嘴对喷进入气化炉的燃烧室中进行部分气化反应，生成以 CO 和 H_2 为有效成分的粗合成气。

粗合成气以及未完全反应的碳和熔融态灰渣一起向下，经过均匀分布激冷水的激冷环沿下降管进入激冷室的水浴中。如图 4.3-4 所示，大部分的熔渣经冷却固化后，落入激冷室底部，使其自流入锁斗。粗合成气被冷却后在激冷室的液位以下以鼓泡的形式进行洗涤和进一步冷却，由激冷室上部空间出气化炉去旋风分离器。激冷水经黑水过滤器滤去可能堵塞激冷环的大颗粒，送入位于下降管上部的激冷环。激冷水沿切线方向进入下降管，沿管壁流入激冷室，并在下降管内壁上附着一层水膜，用来保护下降管。

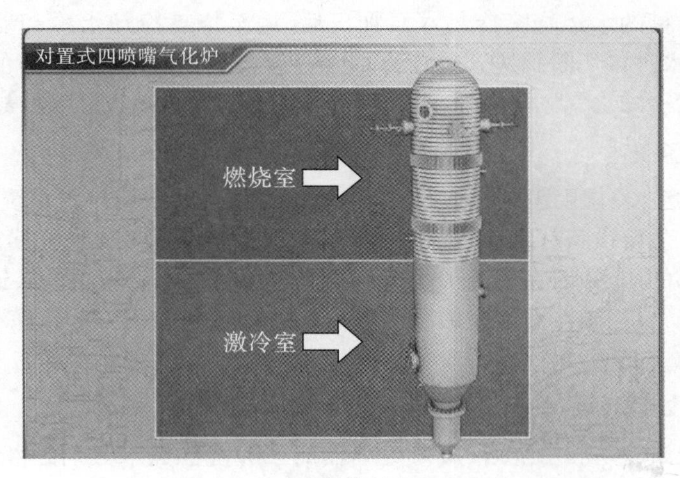

图 4.3-4　多喷嘴气化炉气化室和激冷室

激冷室底部黑水，经黑水排放阀和压力调节阀送入黑水闪蒸系统处理，黑水经黑水排放阀排向真空闪蒸罐。

气化炉配备了预热烧嘴，用于气化炉投料前的烘炉预热。在气化炉预热期间，激冷室出口气体由开工抽引器排入大气。开工抽引器底部通入低压蒸汽，通过调节预热烧嘴风门和抽引蒸汽量来控制气化炉的真空度。

4.3.3.2　合成气洗涤系统

从激冷室来的饱和合成气进入混合器与黑水循环泵送来的黑水混合，使合成气夹带的固体颗粒完全湿润，以便在旋风分离器内能快速分离。

从混合器出来的气液固混合物进入旋风分离器中，通过离心力的作用进行气、液、固的分离，饱和的粗煤气送往水洗塔进行再次的洗涤除尘，含有大量固体的黑水经过底部黑水排放阀和压力调节阀送往黑水闪蒸系统处理。进入水洗塔的粗合成气从水洗塔的下部进入，经过五层塔盘依次由下向上，与由上而下的洗涤冷却水（高温变换冷凝液、高温灰水）进行洗涤换热，除去粗合成气的杂质和灰尘，使粗合成气进一步净化，合成气在水洗塔顶部经过旋流板，除去夹带气体中的雾沫，使合成气中的含尘量<1 mg/m^3 后送入后序工艺。

控制合成气水汽比，在水洗塔出口管线上设有在线分析仪，分析合成气中 CH_4、CO、CO_2、H_2 含量。当水洗塔出口合成气压力、温度合格后，经均压阀使气化工序和变换工序压力平衡后，缓慢打开合成气手动控制阀向变换工序送合成气。

水洗塔底部黑水经黑水排放阀排入蒸发热水塔处理。水洗塔进水有两路：一路为高温热水罐来的灰水，另一路为来自变换工段的高温变换冷凝液。从水洗塔中下部抽取的黑水，由黑水循环水泵加压作为激冷水和混合器的洗涤水。

4.3.3.3 烧嘴冷却水系统

气化炉工艺烧嘴在 1000 ℃以上的高温下工作，为了保护烧嘴，在烧嘴头部设置了冷却水盘管和头部水夹套，防止高温损坏烧嘴。

烧嘴冷却水槽的水经烧嘴冷却水泵加压后，送至烧嘴冷却水冷却器用循环水冷却后，经烧嘴冷却水进口切断阀送入烧嘴冷却水盘管，出烧嘴冷却水盘管的冷却水经出口切断阀进入烧嘴冷却水气体分离器，分离掉气体后靠重力自流入烧嘴冷却水槽。

4.3.3.4 锁斗系统

锁斗系统的主要作用是将气化反应产生的炉渣收集并定期排出系统，是一部连续运转的疲劳设备。主要设备有锁斗、锁斗阀、锁斗循环泵、锁斗冲洗水罐、捞渣机等。

激冷室底部的渣和水，在集渣阶段经锁斗安全阀和锁斗集渣阀进入锁斗。锁斗安全阀处于常开状态，仅当激冷室液位较低，锁斗安全阀连锁关闭。锁斗循环泵抽取锁斗顶部黑水送回激冷室底部，将气化炉渣冲入锁斗。

4.3.3.5 黑水处理系统

来自气化炉激冷室和水洗塔、旋风分离器的三股洗涤黑水分别经液位、流量串级调节控制并减压后经减压阀进入蒸发热水塔蒸发室，由蒸发热水塔压力调节阀控制蒸发热水塔压力，黑水经闪蒸后，一部分黑水被闪蒸为蒸汽，少量溶解在黑水中的酸性气（CO_2、H_2S）被解析出来，同时黑水被浓缩，温度降低。

蒸发热水塔底部出来的黑水经液位调节阀减压后，由底侧部排出进入低压闪蒸器进一步闪蒸，一部分闪蒸汽去除氧槽，另一部分闪蒸汽进入低压闪蒸冷凝器被冷凝后气体放空，冷凝液自流入灰水槽。低压闪蒸浓缩后的黑水和来自渣池的含渣水送入真空闪蒸器进一步闪蒸，浓缩的黑水经液位调节阀自流入澄清槽。真空闪蒸器顶部出来的闪蒸汽经真空闪蒸冷凝器冷凝后，进入真空闪蒸分离罐，冷凝液经液位调节阀进入灰水槽循环使用，顶部出来的闪蒸汽经水环式真空泵进入真空泵分离器，经气液分离后冷凝液经液位调节阀排入灰水槽，分离出的气体放空，真空泵的排水自流入灰水槽循环使用。真空泵的密封水由脱盐水供给。

真空闪蒸器浓缩后的黑水经液位调节阀排入澄清槽，为了加快黑水在澄清槽中的沉降，在流入澄清槽处加入絮凝剂。黑水通过静态混合器与絮凝剂混合后进入澄清槽，沉降后的黑水浓度达 25%，粉末状的絮凝剂加新鲜水溶解后储存在絮凝剂槽中（絮凝剂不可长时间搅拌以免破坏其分子链造成絮凝剂失效，混合均匀后大约半小时后停止搅拌

器)，由絮凝剂泵送入静态混合器和黑水充分混合后进入澄清槽。

液态分散剂储存在分散剂槽中，由分散剂泵加压并调节适当流量加入低压灰水泵和蒸发热水塔给水泵进口将黑水中的大颗粒分散防止管道及设备结垢。

4.3.4 气化炉

气化采用多喷嘴对置式水煤浆加压气化技术，多喷嘴对置式水煤浆加压气化是依据撞击流强化热质传递过程以提高气化效果的一种技术。

该工艺的主要操作控制指标是合成气成分为CO 48.79%、H_2 33.35%、CO_2 16.67%、CH_4 420×10^{-6}，气化炉操作温度为1300 ℃，压力6.5 MPa，氧气纯度≥99.6%，温度25 ℃，压力8.11 MPa，煤浆温度50～55 ℃，压力7.88 MPa，流量62.4 m^3/h，比氧耗369 $m^3_{O_2}$/1000 $m^3_{(CO+H_2)}$，比煤耗586 $kg_{干基煤}$/1000 $m^3_{(CO+H_2)}$，氧煤比486 $m^3_{O_2}/m^3_{CS}$。在多喷嘴对喷水煤浆气化炉内温度分布均匀，炉膛内温差在50～150 ℃之间，炉膛内犹如一个等温反应器，这为延长耐火砖的寿命创造了条件。

多喷嘴对置式水煤浆加压气化技术由国家水煤浆研究中心和华东理工大学共同研发，具有我国完全自主产权的煤气化技术，各项指标均达到当前大型煤气化技术的国际领先水平。

德士古气化炉结构和工作原理

4.3.4.1 气化炉的反应和工艺条件的选择

浓度为58%～64%的水煤浆和纯度99.6%的氧气，通过工艺烧嘴混合后喷射雾化进入气化炉发生部分氧化反应，生成以CO和H_2为有效组分的粗合成气。一般认为，气化炉内的反应是由煤的裂解、挥发分的燃烧及气化反应三部分组成。

当水煤浆及氧气喷入气化炉后，水煤浆中的水分迅速变为水蒸气，煤粉发生干馏及热裂解，释放出挥发分后，煤粉变为煤焦。

煤的裂解反应如下：

$$C_mH_nS_r = \left(\frac{n}{4}-\frac{r}{2}\right)CH_4+\left(m-\frac{n}{4}-\frac{r}{2}\right)C+rH_2S-Q$$

挥发分与高浓度的氧完全燃烧后，煤气中只含有少量的甲烷(一般在0.1%以下)，而不含焦油、酚、高级烃等可凝聚产物。

煤裂解后生成的煤焦一方面和剩余的氧气发生燃烧反应，生成CO、CO_2等气体，放出反应热；另一方面，煤焦又和水蒸气、CO_2等发生化学反应，生成CO、H_2。

煤的燃烧反应：

$$C_mH_nS_r+(m+\frac{n}{4}-\frac{r}{2})O_2 \rightleftharpoons (m-r)CO_2+\frac{n}{2}H_2O+rCOS+Q$$

气化过程的基本反应即部分氧化反应的代表式为：

$$C_mH_nS_r+\frac{m}{2}O_2 \rightleftharpoons mCO+(\frac{n}{2}-r)H_2+rH_2S+Q$$

经过前面所述的反应，气化炉中的氧气已完全消耗，这时主要进行的是煤焦、甲烷等与水蒸气、二氧化碳发生的气化反应，生成CO和H_2。

水煤浆反应系统中放热和吸热平衡是自动调节的。气化炉内的反应既有气相反应，又有气-固相反应。

气化过程随煤种、反应时间的不同而不同，反应历程包括：气体流向焦渣外层、灰层，然后再扩散到未起反应的焦砟表面、内表面进而发生气化反应，生成物由里向外扩散逸出。一般认为碳与氧的燃烧以及碳与二氧化碳的反应为动力学控制的反应。

煤的性质对气化过程影响很大，煤的总水分、挥发分、固定碳、灰分、灰熔点、灰渣黏温特性、有机质含量等因素对煤的气化和碳转化率产生影响，高活性、高挥发分的煤是首选煤种。此外，水煤浆浓度是气化过程非常重要的工艺参数。在水煤浆制备过程中，通过加入木质素磺酸钠、腐殖酸钠、硅酸钠或造纸废液等添加剂来调节水煤浆的黏度、流动性和稳定性。氧煤比（即气化 1 kg 干煤所用氧气的体积）对碳转化率、冷煤气效率、煤气中 CO_2 含量、产气率均有影响。

水煤浆气化反应是体积增大的反应，提高压力对化学平衡不利，但是目前工业上普遍采用加压操作，其原因：①提高压力可以增加反应物浓度，加快反应速率，降低甲烷含量，提高气化效率；②采用加压气化，喷嘴雾化效果好，有利于提高碳转化率，降低甲烷含量；③采用加压气化，可提高生产强度，减少压缩煤气时的动力消耗。

煤、甲烷、碳与水蒸气、二氧化碳的气化反应均为吸热反应，气化反应温度高，有利于这些反应的进行。气化温度的选择是保证液态排渣的前提下，尽可能维持较低的操作温度。操作温度与煤灰的熔点和灰渣黏温特性有关。

固体气化速率比油气化慢得多，气化时间比油气化长，一般为油气化时间的 1.5 ~ 2 倍。水煤浆气化时间一般为 3 ~ 10 s，它取决于煤的颗粒度、活性以及气化温度和压力。

4.3.4.2 气化炉的结构

气化炉是多喷嘴气化工艺的核心装置（图 4.3-5），气化炉的作用是使水煤浆与氧气在反应室进行气化，生成以氢和一氧化碳为主体的高温煤气。

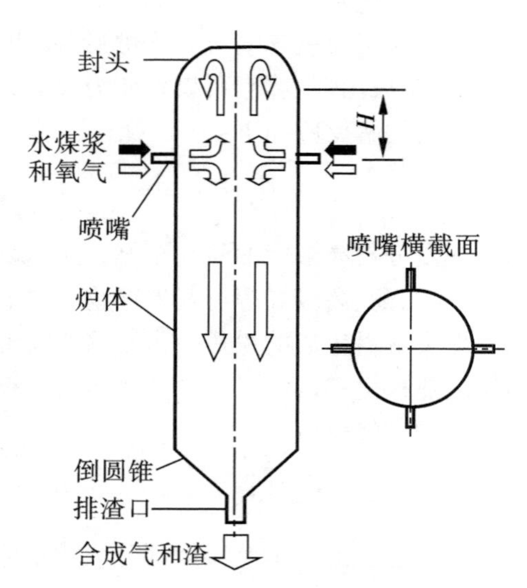

图 4.3-5 多喷嘴对置式水煤浆气化炉结构示意图

多喷嘴气化炉由气化室和激冷室两部分组成，外壳是连成一体的，外壳材质选用 11/4Cr-1/2 Mo（SA387Gr11C12）。上部燃烧室为一中空圆形筒体，带拱形顶部和锥形下部的反应空间，内衬耐火保温材料。顶部设置工艺烧嘴口，下部为生成气体出口，连接下部激冷室。

激冷室紧接上部气体出口设有激冷环（喷淋床），与破泡条（气泡分隔器）组成复合床，二者协同完成煤气的洗涤冷却过程。喷淋床内洗涤冷却水以水分布环方式均布，采用交叉流结构，一路洗涤冷却水喷淋粗合成气，粗合成气与洗涤水间进行强化传热，同时进行洗涤冷却水汽化、粗合成气增湿及冷却等过程；另一路洗涤水沿洗涤冷却管内壁降膜流动，形成一下降水膜，一方面可避免管壁被由燃烧室来的高温合成气气流烫坏、变形，另一方面还可避免高温气体中夹带的熔融渣粒附着在管壁上。激冷室内保持相当高的液位。夹带着大量熔融渣粒的高温气体，通过下降管直接与水汽接触，气体得到洗涤、降温、增湿，并为水汽所饱和。熔融渣粒淬冷，固化，破碎成粒化渣，从气体中分离出来，被收集在激冷室下部。激冷室底部设有静态破渣器，为一60°锥形格栅，格栅截面呈菱形，可拦截大块的灰渣及耐火砖，灰渣由锁斗定期排出。

洗涤冷却水管底端为锯齿结构，使出洗涤冷却管下端的合成气鼓泡上升；四喷嘴气化炉的激冷室无上升管，洗涤空间更大，在洗涤冷却管外侧焊有 4 层垂直排列的锯齿形破泡分割挡板（破泡条），可使气泡破碎，增加热质传递面积，增强床层稳定性。饱和了水蒸气的气体，进入到激冷室上部，经挡板除沫后由侧面气体出口管去洗涤塔，进一步冷却除尘。气体中夹带的渣粒约有 95% 从锁斗排出。

多喷嘴对置式水煤浆气化炉多个喷嘴位于气化炉直筒段的同一水平面上，相互垂直分布，采用撞击流技术来强化和促进混合、传热、传质，内部的流场结构分为射流区、撞击区、撞击流股区、回流区、折返流区、管流区 6 个区域（图 4.3-6）。多股物料射流的撞击增加了气化炉内物流的混合交错机会，物料在气化炉内的运动轨迹曲折，迂回路线增加，强化了传热和传质过程，延长了停留时间，使气化反应进行得更充分，碳的转化率和气化炉生产能力提高。

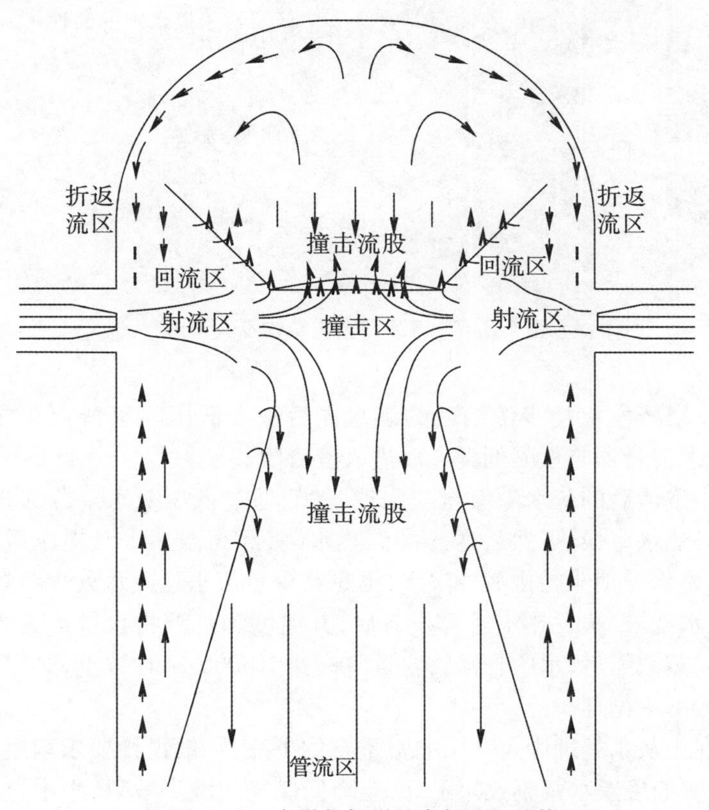

图 4.3-6　水煤浆气化炉内部流场结构

4.3.5 黑灰水处理技术

四喷嘴对置式水煤浆加压气化装置黑灰水的特点是高温、高压、高硬、高碱、高悬浮物，使系统面临结垢、腐蚀和絮凝三大问题，且它们之间相互影响。黑灰水处理的作用是含渣水再生及热量回收利用。

黑灰水处理的作用是含渣水再生及热量回收利用来自气化炉、旋风分离器和水洗塔的3股黑水减压后进入蒸发热水塔(图4.3-7)蒸发室内进行闪蒸，闪蒸出的水蒸气及部分溶解在黑水中的酸性气 CO_2、H_2S 等通过上升管进入蒸发热水塔热水室，与来自低压灰水泵的灰水直接接触，低压灰水被加热。

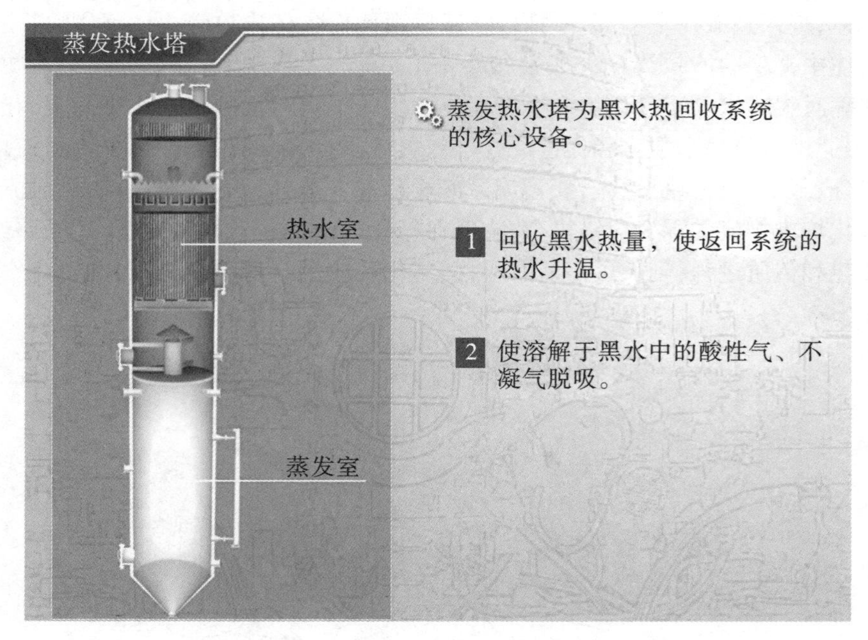

图4.3-7 蒸发热水塔结构及其作用

在蒸发热水塔蒸发室初步浓缩后的黑水先后进入低压闪蒸器、真空闪蒸器进行闪蒸，然后通过静态混合器与絮凝剂混合后进入澄清槽。

在澄清槽中澄清后的灰水溢流至灰水槽，然后通过低压灰水泵分为3路：第1路输送至蒸发热水塔热水室换热，然后送入高温热水罐，经高温热水泵提压后返回水洗塔作为洗涤水；第2路作为锁斗的排渣冲洗水；第3路少量灰水送废水处理装置处理后外排。灰水经激冷室、水洗塔、蒸发热水塔等设备后，其温度和悬浮物含量都大幅升高，再经低压闪蒸和真空闪蒸浓缩后，水中悬浮物含量将高达10 000 NTU以上，必须进行絮凝沉降处理后才能进入下一循环。

絮凝沉降在黑灰水处理中是一个非常重要的工序，一般设计要求絮凝沉降后黑水浊度小于50 NTU。如果黑水絮凝效果不好，会降低煤气的洗涤效果，水中过多的悬浮物加重灰水沉积结垢，而系统严重结垢又会导致设备管道腐蚀。

4.3.5.1　黑水絮凝技术

絮凝沉降的效果与煤种及气化炉操作工艺条件有很大关系，在煤种等条件保持不变的情况下，若絮凝剂加入量少，将直接影响絮凝效果；而絮凝剂加入过量，除影响絮凝效果外，未能消耗的部分絮凝剂进入下一循环，将对灰水阻垢分散处理带来不利影响，同时还会造成水体浑浊、黏度增大以及由此导致的其他问题。

因此，黑水絮凝剂必须具有如下特点：①针对特定的黑水水质絮凝效果好，能有效、快速絮凝沉降固体悬浮物，使黑水浊度达到工艺指标要求；②不影响灰水阻垢分散剂的效果；③受 pH、碱度等水质因素影响小。

煤气化装置黑水系统中的固体悬浮物、胶体、有机物等主要来源于煤，因而煤种的变化是影响黑水絮凝沉降效果的主要因素，此外，黑水温度、流量、pH、碱度等因素也影响絮凝沉降效果。在絮凝剂选型时，须经现场筛选试验最终确定絮凝剂型号和投加量。目前，一般选择聚丙烯酰胺类有机高分子絮凝剂，此种絮凝剂受 pH、碱度的影响相对较小。

4.3.5.2　灰水阻垢分散技术

黑水经絮凝处理后，得到的灰水浊度明显降低，但仍远高于一般循环水的浊度，水质具有很强的结垢倾向，一般通过向灰水中添加阻垢分散剂来降低和减缓装置的结垢趋势，从而延长装置的运行时间。灰水阻垢分散剂需要满足现场水质工艺条件，有效遏制系统的结垢问题，确保系统在高硬度、高碱度、高浊度状况下长周期稳定运行。由于现场煤种、工艺操作的变化等多种复杂影响因素的存在，必须依据现场实际水质情况以及停车检修时对设备、管路结垢情况的实际观察与检测结果来评判灰水阻垢分散剂的处理效果，并进行相应的优化调整。

灰水的高温、高压、高硬度、高碱度及高悬浮物含量的特点决定了阻垢分散剂应具有以下特点：①优良的耐高温、高压性能；②对灰水中少部分的固体悬浮物具有良好的分散作用，抑制其沉积；③对 SiO_2、Fe_2O_3、Al_2O_3 等难溶物具有良好的分散作用。根据灰水系统及灰水阻垢分散剂的特点，适合四喷嘴对置式水煤浆加压气化装置的灰水阻垢分散剂的类型为有机膦羧酸、多元共聚物等。

黑水絮凝和灰水阻垢分散技术是相辅相成的，如果黑水絮凝效果不理想，会使灰水中悬浮物过多、浊度过高，阻垢分散剂被悬浮物吸附，导致药剂不能有效发挥分散性能。此外，黑水絮凝剂的用量并不是越大越好，絮凝剂过量不但会造成生产成本增加，而且残留在灰水中的絮凝剂还会对阻垢分散剂的分散效果产生副作用。因此，黑水絮凝剂与灰水阻垢分散剂的选择必须考虑两者的配伍效果。

4.4　原料气净化

4.4.1　变换反应

从气化工段送来的粗合成气体积百分数为 CO 45% ~46%，H_2 35% ~36%，CO_2

16%～17%，CH_4(400～3000)×10^{-6}，CO不是合成氨的直接原料，并且使氨合成催化剂中毒，因此在送往合成工段之前，必须将CO脱除。

工业上主要利用变换反应脱除CO，即CO与水蒸气反应生成二氧化碳和氢，不仅将大部分CO转化成易除去的CO_2，同时又可制得同体积的氢，且CO_2是制取尿素的原料。所以，净化岗位首先是粗煤气中CO在催化剂的作用下与水蒸气反应转化为CO_2和H_2，然后通过气体精制进一步去除CO，调整合成气中CO/H_2比，回收利用反应余热，并副产中、低压蒸汽，回收工艺冷凝液去气化洗涤塔，洗涤变换气中杂质氨，并对洗氨塔中洗涤后杂质废水进行汽提处理后回收利用或送污水处理，同时对合成气中的硫进行回收。

本工段岗位任务：

(1)将粗煤气中CO在催化剂的作用下与水蒸气反应转化为CO_2和H_2，改变合成气组分。

(2)回收利用反应余热，并副产S40过热蒸汽、S25饱和蒸汽、S05、S12饱和蒸汽。

(3)回收工艺冷凝液去气化炉、洗涤塔。

(4)清洗变换气中杂质氨，并对洗氨塔中洗涤后的含氨废水进行汽提，处理后回收或送污水处理。

4.4.1.1 反应原理和工艺条件

(1)反应式。一氧化碳与水蒸气的变换反应可用下式表示：

$$CO+H_2O(g) \rightleftharpoons CO_2+H_2+41.2\ kJ$$

变换反应特点是放热、可逆，反应前后气体体积不变，且反应速度比较慢，只有在催化剂的作用下才有较快的反应速度。变换反应是放热反应，反应热随温度升高而有所减少。在生产中，应充分回收利用变换反应热，以便降低能耗。

(2)变换率。一氧化碳的变换程度，通常用变换率(X)表示，定义为已变换的一氧化碳量与变换前的一氧化碳量的百分比率。

$$X=\frac{a-b}{a}\times 100\%$$

(3)平衡常数。在一定条件下，当变换反应达到平衡状态时，其平衡常数为：

$$K_p=\frac{p_{CO_2}p_{H_2}}{p_{CO}p_{H_2O}}=\frac{y_{CO_2}y_{H_2}}{y_{CO}y_{H_2O}}$$

式中，p_{CO_2}、p_{H_2}、p_{CO}、p_{H_2O}分别为各组分的平衡分压，Pa；y_{CO_2}、y_{H_2}、y_{CO}、y_{H_2O}分别为各组分的平衡组成，%。

不同温度下，一氧化碳变换反应的平衡常数见表4.4-1。

表4.4-1 变换反应的平衡常数 K_p

温度/℃	200	250	300	350	400	450	500
$K_p=\frac{p_{CO_2}p_{H_2}}{p_{CO}p_{H_2O}}=\frac{y_{CO_2}y_{H_2}}{y_{CO}y_{H_2O}}$	2.279×10^2	8.651×10^2	3.922×10	2.034×10	1.170×10	7.311	4.878

变换反应的平衡常数随温度的升高而降低,因而降低温度有利于变换反应向右进行,使变换气中残余 CO 的含量降低。在工业生产范围内,平衡常数可用下面简化式计算:

$$\lg K_p = \frac{1914}{T} - 1.782$$

式中,T 表示温度,K。

(4)工艺条件的选择

1)CO 变换率。在工业生产中,由于反应不可能达到平衡,实际变换率总是小于平衡变换率,需要控制适宜的生产条件,使实际变换率尽可能接近平衡变化率。

2)温度。由表 4.4-1 可知,温度降低,K_p 值增大,有利于变换反应向右进行;随温度升高,平衡变换率降低,若要得到较高的变换率,应选择较低的温度,实际操作过程温度的选择要考虑在催化剂活性温度范围内进行,变化反应存在最适宜温度,也应尽可能接近最适宜温度曲线进行反应。

3)压力。变换反应是等摩尔反应,目前工业条件下,压力对变换反应化学平衡无明显影响,但加压可提高反应速率和催化剂的生产能力,可采用较大的空速,有利于过热蒸汽回收。本工艺变换反应采用中压宽温耐硫一氧化碳变换工艺(DDB-DN3400 等温变换流程),CO 经过两次变换反应,浓度逐步降低。第一变换炉为绝热炉,进口温度 275 ~ 305 ℃,出口温度 450 ℃,进口压力 6.30 MPa,CO 体积分数降至 6.09% 左右;等温变换炉温度恒定在 240 ℃,进口压力 5.60 MPa,CO 体积分数降至 0.6% 左右(干基)。

4)水蒸气比例。增加水蒸气含量有利于提高 CO 的转化率,加快反应速度,为此生产上均采用过量水蒸气。水蒸气过量可以抑制积碳和甲烷化副反应的发生,保证催化剂活性组分 Fe_3O_4 的稳定而不被过度还原,同时还起到载热体的作用,使催化剂床层温升减少。但是水蒸气过量也会增加消耗定额,在工业生产中,水蒸气的量应在满足变化工艺要求的前提下,尽量降低水蒸气用量。

5)空间速度。空间速度的大小决定催化剂的生产能力和变化率的高低。空速的大小与催化剂的活性有关,催化剂活性高,可选择较高空速,提高催化剂生产能力。但空速过大,CO 在催化剂床层停留时间短,CO 来不及反应就离开催化剂床层,影响 CO 变化率,生产能力降低。

4.4.1.2 变换反应催化剂

变换反应在工业上必须有催化剂参加才有实际意义,目前已实现工业化的变换催化剂有三类,分别是高温变换、低温变换和宽温耐硫变换催化剂,其对应的活性成分主要是铁铬(Fe-Cr)、铜锌(Cu-Zn)和钴钼(Co-Mo)。上述 3 种催化剂均已在 20 世纪实现国产化,我国对变换催化剂的研究处于国际先进水平。

铁铬系高温变换催化剂于 20 世纪 20 年代开始工业化推广,工业验证和大量应用,但在实际工业应用中,催化剂易高温烧结而导致表面活性降低,且易发生费托合成(F-T)副反应,因此反应过程要求高水气比(水分/干气)。

铜锌系低温变换催化剂主要与高温变换催化剂串联使用,位于下游。此类催化剂起活温度低,利于深度变换,但热稳定性不好,抗硫、氯中毒能力弱。

钴钼系宽温耐硫变换催化剂与上述铁铬系、铜锌系催化剂对比，具备操作弹性大、低温活性好、抗毒性强、适用的原料气硫含量和水气比范围宽等优点，因而得到广泛应用。

国际上已工业化的耐硫变换催化剂主要有德国 BASF 公司 K8-11 系列催化剂，日本宇部 C113 催化剂，美国 UCI 公司 C25-2-02 催化剂以及托普索公司 SSK 系列催化剂，各有其优缺点和适用工艺条件。国内于 20 世纪 70 年代开始研制耐硫变换催化剂，主要产品有齐鲁石化研究院应用于中高压流程的 QCS 系列催化剂，湖北省化学研究院 EH 系列催化剂，上海化工研究院 SB 系列催化剂，青岛联信化学有限公司的 QCS 系列变换催化剂。变换催化剂研发重点集中在活性、助剂的优选和载体改良，提高低温活性、再生能力、抗中毒能力，具备更宽的水气比和使用温度范围。

工业用一氧化碳耐硫变换催化剂以 $Co-Mo/\gamma-Al_2O_3$ 为主要成分，加入碱金属、碱土金属氧化物电子型助剂，提高催化剂活性，降低催化剂活性温度；加入稀土氧化物对载体 $\gamma-Al_2O_3$ 进行改性，调整载体结构，提高催化剂强度，在较宽的温度范围内（200 ~ 500 ℃）都有很好的活性。它使用之前需进行硫化，本身含硫，耐硫中毒，兼具高活性和高稳定性。

本工艺绝热和等温变换炉均使用 CoMo 耐硫变换催化剂，其中 CoMo 质量含量分别为 $CoO \geqslant 3.5\%$，$MoO_3 \geqslant 7.5\%$，载体为铝镁尖晶石（不含碱金属）。催化剂适用温度为 200 ~ 500 ℃，压力 1.0 ~ 10.0 MPa，水气比 0.3 ~ 2.0 mol/mol，工艺气硫含量 $>200\times10^{-6}$，干气空速 2000 ~ 6000 h^{-1}，堆密度 700 ~ 950 kg/m^3。

4.4.1.3 等温变换工艺流程

变换系统催化剂采用上述中压宽温耐硫催化剂一氧化碳变换工艺采用等温变换流程，配套变换工艺凝液汽提处理系统，其工艺流程如图 4.4-1 所示。

自气化水洗塔来的 239.2 ℃、6.30 MPa 的粗煤气，经 1#气液分离器分离掉水分后，进原料气预热器与变换气换热到变换反应所需的温度 275 ~ 305 ℃，进入第一变换炉进行变换反应，将 CO 降至 6.09% 左右，出变换炉的 449.3 ℃高温气体经中压蒸汽过热器温度降至 427 ℃，经原料气预热器温度降至 385 ℃，经中压蒸汽发生器温度降至 270 ℃，来自中压蒸汽发生器的变换气与来自脱毒槽少部分的粗煤气混合[混合后压力 5.43 MPa(G)、温度 245 ℃、CO 含量为 7.5%（干基）]，经等温变换炉反应，温度恒定在 240 ℃，CO 降至 0.6%（干基），反应后热气进入高温凝液预热器、高压锅炉给水预热器，温度降至 205 ℃左右进入 2#气液分离器进行气液分离，出口变换气进入低压蒸汽发生器，温度降至 180 ℃进入 3#气液分离器，经脱盐水预热器将变换气温度降至 125 ℃，经水冷器温度降至 40 ℃，经洗氨塔洗涤脱除变换气中氨后送往低温甲醇洗。

等温变换炉塔内流程：中压蒸汽发生器及脱毒槽出口来气体从等温变换炉底部进入内外筒环隙，充满环隙的气体径向流过催化剂床，垂直通过沸腾水管，反应后的气体进入催化剂床层中心的集气管，在集气管内自上而下，由炉下部出塔（图 4.4-2）。

等温变换炉水汽流程：从汽包下来的水进入水室，均匀进入各内管，由上而下在管的底端折转到外管，吸收管外反应热，部分水被汽化，比重较小的汽水混合物上升到汽室再由连接管上升至汽包，给水补充到汽包，如此构成一个无动力水循环（图 4.4-2）。

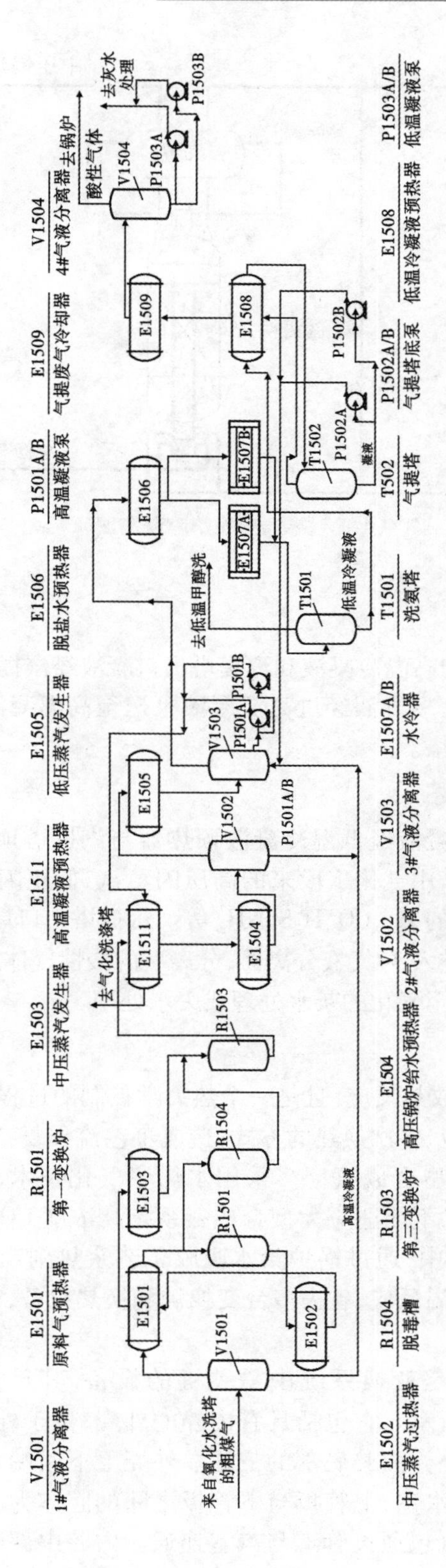

图4.4-1　等温变换工艺流程

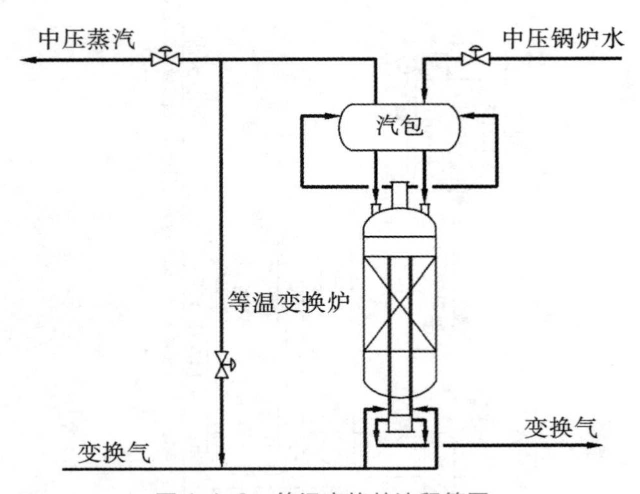

图 4.4-2　等温变换炉流程简图

4.4.1.4　冷凝液系统简述

1#、2#气液分离器出来的高温冷凝液和汽提塔出口凝液经汽提塔底泵加压送往 3#气液分器，分离出来的高温工艺冷凝液经过高温凝液泵送至高温凝液预热器，高温凝液预热至 255 ℃后送至气化洗涤塔。

4.4.1.5　汽提系统流程简述

自洗氨塔出来的低温冷凝液经低温冷凝液预热器与汽提塔顶部出来的气体换热后进入汽提塔。在汽提塔中，采用气化工段来的高压闪蒸汽、低压闪蒸汽和 0.5 MPa 蒸汽汽提出溶解在工艺冷凝液中的 H_2、CO、H_2S、NH_3 等。汽提塔出口尾气经低温冷凝液预热器、汽提废气冷却器冷却后进入 4#气液分离器，分离后的酸性气体送到锅炉燃烧，低温工艺凝液经低温凝液泵加压送至气化的灰水处理或废水处理。

4.4.1.6　等温变换炉

由于 CO 变换反应属强放热反应，且是一个热力学控制的过程，传统 CO 变换炉均采用绝热反应器，采用多段反应、多次换热的方式，造成工艺流程复杂、热损失大、蒸汽消耗高、设备造价高等问题。大型合成氨厂多采用水煤浆气化技术，粗煤气中 CO 含量在 50% ~76%，传统变换技术已不能适应大型合成氨系统高浓度 CO 的工艺要求。等温变换工艺将换热器建于反应器中，通过锅炉给水吸收工艺余热副产蒸汽的方式移去反应热，保持催化剂床层低温、恒温反应，省去多台变换炉和换热设备，简化工艺流程，降低设备造价。

等温变换炉结构复杂，是变换系统中最关键的设备，其尺寸为 $\phi3400\times100/60\times$ 15 350，其结构如图 4.4-3 所示。它包括具有内腔的外壳，位于外壳内腔上部的焊有水管的上管板和下管板，位于外壳内腔底部的三通。外壳上下两端均具有封头，外壳的上封头和上管板之间的腔体为水室，上管板与下管板之间的腔体为汽室，水室通过水管与设在外壳上方的汽包连通，汽包通过管道与汽室连通。内腔中部和下部设有催化剂床，上催化剂床与壳体内壁之间有环隙，通过环隙与未反应气入口连通，下催化剂床与变换气出口连通。内腔设有中心管。底部三通设有未反应气入口、变换气出口和汽水混合物入口，中心管内套装有汽水混合物喷管，与汽水混合物入口连通。

等温变换炉利用相变移走变换反应热，真正实现等温反应，床层温差小（<10 ℃），反应温度低且恒定，采用全径向反应，压降小，催化剂寿命长；CO 转化率高，达到97%以上；变换炉高径比大，炉内换热管结构安全可靠，易实现大型化；反应器水汽系统自然循环，变换反应热几乎全部回收利用，副产蒸汽品位高、产量大；等温变换炉只需控制汽包蒸汽压力即可轻松调节床层温度，易于操作控制。

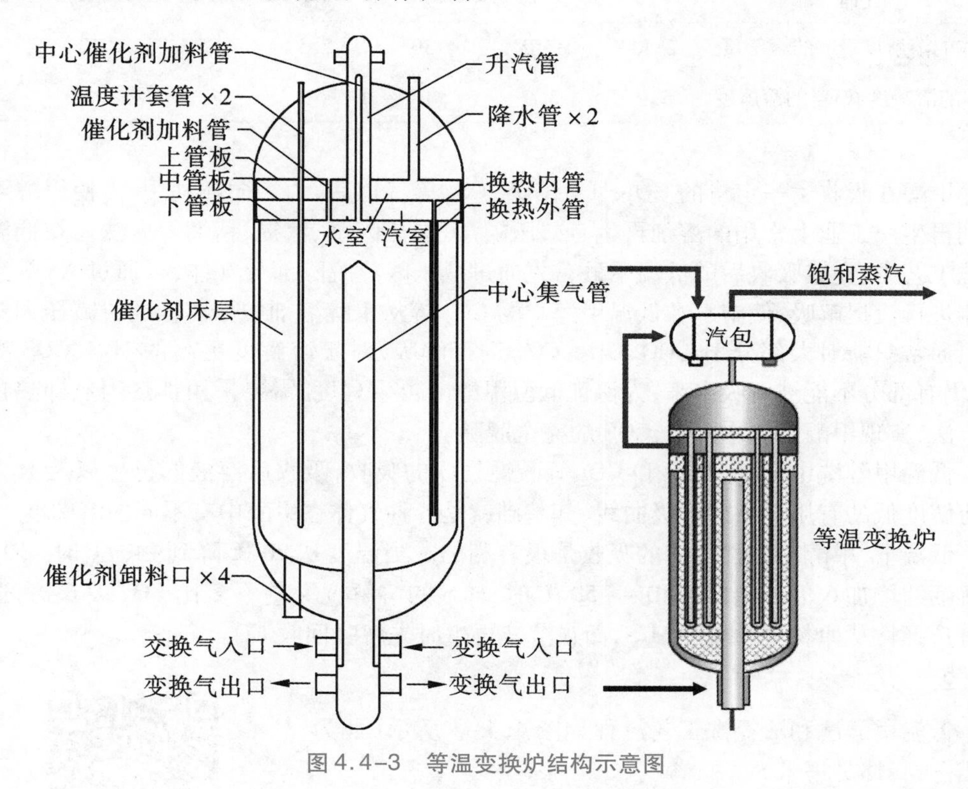

图 4.4-3　等温变换炉结构示意图

4.4.2　低温甲醇洗

低温甲醇洗主要目的是脱除从上游变换工序来的变换气中的 CO_2、H_2S 及 COS 等杂质，同时脱除变换气中带入的饱和水，得到 $CO_2<20\times10^{-6}$，总硫$<0.1\times10^{-6}$的合格净化气；获取 $CO_2\geqslant98.5\%$ 的 CO_2 产品气；浓缩 H_2S 馏分，并向硫回收工序提供富含 H_2S（$\geqslant30\%$）的气体。低温甲醇法脱碳是物理吸收过程，根据 CO_2、H_2S、COS 等酸性气体在甲醇中有较大的溶解度，而 H_2、CH_4、CO、N_2 等气体溶解度小，且对各种杂质气体选择性较好的原理，以甲醇为吸收溶剂，在低温高压（-70～-30 ℃，3～8 MPa）条件下完成吸收过程，在高温低压条件下完成气体的解吸，脱除原料气中 CO_2、H_2S 以及其他杂质，而 H_2、N_2 的损失很小。

低温甲醇法脱碳是20世纪50年代由德国Lurgi公司和Linde公司联合开发的一种原料气净化方法。20世纪60年代后，随着以渣油和煤为原料的大型合成氨生产装置的出现和发展，低温甲醇法洗涤技术在合成氨工业中得到了广泛的应用。

在低温条件下甲醇对酸性气体吸收性能较好，H_2S、CO_2、COS以及H_2、CO、CH_4等气体在低温(−40 ℃)甲醇中相对于H_2和CO_2的相对溶解度见表4.4−2。

表4.4−2　低温(−40 ℃)甲醇中各气体的相对溶解度

气体	H_2S	COS	CO_2	N_2	CO	CH_4	H_2
气体的溶解度/H_2的溶解度	2540	1555	430	2.5	5	12	1
气体的溶解度/CO_2的溶解度	5.9	3.6	1				

甲醇在吸收了一定量的CO_2、H_2S、COS、CS_2等气体后，为了循环利用，需使甲醇溶液得到再生。工业上常用的溶剂再生有减压闪蒸、加热闪蒸、汽提、精馏等方法。在低温甲醇洗工艺中，完成吸收后的低温甲醇首先通过减压闪蒸脱除部分气体，再通过N_2等惰性气体进行汽提解吸，使溶解在低温甲醇中的CO_2等从甲醇溶剂中分离。通过减压闪蒸和汽提通常只能对大部分H_2、CO、CH_4、CO_2进行解吸，对于溶解度更高的H_2S、COS等而言，仍有部分不能被解吸出来，为保证低温甲醇的再生程度，需要采用加热闪蒸即热再生的方法，实现甲醇溶剂中H_2S、COS的完全脱除。

低温甲醇洗中，H_2S、COS和CO_2等酸性气体的吸收，吸收后溶液的再生以及H_2、CO等溶解度低的有用气体的解吸曲线，其基础就是各种气体在甲醇中有不同的溶解度。

低温下，甲醇对酸性气体的吸收是很有利的。当温度从20 ℃降到−40 ℃时，CO_2的溶解度约增加6倍。例如，−40～−50 ℃时，H_2S的溶解度又差不多比CO_2大6倍，这样就可选择性从原料气中脱除H_2S，而在溶液再生时先解吸回收CO_2。

4.4.2.1　工艺流程

低温甲醇洗和液氮洗工艺流程如图4.4−4所示(此为扫描图，具体见书末)。

图4.4−4　低温甲醇洗和液氮洗工艺流程

(1)H_2S和CO_2的吸收。从上游变换工序来的变换气，在压力下被送到甲醇洗装置，变换气中含有饱和水，为防止变换气中的水分在冷却后冻结，需要向其内喷射注入少量的贫甲醇。注射了贫甲醇的变换气在原料气冷却器中与液氮洗来的冷合成气、二氧化碳和尾气换热而被冷却，并在原料气分离罐中分离出被冷凝的甲醇与水的混合物后进入洗涤塔，用甲醇洗涤以脱除酸性气体，使净化气中$CO_2 \leqslant 20\times10^{-6}$，总硫$<0.1\times10^{-6}$，$CH_3OH \leqslant 25\times10^{-6}$送往液氮洗装置。

洗涤塔分为上下塔，共四段，上塔为三段，下塔一段。从泵出来的贫甲醇，经水冷器，1#甲醇冷却器，2#甲醇冷却器，以及3#甲醇冷却器换热降温，进入塔顶部作为洗涤液。上塔顶段为精洗段，以确保净化气指标，顶段下部通入部分从H_2S浓缩塔来的半贫甲醇液。

中间两段为 CO_2 初洗段和主洗段，用经段间换热器换热冷却后的甲醇（入主洗段和初洗段）在低温下吸收气体中的 CO_2，吸收了 CO_2 后的富甲醇在上塔底部分成两部分，一部分送至下塔作为脱除 H_2S、COS 等组分的洗涤液，另一部分经换热器与合成气、富甲醇和氨蒸发换热后降温后进入无硫甲醇闪蒸罐进行闪蒸。吸收 H_2S 后的甲醇溶液由下塔底部排出，经换热器分别与二氧化碳气、富甲醇和氨蒸发换热降温后进入含硫甲醇闪蒸罐进行闪蒸。

闪蒸气汇合后并与液氮洗来的循环氢混合后经循环气压缩机压缩增压送至洗氨塔后本工序的原料气中，以回收有用组分 H_2。

（2）H_2S 的浓缩。从无硫甲醇闪蒸罐底部引出的含 CO_2 不含硫的甲醇液，一部分经节流减压进入 CO_2 解析塔塔顶部，闪蒸出大部分 CO_2 气体，其液体作为 CO_2 解析塔和 H_2S 浓缩塔上部的回流液，洗涤含硫甲醇解吸出的 H_2S 组分，回流液流量分配通过调整，以确保离开 CO_2 解析塔顶部产品 CO_2 气和 H_2S 浓缩塔顶部尾气中硫含量达标；另一部分经节流减压后进入 H_2S 浓缩塔顶闪蒸罐闪蒸出大部分 CO_2 气体，闪蒸后的液体作为半贫甲醇液，用泵送往洗涤塔上部。从含硫甲醇闪蒸罐底部引出的含硫甲醇液经节流减压分别进入 CO_2 解吸塔中段和 H_2S 浓缩塔上塔，在此部分将 CO_2 和 H_2S 从甲醇中解吸出来。

收集于 CO_2 解析塔下部塔盘上的甲醇液，经液位控制阀送到 H_2S 浓缩塔上塔底部。这样进入 H_2S 浓缩塔上塔的三股溶液经减压汽提解吸出大部分 CO_2，由于 CO_2 解吸吸热，使其温度降至整个系统最低。该低温甲醇液收集于 H_2S 浓缩塔中部集液盘上，经泵加压送至2#甲醇冷却器和洗涤塔段间冷却器回收冷量后温度升高，进入闪蒸罐闪蒸。闪蒸出气体后进入 CO_2 解析塔塔下部，甲醇液经泵加压并在 E1607 中换热升温后也进入 CO_2 解析塔塔下部。CO_2 解析塔塔底部的甲醇液经阀节流膨胀进入 H_2S 浓缩塔下塔中部，进一步被减压汽提。

为使甲醇液中的 CO_2 进一步得到解吸并浓缩 H_2S，在 H_2S 浓缩塔底部通入低压氮，用 N_2 气破坏原系统内的气液平衡，降低 CO_2 在气相中的分压，使液相中的 CO_2 进一步向气相中释放。经 H_2S 浓缩塔解吸出的 CO_2 随着汽提 N_2 及 H_2S 浓缩塔塔顶闪蒸出的气体作为尾气由塔顶送出。

（3）甲醇热再生。从 H_2S 浓缩塔底部出来的甲醇液中含有系统几乎全部的 H_2S 和少量 CO_2，经泵增压和过滤器过滤后，在1#甲醇冷却器加热到常温后送氮气汽提塔，在较高的温度下用少量氮气进一步汽提，使富甲醇液中的 CO_2 充分解吸。氮气汽提塔塔顶气体送 H_2S 浓缩塔下段，液体用泵经热再生塔进料加热器加热后送入热再生塔，经甲醇蒸汽加热汽提再生后，硫化物和残余 CO_2 随甲醇蒸汽由塔顶排出。甲醇蒸汽在水冷器中冷却后入热再生塔回流罐，部分冷凝下的甲醇分离下来，经泵送至热再生塔塔顶作为回流液。热再生塔回流罐的气体继续在 H_2S 馏分换热器和氨冷器冷却后入 H_2S 气体分离罐，冷凝下的甲醇送至 H_2S 浓缩塔底部回收，而气体部分循环至 H_2S 浓缩塔，部分经 H_2S 馏分换热器升温后送至界外硫回收。

经热再生塔再生后的甲醇由塔底送出。塔底贮罐由隔板将其分为冷区和热区，热区侧用再沸器提供热量，冷热区在塔外有连通管，热区的甲醇溶液经泵抽出，在贫甲醇过滤器中过滤，然后大部分甲醇溶液与从冷区底出来的甲醇液汇合在中换热降温后到甲醇储罐,而小部分甲醇在甲醇/水分离塔进料换热器中换热后进入甲醇/水分离塔顶部作为该塔的回流液。贫甲醇罐中的甲醇被泵升压后,在水冷器,1#甲醇冷却器,2#甲醇冷却器,以及3#甲醇冷却器中换热降温,进入洗涤塔顶部作为洗涤液。出贫甲醇水冷器的贫甲醇有一小部分作为注射甲醇送至原料气冷却器前的原料气管线内。

(4)甲醇/水分离。从原料气分离罐底部引出的含水甲醇在换热器中与热再生塔底来的贫甲醇换热,经甲醇/CO_2闪蒸罐闪蒸后进入甲醇水分离塔,参与蒸馏。从尾气水洗塔底部来的甲醇水溶液经水循环泵加压,在废水冷却器中换热升温后进入甲醇水分离塔参与蒸馏;该塔的塔顶回流液为来自泵出口经甲醇/水分离塔进料换热器换热的那一小部分贫甲醇。甲醇水分离塔塔顶产生的甲醇蒸汽直接送往热再生塔参与再生,塔底的蒸馏水经废水冷却器回收热量后,作为废水排放送至污水处理;T1605塔由再沸器E1615提供热量来维持塔的热平衡。

(5)CO_2气和尾气水洗。产自CO_2解析塔多余的低温CO_2气,经CO_2气/富甲醇换热器和原料气冷却器回收冷量后,送入三厂回收利用(异常情况下并入尾气放空)。

从H_2S浓缩塔顶闪蒸罐出来的低温尾气,部分经氮气冷却器回收冷量,经新增CO_2加热器加热后,送至二厂回收CO_2气(异常情况下并入尾气放空);另外部分与H_2S浓缩塔塔顶出来的低温尾气混合,经2#甲醇冷却器、原料气冷却器回收冷量后,部分送深冷能源回收利用,剩余部分进尾气水洗塔,在尾气水洗塔中用塔顶来的脱盐水洗涤,得到符合排放标准的尾气排放至大气。

4.4.2.2 主要设备

甲醇洗涤流程设备以绕管式原料气冷却器、原料气水分离器、甲醇洗涤塔为主,属低温甲醇洗系统中的高压部分。甲醇洗流程气体流量大、流速高,在设备的应力集中区和流体冲刷区内的金属表面很难形成有效保护膜,设备腐蚀以H_2S和HCN等酸性介质的应力腐蚀为主,设备选材兼顾材料的低温强度与设备壁厚,目前国内多采用SA203GrE或09 MnNiDR作为洗涤塔材料、奥氏体不锈钢作为绕管式换热器材料。洗涤塔是低温甲醇洗的核心设备,为板式吸收塔,内径×厚度×高度尺寸为ϕ3400 mm×90 mm×82 740 mm,结构简图如图4.4-5所示。洗涤塔为群座自支承塔设备,由群座、上封头、下封头、筒体、内支承以及外部附件组成,塔内设双溢流塔盘。洗涤塔共分为ABCD四段,利用低温甲醇吸收二氧化碳及硫化氢能力强的特点,变换气中的硫化物在洗涤塔下塔(A段)脱除,

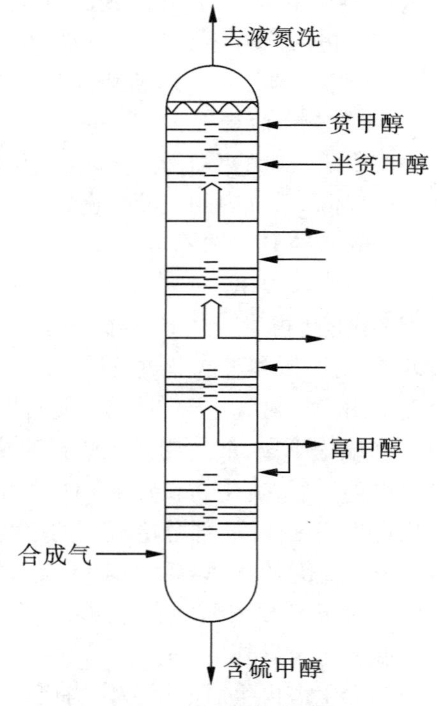

图4.4-5 甲醇洗涤塔结构简图

变换气中的 CO_2 在洗涤塔上塔（B、C、D 段）脱除，达到规定指标后送出装置。

4.4.3　液氮洗

4.4.3.1　岗位任务

（1）分子筛干燥器吸附净化气中的微量 CO_2、CH_3OH。

（2）把净化工艺气中的微量 CO、CH_4、Ar 脱除干净。

（3）配置氢氮比为 3∶1 的合成气，供氨合成用。

4.4.3.2　工艺原理

液氮洗涤近似于多组分精馏，它是利用氢气与 CO、Ar、CH_4 的沸点相差较大，将 CO、Ar、CH_4 从气相中溶解到液氮中，从而达到脱除 CO、Ar、CH_4 等杂质的目的，此过程是在液氮洗工序的氮洗塔中完成的。由于氮气和一氧化碳的气化潜热非常接近，因此，可以基本认为液氮洗涤过程为等焓过程。

液氮洗工段是采用分子筛干燥器吸附净化气中的微量 CO_2、CH_3OH，并把净化工艺气中的微量 CO、CH_4、Ar 脱除干净，配制氢氮比为 3∶1 的合成气以供氨合成用。

液氮洗涤法脱除 CO 为物理过程，利用空分装置所得到的高浓度液氮，将在洗涤塔中原料气中的 CO 被冷凝在液相中，而一部分液氮蒸发到气相中。液氮洗脱除 CO 是基于各组分的沸点不同而进行，一些气体在不同压力下的沸点和蒸发热如表 4.4-3 所示，各组分沸点相差较大，氢的沸点最低，其次是氮、一氧化碳、氩、甲烷等。由于 CO 的沸点比 N_2 高并能溶于液氮中，考虑到氮是合成氨的原料之一，因此，可利用液态氮洗涤少量的 CO 等杂质，使各种杂质以液态与气态氢气分离，从而使原料气得到最终净化。

表 4.4-3　一些气体在不同压力下的沸点和蒸发热

气体名称	不同压力下的沸点/℃				0.1 MPa 下的蒸发热/(kJ/kg)
	0.101 MPa	1.01 MPa	2.03 MPa	3.04 MPa	
甲烷	-161.4	-129	-107	-95	244.51
氩	-185.8	-156	-143	-135	152.42
一氧化碳	-191.5	-166	-149	-142	216.04
氮	-195.8	-175	-158	-150	199.71
氢	-252.8	-244	-238	-235	456.36

液氮洗涤法与铜氨液洗涤法以及甲烷化法相比，不仅能脱除一氧化碳，还能同时脱除甲烷和氩，得到只含有 100 cm^3/m^3 以下惰性气体的氨合成原料气。

4.4.3.3　工艺流程

（1）净化气流程（包括合成气流程）。来自低温甲醇洗工序的净化气，其中含 H_2 96.40%、N_2 0.42%、CO 3.02%、Ar 0.14%、CH_4 0.027%、CO_2 20×10^{-6}、CH_3OH 15×10^{-6}，首先进入内装分子筛的吸附器，将净化气中微量的 CO_2、CH_3OH 脱除干净，出吸附器后净

化气中 CO_2 和 CH_3OH 的含量均在 1×10^{-6} 以下；然后净化气进入冷箱，在1#原料气体冷却器及2#原料气体冷却器中与返流的合成气、燃料气和循环氢气进行换热，使出2#原料气体冷却器后原料气降温，进入氮洗塔的下部。在氮洗塔中，上升的原料气与塔顶下来的液氮成逆流接触，并进行传质、传热。CO、CH_4、Ar 等杂质从气相冷凝溶解于液氮中，而塔顶排出的氮洗气中 H_2 与大约10%的蒸发液氮混合，进入2#原料气体冷却器，出2#原料气体冷却器后，将中压氮气配到氮洗气中，使 H_2/N_2 达到3∶1(体积比)，配氮后的氮洗气称为粗合成气。在1#原料气体冷却器内，合成气与净化气、中压氮等物流换热后，出1#原料气体冷却器后分为两股，一股进入高压氮气冷却器，与燃料气、循环氢气一起冷却中压氮气，出高压氮气冷却器后，粗合成气、燃料气、循环氢等均被复热至常温；另一股流量送低温甲醇洗工序交回由净化气体自低温甲醇洗工序带来的冷量，返回后与高压氮气冷却器出口的粗合成气汇合，再经精配氮调节，最后将 H_2/N_2 为3∶1的合成气送入氨合成工序，合成气压力为4.97 MPa，温度为30 ℃，其中 H_2 含量为74.98%，N_2 含量为25.01%，CO 小于 2×10^{-6}。

(2)中压氮气流程。进入液氮洗工序的氮气进入冷箱后，在高压氮气冷却器内，被部分粗合成气、燃料气和循环氢气冷却后，然后进入1#原料气体冷却器，被合成气、燃料气和循环氢气进一步冷却，出1#原料气体冷却器后，中压氮气被冷却。一股继续在2#原料气体冷却器中被合成气、燃料气和循环氢气进一步冷却而成为液态氮，进入氮洗塔的上部而作为洗涤液；另一股节流进入气体混合器，与氮洗塔塔顶来的氮洗气混合成为 H_2/N_2 约为3∶1的合成气。由于中压氮气导入氮洗气后其分压降低产生 J-T 效应，提供了液氮洗工序所需的大部分冷量。

(3)燃料气流程。从氮洗塔塔底排出的馏分，经减压后进入氢气分离器中进行气液分离。由氢气分离器底部排出的液体即燃料气，又经进一步减压，然后进入2#原料气体冷却器、1#原料气体冷却器和高压氮气冷却器中进行复热。出高压氮气冷却器后，并入变换硫化回气管线送往三厂低压机，开车期间送往火炬系统。

(4)循环氢气流程。由氢气分离器顶部排出的气体，进入2#原料气体冷却器、1#原料气体冷却器和高压氮气冷却器中进行复热。出高压氮气冷却器后送往低温甲醇洗工序的循环气压缩机回收利用，提高原料气体中有效组分的利用率，开车时送往火炬系统。

(5)空分补充液氮流程。正常操作时，液氮洗工序不需要补充冷量，开车或系统运行不稳定时，则需由液氮来补充冷量。从空分装置引入的液氮，经减压后在2#原料气体冷却器前进入燃料气管线，汇入燃料气中。经2#原料气体冷却器、1#原料气体冷却器和高压氮气冷却器复热，向液氮洗工序提供冷量。

(6)分子筛吸附器再生流程。分子筛吸附器有两台，切换使用，即一台运行，另一台再生，切换周期为24 h，属程序控制，为自动切换，再生步骤分为21步。再生用氮气由空分提供，再生氮气的加热由再生气体加热器完成，蒸汽则由中压蒸汽管网供给。再生氮气的冷却系统通过再生气体冷却器实现，所用冷却水来自循环水系统管网。出再生气体冷却器的再生氮气送低温甲醇洗工序的汽提塔，作为汽提氮使用，开车时送往火炬系统。

4.4.4 硫回收

本装置采用纯氧燃烧+超级克劳斯(Super Claus)工艺，将从低温甲醇洗送来的含 H_2S

的酸性气（含 H_2S 约30%），送入燃烧炉内与纯氧进行部分燃烧生成 SO_2 和硫，经冷却分离液硫后的工艺气，经三级克劳斯反应器处理后，尾气（含 H_2S 约0.6%，SO_2 约0.3%）送入锅炉进一步燃烧，经烟气脱硫达标排放，装置产生的液硫经回转带式冷凝造粒成工业产品外售，同时副产蒸汽。回收硫黄不仅经济效益可观还可以消除污染保护环境。

4.4.4.1 工艺原理

本装置由一个高温段及三个转化段构成，高温段包括 H_2S 燃烧炉和废热锅炉，转化段为三级克劳斯反应器串联组成。

在燃烧炉内，含 H_2S 的酸性气体用空气（或氧气）进行不完全燃烧，严格控制配风比，使 H_2S 反应后生成的 SO_2 量满足克劳斯尾气中 H_2S 与 SO_2 的分子比等于或接近于2，部分 H_2S（约1/3）和 O_2 反应生成 SO_2，另一部分 H_2S 和 O_2 反应生成硫蒸气和水；未燃烧的 H_2S 与生成的 SO_2 在没有催化剂的高温条件下进行掺和，少部分生成气态硫和水，随后经冷凝分离出液体硫黄，过程气经加热后入反应器，其中未反应的 H_2S 和 SO_2 在催化剂作用下进行低温克劳斯反应，生成单质硫和水，单质硫也经冷凝分离。液体硫黄进入液硫池经脱气后除去溶解在液硫中的 H_2S 后，经液硫泵送至硫黄造粒机造粒得到合格产品。

过程的反应如下：

高温燃烧炉内发生的反应：

$$H_2S+\frac{3}{2}O_2 \longrightarrow SO_2+H_2O+Q$$

$$H_2S+\frac{1}{2}O_2 \longrightarrow \frac{1}{2}S_2+H_2O-Q(>550\ ℃)$$

催化反应器内发生的反应：

$$2H_2S+SO_2 \longrightarrow 2H_2O+\frac{3}{n}S_n+Q$$

燃烧炉反应过程中放出大量的热，使燃烧炉温度高达1000～1400 ℃，反应温度和 H_2S 的纯度有关，H_2S 的纯度越高，反应温度越高；燃烧炉内反应速度很快，通常在1 s内即可完成全部反应，因此，燃烧炉内不需要催化剂。燃烧炉内的理论转化率可达60%～70%。

由反应平衡原理可知，催化反应器内降低温度对反应有利，150～200 ℃转化率最高，为防止硫黄冷凝在催化剂上，反应温度一般控制在210～350 ℃，且温度过低有利于 CS_2 和COS的水解反应发生；因此，一段克劳斯床层温度控制较高，二、三段反应器温度控制较低，主要是为了更有利于反应的进行，从而提高转化率。反应压力不可过高，可促使反应向右进行。

为达到较高的硫回收率，传统克劳斯工业装置一般设有2级、3级甚至4级转化器。由于受化学平衡的限制，采用2级转化时，硫的回收率可达93%～95%，3级转化时可达94%～96%，4级转化时可达95%～97%。超级克劳斯工艺是在传统克劳斯转化之后，添加一个选择性催化氧化反应段（超级克劳斯转化器）或最后一级转化段使用新型选择性氧化催化剂，处理传统克劳斯硫回收工艺的尾气，通过过量氧气将最后一级克劳斯段的

过程气中剩余的 H_2S 选择性氧化为元素硫，从而将硫黄回收率提高到99%以上。在没有尾气处理装置的情况下，使经克劳斯硫黄回收处理的酸性气体尾气能达标排放并且提高硫黄的回收率。

4.4.4.2 流程简述

本岗位克劳斯脱硫工艺流程如图4.4-6所示(具体见书末)。

图4.4-6 克劳斯脱硫工艺流程

(1)主气流程。来自低温甲醇洗工段的酸性气，经原料气分离罐分离出酸性气中的甲醇，经原料气加热器加热后进烧嘴与纯氧气混合后进行燃烧反应生成单质硫和 SO_2，燃烧室温度约达到1157 ℃，反应后气体与未反应的酸性气一起进入 H_2S 废热锅炉降温，同时硫蒸气被冷凝下来，并副产低压蒸汽。经1#加热器加热至230 ℃后进入一级Claus反应器中水解掉酸性气中的COS和 CS_2，同时 H_2S 和 SO_2 在一级Claus反应器中利用催化剂发生2∶1反应生成水和硫单质，反应后经反应冷却器降温，同时冷凝出液态硫并副产低压蒸汽，再经2#加热器加热进入二级Claus反应器中，反应后气体进入反应冷却器冷凝出液态硫并副产低压蒸汽，经3#加热器加热后进入三级Claus反应器中进行反应后，进入最终冷却器冷凝，冷凝下液态硫，尾气经克劳斯尾气过热器加热后送往锅炉炉膛燃烧。在整个硫回收的过程中，硫回收系统压力在微正压下运行。

(2)液硫部分。被冷凝下来的液硫经密封腿及密封腿缓冲罐来的液硫合并进入液硫池；液硫池中液硫经过液硫泵送至硫黄造粒机，制出合格小颗粒硫黄。

4.4.4.3 克劳斯硫回收催化剂

克劳斯转化器为一固定床反应器，内装有氧化铝催化剂。催化剂在硫回收工艺技术中起着关键性作用，最初使用天然铝矾土催化剂，硫回收率80%～85%，未转化的各种硫化物经焚烧后以 SO_2 的形式排入大气，严重污染环境。后来人们开始研发活性高和性能好的催化剂，开发成功了活性氧化铝催化剂，使硫回收率提高至94%。代表性催化剂如法国Rhone-Progil公司CR系列活性氧化铝催化剂，具有催化活性高、床层压降小、抗压强度高和硫回收率高等特点；美国铝业公司的S型系列催化剂，活性高，耐硫酸盐化性能好，适用范围广；日本触媒化成株式会社的CSR-2氧化铝催化剂，对有机硫水解活性高。国内代表性催化剂如中石油西南油气田公司研究院的CT6-2B和CT6-4B系列以及中国石化齐鲁分公司研究院的LS-981系列等。

活性氧化铝催化剂使 H_2S 和 SO_2 反应物分子以强氢键与 Al_2O_3 表面的—OH基团缔合，定向聚集于催化剂表面进行反应，催化剂活性中心由碱性中心提供。从催化反应动力学角度考虑，增强催化剂碱性有利于克劳斯反应和有机硫水解反应。通常采取在催化剂中加助剂 Na_2O 和CaO增强催化剂碱性。催化剂失活原因主要是硫酸盐化中毒、“漏氧”中毒、硫沉积和积炭等。微量 O_2 能破坏 Al_2O_3 表面的活性中心，O_2 同化学吸附的 SO_2 反应生成亚硫酸盐，然后与 Al_2O_3(包括含促进剂的氧化铝)反应生成稳定的硫酸铝，使催化剂活性急速下降。因此，“漏氧”使克劳斯硫回收催化剂硫酸盐化而失活，需加入抗硫酸盐化和助催化活性的 Fe_2O_3 或(和)TiO_2 等。

4.5 NH_3 合成

4.5.1 NH_3 压缩

根据反应压力要求，来自液氮洗工段的精制气进入压缩机，被提压至20 MPa进入合成系统。氨压缩工段的主要设备为合成气压缩机，用于精制合成气的压缩。

NH_3 压缩机的工作原理：往复式 NH_3 压缩机通过曲轴连杆机构将曲轴的旋转运动转化为活塞的往复运动。

NH_3 压缩机的工作过程分为膨胀、吸气、压缩和排气四个过程。

(1)膨胀。当活塞由一端死点向另一端移动时，缸体内空间增大，压力下降，余隙内残余气体不断膨胀。

(2)吸气。活塞继续移动，当气缸内压力小于进气管内气体压力时，进口管内气体便推开进气阀进入气缸，直到活塞移动至气缸另一端死点位置。

(3)压缩。当活塞反向移动时，气缸内气体容积变小，这样便开始了压缩气体过程，由于进气阀有止逆作用，因此缸内气体不能倒回到进气管，而出口管内气体压力高于气缸内压力，缸内气体也无法排出，此过程使气缸内气体压力不断升高。

(4)排气。随着气缸内气体压力不断升高，当缸内气体高于出口管内压力时，气体便顶开出气阀进入出气管内，直至活塞移至气缸死点。

氨压缩岗位工艺气路流程见图4.5-1。

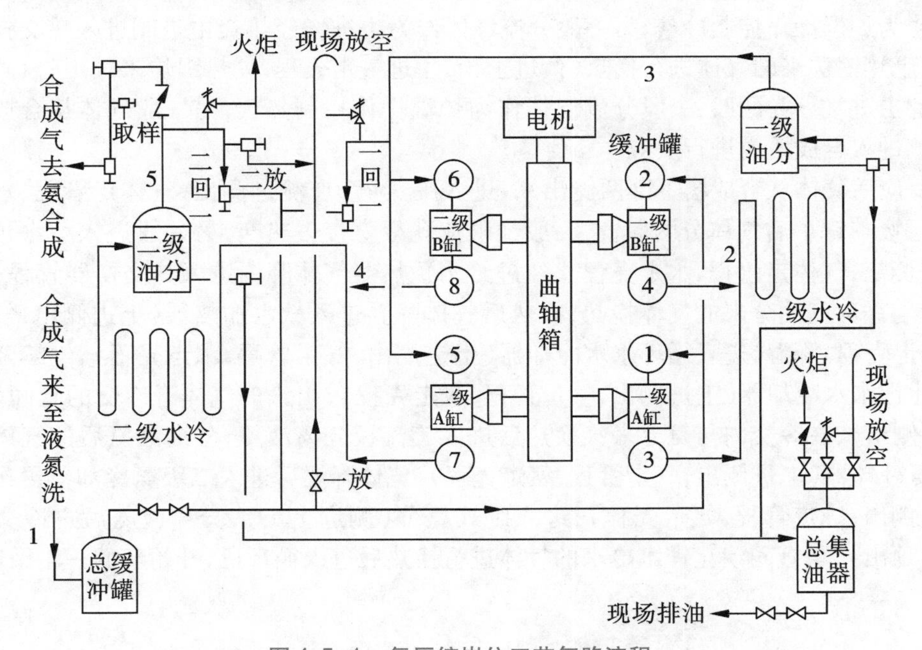

图4.5-1　氨压缩岗位工艺气路流程

其工艺流程:液氮洗来气(物料1)进入总缓冲罐后,通过双道阀进入两个一段入口缓冲罐,经两个一级气缸压缩后(物料2),经两个出口缓冲罐,经冷却器、分离器后(物料3)进入两个二段入口缓冲罐,经两个二级气缸压缩后(物料4),经两个出口缓冲罐,经过冷却器、分离器后(物料5),通过二出双道阀送至氨合成岗位。

4.5.2 氨合成

4.5.2.1 岗位任务

将液氮洗岗位送来精制的3∶1氢氮气在适当的温度、压力条件下,在催化剂作用,进行化学反应生成氨,经过冷凝、分离后得到产品液氨供尿素和其他岗位使用。如果尿素减量或停车时,多余的液氨送往常压氨罐岗位储存。

4.5.2.2 工艺原理

反应方程式为 $N_2+3H_2 \longrightarrow 2NH_3$

反应特点:①可逆反应;②放热反应,在生产氨的同时放出热量,反应热与温度、压力有关;③体积缩小的反应,在化学反应过程中,体积缩小;④需要有催化剂参与,反应才能较快的进行。

4.5.2.3 工艺流程

(1)氨合成塔外气体流程。如图4.5-2所示,经 NH_3 压缩机将液氮洗精制过的3∶1氢氮气,提压后送至氨合成补气油分(侧进上出),分离气体中携带的油污后与由循环机来的、经循环气油分(侧进上出)分离过油污的气体汇合,汇合后气体分为两路:一股分流气体作为炉温操作控制冷气,另一股分流气体作为主进气经热交主进阀进入热交换器壳程,与废热锅炉来的气体进行换热(侧进上出,主进气走壳程,废热锅炉来气走管程)。换热后的主进气分为两股:一股分流气体作为炉温操作控制热气,另一股气体从合成塔下部两侧进入合成塔内进行反应。

反应后气体从合成塔下部两侧出来,进入废热锅炉(侧进侧出,气体走管程、水走壳程),经废热锅炉后气体分两股气,一股经限流孔板直接去热交,另一股进入给水预热器(侧进侧出,气体走管程,水走壳程),经过给水预热器气体降温进入热交换器管程(上进下出)与循环气油分来的气体换热,换热后气体降温进入软水加热器(上进侧出,气走管程,水走壳程)降温,进入循环水水冷却器(上进侧出,气走管程,水走壳程),继续降温进入溴化锂水水冷却器(上进侧出,气走管程,水走壳程),出来的气体进冷交的管间(上侧进,上侧出),在冷交内与氨分来气换热后进入旋流板分离液氨,分离液氨后的气体进入一级氨冷却器(上进侧出,气走管程,氨走壳程),气体降温后进入二级氨冷却器再次降温(上进侧出,气走管程,氨走壳程),进入卧式氨分(侧进上出),分离液氨后进冷交管内(下进顶出),与管间溴化锂水冷来的气体进行换热后进入循环机,开始新的一轮循环。

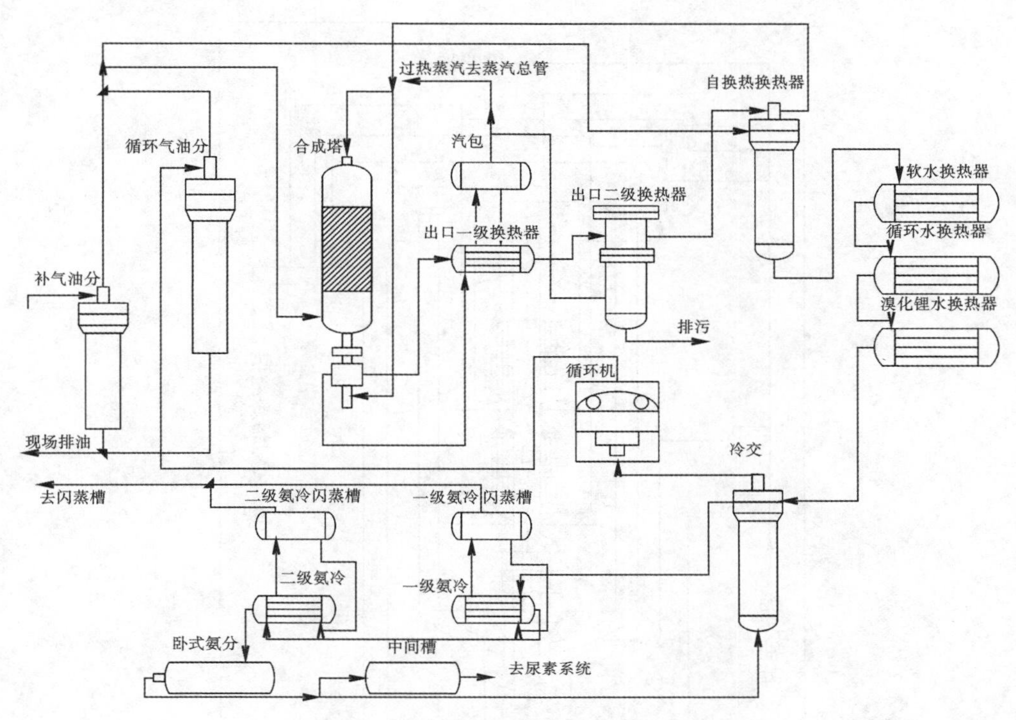

图 4.5-2 氨合成岗位塔外工艺流程

(2)合成塔内流程。如图 4.5-3 所示,第一股进塔气体为下换热器入口主气:它来自合成塔外的热交换器壳程加热后的循环气,通过置于合成塔下部的换热器(F1 组件中的换热器)管程,与合成塔第三径向层的反应后出口气(即进入下换热器的壳程气)进行换热后,温度升高,进入合成塔的"零米"。

第二股气体为中换热器入口气:它有两股气体来源,可以根据需要单独开任意一股付线气或两股付线气同时开启。其中一股为冷气付线,来自循环气油分离器出口的循环气,另一股为热气付线,来自合成塔外的热交换器壳程加热后的循环气。两股气体在合成塔外汇合后入塔,通过置于 F2 中的换热器管程(本气体通过两支置于换热器中的下降管进入),气体与合成塔第二径向层反应后的气体进行换热后,温度升高,在中心管与第一股气体汇合后,进入合成塔的"零米"。

第三股气体为上换热器入口气:它有两股气体来源,可以根据需要单独开任意一股付线气或两股付线气同时开启。其中一股为冷气付线来自合成塔壁环隙出口气,环隙付线气体来源于循环气油分离器出口的循环气,从合成塔下部环隙气入口进入合成塔内件与外筒之间的环隙,自下而上吸收合成塔内件热量后,由塔顶外筒环隙气出口管道出塔壁环隙;另一股为热气付线来自合成塔外的热交换器壳程加热后的循环气。两股气体在合成塔外汇合后经冷管阀入塔。通过置于 F3 中的第一径向层反应的出口换热器管程(本气体通过两支置于触媒层中的下降管进入),气体与合成塔第一径向层反应后的气体进行换热后,将温度升高至 370 ℃,由两根上升管引出进入合成塔的"零米"。

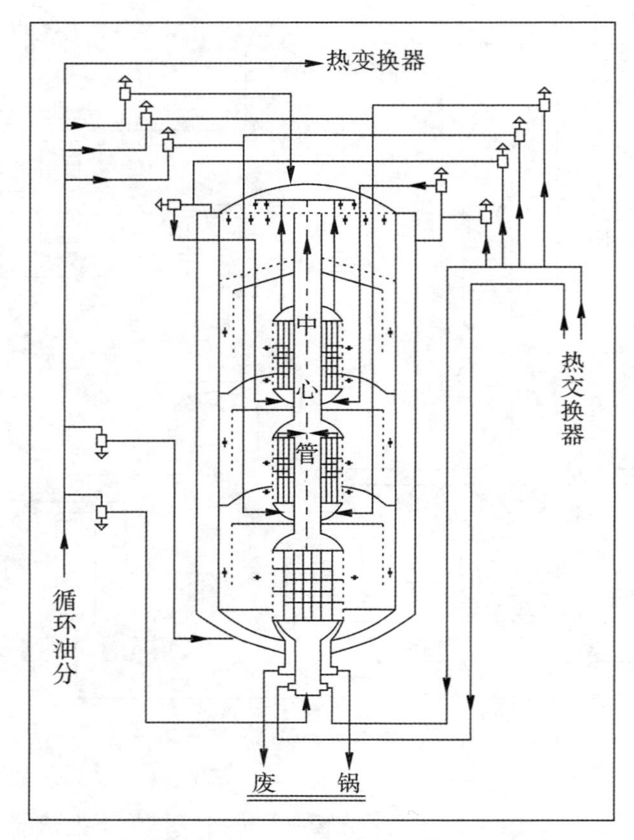

图 4.5-3　合成塔内流程

第四股气体为“零米冷激”气：它有两股气体来源，可以根据需要单独开任意一股付线气或两股付线气同时开启。其中一股为冷气付线来自循环气油分离器出口的循环气，另一股为热气付线来自合成塔外的热交换器壳程加热后的循环气。两股气体在合成塔外汇合后入塔，通过设置在触媒筐盖上的冷激气孔，喷入零米层，用它来降低轴向层入口温度，从而达到调节轴向层合成塔温度的作用。

通过中心管进入零米的气体均来自下部换热器和中部换热器，在这个中心管中，设置了一个开工加热电炉，只有上部换热器（F3 组合件中的部件）的气体是不经过中心管的，它是直接由上换热器管程出口，单独由上升管进入零米的。

经过了零米汇合后的气体，将分别经过第一床的轴向段、第一床径向段、上部换热器的壳程、第二床径向段、中部换热器壳程、第三床径向段、下部换热器壳程、再出合成塔，气体出塔后通过管道连接进入废锅。

4.5.2.4　合成塔结构及工艺参数

氨合成塔是利用催化剂在一定温度、压力下，将经过液氮洗与本系统未反应的 1∶3 氮氢混合气合成为氨。设备结构由高压外筒和内件两部分组成，外筒主要承受高压，但不承受高温，组成主要有大盖、小盖、筒体、五通；内件只承受高温而不承受高压，内件由上部、中部、下部三个热交换器，一个中心管，电加热炉，四根热电偶构成，组成一个包含上轴向绝热层→中径向绝热层→下径向绝热层的三段反应器，底部带有卸触媒管。氨合成塔-外壳尺寸：内径×厚度×高度 ϕ2200 mm×δ158 mm×22 000 mm，直径 2200 mm，净高 22 000 mm。

氨合成塔主要工艺参数如表 4.5-1。

表 4.5-1　氨合成塔主要工艺参数

序号	项目	指标
1	合成塔触媒层热点温度	470～500 ℃
2	氨合成系统压力	<18 MPa
3	合成塔塔壁温度	≤120 ℃
4	合成塔压差	≤1.0 MPa
5	循环气氢含量	75%～85%
6	塔进口氨含量	≤3.0%
7	入口 $CO+CO_2$ 含量	$\leqslant 2\times10^{-6}$

4.5.2.5　氨合成催化剂

N_2 和 H_2 催化合成氨的过程在工农业生产中占有重要地位，它是体积缩小的放热的反应。从热力学角度看，低温、高压有利于反应向氨合成方向转移。但动力学实验表明，低温下的反应速率极慢，在 200 ℃及 10.1 MPa 下氨平衡产率可达 81.54%，但实际上速度太小而得不到氨。为实现这个反应，需采用高活性、高稳定性催化剂。

要使 N_2 和 H_2 反应，必须将 N_2 和 H_2 进行解离活化。N_2 的解离能为 921.1 kJ/mol，H_2 的解离能为 435.5 kJ/mol。N_2 的活化是关键。动力学实验表明，合成氨反应中，N_2 的吸附活化是反应的控制步骤。在元素周期表中Ⅷ$_1$ 族左边金属虽能活化解离 N_2，但对 N_2 吸附太强而形成稳定的氮化物，Ⅷ$_1$ 右边的金属难于解离活化 N_2，只有Ⅷ$_1$ 族金属 Fe、Ru、Os，既能化学吸附 N_2，又不与 N_2 形成稳定的化合物。其中 Fe 最便宜，是当前认为最合适的催化剂。金属铁有 α、β、γ、δ 四种晶型，只有 α-Fe（体心立方结构）才有活性，它由磁性的 Fe_3O_4 经还原得到。

纯 Fe 催化剂寿命短，加入约 0.1% K_2O 的电子助剂和 3%～6% Al_2O_3 的结构助剂可以延长寿命，并提高活性。催化剂中的 Al_2O_3 可使 α-Fe 的比表面积增大 13.2 倍之多，因此可提高催化活性。同时还可分散隔离 α-Fe 微晶，防止其长大烧结，提高稳定性。合成氨反应是结构敏感性的反应，Al_2O_3 作为表面重构剂，可促进配位数为 7 的 Fe 原子簇的形成，以利于反应的进行，但 Al_2O_3 有酸性，会阻碍 NH_3 的脱附，降低本征活性。

K_2O 和 Al_2O_3 不同，它覆盖在 Fe 表面上，可以提高 K_2O 周围 Fe 的电子云密度，降低脱出功，提高 Fe 向 N_2 转移电子的能力。研究表明，K 的加入可以使 N_2 的解离吸附黏滞系数增加 2 个数量级，吸附热增加 62.8 kJ/mol，吸附活化能降低 10 kJ/mol，故有利于 N_2

解离活化，提高本征活性，起了电子助剂的作用。K 与 K_2O 的作用是一致的，但效果更显著。K_2O 的覆盖，减少了 Fe 原子在表面上的浓度，因此 K_2O 量不能大，且必须与 Al_2O_3 协同作用，既不至于使 Fe 在表面上的浓度降低过多，又可提高其活性。

研究结果表明，在已还原的工业催化剂上 Fe 只占相当少的表面，而 K、Al 等强烈地富集在表面上。例如催化剂中 K 含量仅为 0.5%，而表面组成 K 含量为 20% 或甚至更多。在合金及负载型金属催化剂中也有这种表面富集现象，给催化性能带来影响。

合成氨催化剂失活的主要原因之一是 K_2O 的流失。此外，含氧气体 CO、CO_2、H_2O 和含孤对电子的其他元素及化合物如 As、S、Cl 等都是毒物，必须从原料气中除掉。因此合成氨工业生产流程中有很多气体净化过程。

本工艺所用到的 Fe 催化剂结构性能和主要工艺参数如下，催化剂中总铁含量 65% ~70%，Fe^{2+}/Fe^{3+} 0.35 ~0.45，Co_3O_4 含量≥1.0%，粒度 Φ 2.5 ~6.7 mm，堆密度 2.7 ~3.0 kg/L；空速 5000 ~40 000 h^{-1}，操作温度 340 ~500 ℃，操作压力 8.0 ~31.4 MPa。

4.5.3 氨透平

4.5.3.1 岗位任务

为合成岗位、低温甲醇洗岗位提供所需冷量。同时将合成岗位、低温甲醇洗岗位各氨冷器来的气氨进行压缩冷凝供系统循环使用。

4.5.3.2 工艺原理

（1）离心式压缩机的工作原理。气体流经叶轮时，由于叶轮的旋转，使气体受到离心力的作用而产生压力。与此同时，气体获得速度；而气体流经叶轮、扩压器等扩张通道时气体流动速度减慢，动能转化为静压能，使气体压力进一步提高。

（2）汽轮机的工作原理。蒸汽进入汽轮机的喷嘴，其速度的大小和方向是一定的。进入叶片后，气流由于受到气动叶片的阻碍，使原来的速度、方向改变。这时气流必然给动叶片一个作用力，推动叶轮运动带着转子旋转，将蒸汽的动能转换成叶轮旋转的机械能。

（3）干气密封的工作原理。干气密封与普通机械密封的根本区别在于：干气密封的一个密封环端面上加工有均匀分布的浅槽。运转时气体切入槽内，形成流体动压效应，将密封面分开，实现非接触密封。

离心压缩机的运转

汽轮机的工作原理

干气密封工作原理

4.5.3.3 工艺流程

如图 4.5-4，由低温甲醇洗岗位氨冷器来的气氨（物料 1），经外管进入氨压缩机的一段进口闪蒸分离器，分离掉夹带的液氨后的气氨（物料2）进入氨压缩机一段进行压缩。由氨合成两级氨冷器来的气氨一级（物料3）和二级（物料4），经外管进入氨压缩机的二段进口闪蒸分离器，分离掉夹带的液氨后与氨压缩机一段出口的气氨汇合（物料5）后进入离心式压缩机二段进行压缩。二级压缩后的气氨（物料6）直接进入氨压缩机的三段压缩，三段压缩后的气氨（物料7）经段间冷却器降温后进入四段压缩进口闪蒸分离器出口。经过闪蒸分离器分离过后的气氨（物料8）进入四级压缩，压缩过后的气氨（物料9）经过后置冷却器降温冷却后进入蒸发冷再次进行降温，气氨降温后直接变成液氨，送入液氨中间槽。

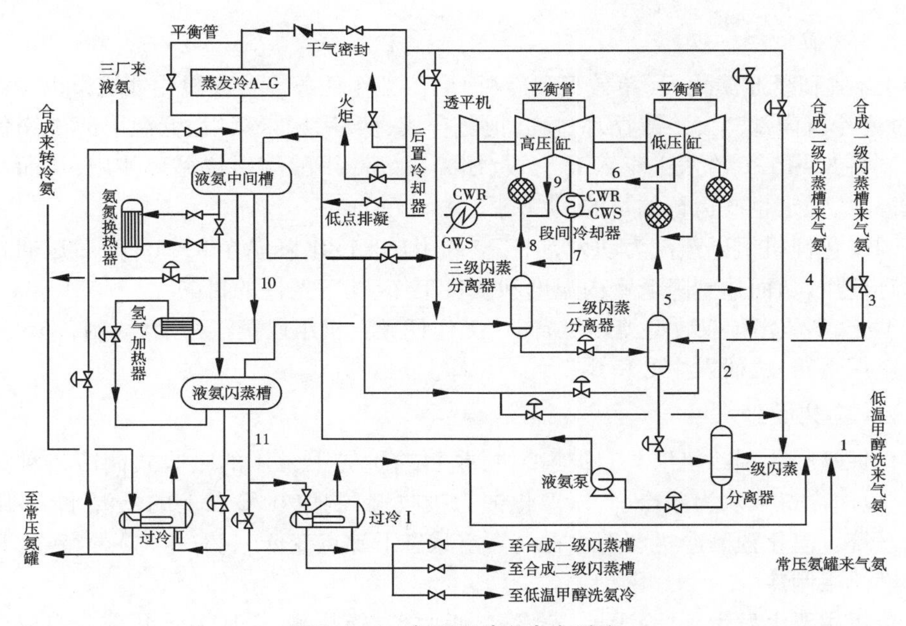

图4.5-4　氨透平岗位气氨流程

中间槽的液氨（物料10）送入液氨闪蒸槽内，闪蒸槽内的液氨（物料11）一大部分进入本岗位的第Ⅰ过冷器内的管内，在过冷器内进行降温，将液氨温度降低作为合成、低温甲醇洗岗位的冷却液氨用，一少部分进入过冷器内的管外作为冷却合成、低温甲醇洗岗位原料氨使用。在过冷器内蒸发出来的气氨进入一级闪蒸分离器的进口。另一少部分的液氨进入第Ⅱ过冷器内，作为冷却合成送常压氨库液氨用氨。在第Ⅱ过冷器内蒸发出来的气氨同样进入一级压缩进口闪蒸分离器的进口。

由于合成、低温甲醇洗岗位在开停车过程中，特别是合成岗位的升温还原过程时间特别长，气氨量过小同时又需要降低气氨压力，将气氨冷凝为液氨，此时的氨压缩机因为气量过小容易产生喘振，所以在氨压缩机内部流程中设置了防喘振管线。从后置冷却器后、蒸发冷前引气氨送到三个闪蒸分离器进口管道上，以增加各段进口的气氨量防止氨压缩机喘振。由于防喘振引用的气氨温度过高，会引起氨压缩机的温度高造成氨压缩机损坏，所以从液氨中间槽引液氨到防喘振气动阀后，利用氨极易挥发同时带走热量的物理特性，降低氨压缩机各级进口的气氨温度。

4.5.3.4 主要设备

氨透平岗位设置一台由凝汽式汽轮机带动离心式氨压缩机。其中汽轮机蒸汽消耗量为37.44 t/h;额定转速为8951 r/min;额定功率为8951 kW。压缩机一段进口压力0.08 MPa、气量24 441 m^3/h;四段出口压力1.71 MPa、温度130.7 ℃。机组采用梳齿密封+干气密封的方式对其进行密封,密封气耗量:一级密封工艺气183 m^3/h、二级密封氮气11 m^3/h、后置隔离气氮气22 m^3/h。

4.5.4 溴化锂

4.5.4.1 岗位任务

(1)合成和暖通溴化锂(单效型溴冷机)岗位工作任务。合成溴化锂机组以蒸汽为动力,通过溴冷机内部蒸发冷凝循环过程,把氨合成、糠醇、尿素蒸发、低温甲醇洗岗位送来的冷水制备8~15 ℃冷水送至NH_3合成、压缩、糠醇、甲醇洗岗位循环使用,从而达到降低介质温度、稳定生产运行的目的。

暖通溴化锂机组以蒸汽为动力,把各空调用户来冷水降温至8~15 ℃后送回各空调用户循环使用,从而达到降低室内温度和改良工作、住宿条件的目的。

(2)尿素溴化锂(双效型溴冷机)岗位工作任务。机组以蒸汽为动力,制备15~20 ℃冷水送至尿素蒸发、研发中心使用。

4.5.4.2 工艺原理

溴化锂吸收式制冷机组,简称溴冷机,是目前世界上常用的吸收式制冷机种。真空状态下,以溴冷机以水为制冷剂,以溴化锂为吸收剂,制取0 ℃以上的低温水,多用于中央空调系统。溴化锂制冷机利用水在高真空状态下沸点变低(只有4 ℃)的特点,利用水沸腾的潜热来制冷。

溴冷机主要由发生器、冷凝器、蒸发器、吸收器、换热器、循环泵等几部分组成。运行过程中,当溴化锂水溶液在发生器内受到热媒水的加热后,溶液中的水不断汽化;随着水的不断汽化,发生器内的溴化锂水溶液浓度不断升高,进入吸收器;水蒸气进入冷凝器,被冷凝器内的冷却水降温后凝结,成为高压低温的液态水;当冷凝器内的水通过节流阀进入蒸发器时,急速膨胀而汽化,并在汽化过程中大量吸收蒸发器内冷媒水的热量,从而达到降温制冷的目的;在此过程中,低温水蒸气进入吸收器,被吸收器内的溴化锂水溶液吸收,溶液浓度逐步降低,再由循环泵送回发生器,完成整个循环。

如此循环不息,连续制取冷量。由于溴化锂稀溶液在吸收器内已被冷却,温度较低,为了节省加热稀溶液的热量,提高整个装置的热效率,在系统中增加了一个换热器,让发生器流出的高温浓溶液与吸收器流出的低温稀溶液进行热交换,提高稀溶液进入发生器的温度。

吸收式制冷原理

溴化锂吸收式制冷系统工作原理

4.5.4.3　工艺流程

工艺流程如图 4.5-5 所示。溴化锂吸收式制冷机的内部流程如下：

(1)溶液循环。吸收器内的稀溶液由溶液泵往高压发生器，途经低温热交换器、凝水热回收器和高温热交换器，进入高压发生器的稀溶液被管内的饱和水蒸气加热，产生冷剂蒸汽，浓缩成中间溶液，中间溶液流经高温热交换器传热管间，加热流向高压发生器的稀溶液后进入低压发生器。中间溶液在低压发生器内被来自高压发生器的高温冷剂蒸汽再次加热，产生低温冷剂蒸汽浓缩成浓溶液后进入吸收器。

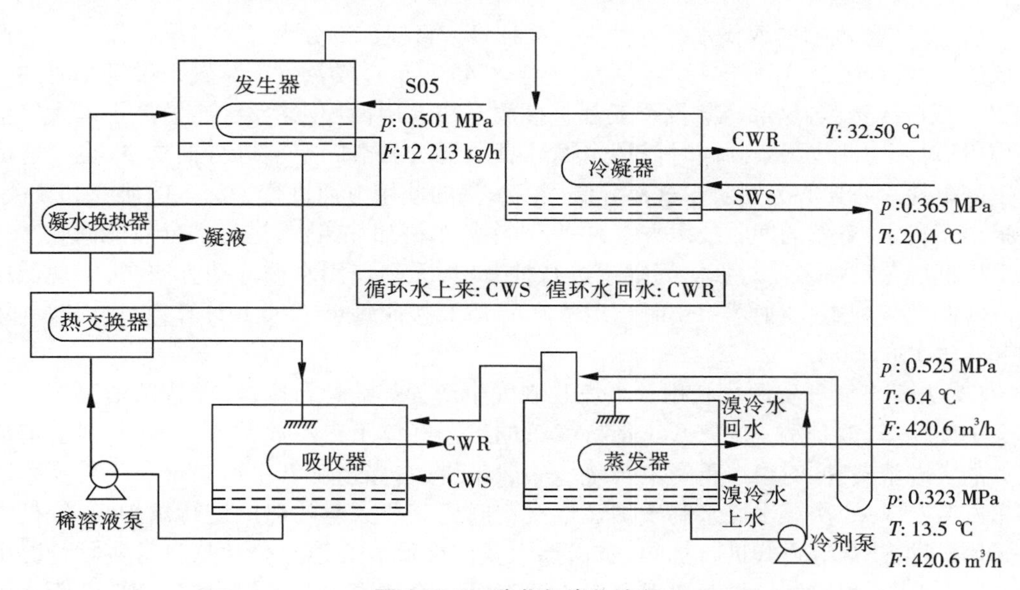

图 4.5-5　溴化锂岗位流程

(2)冷剂水循环。高压发生器产生的高温冷剂蒸汽在低压发生器传热管内冷凝成冷剂水，经节流后进入冷凝器，低压发生器产生的低温冷剂蒸汽进入冷凝器，被循环水冷凝成冷剂水，上述两股冷剂水经 U 形管进入蒸发器液囊，再经冷剂泵送往蒸发器上部的喷淋系统，均匀喷淋在传热管表面，吸收管内冷水的热量而蒸发产生的冷剂蒸汽进入吸收器被溶液吸收，冷剂蒸汽被吸收后释放出大量的热由循环水带走，浓溶液吸收水蒸气后成为稀溶液。

高压发生器(汽)→低压发生器→冷凝器→U形管→蒸发器液囊→冷剂泵→蒸发器(汽)→吸收器(稀溶液)。

低压发生器(汽)→冷凝器→U形管→蒸发器液囊→冷剂泵→蒸发器(汽)→吸收器(稀溶液)。

4.6 节能减排

4.6.1 水煤浆资源综合利用和节能新技术

4.6.1.1 概述

心连心公司深入研究现有水煤浆成熟工艺的技术特点,挖掘进一步节能减排的潜力,开发了利用低压蒸汽喷射器取代水循环真空泵的常用技术;同时充分利用现有二分厂年产18万t合成氨、30万t尿素和三分厂年产24万t合成氨、40万t尿素生产装置的特点,资源互补,在水煤浆烘炉开车时与二、三分厂工艺气体互通有无,既可以有效利用气体中的有效成分,又避免了常用技术中废气燃烧放空对环境造成的影响。

4.6.1.2 技术方案

(1)低压蒸汽喷射取代水循环抽真空泵技术。目前大部分水煤浆气化使用厂家会产生低压闪蒸汽(0.25 MPa饱和蒸汽),对于年产45万t合成氨生产装置来说每小时约产生20 t低压闪蒸汽,这部分蒸汽一般都直接放空或者用循环水冷凝,热量都排入大气浪费掉,且对环境造成污染。同时使用水循环真空泵对真空闪空槽进行抽真空,也会造成一定的电耗。心连心公司对于这部分低压闪蒸汽的使用方面进行了深入的研究和攻关,并提出了科学、有效的回收技术方案,一是到除氧水槽加热给水,进行部分热能回收。二是采用低压蒸汽喷射器对真空闪空罐进行抽真空,无须使用水循环抽真空泵,实现低压蒸汽冷凝回收利用,喷射器每小时利用蒸汽量15 t,按照每年7200 h计算,年可回收利用饱和蒸汽108 000 t。

(2)开停车废气资源化利用。水煤浆制气生产为连续运行生产,非特殊情况下一般不会中间停车,但是每一次停开车都有大量的工艺气体不得不放空或者火炬燃烧,造成巨大的资源浪费,同时也严重影响环境。一般来讲,水煤浆制气生产系统一年需要系统停车次数在3~5次。水煤浆制气炉建成投产时还需要大量的热能进行烘炉,一般技术都采用燃油、烧煤等方式进行加热,也需要大量的能源。心连心公司从自身实际情况出发,充分利用水煤浆制气炉距离现有三分厂24万t合成氨、40万t尿素生产装置距离较近的优势,研究开发了开停车时与三分厂工艺气体互通有无、废气资源化综合利用的新工艺。一方面将水煤浆制气炉每次系统开车产生的废气送往二、三分厂气柜,可在二、三分厂实现废气资源化综合利用;另一方面在水煤浆烘炉时采用二、三分厂现有工艺气体,将低压机四出的工艺气体引入到水煤浆炉中,并且这部分工艺气体给水煤浆炉烘炉后还可以最终返回二、三分厂再使用,大大节约了烘炉需要的能耗。

4.6.1.3 节能减排效果

低压蒸汽喷射取代水循环抽真空泵技术的使用,每小时可以回收低压蒸汽15 t,按照每年7200 h计算，即可以回收低压蒸汽108 000 t，按照折标煤系数0.128 6 tce/t，折合标煤13 889 t。

开停车废气资源化利用技术的使用，一方面可减少送火炬燃烧的原料煤2000 t（按照每年停开4次车，每次需要50%负荷运行5 h计算），折标煤1840 t（按照现有普通用煤量标准，折标煤系数0.92）；另一方面利用20 000 m^3 二、三分厂工艺气体进行水煤浆炉的烘炉，可相当于节约10 t标煤。

4.6.2 分级研磨高浓度制浆技术

4.6.2.1 技术方案

目前传统的气化水煤浆的浓度偏低（60%左右），水煤浆气化煤耗和氧耗高，原料利用率低，NO_x 排放高。而且水煤浆的粒度分布不合理，浆体的流变性与雾化性能差，致使煤炭转化率低。传统磨煤机生产的水煤浆粒度偏粗，致使煤浆管道、泵、阀门、气化炉喷嘴等磨损严重，使用寿命短、开工后运行时间短，维修频繁，增加了运营成本。心连心公司采用国家水煤浆工程技术研究中心开发的“分级研磨高浓度制浆技术”，提高水煤浆浓度。本技术将“选择性分级研磨”和“优化级配”的理念融入制浆工艺开发中，通过提高煤浆的堆积效率和高效水煤浆添加剂，使水煤浆制浆浓度提高3% ~5%。而且其粒度级配合理，粒径降低，可以切实提高气化效率。提高煤浆流动性，降低输送设备与喷嘴的磨损，明显提高磨矿效率，可使同等规格磨机的产量由40 t/h提高至70 t/h以上。

4.6.2.2 节能减排效果

通过提高煤浆的堆积效率和高效水煤浆添加剂，使水煤浆制浆浓度提高3% ~5%，合成气有效成分升高2%，从而使气化氧耗降低3%，每年节约氧气18 520 t；煤耗降低2%，每年节约标准煤12 531 t（按照所用原煤发热值为25.47 MJ，每年工作300天计算）；减少排渣2600 t，减少二氧化碳排放24 500 t；同时此处采用变换、低温甲醇洗和硫回收系统的废水作为磨煤用水，每年节约一次水9.17万t，减少污水排放5.59万t。

4.6.3 热泵制冷技术

4.6.3.1 概述

在化肥生产过程中，将产生大量的低位能余热，根据生产工艺的要求，需消耗很多循环冷却水将这部分低位能余热移走来维持正常的生产。另一方面，在夏季化肥生产中，如果合成冷水也用凉水塔冷却，夏季水温40 ℃左右，对生产很不利，且采用凉水塔会造成较大的水蒸发损失，蒸发损耗率2%左右。因此，需要许多冷量对工艺介质冷却，并且对夏季生产来说，冷量更加可贵。本方案选择溴化锂吸收式制冷技术，利用合成氨、尿素系统产生的低压蒸汽制取低温冷水，用于合成压缩需降温的工艺介质的冷却，降低冰机制冷的负荷，一方面缓解冷量供应紧张的局面，另一方面可达到充分利用资源、节能降耗、提高经济效益的目的。

4.6.3.2 技术特点

溴化锂吸收式制冷机是以溴化锂-水溶液作为介质，其中水为制冷剂，溴化锂溶液为吸收剂。在低压下，例如当压力降低到 870 Pa（绝对压力）时，水的蒸发温度可降低为 5 ℃，就可以利用水的蒸发来制取低温冷水了。溴化锂吸收式制冷机就是利用水在低压真空环境下的蒸发进行制冷的。利用吸收剂溴化锂溶液极易吸收制冷剂的特性，通过溴化锂溶液的质量分数变化（发生与吸收过程）使制冷剂在一封闭的系统中不断地循环，从而可连续不断地制取冷水，这就是其基本原理。

溴化锂吸收式制冷机组可分为单效式和双效式。按加热能源可分为热水加热式（70 ~ 150 ℃热水）、蒸汽加热式（0.012 ~ 0.8 MPa 蒸汽）和直燃式。

溴化锂吸收式制冷的特点如下：

（1）利用热能为动力，不但能源利用范围广，而且具有两个重要特点：一是能利用低势热能，使溴化锂吸收式技术可以大量节约能耗；二是以热能为动力，溴化锂吸收式制冷机比利用电能为动力的压缩机制冷机可以明显节约电能。

（2）整个机组除功率较小的屏蔽泵外，无其他运动部件，噪声很小，噪声值仅 75 ~ 80 dB。

（3）以溴化锂水溶液为介质，无臭、无毒，有利于满足环保要求。

（4）制冷机在真空状态下运行，无高压爆炸危险，安全可靠。特别是用于化工生产区内，不会对周围产生安全问题。

（5）制冷量调节范围广，可在 20% ~100% 的负荷内进行冷量的无级调节，并且随着负荷的变化调节溶液循环量，有着优良的调节特性。

（6）对安装的基础要求较低、无特殊的基座，可安装在室内，也可安装在室外，搬迁时也很方便。

机组内部流程见图 4.6-1 所示。

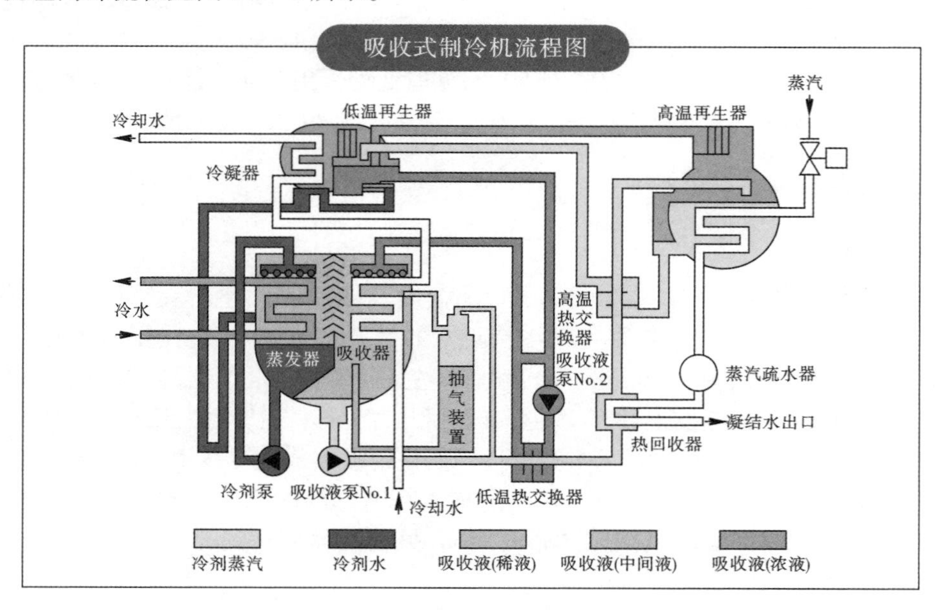

图 4.6-1　蒸汽型溴冷机组内部流程

吸收器内的稀溶液由溶液泵送往高温再生器，途中流经低温热交换器、凝水热交换器、高温热交换器提温。进入高温再生器的稀溶液被管内蒸汽的热量加热，产生高温冷剂蒸汽后浓缩成中间溶液。中间溶液流经高温热交换器传热管间，与管内流向高温再生器的稀溶液换热，温度降低后进入低温再生器，被高温再生器产生的高温冷剂蒸汽继续加热浓缩成浓溶液，浓溶液经溶液泵加压后进入低温热交换器传热管间，加热管内的稀溶液后进入吸收器内重新循环。低温再生器产生的低温冷剂蒸汽经节流后进入冷凝器，被冷却水冷凝成的冷剂水经U形管进入蒸发器液囊再经冷剂泵送往蒸发器上部的喷淋系统，均匀喷淋在传热管表面，吸收管内冷水的热量而蒸发。产生的冷剂蒸汽进入吸收器，被浓溶液吸收。冷剂蒸汽被吸收后放出的大量热量由冷却水带走。浓溶液吸收水蒸气后成为稀溶液，再由溶液泵送往高温再生器、低温再生器，这个过程不断循环，蒸发器就连续不断地制取冷水。

4.6.3.3 节能减排

本设计中溴化锂吸收制冷均为蒸汽型热泵制冷，其中合成工段新增3台，尿素车间新增2台，暖通设施新增一台，均为双效型。蒸汽主要来源于尿素废热膨胀槽，每小时产生废热蒸汽约20 t，每台溴化锂机组回收利用蒸汽2.8 t，按照每年7200 h计算，每年可回收利用的热量折蒸汽为12万t。

4.6.4 湿式氨法脱硫技术

4.6.4.1 烟气脱硫目标

确保热电锅炉烟气中SO_2含量符合国家环保排放标准的要求（$\leqslant 200\ mg/m^3$），达标排放；并按照控制排放总量的要求，在确保达标的同时进一步削减SO_2的排放量。提纯溶液系统中的硫铵，“废渣”回收为合格的硫酸铵产品，水全部循环，消除“三废”等二次污染的产生。

4.6.4.2 技术特点

国家在控制燃煤锅炉二氧化硫排放的政策趋于严格，随着二氧化硫排污收费力度的增大和排放权交易制度的试行，锅炉必须实施烟气脱硫。本设计锅炉烟气脱硫采用湿式氨法脱硫技术，充分利用公司现有的自产合成氨产品的资源优势，产生的硫酸铵可以作为生产复合肥料的原料。同时采用公司自主知识产权的“烟气脱硫制取硫酸铵的氧化装置”（ZL201020549434.4）和“多级自吸空气式喷射装置”（ZL201020501667.7），大大提升了亚硫酸铵转化为硫酸铵的效率，硫元素回收利用的效率在99.5%以上，烟气温度也由130 ℃以上下降到60 ℃左右排放，热能被完全利用，同时新技术的研发应用也大大降低了产品能耗，减少了SO_2的排放量。

SO_2吸收反应原理如下：

$$SO_2+NH_3+H_2O = NH_4HSO_3$$

$$SO_2+2NH_3+H_2O = (NH_4)_2SO_3$$

$$SO_2+(NH_4)_2SO_3+H_2O = 2NH_4HSO_3$$

$$NH_3+NH_4HSO_3 = (NH_4)_2SO_3$$

氧化反应：

$$2(NH_4)_2SO_3+O_2 \longrightarrow 2(NH_4)_2SO_4$$

采用自行研发多级自吸空气式喷射技术进行烟气脱硫。该技术根据喷射压力的不同，可以在喷射器中设置两个甚至多个不同的空气吸入口，这样做不改变原有动力系统的情况下，大大增加了空气的吸入量，减少了喷射器的需要数量。同时将所有喷射器吸入空气口连通在一个上端敞开的收集槽中，收集槽底部设置U形弯连通氧化装置的排空气口，这样遇到设备运行不稳定时，喷射溶液从吸入空气口倒喷出来，进入搜集槽再倒回到氧化装置排空气口，回流到氧化装置中，既不会污染环境，也不会造成原材料的浪费。

传统地将空气与亚硫酸铵混合的方法是采用鼓风机对空气加压送至亚硫酸铵溶液罐中，由于鼓风输送气泡较大，不利于空气中的氧气与亚硫酸铵充分接触，而且接触时间往往比较短，造成整体氧化制取硫酸铵的效率较低，且采用鼓风机也会增加电耗。

自行研发多腔体氧化罐的循环氧化技术，该技术将氧化罐设置为两个甚至多个相连的腔体，如果是两个腔体，与第一个腔体相连的喷射器为循环喷射器，与第二个腔体相连的喷射器为氧化喷射器，亚硫酸铵溶液由循环喷射器吸入空气进入第一腔体，再经氧化喷射器吸入空气进入第二腔体，所以氧化时间大大延长，氧化效果更好，空气利用效率更高。

4.6.4.3 工艺流程

（1）气体流程。电除尘来烟气→复合脱硫硫塔→烟囱。锅炉130 ℃左右的烟气首先进入复合脱硫塔下部的增湿段，与由母液泵送入经螺旋雾化喷嘴雾化的硫酸铵溶液逆向接触，烟气热焓值降低，将硫酸铵溶液中水分蒸发，硫酸铵溶液得到浓缩，烟气温度由130 ℃降至80 ℃左右；在增湿段顶滞留段气液分离后，进入复合脱硫塔上部的脱硫段与由氨水泵送来的氨水进行脱硫，净化后烟气经塔顶滞留段气液分离后（约60 ℃），进入烟囱排放。

（2）液体流程。5%的稀氨水为脱硫剂，由氨水泵送入脱硫段的螺旋雾化喷嘴，将烟气中大部分SO_2脱除掉，剩余氨水进入脱硫段底部，与少量NH_4HSO_3反应，生成$(NH_4)_2SO_3$；当母液循环总液量减少时，经亚铵泵送入过滤机，过滤掉亚铵液中的煤灰进入滤液罐，再由滤液泵送入氧化罐，与喷射器运行形成负压自吸的空气接触后，把亚铵液氧化为硫铵液，然后，经氧化泵循环氧化，硫铵液由氧化罐溢流至母液罐，通过母液泵加压后，进入增湿段顶部螺旋雾化喷嘴，硫酸铵溶液经烟汽提浓缩后，形成过饱和晶液，由增湿段底部进入浆液罐，经浆液泵送入缓冲罐，再由缓冲罐上部溢流至母液罐，缓冲器与母液罐底部积料由缓冲泵打入稠厚器，稠厚器底部积料进入离心机，由离心机脱水后包装入库。稠厚器上部母液与离心机母液回流至母液罐，由母液泵送入增湿段循环提浓。

（3）一次水流程。一次水进入烟气脱硫界区后，分三部分，一部分补入脱硫段，补充液位；一部分进入稠厚器夹套冷却母液，最后一部分接入各运转泵进口，冲洗泵体及管道。

（4）工艺指标。脱硫塔出口烟气中SO_2浓度≤200 mg/m^3；脱硫塔出口烟气氨含量≤10×10^{-6}；脱硫塔出口溶液pH值6.6～7.0；硫铵成品含水量≤10%；烟气进口温度≤130 ℃；烟气出口温度≤60 ℃。

4.6.4.4　减排效果

本设计湿式氨法脱硫主要处理三台 165 t/h 循环流化床锅炉（两用一备）产生的烟气。烟气产量为 480 000 m^3/h，SO_2 和 NO_2 产生浓度分别为 1273 mg/m^3 和 370 mg/m^3，二氧化硫综合去除率为 90%，则经过处理后锅炉烟气 SO_2 排放浓度为 127 mg/m^3。通过治理，减少 SO_2 排放 3960 t/年；可回收硫酸铵产品约 8000 t/年。

4.6.5　高效低压脉冲袋式除尘

4.6.5.1　技术特点

高效低压脉冲袋式除尘器主要由本体系统、过滤系统、清灰系统、仪表控制系统和保护系统所组成（图 4.6-2），又分为灰斗、上箱体、中箱体、下箱体等几个部分，上、中、下箱体为分室结构。工作时，含尘气体由进风道进入灰斗，粗尘粒直接落入灰斗底部，细尘粒随气流转折向上进入中、下箱体，粉尘积附在滤袋外表面，过滤后的气体进入上箱体至净气集合管-排风道，经排风机排至大气。

图 4.6-2　袋式除尘器构造图

清灰过程是先切断该室的净气出口风道，使该室的布袋处于无气流通过的状态（分室停风清灰）。然后开启脉冲阀用压缩空气进行脉冲喷吹清灰，切断阀关闭时间足以保证在喷吹后从滤袋上剥离的粉尘沉降至灰斗，避免了粉尘在脱离滤袋表面后又随气流附集到相邻滤袋表面的现象，使滤袋清灰彻底，并由可编程序控制仪对排气阀、脉冲阀及卸灰阀等进行全自动控制。

4.6.5.2　节能减排效果

低压脉冲袋式除尘器能处理较大风量的粉尘从而减少过滤面积，使设备小型化，节省投资。除尘器阻力控制在 1200 ~ 1500 Pa，保证从滤布上迅速、均匀地清掉沉积的粉尘，并且不损伤滤袋和消耗较少的动力。

低压脉冲袋式除尘器具有较高的除尘效率，除尘效率高达 99.98% 以上，出口含尘浓度完全能满足国家规定的排放标准，甚至达到 10 mg/m^3 以下，每年可减少粉尘排放约 8 万 t以上。除尘的细灰壳资源化再利用，卖给水泥厂等作为原料使用，既有利于环保，又创造了经济效益。

4.6.6 工艺废气资源化及热能回收技术

4.6.6.1 技术特点

在生产中存在一部分含有效成分的气体不易被回收利用，或者被回收利用后，仍然有大量工艺废气无法处理，只有通过燃烧后直接排入大气，既对环境造成了污染，又对能源造成了极大的浪费。

本工艺对变换工段汽提废气、液氮洗解析废气和硫回收废气进行有效回收利用：液氮洗解析废气进入已有的年产 24 万 t 合成氨装置的低压机一入进行循环利用，变换工段汽提废气和硫回收废气均送往锅炉焚烧，从而将废气中的热能重新回收利用，在锅炉内燃烧产生高温烟气，与进入锅炉的脱盐水进行热传递，产生的饱和蒸汽经蒸汽过热器过热后，产出合格的蒸汽外供，从而将这部分废气变废为宝，回收利用。

4.6.6.2 工艺流程

工艺废气燃烧流程如图 4.6-3 所示。

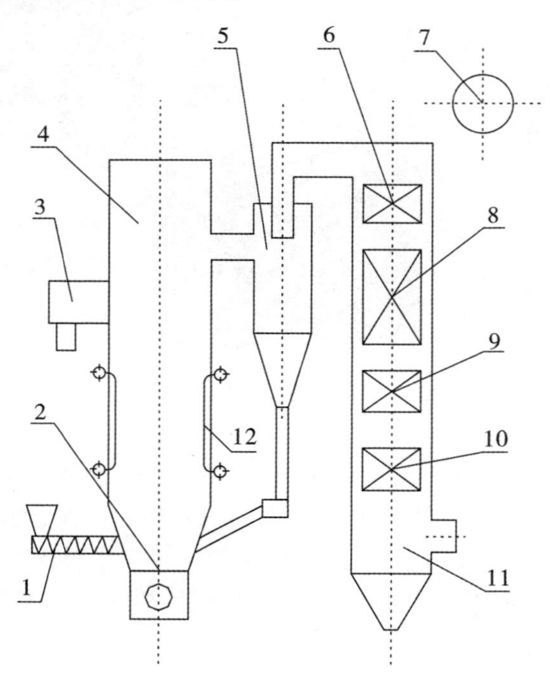

1—给煤装置；2—流化床燃烧设备；3—废气预混器；4—炉膛；5—旋风分离器；6—过热器；7—锅筒；8—对流管束；9—省煤器；10—空气预热器；11—烟道竖井；12—水冷调温装置。

图 4.6-3 工艺废气燃烧流程

(1) 气体成分。变换工段汽提废气（800 m^3/h）中含 CO 4.75%，H_2 8.73%，H_2S 1.17%，NH_3 11.94%，液氮洗解析废气（9000 m^3/h）中含 CO 48.14%，H_2 4.07%，CH_4 0.43%，硫回收废气（1700 m^3/h）中含 CO 2.9%，H_2 1%，H_2S 0.6%，，H_2O 33.6%。以上

气体中含有多种热值较高的可燃气体,热能综合回收利用的价值非常高,以上混合气体通过管道送至锅炉,集中进行焚烧。

(2)工艺流程简述。锅炉采用床上或床下点火方式点火启动,燃煤混合破碎后通过给煤装置送入炉膛,在流化床燃烧设备上沸腾燃烧,燃烧稳定后可燃废气通过预混器从炉膛中上部喷入,经燃煤火焰点燃后燃烧。燃料燃烧后产生的高温烟气通过炉膛上部出口切向进入位于锅炉中部的高温旋风分离器,烟气中未燃尽的可燃物颗粒分离下来后返回炉膛继续燃烧,烟气从高温旋风分离器顶部出去后转180°弯进入烟道竖井,依次冲刷过热器对流管束、省煤器和空气预热器,放热降温后由锅炉出烟口排出锅炉。

锅炉给水从省煤器进口进入锅炉,加热到一定温度后进入锅筒,然后锅炉给水通过导气管、下降管在锅筒和对流管束、炉膛内水冷调温装置之间自然循环,受热蒸发,产生饱和蒸汽。饱和蒸汽从锅筒导出进入过热器,经多级加热后产生合格蒸汽离开锅炉,满足生产或生活需要。

冷空气从空气预热器进口进入锅炉,经空气预热器加热到一定温度后,一部分经由流化床燃烧设备下部风箱进入炉膛为造气炉渣、煤等燃烧提供氧气,另一部分在吹风气预混器3中和吹风气混合后进入炉膛,为吹风气的燃烧提供氧气。

燃烧后产生的炉渣通过流化床燃烧设备下部的落渣管排出,烟气中未燃尽的可燃物颗粒通过高温旋风分离器分离下来后经过其下部的返料器返回炉膛继续燃烧,烟道竖井下部也可以排出部分细灰。

(3)工艺指标。主蒸汽温度525~540 ℃;主蒸汽压力9.32~10.1 MPa;燃烧炉炉温800~950 ℃;蒸汽流量≤165 t/h;烟气中O_2体积分数2%~5%。

4.6.6.3 节能减排效果

通过对气体成分、燃烧时间以及输送系统装置的精心设计和严格控制操作,来保证锅炉的安全性和热能充分回收利用。经测算,所述工艺废气到锅炉燃烧,热值的再利用折合蒸汽1.34 t/h,每年回收蒸汽9648 t,减少有害废气排放8.28×10^7 m^3。

思考题

(1)合成氨工艺原料可以是气相、液相、固相,你实习企业的合成氨工艺采用的是哪种原料?工艺方法路线和名称是什么?

(2)原料气制备主要包括哪几部分?

(3)分析典型设备水煤浆气化炉的结构特点,系统里热量如何调节。

(4)水煤浆气化反应是体积增大的反应,理论上提高压力对化学平衡不利,为什么工业上普遍采用加压操作?

(5)原料气制备原料中有氧气,产物有氢气、CO气体等,工艺条件上如何调控以保证安全生产?

(6)简述原料气制备过程黑水处理系统的工艺流程,黑水来自哪里?低压闪蒸器和真空闪蒸器中的气相和液相分别进行什么操作,下一步进入哪里?黑灰水的特点和处理技术是什么?

(7)变换反应方程式和反应特点是什么？变化催化剂类型有哪些？

(8)你实习工厂采用哪种变换工艺？简述变换工艺流程。

(9)你实习工厂变换工艺等温变换炉，了解等温变换炉结构、特点和优点、塔内流程和塔外流程(水汽流程)。

(10)简析低温甲醇洗工艺原理并了解工艺流程、洗涤塔结构特点。

(11)了解液氮洗工艺原理和工艺流程。

(12)了解克劳斯脱硫反应原理、工艺流程、主要设备和催化剂。

(13)分析氨合成工艺流程，塔内流程中四股气体的流向。

(14)分析氨合成催化剂的特点和组分。

(15)了解溴化锂岗位任务和工作原理。

(16)了解你实习工厂合成氨工艺在清洁生产、节能减排方面做了哪些技术改进？

第5章 CO_2 汽提法尿素生产工艺

5.1 概述

5.1.1 尿素生产现状

尿素分子式为$(NH_2)_2CO$，是由液氨和二氧化碳在尿素合成塔生成氨基甲酸铵（甲铵），其中部分生成尿素，其反应式为：

$$2NH_3+CO_2 \xlongequal{} NH_2COONH_4 \tag{5.1-1}$$

$$NH_2COONH_4 \xlongequal{} NH_2CONH_2+H_2O \tag{5.1-2}$$

其中，液氨一般由合成氨岗位制备得到，二氧化碳则由甲醇生产过程中甲醇洗岗位提供。二氧化碳经压缩机加压后，与液氨反应即可制备得到尿素。

根据中国氮肥工业协会统计，2020年全国尿素产能约6913万t/年，尿素实物产量5623万t，开工率为81%左右，已经成为全球第一大尿素生产国和消费国。根据农业部关于印发《到2020年化肥使用量年增长行动方案》，2015—2019年化肥使用量年增长率将逐步控制在1%以内；力争到2020年，主要农作物化肥使用量实现零增长。总体来说，要求逐步减少氮肥使用量。

目前，国内尿素行业产能过剩矛盾突出，各企业工艺技术也参差不齐，主要有二氧化碳汽提法、氨汽提法、ACES法（advanced process for cost and energy saving，先进的节资节能工艺）和水溶液全循环法及其他工艺等。

5.1.1.1 二氧化碳汽提法

这种方法是利用二氧化碳进行汽提，在1967年投入工业化运行，由于这种方法流程并不复杂，设备相对较少，因此在20世纪70年代得到了快速的发展。主要有Stamicarbon公司的CO_2汽提法工艺；中国五环工程有限公司的改进型CO_2汽提法工艺等。国内采用CO_2汽提法工艺的企业最多，从20世纪70年代技术引进到现在，国内用户对该技术情有独钟，近年来新建的一批50万～80万t/年规模的尿素装置也采用该工艺，其产能约占全部总产能60%。到了90年代初期，Stamicarbon公司对原有二氧化碳汽提法流程进行了全面改进，包括工艺流程、设备的整体布置和设备的结构等方面，使得新一代改进型设备更加完善，操作更加简洁方便，同时提高了经济效益和环保性。

5.1.1.2 氨汽提法工艺

氨汽提法是目前尿素生产中最具竞争力的提取工艺之一，由意大利的Saipem公司在1967年获得专利,1970年建成世界上第一套工业化生产装置。该生产工艺经历几十年的发展,仍然保持了一定的生命力,世界上新增的尿素产能仍有相当大一部分采用Saipem公司的技术专利。我国自20世纪80年代开始陆续引进氨汽提法生产装置,主要以大中型生产装置为主,目前在我国的尿素生产工艺流程中,氨汽提法装置也占据了相当高地位,是支撑我国尿素产业的主要工艺之一。

5.1.1.3 ACES法

ACES尿素工艺能够进一步节约能源和降低投资,通过将二氧化碳汽提法与全循环工艺的高转化率相结合的一致方法,在合成塔内氨与二氧化碳的摩尔比为4.0,使设备的腐蚀降低到可以忽略的程度,在190 ℃和17.1 MPa的情况下,使转化率达到了三分之二,较大幅度地减少了用于分解和分离未反应所需的蒸气用量。这是目前资源消耗最低的一种尿素生产技术,在高中压设备中全部采用新开发的不锈钢,能够将腐蚀的问题彻底解决。这套生产技术的不足在于设备有相应增加,使控制变得复杂,增加了一次投资的成本,在维修时也显得有些不便。

陕西渭河煤化工集团有限责任公司的ACES尿素装置于1996年投产,经过不断消化吸收和优化改进,运行状况总体良好,无明显的生产瓶颈,并具有自身故障率低、操作弹性大、氨耗和蒸气消耗相对较低等特点。以2010年上半年为例:吨尿素蒸气(3.92 MPa,390 ℃)消耗1.16 t、氨耗570.3 kg、装置电耗50.8 kW(包括包装工段),氨碳比3.8~3.9,CO_2单程转化率达到65%。

与装置配套的多级高压离心氨泵(GA101)和甲铵泵(GA102)是首次在尿素装置中使用,优点尤为突出,具有结构紧凑简单、转动部件少、易损件少、操作弹性大、操作压力和流量稳定、运行周期长等特点。截止到目前,最长大修间隔已达7年,各项运行指标仍较好。但系统尚存在以下问题有待解决:主蒸气消耗量偏离设计值相对较大,压缩机防喘振控制系统比较落后,二段蒸发分离器内缩二脲附着堆积严重等。

5.1.1.4 水溶液全循环法及其他工艺

水溶液全循环法更加适合于老厂改造,而且二氧化碳的转化率得到了提高,使投资成本进一步降低。这种方法的特点是设计了等温尿素合成塔,能够将转化率提高到接近80%,而且从热平衡的角度进行考虑,将40%的二氧化碳直接投入中压吸收部位,然后与尿素溶液利用换热设备进行换热,能够使尿素溶液的浓缩率升高到接近90%,从而降低了蒸气和冷却水的用量,同时也减少了二氧化碳的消耗。这套工艺将造粒塔的结构进行了改造,使空气从塔底进入后从塔顶抽出,将造粒的喷头直接安装在了空气抽出口与塔壁中间,使造粒塔的效率大为提高。

主要是规模在30万t/年以下的尿素装置,是21世纪初或以前建设的,初步估计这部分的产能约2000万t/年左右,约占全部产能的25%。这部分产能技术落后、能耗高、污染物排放高,属于将淘汰的落后产能。

5.1.2 二氧化碳汽提法生产尿素

5.1.2.1 工作原理

在尿素生产中,汽提法是一种典型的分解甲铵的方法。该方法是在加热时,用NH_3

和 CO_2 中任何一种气体通过含有甲铵的溶液，从而降低与溶液平衡气相中的 NH_3 或 CO_2 的分压（或浓度），促使甲铵分解。汽提气如果是氨，称氨汽提法；用 CO_2 作为汽提气，则称 CO_2 汽提法。在我国成功研制的联尿法工艺中，采用合成氨装置中的变换气作为汽提介质，这是惰性气汽提的一个例证。

合成塔中的合成液通过塔底入塔，在经过液体分布器与各管成液膜状流情况下，出塔去低压分解塔中，在借助于压缩机得到的二氧化碳进入到反应塔中之后，就会通过喇叭形的分布器进行入汽提管之中，并且会与合成液的液膜进行逆流接触。在经过一定程度的汽提分解之后，二氧化碳会从塔顶出塔，并且会直接进入到高压甲铵冷凝器中，从而引起氨分压的降低，并进一步促使甲铵的分解。高压蒸气饱和器能够直接对汽提管进行加热，从而提供甲铵分解过程中所需要的热量需求。

5.1.2.2　汽提过程

二氧化碳进入到汽提塔（见图 5.1-1）之前，合成塔中的合成液会沿着塔底液体分布器与各管成液膜状流，并进入到低压分解塔中，与刚刚进入的二氧化碳进行逆流接触，并经历分解，二氧化碳从塔顶出塔，进入高压甲铵冷凝器，促进甲铵分解，生成尿素。

图 5.1-1　CO_2 汽提塔外观图

其中，压力是二氧化碳汽提提高的主要方式；温度是尿素溶液当中游离氨以及甲铵的蒸出和分解中所吸收的重要条件；气液分布则是汽提塔中气体和液体比例变化的重要标志。其比例内容由液体分布器来决定，气液比例越高，汽提效率也越高。

在操作过程中，为提高生产效率，一般需要注意加热蒸气量、汽提塔液位和气体分布均匀这三个方面。蒸气压力的增加会使输入热量得到提高，会降低汽提液中的含氨数量，从而提高反应效率。但在实际测算过程中，当蒸气压力超过 20 kg/m^2 时会对汽提塔造成不可逆腐蚀效果，甚至影响安全生产。因此，蒸气压力的调节速度需要放缓，通过蒸气温度的降低避免氨气和甲铵温度过高造成巨大腐蚀。但蒸气温度过低又会使低压系统变得更加难以操纵，因此蒸汽压力和温度应该根据实际情况进行合理调节；汽提塔液位在一定范围内的升高或降低虽然不会对液温和气体效率造成直接影响，但在通常情况下为了保证气体效率降低缩二脲的产生,会将液位设置偏低一些;汽提塔的气液分布不均一般是由于分布孔出现了阻塞和腐蚀,这种情况下汽提管中的气体和液体会产生相互作用,无法保障稳定进行。因此在使用过程中尽量避免因分布孔的腐蚀和阻塞给气液分布带来影响。

5.1.2.3 二氧化碳汽提法生产尿素工艺

二氧化碳汽提法尿素生产工艺主要包括二氧化碳压缩、液氨的加压、高压合成与二氧化碳汽提回收、低压分解与循环回收等工序。

在二氧化碳压缩工艺中,二氧化碳气体经干燥进入 CO_2 压缩机此为一段压缩流程,每段压缩机进出口设置有温度、压力监测点,以便监测运行状况,经过四段压缩后,二氧化碳进入脱氢系统。

液氨经电磁阀分为两路,一路进入低压甲铵冷凝器调节循环系统摩尔比;另一路经流量计量后引入高压氨泵,液氨在泵内加压至 16.0 MPa(A)左右,液氨的流量根据系统负荷,通过控制氨泵的转速来调节。液氨经高压喷射泵与甲铵液一起增压并送入池式冷凝器。

高压合成圈是二氧化碳汽提工艺的核心部分,其中包括合成塔、汽提塔、高压冷凝器和高压洗涤器这四个组成部分。从汽提塔顶部出来的含有氨的二氧化碳汽提气送入池式冷凝器,与其中的甲铵和液氨混合,池式冷凝器是一个卧式的合成塔。在冷凝器中80%左右的液体氨和气体二氧化碳大部分冷凝成甲铵液,并有部分的甲铵液脱水生成尿素。生成的甲铵液和尿素混合液与未冷凝的气体进入直立式高压反应器合成塔,塔内设有筛板将空间分为 8 个小室,形成类似 8 个串联的反应器,在每个小室中反应物被鼓泡通过的气体均匀混合,塔板的作用是防止物料在塔内返混。

高压洗涤器分为三个部分:上部为防爆空腔,中部为鼓泡吸收段,下部为管式浸没式冷凝段。在这里将气体中的氨和二氧化碳用加压后的低压吸收段的甲铵液冷凝吸收,然后经高压甲铵冷凝器再返回合成塔。从合成塔顶部分离出的 NH_3、CO_2 和惰性气体混合物进入高压洗涤器,先进入上部空腔,然后导入下部浸没式冷凝段,与从中心管流下的甲铵液在底部混合,在列管内并流上升并进行吸收。尿素合成反应液从塔内上升到正常液位,经过溢流管从塔下出口排出,经过液位控制阀进入汽提塔上部,再经塔内液体分配器均匀地分配到每根汽提管中。尿液沿管壁成液膜下降,分配器液位高低起着自动调节各管内流量的作用。由塔下部导入的二氧化碳气体,在管内与合成反应液逆流相遇。管间以蒸气加热,将尿液中的 NH_3 和 CO_2 分离出来,从塔顶排出,尿液及少量未分解的甲铵从塔底排出。从汽提塔顶排出的高温气体,与新鲜氨及高压洗涤器来的甲铵液在高压下一起进入高压甲铵冷凝器顶部。高压甲铵冷凝器是一个管壳式换热器,物料走管内,管间走水用以副产低压蒸气。为了使进入高压甲铵冷凝器上部的气相和液相得到更好的混合,增加其接触时间,在高压甲铵冷凝器上部设有一个液体分布器。在分布器上维持一定的液位,就可以保证气-液的良好分布。

从汽提塔底部来的尿素-甲铵溶液,经汽提塔液位控制阀减压到 0.3 ~0.35 MPa,减压后41.5%的二氧化碳和69%的氨从甲铵液中闪蒸出来。精馏塔分为两部分,上部为精馏段,起气体精馏的作用,下部为分离段。气液混合物进入精馏塔顶部,喷洒到上部精馏段的填料床上,尿液从下部分离段流入循环加热器中,进行甲铵的分解和游离 NH_3 和 CO_2 的解吸。循环加热后的尿液,温度升高到135～140 ℃又重新返回到精馏塔下部分离段,促使尿液中的甲铵液进一步分解。离开精馏塔的尿液在闪蒸槽内继续减压,使甲铵再一次得到分解,部分水、NH_3 和 CO_2 从尿液中分离出来,汽提塔出来的溶液经过两次加压和循环加热处理,其中大部分 NH_3 和 CO_2 被分离出来,闪蒸槽底部出来的尿液浓度约为72.4%,进入到尿液储槽。

尿液储槽的尿液由尿素溶液泵送至一段蒸发加热器,一段蒸发加热器是直立列管升膜式换热器,尿液自下而上通过列管,在真空抽吸下形成升膜式蒸发,尿液中的水分大量气化,加热后尿液温度为124～132 ℃,然后进入一段蒸发分离器中分离。浓缩到为95%的尿液经U形管进入二段蒸发加热器,二段蒸发加热器是直立列管升膜式换热器,尿液在更低压力下蒸发,加热后再进入二段蒸发分离器中进行气液分离,通过两段蒸发后尿液浓度达到99.7%。离开二段蒸发分离器的熔融尿素经熔融尿素泵送至造粒塔顶部,通过造粒机造粒成型,最后送入仓库。

5.1.2.4　二氧化碳汽提法生产尿素工艺特点

CO_2 汽提工艺主要由 CO_2 压缩、合成系统、低压循环系统、蒸发系统、解吸水解系统、造粒系统等工序组成,具有以下特点:①合成回路中氨过剩量低,合成塔氨碳比为2.95～3.10,操作压力较低;②用 CO_2 作为汽提剂,汽提效率较高,汽提后的溶液只需一次减压至低压分解系统,工艺流程简短;③合成系统压力低,减少了原料气输送能耗,汽提效率高,低压系统返回合成回路的循环甲铵液量少,减少了循环甲铵液的输送功,故整体工艺动力消耗较低;④原料 CO_2 气进行脱氢处理,具有较高的工艺安全性。

5.1.3　工艺比较

目前,尿素生产主要有二氧化碳汽提法、氨汽提法、ACES法和水溶液全循环法及其他工艺等。

5.1.3.1　ACES工艺和水溶液全循环法及其他工艺

与二氧化碳汽提法和氨汽提法相比,该工艺流程前期投资较低,能量消耗较少,具有二氧化碳汽提法效率高的优点,同时具备较高的转化率。由于该工艺合成塔中具有较高的氨/二氧化碳摩尔比,可以解决合成塔的腐蚀问题,同时,高压圈操作问题可达190 ℃,压力达17.1 MPa,合成转化率可达68%左右,大大减少了未分解的甲铵含量,所以ACES工艺是当今工业化尿素生产中能耗最低的工艺。虽然ACES工艺优点突出,但缺点也较为明显,如高压圈设备多,操作复杂,控制回路系统也较为复杂,并且对设备要求很高。

而水溶液全循环法及其他工艺产能技术落后、能耗高、污染物排放高,属于将淘汰的落后产能。

5.1.3.2　二氧化碳汽提法和氨汽提法

(1)二氧化碳汽提法合成工艺。操作温度、操作压力、氨碳比、水碳比等因素在不同程度上影响着 CO_2 转化率,CO_2 转化率随氨碳比的上升而上升,随水碳比的上升而下降。

氨汽提工艺中的氨碳比和操作温度均比 CO_2 汽提工艺高,因而有较高的 CO_2 转化率；但正是由于氨汽提工艺有较高的氨碳比，使其操作温度和压力都较 CO_2 汽提工艺要高，因此，氨汽提塔不得不使用特殊材质，并且需要增加中压分解和回收工段，使得工艺流程复杂，设备数量较多，给操作管理带来诸多不便，易造成事故和停车。目前，国内 CO_2 汽提工艺正努力通过提高氨碳比以提高 CO_2 转化率，而氨汽提工艺则着重延长物料在合成塔中的反应时间以提高转化率。

（2）工艺布置。CO_2 汽提工艺由于高压圈等压操作，物料依靠重力流动，高压框架高达 50 m，优点是占地面积小；而氨汽提工艺则只需采用平面布置，优点是检修和操作方便，缺点是占地面积相对较大。

（3）设备和材料腐蚀。CO_2 汽提工艺最可能产生腐蚀的是高压圈设备和水解塔，而氨汽提工艺除以上设备外，中压分解系统的设备也易发生腐蚀。CO_2 汽提工艺的尿素合成塔使用寿命一般在 19～25 年，CO_2 汽提塔使用寿命一般在 17～21 年，而氨汽提工艺的汽提塔使用寿命在 15 年左右。

（4）工艺运行

1）工艺稳定性。这 2 种尿素生产工艺经过多年的吸收、消化和发展，目前都趋于成熟，具有较高的稳定性，长周期稳定运行、装置运转率、年产量、消耗等指标主要取决于煤、水、电等能源的优势和管理水平。

2）加氧量。CO_2 汽提工艺规定加入系统的氧量达到 0.60%（体积分数，下同）能保证尿素装置的正常操作；尽管氨汽提工艺的加氧量只有 0.35%～0.45%，但根据生产实践来看，氨汽提塔的腐蚀情况较严重，需在塔底增加 1 台空气压缩机，以弥补加氧量低带来的不足。

3）工艺安全性。CO_2 汽提工艺设置了 CO_2 脱氢工序，尾气中不再含氢，从根本上消除了可能产生爆炸的危险；而氨汽提工艺的中、低压尾气的组分处于爆炸区。

4）操作弹性。CO_2 汽提工艺操作弹性较低，系统需在 60% 以上负荷条件下运行，但开车及稳定工艺的时间短；氨汽提工艺的操作弹性较大，系统可在 40% 负荷条件下运行，装置开车平稳，但需要较长的时间，工艺操作回路多，在气温较高的生产工况下，中压系统操作不稳定，易引起停车。

5）开车条件。氨汽提法投料前对高压系统的温度和压力有较高的要求（160 ℃，9.0 MPa）；CO_2 汽提法只需在常压条件下升温至 130 ℃ 即可投料开车，相对比较容易操作。

6）消耗指标。在系统正常运转的条件下，CO_2 汽提和氨汽提工艺的吨尿素氨耗、冷却水消耗和蒸气消耗相差不大，由于 CO_2 汽提工艺的循环量小，合成操作压力稍低，吨尿素电耗比氨汽提工艺稍低。

7）高压氨泵对工况的影响。早期的 CO_2 汽提法在装置界区内未设置氨储罐，液氨直接由合成氨单元引至尿素界区高压氨泵进口，由于工艺波动时的缓冲能力差，因而氨泵的异常波动对整体工况影响较大；目前的 CO_2 汽提法经过改良，大多增设了氨储罐及缓冲槽，以减轻氨泵异常带来的影响。相对而言，氨汽提法由于设有中压系统、氨储罐，氨泵异常对整体工况影响较小，也易于在线倒氨泵，因而整体上比 CO_2 汽提工艺容易操作。

8)缩二脲含量的控制。缩二脲是在尿素生产过程的各个工序均会生成的一种副产物,其含量控制的好坏直接决定着产品的优级品率和经济效益。在正常情况下,上述2种尿素生产工艺均可将产品中缩二脲含量控制在指标范围内,但在工况波动的情况下,2种工艺对缩二脲含量的控制各有侧重点。

CO_2汽提法主要通过以下措施来控制缩二脲含量:①在不降低汽提效率的前提下,尽量降低汽提塔出口的尿液温度;②严格控制氨碳比在3.1~3.2;③尽量控制汽提塔在液位低限运行;④尽量维持蒸发加热器在温度低限运行;⑤控制生产负荷在70%以上。氨汽提法主要通过以下措施来控制缩二脲含量:①提高氨碳比;②维持一、二段蒸发加热温度在低限操作;③降低各工序储罐液位;④及时处理尿液储槽液位;⑤定期热洗蒸发系统设备内积存的缩二脲。

本章主要介绍我国引进的日产吨粒状尿素的二氧化碳汽提法尿素生产工艺,将从尿素生产过程的不同工段着重讨论其工艺流程。

5.2 CO_2压缩车间

5.2.1 基本原理

本装置CO_2压缩车间所采用的压缩机是往复式压缩机,是使一定容积的气体顺序地吸入和排出封闭空间提高静压力的压缩机。往复式压缩机主要由气缸、活塞和气阀组成,如图5.2-1所示,压缩气体的工作过程可分成膨胀、吸入、压缩和排出4个过程。

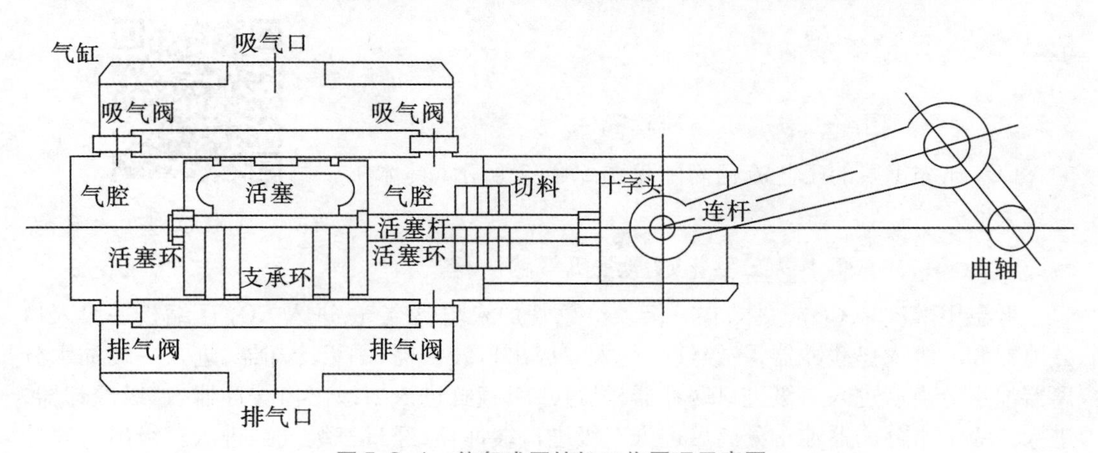

图5.2-1 往复式压缩机工作原理示意图

(1)膨胀。当活塞向左边移动时,缸的容积增大,压力下降,原先残留在气缸中的余气不断膨胀。

(2)吸入。当压力降到稍小于进气管中的气体压力时,进气管中的气体便推开吸入气阀进入气缸。随着活塞向左移动,气体继续进入缸内,直到活塞移至左边的末端(又称左死点)为止。

(3)压缩。当活塞调转方向向右移动时,缸的容积逐渐缩小,这样便开始了压缩气体的过程。由于吸入气阀有止逆作用,故缸内气体不能倒回进口管中,而出口管中气体压力又高于气缸内部的气体压力,缸内的气体也无法从排气阀跑到缸外。出口管中的气体因排出气阀有止逆作用,也不能流入缸内。因此缸内的气体数量保持一定,只因活塞继续向右移动,缩小了缸内的容积,使气体的压力不断升高。

(4)排出。随着活塞右移,压缩气体的压力升高到稍大于出口管中的气体压力时,缸内气体便顶开排出气阀的弹簧进入出口管中,并不断排出,直到活塞移至右边的末端为止。然后,活塞又开始向左移动,重复上述动作。活塞在缸内不断地往复运动,使气缸往复循环地吸入和排出气体。活塞的每一次往复成为一个工作循环,活塞每来或回一次所经过的距离叫一个冲程。

低温甲醇洗来的 CO_2 气体经 4 台往复式压缩机压缩后,可达到后续生产工艺需要的压力。

5.2.2 岗位任务

CO_2 压缩车间的岗位任务主要如下:

(1) CO_2 气体的加压与输送,保证尿素生产的需要。

(2) CO_2 气体的净化:脱硫、脱氢。

(3)调节 CO_2 气体的氧含量,满足脱硫、脱氢及尿素生产的需要。

(4) CO_2 压缩机的运行与监控,保证设备长周期稳定运行。

(5)配合尿素需要的生产调节。

5.2.3 工艺流程

5.2.3.1 CO_2 压缩工段的工艺流程简图

CO_2 压缩工段的工艺流程简图见图 5.2-2 所示(具体见书末)。

图 5.2-2 CO_2 压缩工段的工艺流程简图

5.2.3.2 M40-105/149 二氧化碳压缩机气路流程

低温甲醇洗来 CO_2 气体,在一级入口总管加入防腐空气,进入 CO_2 压缩机一级入口分离器和一级入口缓冲器,一级气缸进入一级出口缓冲器、一级冷却器,进入一级油水分离器油水分离后进入二级进口缓冲器,经过二级气缸进入二级出口缓冲器、二级冷却器,进入二级油水分离器油水分离后进入三级进口缓冲器,经过三级气缸进入三级出口缓冲器、三级冷却器,进入三级油水分离器油水分离后进入脱硫槽。

脱硫装置脱除硫化氢后,送至脱氢预热器先和脱氢出气进行换热,再进脱氢开工加热器提温至 120~250 ℃达到脱 H_2 催化剂所需反应温度,而后进入脱氢反应器,CO_2 气中的 H_2、CO 等可燃气体在脱氢催化剂作用下与 O_2 发生反应,出脱 H_2 反应器的 CO_2 气中残余 H_2 含量 $<50\times10^{-6}$。出反应器的 CO_2 气体因 H_2 等气体与 O_2 反应使其温度升高,温度升高多少视 H_2 等气体含量而定。出反应器的热 CO_2 气先经换热器后再进冷却器,再经脱氢后油水分离器分离油水后去 CO_2 压缩机四入缓冲器。

脱氢来气体经四级进口缓冲器到四级气缸，进入四级出口缓冲器、四级冷却器，进入四级油水分离器油水分离后进入五级进口缓冲器，经过五级气缸进入五级出口缓冲器最后送尿素汽提塔。

5.2.4　主要设备

CO_2 压缩车间的主要设备见表5.2-1所示。

表5.2-1　CO_2 压缩车间的主要设备一览表

序号	设备名称	序号	设备名称
1	CO_2 压缩机	14	五级进口缓冲器
2	CO_2 脱氢反应器	15	五级出口缓冲器
3	脱氢加热器	16	一级分离器
4	脱氢冷却器	17	二级分离器
5	脱氢换热器	18	三级分离器
6	一级进口缓冲器	19	四级分离器
7	一级出口缓冲器	20	前水分离器
8	二级入口缓冲器	21	一级冷却器
9	二级出口缓冲器	22	二级冷却器
10	三级进口缓冲器	23	三级冷却器
11	三级出口缓冲器	24	四级冷却器
12	四级进口缓冲器	25	CO_2 脱氢分离器
13	四级出口缓冲器	26	CO_2 脱硫槽

5.2.5　工艺条件

5.2.5.1　设计要点

尿素车间的 CO_2 压缩车间4台往复式压缩机由上海电气压缩机泵业有限公司制造，单机标准排气量12 400 m^3/h（单机）。

脱硫剂使用西安元创T907型水解催化剂和Tc-15型常温脱硫剂，分上下两层装填。单罐装填Tc-15型常温脱硫剂30 m^3、T907型水解催化剂20 m^3，每套系统使用两罐串联的方式运行（共计两套系统）。

脱氢剂使用兰州中科凯迪的DH-2型脱氢催化剂，单罐装填0.9 m^3（共计两套系统）。

5.2.5.2　重要工艺参数

CO_2 压缩车间的重要工艺参数见表5.2-2所示。

表 5.2-2 CO_2 压缩车间的重要工艺参数

序号	项目	指标
1	三出压力	≤3.34 MPa
2	五出压力	≤14.9 MPa
3	脱后总硫质量	<0.2 mg/m^3
4	外送原料气体成分	原料气纯度≥93.6%,O_2(0.50% ~0.7%)
5	脱氢后氢含量	H_2<50×10^{-6}

5.2.5.3 关键操作要点

(1)稳定各段压力和温度。

(2)输气量的调节。

(3)防止抽负带水。

(4)保证良好的润滑,并注意异常响声。

(5)严格进行巡回检查。

(6)按规程开停机。

5.3 尿素总控

5.3.1 岗位概况

尿素主厂房装置采用国产改进型 CO_2 汽提工艺,单套设计日产尿素 1350 t,年产尿素 80 万 t,2013 年建成投产。共两套装置(801 与 803 系统)。本工艺共分为尿素高压合成分解回收、低压分解回收、真空蒸发与造粒、工艺凝液的处理四个大的操作单元。其中尿素高压部分由尿素合成塔、高压甲铵冷凝器、CO_2 汽提塔、高压甲铵洗涤器组成"高压圈",是整个尿素生产的核心部分。尿素合成塔、高压甲铵冷凝器负责尿素的合成,CO_2 汽提塔负责甲铵的分解,高压甲铵洗涤器负责未反应物的回收。低压部分由精馏塔、低压甲铵冷凝器、低压甲铵冷凝器液位槽、常吸塔、常吸塔冷却器组成。水解解析部分由解吸塔、水解塔、解吸塔换热器、水解塔换热器组成。

5.3.2 岗位任务

(1)将低温甲醇洗岗位来的 CO_2 经压缩机加压和合成岗位来的液氨经氨泵加压在高甲冷及合成塔内反应生成尿素。

(2)在高压及低压系统分解回收未反应的 NH_3 和 CO_2 并以甲铵液的形式返回系统。

(3)利用反应余热副产低压蒸气供系统内部使用及外送。

(4)为蒸发岗位提供符合要求的尿液。

(5)回收工艺凝液中的 CO_2、氨和尿素,将解吸废液达标排放。

5.3.3 工艺流程

5.3.3.1 合成和汽提工艺流程

尿素合成塔、汽提塔、高压甲铵冷凝器和高压洗涤器四个设备组成高压圈，这是本工艺的核心部分，工艺流程简图见图5.3-1所示（具体见书末）。

高压甲铵冷凝器出的液相和气相，分别经两条管线送入尿素合成塔底，反应液在塔内上升到正常液位，温度上升到180～185 ℃，经溢流管从塔底排出，经过液位控制阀进入汽提塔上部，与从塔下部导入的 CO_2 气体在壳侧蒸气加热情况下发生汽提反应，合成反应液中过剩氨及未转化的甲铵将被汽提蒸出和分解，气相从塔顶排出，液相从塔底排出，从汽提塔顶排出的气体与新鲜氨及高压洗涤器来的甲铵混合，一起进入高压甲铵冷凝器；从尿素合成塔顶排出的气体进入高压洗涤器，在这里部分氨和 CO_2 用低压吸收段的甲铵液冷凝吸收，然后经高压甲铵冷凝器再返回合成塔，不冷凝的气体减压后进入低压吸收塔，吸收后直接放空。

5.3.3.2 循环系统

图5.3-2为循环系统的工艺流程简图（具体见书末）。来自汽提塔底部的尿液，经过汽提塔的液位控制阀减压到0.324 MPa，溶液中一部分的 CO_2 和氨得到闪蒸，使溶液温度从170 ℃降到107 ℃进入精馏塔，经0.4 MPa蒸气加热到135～137 ℃，使甲铵进一步分解，后经精馏塔液位调节阀流入闪蒸槽；精馏塔出气进入低压甲铵冷凝器冷凝吸收，气液混合物从低压甲铵冷凝器溢流到低甲冷液位槽，低甲冷液位槽分离出的液体经高压甲铵泵加压至15.0～16.5 MPa，送入高压洗涤器顶部，液位槽分离出的气体经减压阀减压后经常压吸收塔，进一步回收气相中的氨和 CO_2 循环利用。

5.3.3.3 水解解吸

水解解吸的工艺流程简图见图5.3-3所示（具体见书末）。

图5.3-1 合成和汽提的工艺流程简图

图5.3-2 循环系统的工艺流程简图

图5.3-3 水解解吸的工艺流程简图

工艺冷凝液由解吸泵加压后一路去低压分解回收作吸收液，另一路经过解吸塔换热器换热后送到解吸塔上段，解吸出氨和 CO_2，解吸塔下段出液，经水解塔给料泵加压到2.0 MPa（绝），经水解塔换热器换热后进入水解塔上部，水解塔的下部通入界外来2.5 MPa（绝）的蒸气，使液体中所含的少量尿素水解成氨和 CO_2，气相进入解吸塔上段，液相经水解换热器后进入解吸塔下段，解吸塔下部通入0.45 MPa的蒸气进行解吸，从液相中解吸出来的氨和 CO_2 及蒸气，在回流冷凝器中进行冷凝吸收，冷凝液一部分作为回流液回流到解吸塔上段的顶部，以控制出塔气相中的水量，另一部分冷凝液送到低压甲铵冷凝器，解吸塔出液氨含量小于 30×10^{-6}，废液经精制工艺凝液泵送至气化界区，部分内部利用。

解吸原理主要是精馏汽提过程。用低压蒸气加热塔底溶液，使其温度升高至沸点；此时气体在溶液中的溶解度降低而释放出来，使塔底溶液中的 CO_2 与 NH_3 含量甚少；蒸气带着 CO_2 与 NH_3 自下而上与自上而下温度较低的液体进行热量与质量交换；此时下流液体温度升高了，而上升的蒸气受冷而部分冷凝。在这个过程中，气相中 CO_2 与 NH_3 的分压相对提高，液相中 CO_2 与 NH_3 的含量则下降。这样，在排出气中得到较高的 CO_2 与 NH_3 含量，而在排出液中则 CO_2 与 NH_3 含量最低达到分离的目的。

5.3.4 主要设备

尿素总控岗位的主要设备参数见表 5.3-1 所示。

表 5.3-1 尿素总控岗位的重要工艺参数一览表

序号	设备名称
	高压系统
1	合成塔
2	CO_2 汽提塔
	中压系统
3	中压闪蒸罐
4	高压甲铵泵
5	中压甲铵泵
6	低压甲铵泵
7	中压冲洗水泵
8	精馏塔底部循环加热器
9	预蒸发分离器
10	常压闪蒸冷凝器
11	中压甲铵冷凝器
12	中压甲铵冷凝器液位槽
	低压系统
13	低压甲铵冷凝器
14	低压吸收塔冷却器
15	低压甲铵冷凝器液位槽

续表 5.3-1

序号	设备名称
16	碳铵封闭排放槽
17	氨水槽液封槽
18	液氨预热器
19	液氨缓冲槽
20	液氨过滤器
21	精馏塔
22	常压吸收塔
23	低压吸收塔
24	常压吸收塔循环水冷却器
解吸、水解系统	
25	水解换热器
26	回流冷凝器
27	解吸塔
28	水解塔
29	解吸塔换热器
蒸气及冷凝液系统	
30	高压洗涤器循环水冷却器
31	低压甲铵冷凝器循环水冷却器
32	蒸气冷凝器
33	高位槽
34	蒸气冷凝液槽
35	蒸气冷凝液密封槽
36	锅炉给水槽
37	低压包
38	高压包
39	中压包
40	工艺凝液槽
41	减量氮气加热器

5.3.5 工艺条件

5.3.5.1 重要工艺参数

尿素总控岗位的重要工艺参数见表5.3-2所示。

表5.3-2 尿素总控岗位的重要工艺参数一览表

序号	项目	指标
1	合成塔出液温度	180～185 ℃
2	合成塔出气温度	178～185 ℃
3	高洗器出液温度	160～173 ℃
4	高洗器出气温度	120～145 ℃
5	汽提塔出液温度	160～175 ℃
6	汽提塔出气温度	180～190 ℃
7	高甲冷出液温度	166～170 ℃
8	高甲冷出气温度	166～170 ℃
9	高压圈压力	13.6～14.6 MPa(表)
10	高喷前后压差(液氨)	1.5～2.0 MPa(表)
11	合成塔液位	40%～80%
12	汽提塔液位	50%～90%
13	CO_2 转化率	57%～60%
14	脱氢前原料气氧含量	0.75%～1.0%(V)
15	入汽提塔氧含量	0.5%～0.7%(V)

5.3.5.2 关键操作要点

(1)合成塔升温时,严格按照升温速率进行。
(2)高压圈升压时,严格按照升压速率进行。
(3)合成塔、汽提塔下液调节阀严禁大幅度调节。
(4)严格控制合成塔下液氨碳比、水碳比,以保证合成转化率。
(5)低压包压力应与系统负荷相对应,不能随意调节。
(6)在Ni含量不高的情况下系统加空气量沿低限控制。

5.3.6 尿素工艺流程图

尿素工序工艺流程如图5.3-4所示。尿素工序总体方块流程如图5.3-5所示。

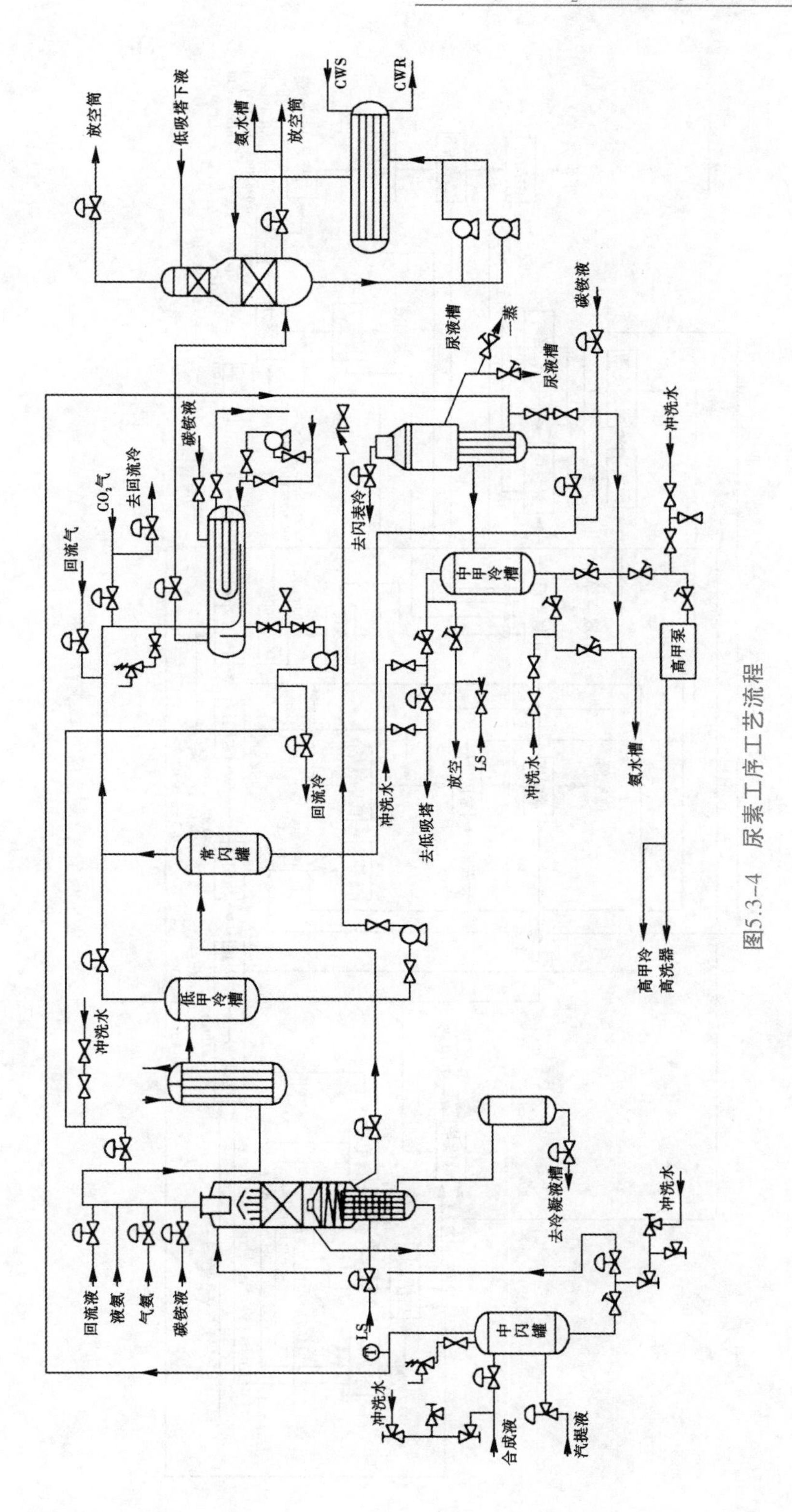

图5.3-4　尿素工序工艺流程

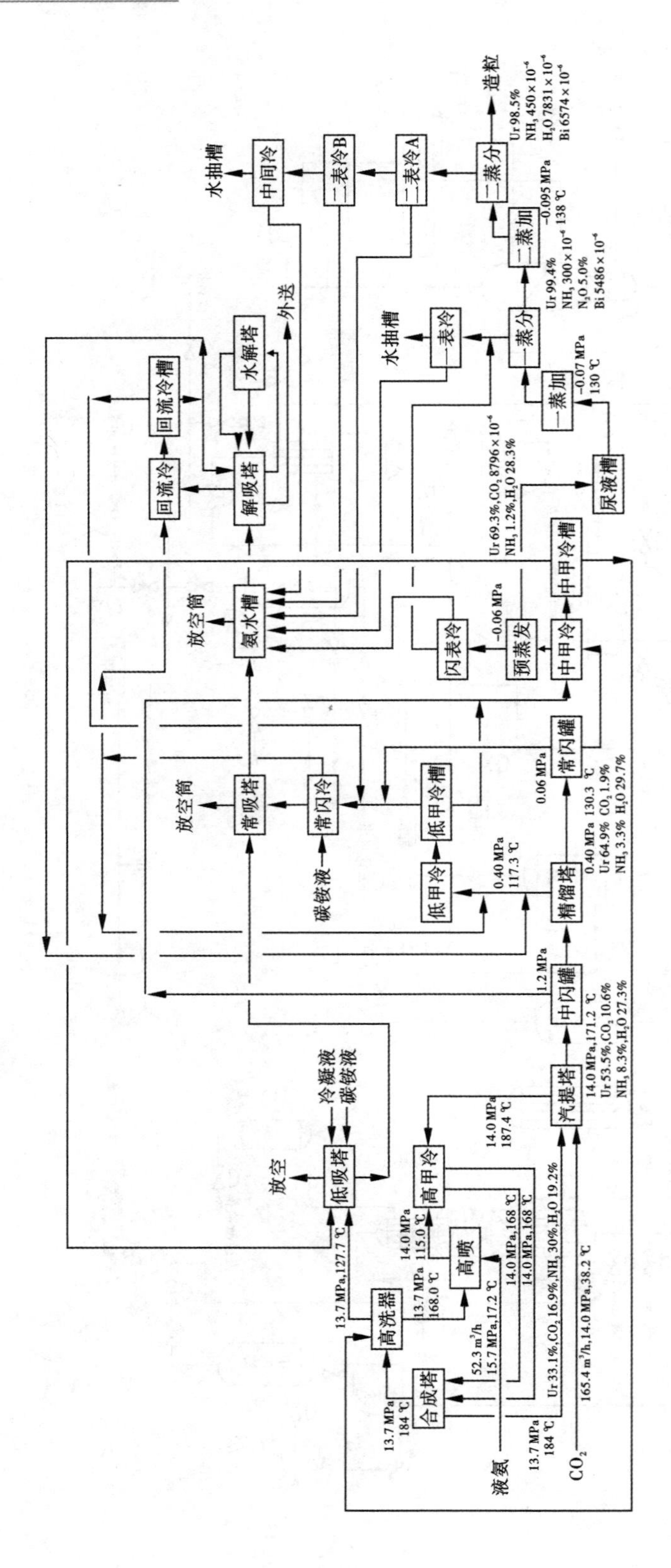

图5.3-5 尿素工序总体方块流程

5.4　蒸发

5.4.1　基本原理

尿素溶液经过加热，使溶液中的水气化排出，得到高浓度的溶液，这个过程叫蒸发。尿素水溶液在加热过程中有以下特性：

(1)尿素的热稳定性较差，在溶液加热到一定温度以上就可能产生下列副反应：

$$\underset{\text{尿素}}{2NH_2CONH_2} \rightleftharpoons \underset{\text{缩二脲}}{NH_2CONHCONH_2} + \underset{\text{氨}}{NH_3} \tag{5.4-1}$$

$$NH_2CONH_2+2H_2O \rightleftharpoons (NH_4)_2CO_3 \rightleftharpoons CO_2+2NH_3+H_2O \tag{5.4-2}$$

以上两个反应受很多因素影响：第一，温度的影响。温度在100 ℃以下，缩二脲生成很少，水解很慢，当温度升到130 ℃以上，这两个副反应的反应速度将迅速增加；第二，加热时间的影响。在高温下停留的时间越长，副反应生成物也越多；第三，溶液面上NH_3分压的影响。从反应式(5.4-1)可看出，如生成物一侧NH_3分压增加，有利于抑制缩二脲的生成。这就说明尿素循环工序，有大量的NH_3存在，缩二脲生成量很少，而在蒸发系统氨分压很小，生成缩二脲会较多，故生成缩二脲的主要环节是蒸发系统。

(2)尿素溶液在加热蒸发过程中，若操作压力不变，其沸点将随溶液浓度的增加而升高；在一定温度下，溶液达到饱和后就固定不变，即使加热时间再长，浓度也不可能增加。

(3)尿液的蒸发过程必须是二段蒸发，如果采用一段蒸发，则在工业生产中是无法进行的。因为在未达到造粒要求的浓度时，就会出现尿素结晶。

我们知道，真空蒸发有利于溶液的浓缩，如果选用0.1大气压下操作(即沿着0.1大气压的沸点过程进行)，在温度不到60 ℃时，尿素溶液浓度只有70%左右就与结晶线相遇，溶液发生结晶，设备管道很容易被堵塞，蒸发过程难以继续进行。但是在较低压力下，尿素溶液饱和线穿过结晶区和结晶线相交两点，这称为第一沸点K_1和第二沸点K_2。如压力为80 mmHg，K_1为59 ℃，尿液的饱和浓度为70%，K_2为127.6 ℃，尿液的饱和浓度为98.1%。不同压力下K_1和K_2可以从表5.4-1中查出(1 mmHg=133.3 Pa)。

表5.4-1　尿液沸点温度和压力关系表

压力/mmHg	第一沸点K_1		第二沸点K_2	
	温度/℃	相当的尿液质量分数/%	温度/℃	相当的尿液质量分数/%
20	26.5	55.6	131.5	99.5
40	41.0	63.0	130.0	99.1
50	46.4	65.3	129.5	98.8
80	59.0	70.9	127.6	98.1
100	66.0	74.0	125.7	97.6
150	80.5	80.2	119.9	95.5
170	86.0	82.6	116.3	94.0
200	105.0	90.3	105.0	90.3

5.4.2 岗位任务

负责将低压分解、闪蒸来的尿素溶液，经一二段蒸发，最终浓缩成99.5%的熔融尿素，然后由熔融泵送至造粒塔顶，在塔底得到合格的尿素颗粒，经皮带机送至包装岗位进行包装。

5.4.3 工艺条件

(1)系统开车时，一、二段真空保持压差，即一段压力高于二段压力-0.02 MPa，使其保持便于尿液流动的动力。

(2)送造粒时，因造粒喷头突然带上负荷后，转速有瞬时下降的过程。同时喷头是冷的，刚进料时必然有部分孔堵塞。如造粒阀开得过大，喷头喷出的料容易粘塔。

(3)抽真空时，虽然当时温度已达到130 ℃、150 ℃，但抽真空后，因压力降低，尿液中水分又大量蒸发，如果不增加蒸气用量，大量水分蒸出必然升高尿液浓度，严重时进入结晶区，故提真空应同时开大加热蒸气阀开度，保持温度不变。

(4)真空抽到指标后不能立即造粒，应等待半分钟后再造粒，因为熔融泵出口至造粒管线较长，如真空度刚到就造粒，管线中的尿液还是以前低浓度的尿液，造粒易造成结块或拉稀，半分钟后低浓度走完后造粒较合理。

5.4.4 主要设备

蒸发岗位的主要设备参数见表5.4-2所示。

表5.4-2 蒸发岗位的重要工艺参数一览表

容器	
序号	容器名称
1	闪蒸槽
2	二段蒸发分离器
3	一段蒸发分离器
4	喷射循环槽
5	尿液储槽
6	工艺凝液槽
换热器	
序号	容器名称
1	二段蒸发器
2	一段蒸发器
3	闪蒸冷凝器

续表 5.4-2

换热器	
4	一段蒸发冷凝器
5	二段蒸发冷凝器 A
6	二段蒸发冷凝器 B
7	中间冷凝器

5.4.5　工艺流程

由精馏塔来的尿液，减压后进入蒸发闪蒸槽，在此分解为气液两相，需要的热量由尿液自身降温供给，由闪蒸槽排出的尿液进入一段蒸发加热器；在0.033 MPa（绝压）下，尿液在一段蒸发加热器加热到130 ℃，浓度约95%的尿液经一段蒸发分离器，分离出的尿液去二段蒸发加热器；二段蒸发操作压力为0.003 3 MPa（绝压），出二段蒸发加热器的尿液温度为140 ℃，浓缩到约99.5%的熔融尿素，经二蒸分离器分离后，熔融尿素由熔融泵送至造粒塔顶部的喷头进行造粒。造粒塔底得到的成品颗粒尿素由皮带运输机送至包装岗位称量、包装。

粉尘回收流程示意图见图5.4-1所示（具体见书末）。

（1）气体流程。尿素造粒塔内上升的含尿素粉尘气体经出气口，进入一级雾化吸收区，经一次雾化吸收进入二级气液分离装置，然后再经二次雾化吸收进入错流气雾收集吸收捕水器，去除含雾状尿素液滴后的饱和气体进入三级分离空间，经与塔顶冷空气混合，进一步冷凝含尿素的液滴，经两次吸收，三次分离后符合排放标准要求的气体排出塔外放空。

（2）液体流程。自粉尘回收循环吸收泵（粉尘回收泵）来的循环液，直接进入一、二级喷射错流雾化装置，进行一、二级错流喷射雾化吸收，与上部下来的清洗液一起进入液体收集槽（原粉尘室），经循环降液管进入循环槽（粉尘回收槽），出循环槽的循环液体，经过滤装置进入循环吸收泵，再打到错流喷射雾化吸收间进行循环吸收。当浓度达到≥10%左右时开循环管线上的回收阀，将部分液体回收到尿液槽，回收浓度不宜过高（≤15%），以防填料堵塞。循环槽有溢流管到尿液槽，防止循环槽满后液体溢流到造粒间。

蒸气冷凝液由塔内顶部填料上加入，经收水器、分离填料、集液槽下降，进入粉尘回收循环槽。补液时根据回收量和循环槽液位情况，由冲洗管线处补充。

尿素蒸发造粒工序工艺流程如图5.4-2所示（具体见书末）。

图5.4-1　粉尘回收系统流程示意图

图5.4-2　尿素蒸发造粒工序工艺流程

5.5 泵房

5.5.1 基本原理

泵由电机驱动,通过联轴节带动低速轴,经齿轮箱增速后,高速轴 7849 r/min,高速轴带动 10 级叶轮对液氨进行加压。来自液氨升压泵压力为 2.25 MPa 的液氨进入 1 级进口,经 5 级加压后,由内缸上面的通道进入非驱动端 6 级进口,再经 5 级加压至 22.9 MPa 后进入外缸的环隙之中,通过外缸的出口排出泵体。高压液氨经 FV0003、PZ0022 进入高压喷射器 EJ-001,作为动力携带高压甲铵分离器 D-001 来的甲铵一同进入合成塔,部分液氨经泵出口副线调节阀 FV0004 或 FV0028 循环至 D-005。通过调节阀 FV0004(或 FV0028)、FV0003、PZ0022 有效调节泵的流量及进入高压系统的流量和压力。

5.5.2 岗位任务

承担尿素界区物料的正常输送以及设备的维护和保养,配合总控、蒸发开、停车以及正常生产的维护。

5.5.3 工艺流程

5.5.3.1 柱塞泵工艺流程

柱塞泵是液压系统的一个重要装置。它依靠柱塞在缸体中往复运动,使密封工作容腔的容积发生变化来实现吸油、压油。柱塞泵具有额定压力高、结构紧凑、效率高和流量调节方便等优点。柱塞泵被广泛应用于高压、大流量和流量需要调节的场合,诸如液压机、工程机械和船舶中。

柱塞泵的结构示意图如图 5.5-1 所示。

(1)高压液氨泵流程

1)进出口介质流向:来自合成氨装置,压力约为 1.6 MPa 的液氨经液氨过滤器和缓冲槽进入高压液氨泵进口经进口两道阀、缓冲罐及过滤器由高压液氨泵加压至约 16.0 MPa(表压)送到高压喷射器作为喷射物料。

2)副线管道介质流向:液氨泵出口两道阀前有氨泵副线,用于开泵时加压和停泵时泄压用,氨泵副线回到液氨缓冲槽。

3)油路流程:油池→滤网→油泵→滤网→油冷→曲轴轴承→曲轴→轴瓦→连杆→连杆小头瓦→十字头→十字头滑道→油池。

4)密封水流程:氨泵密封水由密封水槽经密封水泵加压后提供,用于冷却氨泵填料,冷却后液体重新回到密封水槽。

(2)高压甲铵泵流程

1)进出口介质流向:来自低压甲铵冷凝器液位槽,压力为 0.25 ~0.35 MPa 的甲铵液进入高压甲铵泵进口经进口两道阀、过滤器由高压甲铵泵加压至 16.0 MPa(表压)送到高压洗涤器作为吸收液。

2)副线管道介质流向:甲铵泵出口两道阀前有甲铵泵副线,用于开泵时加压和停泵时泄压用,甲铵泵副线回到低压甲铵冷凝器。

3)油路流程:油池→滤网→油泵→滤网→油冷→曲轴轴承→曲轴→轴瓦→连杆→连杆小头瓦→十字头→十字头滑道→油池。

4)密封水流程:甲铵泵密封水由氨水槽经低吸塔给料泵加压后提供,用于冷却甲铵泵填料,冷却后液体重新回到氨水槽。

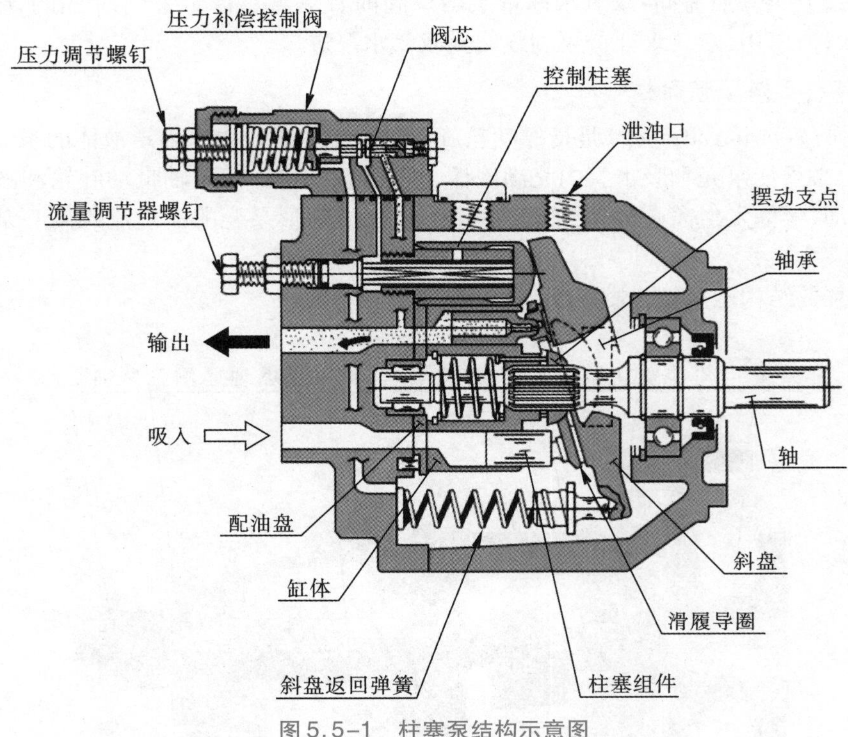

图 5.5-1 柱塞泵结构示意图

(3)高压冲洗水泵

1)进出口介质流向:来自冷凝液泵出口,压力为 1.2 ~ 1.7 MPa 的冷凝液进入高压冲洗水泵进口,经进口一道阀、过滤器后由高压冲洗水泵加压至 15 ~ 25 MPa 送至高压圈各个冲洗点,用于停车时对系统进行冲洗置换。

2)副线管道介质流向:高压冲洗水泵出口两道阀前有高压冲洗水泵副线,用于开泵时加压和停泵时泄压用,高压冲洗水泵副线回到冷凝液槽。

3)油路流程:油池→滤网→油泵→滤网→油冷→曲轴轴承→曲轴→轴瓦→连杆→连杆小头瓦→十字头→十字头滑道→油池。

(4)高压液位计冲洗水泵

1)进出口介质流向:来自冷凝液泵出口,压力为 1.2 ~ 1.7 MPa 的冷凝液进入高压液位计冲洗水泵进口,经进口一道阀门后由高压液位计冲洗水泵加压 15 ~ 17 MPa 送至合成塔、汽提塔液位计,用于冲洗合成塔、汽提塔液位计上的结晶物,保证液位计准确好用。

2)副线管道介质流向:高压液位计冲洗水泵出口两道阀前有高压液位计冲洗水泵副线,用于开泵时加压和停泵时泄压用,高压液位计冲洗水泵副线回到泵进口。

(5)双氧水计量泵(4 台)

1)进出口介质流向:来自双氧水计量槽的双氧水进入双氧水计量泵进口经进口一道截止阀后由双氧水计量泵加压至 17 MPa 送至汽提塔、高甲冷、高洗器,用于高压设备的防腐。

2)副线管道介质流向:双氧水计量泵出口阀前有双氧水计量泵副线,用于开泵时加压和停泵时泄压用,双氧水计量泵副线回到双氧水泵进口。

5.5.3.2 离心泵工艺流程

离心泵(centrifugal pump)是指靠叶轮旋转时产生的离心力来输送液体的泵。离心泵在启动前,必须使泵壳和吸水管内充满液体,然后启动电机,使泵轴带动叶轮和液体做高速旋转运动,液体发生离心运动,被甩向叶轮外缘,经蜗形泵壳的流道流入离心泵的压液管路。

离心泵的结构示意图如图 5.5-2 所示。

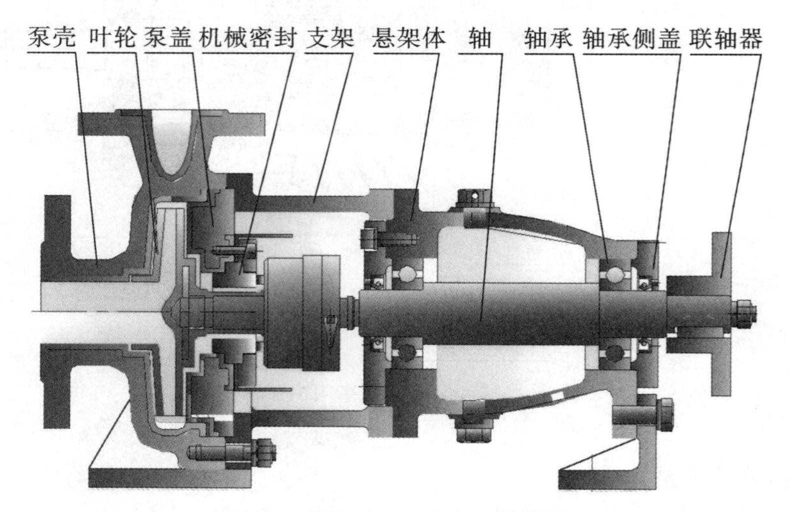

图 5.5-2 离心泵结构示意图

(1)解吸塔给料泵。来自氨水槽 B 区的氨水进入解吸塔给料泵进口,经进口一道截止阀、过滤器由解吸塔给料泵加压至 1.0 ~ 1.5 MPa 后送至解吸塔及精馏塔气相管处,用于给解吸塔补液及作为低压循环系统的吸收液,还可以打循环重新返回至氨水槽。

(2)水解泵。来自解吸塔上段的氨水进入水解泵进口,经进口一道截止阀、过滤器由水解泵加压至 2.0 ~ 3.5 MPa 后送至水解塔,用于给水解塔补液和控制解吸塔上段液位,还可以打循环重新返回至解吸塔上段。

(3)回流泵。来自回流冷液位槽的回流液进入回流泵进口,经进口 Y 形阀、过滤器由回流泵加压至 0.8 ~ 1.5 MPa 后送至精馏塔气相及解吸塔顶部,用于低压循环系统的吸收液、解吸塔的部分回流液,控制回流冷液位槽液位及控制解吸塔出气温度。

(4)低吸塔给料泵。来自氨水槽A区的氨水进入低吸塔给料泵进口,经进口截止阀、过滤器由低吸塔给料泵加压至1.2~1.7 MPa后送至低吸塔及高甲泵,用于低吸塔的吸收液及高甲泵密封水,还可以送至氨水槽液封槽。

(5)常吸塔循环给料泵。来自常吸塔的氨水进入常吸塔循环给料泵进口,经进口截止阀、过滤器由常吸塔循环给料泵加压至0.40 MPa后经常吸塔循环冷却器后,送至常吸塔用作常吸塔的循环吸收剂。

(6)高调水泵。来自高洗器壳侧的高调水进入高调水泵进口,经进口阀、过滤器后由高调水泵加压至0.9~1.5 MPa经高调水冷却器,送至高洗器壳侧用于带走高洗器内氨与二氧化碳的反应热。

(7)低调水泵。来自低甲冷管程的低调水进入低调水泵进口,经进口阀、过滤器后由低调水泵加压至0.45~0.65 MPa经低调水冷却器,送至低甲冷管程用于带走低甲冷内的反应热。

(8)锅炉给水泵。来自锅炉给水槽的冷凝液进入锅炉给水泵进口,经进口阀、过滤器由锅炉给水泵加压至1.0~1.5 MPa送至低压包,用于低压包补液及控制锅炉给水槽液位,也可以打循环重新返回至锅炉给水槽。

5.5.4 主要设备

泵房的主要传动设备见表5.5-1所示。

表5.5-1 泵房的主要传动设备参数一览表

序号	名称
1	高压氨泵
2	高压甲铵泵
3	尿素熔融泵
4	双氧水进料泵
5	双氧水计量泵
6	双氧水配置泵
7	锅炉给水泵
8	低压甲铵冷凝器循环水泵
9	高压洗涤器循环水泵
10	高压冲洗水泵
11	蒸气冷凝液泵
12	喷射循环泵

续表 5.5-1

序号	名称
13	工艺凝液泵
14	废液泵
15	回流泵
16	水解给料泵
17	排放回收泵
18	解吸塔给料泵
19	低压吸收塔给料泵
20	常压吸收塔循环泵
21	尿液泵
22	工质泵

5.5.5 工艺条件

泵房的基本工艺见表 5.5-2 所示。

表 5.5-2 泵房的基本工艺参数一览表

序号	项目	类别	指标(单位)
1	氨泵出口	A	16.0~17.3 MPa
2	甲铵泵出口	A	15.0~16.5 MPa

思考题

(1)二氧化碳汽提法与氨汽提法的优缺点分别是什么?

(2)二氧化碳汽提法生产尿素过程中,影响汽提效率的因素是什么?

(3)蒸发的目的及蒸发操作必须具备的条件是什么?

(4)尿素溶液蒸发过程为什么不在一个压力段下进行,常分为两段?

(5)现有尿素生产工艺的改进主要从哪几个方面来进行?

(6)尿素生产各工段的安全注意事项有哪些?在实习过程中你发现哪些安全隐患需要提请注意?

(7)尿素工段的危险化学品有哪些?如何处置?

(8)尿素工段都采取了哪些节能措施?

第6章 公用工程

公用工程是为企业主体工程正常运转服务的配套工程，对于以煤为原料生产合成氨和尿素的工程。公用工程主要包括水汽车间、水处理工段、煤的储运车间、供电和仪电等相关工程。

6.1 水汽车间

水汽车间主要包括锅炉、汽轮机、热回收和烟气脱硫工段。此车间主要为合成氨和尿素车间提供蒸汽动力。在《化工热力学》中我们学习过蒸汽动力循环。可通过蒸汽动力循环提供动力，蒸汽动力循环是在18世纪蒸汽机的发明和改良过程中提出的。如图6.1-1所示，蒸汽动力装置主要由四种设备组成，工质水在四种设备中循环流动，通过工质状态变化引起焓值的变化，实现热能向机械能的转变。

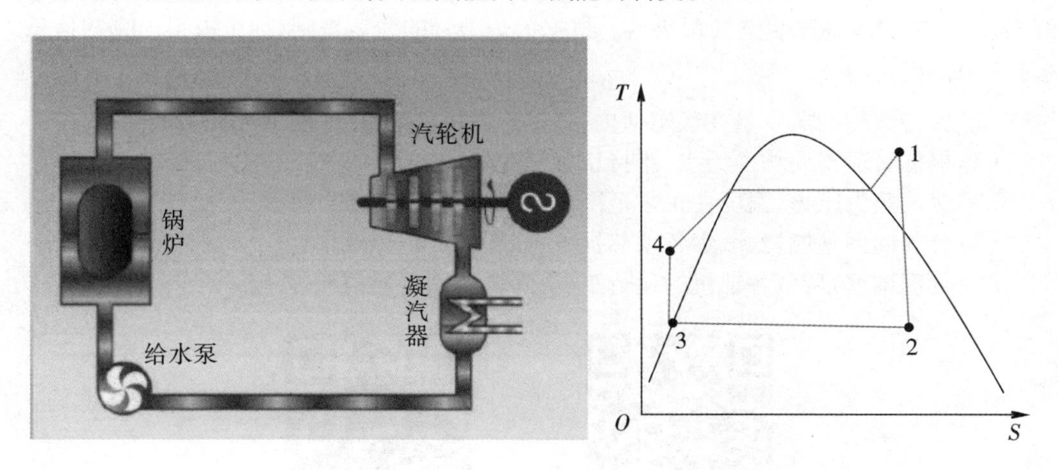

图6.1-1 蒸汽动力循环装置及工质变化温熵图（T-S图）

时至今日，蒸汽动力循环依然作为人类使用能源的主要载体，通过火电站、水电站和核电站为我们日常生活和生产的方方面面提供动力。它以水蒸气为工作介质，将热能转变为机械能，再通过电磁作用转化为电能。

化工生产中，为了减少大型设备对电网电压的依赖以及能量形式多次转换的损失，通常不使用电动机，而采用汽轮机作为动力源，通过蒸汽动力循环产生的机械能推动压缩机等大型动力设备的运转。因此，在公用工程中常常建有锅炉，通过蒸汽动力循环为厂内的大型汽轮机提供动力，同时通过热回收工段供应热能和工艺用蒸汽。

电厂是怎样发电的

6.1.1 锅炉

6.1.1.1 概述

锅炉的作用是将燃料的化学能转变为热能，并利用热能加热锅炉内的水使之成为具有足够数量和一定质量（汽温、汽压）㶲的过热蒸汽，供汽轮机使用。锅炉是电力、化工、石化、冶金、轻纺、造纸等工矿企业的主要动力及供热设备。锅炉按用途不同，可分为电站锅炉、工业锅炉和动力锅炉。电站锅炉主要用在火电厂，为汽轮机提供蒸汽，从而产生动力进行发电；工业锅炉主要用于工业级采暖；动力锅炉主要是产生蒸汽，为企业提供动力。按照额定压力也可分为低压、中压和高压锅炉。采暖锅炉和动力锅炉对蒸汽温度和压力要求的区别。

以太原锅炉集团有限公司设计制造的TG-180/9.8-M型循环流化床锅炉为例，本锅炉为高温高压、单锅筒横置式、单炉膛、自然循环、全钢架π型布置。锅炉主要由炉膛、绝热旋风分离器、自平衡回料阀和尾部对流烟道组成。炉膛采用膜式水冷壁，锅炉中部是绝热旋风分离器，尾部竖井烟道布置两级五组对流过热器，过热器下方布置三组光管省煤器及一、二次风各三组空气预热器。根据锅炉型号的命名规则，你可以得出哪些信息？

6.1.1.2 岗位任务

(1)保持锅炉的蒸发量在额定值内，满足汽轮机、空分透平机等用户的需要。

(2)根据负荷需要均衡给水，维持正常汽包水位。

(3)保证蒸汽压力、温度在正常范围内，并保证蒸汽品质合格。

(4)合理的调整燃烧，减少各项热损失，以提高锅炉热效率。

(5)合理调度，调节各辅机的运行工况，降低厂用电量消耗。

锅炉基础知识

燃煤锅炉结构及辅机组成

6.1.1.3 工艺流程简述

本厂锅炉采用循环流化床工艺。循环流化床锅炉采用流态化燃烧，主要结构包括燃烧室和循环回炉两大部分，其运行风速高，锅炉容量大，是目前工业化程度最高的洁净煤

燃烧技术。

(1)循环流化床锅炉汽水流程。锅炉给水经过省煤器后进入汽包,汽包内的炉水通过下降管进入水冷壁和水冷屏的下集箱中,被均匀分配到水冷壁和水冷屏中,水冷壁和水冷屏内的炉水吸收炉膛内燃料释放出来的热量而不断蒸发,产生的汽水混合物通过水冷壁和水冷屏上集箱再次进入汽包,进行汽水分离。由于下降管中的水的密度大于水冷壁中蒸发出来的汽水混合物密度,从而使汽包、下降管、水冷壁(屏)之间不断产生自然的水、汽循环。在汽包内分离和清洗后的饱和蒸汽,通过汽包顶部的蒸汽引出管依次进入包墙过热器、低温过热器、一级喷水减温器、炉内屏式过热器、二级喷水减温器、高温过热器、集汽集箱,逐步转变为高压过热蒸汽,最后将合格的过热蒸汽送往各用汽单位。

(2)循环流化床锅炉风烟流程。0～10 mm 粒径的燃煤被送入炉膛后,迅速被炉膛内存在的大量惰性高温物料包围,着火燃烧,并在上升烟气流作用下向炉膛上部运动,对水冷壁和炉内布置的其他受热面放热。粗大粒子在被上升气流带入悬浮区后,在重力及其他外力作用下不断偏离主气流,并最终形成附壁下降粒子流。被夹带出炉膛的粒子气固混合物进入高温分离器,大量固体物料,包括煤粒和灰分,被分离出来送回炉膛,进行循环燃烧。未被分离的极细粒子随烟气进入尾部烟道,进一步对受热面放热冷却,经除尘后的烟气,由引风机送入烟气脱硫工段,经脱硫后的烟气通过烟囱排入大气。

6.1.1.4　主要设备

锅炉是由锅炉本体(水汽系统)、燃烧系统和辅助设备组成,如图6.1-2。锅炉运行方式为两开一备,设计参数如下:额定蒸发量180 t/h,额定蒸汽温度540 ℃,额定蒸汽压力9.8 MPa,给水温度195 ℃,排烟温度140 ℃,锅炉设计热效率90%。

循环流化床锅炉结构和优势

循环流化床锅炉工作原理

火力发电厂锅炉工作原理

(1)锅炉本体。锅炉本体(水汽系统)主要包括汽包、下降管、联箱、水冷壁、过热器和省煤器等设备。水汽系统的主要作用是,使水吸热,最后变成一定参数的过热蒸汽,其过程是:给水由水泵打入省煤器后逐渐吸热,温度升高到汽包工作压力的沸点,成为饱和水;饱和水在蒸发设备(炉膛)中继续吸热,在温度不变的情况下蒸发成饱和蒸汽;饱和蒸汽从汽包引入到过热器后逐渐达到规定温度,成为合格的过热蒸汽,然后送到汽轮机中做功,为其他车间和工段提供动力。

汽包,俗称锅筒。蒸汽锅炉的汽包内装的是热水和蒸汽。汽包具有一定的水容积,与下降管,水冷壁相连接,组成自然水循环系统,同时,汽包又接收省煤器的给水,向过热器输送饱和蒸汽;汽包是加热、蒸发、过热三个过程的连接枢纽。

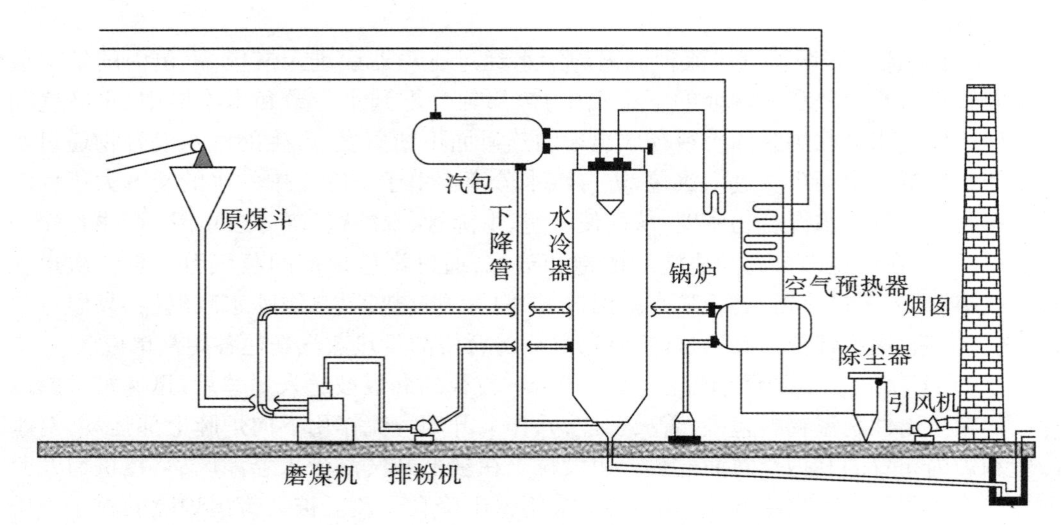

图6.1-2 锅炉系统图

下降管的作用是把汽包中的水连续不断地送入下联箱，供给水冷壁，使受热面有足够的循环水量，以保证可靠的运行。为了保证水循环的可靠性，下降管自汽包引出后都布置在炉外。

联箱，又称集箱，一般是直径较大，两端封闭的圆管，用来连接管子，起汇集、混合和分配汽水，保证各受热面可靠地供水或汇集各受热面的水或汽水混合物的作用，位于炉排两侧的下联箱，又称防焦联箱。水冷壁下联箱通常都装有定期排污装置。

水冷壁布置在燃烧室内四周或部分布置在燃烧室中间。它由许多上升管组成，以接收辐射传热为主受热面。作用：依靠炉膛的高温火焰和烟气对水冷壁的辐射传热，使水（未饱和水或饱和水）加热蒸发成饱和蒸汽，由于炉墙内表面被水冷壁管遮盖，所以炉墙温度大为降低，使炉墙不致被烧坏。而且又能防止结渣和熔渣对炉墙的侵蚀；简化了炉墙的结构，减轻炉墙重量。水冷壁的形式一般分为光管式和膜式。

过热器是蒸汽锅炉的辅助受热面，它的作用是在压力不变的情况下，从汽包中引出饱和蒸汽，再经过加热，使饱和蒸汽成为一定温度的过热蒸汽。

省煤器是布置在锅炉尾部烟道内，利用烟气的余热加热锅炉给水的设备，其作用就是提高给水温度，降低排烟温度，减少排烟热损失，提高锅炉的热效率。

减温装置的作用是保证汽温在规定的范围内。汽温调节措施有两种，一是蒸汽侧调节（采用减温器），二是烟气侧调节（采用摆动式喷燃器）。

（2）燃烧系统。燃烧系统是由炉膛、烟道、喷燃器及空气预热器等组成。其工作原理是，送风机将空气送入空气预热器中吸收烟气的热量并送进热风道，然后分为两路，一路气作为载气，进入制粉系统作为一次风携带煤粉送入喷煤器，另一路作为二次风直接送往喷煤器。煤粉与一、二次风经喷燃器喷入炉膛集箱燃烧放热，并将热量以辐射方式传给炉膛四周的水冷壁等辐射受热面，燃烧产生的高温烟气则沿烟道流经过热器，省煤器和空气预热器等设备，燃烧产生的高温烟气则沿烟道流经过热器，省煤器和空气预热器等设备。将热量主要以对流方式传给它们，在传热过程中，烟气温度不断降低，最后由吸风机送入烟囱排入大气。炉膛是由一个炉墙包围起来的，供燃料燃烧好传热的主体空间，其四周布满水冷壁。炉膛底部是排灰渣口，固态排渣炉的炉底是由前后水冷壁管弯曲而形成的倾斜的冷灰斗，液态排渣炉的炉底是水平的熔渣池。炉膛上部是悬挂有屏式过热器，炉膛后上方烟气流出炉膛的通道叫炉膛出口。

空气预热器是利用锅炉排烟的热量来加热空气的热交换设备，它是装在锅炉尾部的垂直烟道中。

(3)辅助设备。辅助设备主要包括通风设备(送、引风机)、燃料运输设备、制粉系统、除灰渣及除尘设备、脱硫设备等。

1)除尘系统。锅炉除尘系统采用江苏新中环保股份有限公司设计制造的低压脉冲袋式除尘器，单台除尘器主要由上箱体、中箱体、灰斗、支腿框架、滤袋组件、喷吹系统、离线装置、旁路系统及检测、控制系统、检修平台等设备组成，主要设计参数如表6.1-1。

表6.1-1 除尘系统设计参数

序号	项目	型号
1	每台炉配置的除尘器数目	1台
2	最大处理烟气量	390 000 m^3/h
3	烟气温度	140 ℃
4	除尘器允许入口烟气温度	120～180 ℃
5	除尘正常/最大入口粉尘浓度	20.68/60 g/m^3
6	除尘设计效率(最大入口粉尘浓度时)	99.99%
7	保证效率(最大入口粉尘深度时)	99.95%
8	出口烟尘浓度	≤30 mg/m^3
9	本体漏风率	<2%

2)输灰系统。锅炉输灰系统采用气力输灰系统，每台锅炉的布袋除尘器下设有6个仓泵，每组3个分为A、B两组。其中A组、B组的仓泵各自共用一根输灰管线，两组的两根输灰管线出来后合并成一根输灰管线，送至锅炉灰库进行存储。

3)输渣系统。输渣系统采用滚筒式冷渣机对炉渣进行冷却后排放，每台炉配置两台冷渣机，运行时两台冷渣机均需运行，一台负责排渣调节料层厚度，另外一台负责排灰调节炉膛差压。经冷却后的炉渣落入输渣系统的平皮带，然后送入斜皮带，最后送入渣仓进行存储。

4)锅炉风机。每台锅炉配置一台一次风机、一台二次风机、两台引风机及两台返料风机，运行时一次风机、二次风机、两台引风机全部运行，返料风机一开一备。

5)烟囱。烟囱为150/4.8 m(高度为150 m，顶口直径为4.8 m)钢筋砼烟囱，底部直径为内径14.3 m，结构正常使用年限为50年。设计采用基本分压0.40 kN/m^2(每平方米能够承受400 N的力),抗震设防烈度为8度,安全等级为二级,烟气正常温度60~80 ℃,最高温度180 ℃。燃煤含硫量1.28%,正常运行为经过脱硫之后的湿烟气。

6)空压机系统。空压机系统配备两台螺杆式空气压缩机、两台5 m^3 储气罐、两台微热再生式吸附式干燥机、一台工厂空气储罐和一台仪表空气储罐,空气通过螺杆式空气压缩机进行加压,再经过微热再生式吸附式干燥机的干燥分别进入工厂空气储罐和仪表空气储罐,供给生产系统各岗位和仪表系统使用。空压机系统的主要任务是在空分未开车时,其生产0.65~0.8 MPa的干燥空气,为生产系统各个用气岗位输送压缩空气,保证各用气单位正常生产。工艺流程如图6.1-3所示。

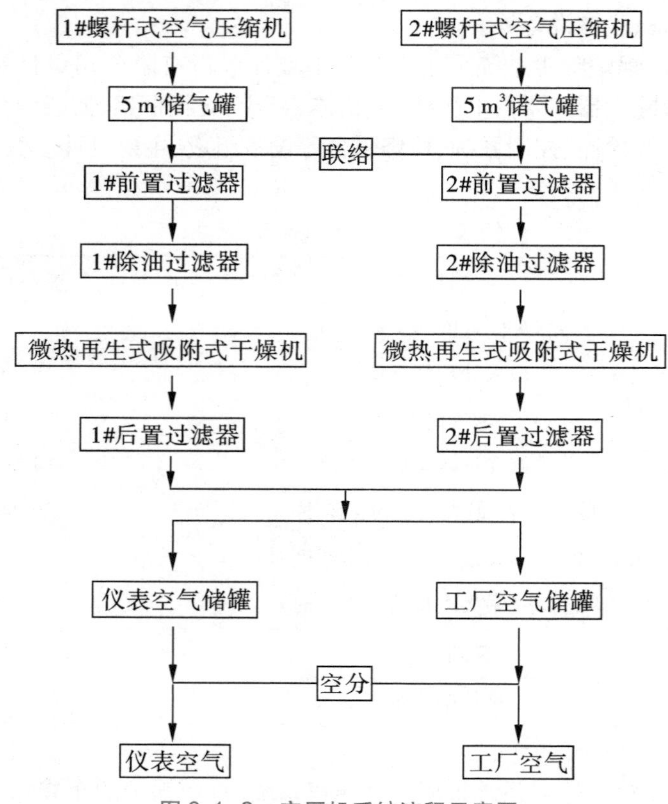

图6.1-3　空压机系统流程示意图

螺杆式空压机工作原理

7)脱硝系统。烟气脱硝由浙江某公司设计,采用选择性非催化还原技术(selective non-catalytic reduction,简称SNCR),以氨水为还原剂对锅炉烟气中的 NO_x 进行脱除。其主要设备有氨水储罐、氨水输送泵、稀释水罐、稀释水泵、静态混合器和喷枪。三台炉配置有氨水输送泵 3 台，稀释水泵 3 台，静态混合器 3 个，喷枪 18 个(每台炉 6 只)。在进行 SNCR 脱硝时，氨水输送泵将 15% 的氨水从氨水储罐中抽出，在静态混合器中与工艺水混合稀释成 5% ~10% 的氨水(浓度可在线调节)，输送到炉前 SNCR 喷枪处。氨水在输送泵的压力作用下，通过喷枪时，通过压缩空气雾化后，以雾状喷入锅炉炉膛内，与烟气中的氮氧化物发生氧化还原反应，生成氮气去除氮氧化物，从而达到脱硝目的。其工艺流程图如图 6.1-4 所示。

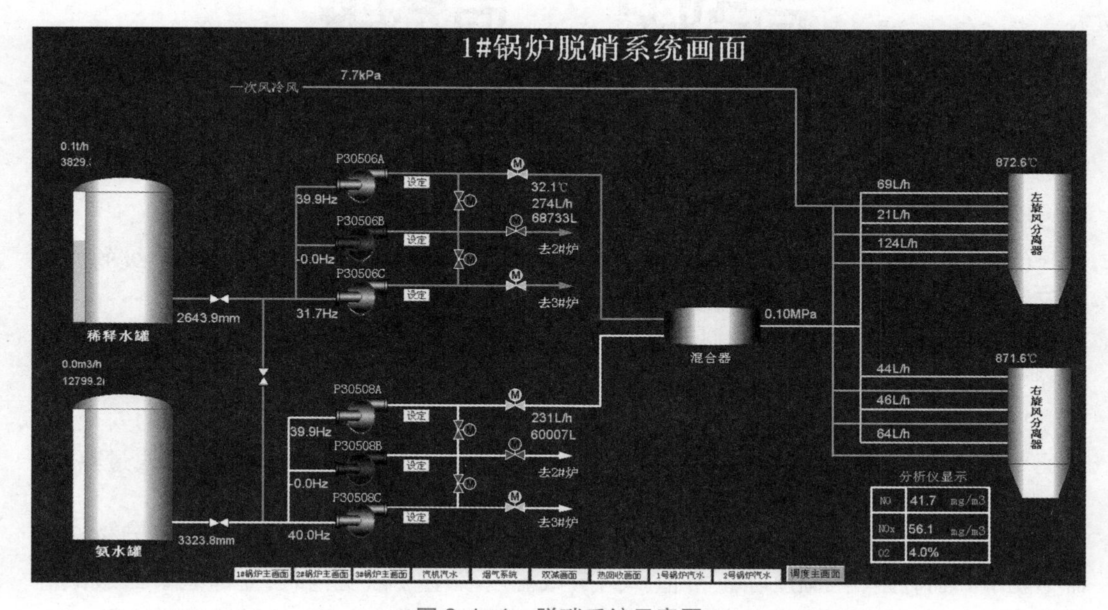

图 6.1-4　脱硝系统示意图

8) 重要工艺参数，如表 6.1-2 所示。

表 6.1-2　锅炉系统重要工艺参数

序号	项目	类别	指标	设定依据
1	汇汽集箱主蒸汽温度	A	520 ~ 540 ℃	锅炉设计说明书
2	汇汽集箱压力	A	8.8 ~ 9.45 MPa	锅炉设计说明书
3	过热汽二氧化硅	A	≤20 μg/kg	GB/T 12145—2016《火力发电机组及蒸汽动力设备水汽质量》
4	除尘出口排烟温度	A	<120 ℃(烟脱未投时)	烟囱内部涂料最高耐热温度
5	脱硫塔出口烟气中 NO_x 浓度	A	≤100 mg/m^3	GB 13223—2011《火电厂大气污染物排放标准》

思考题

SNCR 常用的还原剂、各还原剂的优缺点以及涉及的反应方程式主要有哪些?

选择性催化还原(SCR)原理

SNCR 和 SCR 的区别和联用

6.1.1.5 关键操作要点

(1)蒸汽温度的调整方法。高压锅炉的蒸汽温度是通过一、二级减温器串级的方式进行控制的,使锅炉的主蒸汽温度严格控制在 520～540 ℃内。

1)锅炉冷态启动初期,控制炉膛出口温升速率在 100 ℃/h 内,点火过程中未产蒸汽时,严格控制炉膛出口烟气温度应不超 480 ℃,避免屏式过热器超温烧坏。

2)锅炉正常运行后,应合理使用一、二级减温器,做到既保证屏式过热器的安全,又保证平稳的蒸汽温度。一级减温器作为粗调汽温使用,要经常投运以保护屏式过热器,当一级减温器进口蒸汽温度超温时,应从燃烧方面进行调整。

3)当过热蒸汽温度发生小幅变化时,则提前调节一级减温器的减温水量,二级减温器不调节,维持主蒸汽温度在正常值。当蒸汽温度发生大幅变化时,立即调节二级减温器的减温水量,待蒸汽温度稳定后,再加大一级减温器减温水,减小二级减温器减温水。

4)锅炉正常停炉时,应根据蒸汽温度下降情况,先退出二级减温器运行,并缓慢降低一级减温器的调节,并根据汇汽集箱出口的汽温及屏过出口汽温下降情况,逐渐调节一级减温器直至退出。

(2)锅炉床温的调整。根据锅炉负荷的需要,增加给煤量可提高床温,反之则降低床温;减少一次风量可提高床温,反之则降低床温;减少返料量,可提高床温,反之则降低床温。

6.1.2 汽轮机

6.1.2.1 汽轮机概述

汽轮机是现代火力发电厂的主要设备。汽轮机也称蒸汽透平发动机,是一种旋转式蒸汽动力装置。其工作原理是高温高压蒸汽进入汽轮机,穿过固定涡轮喷嘴(静止叶片)膨胀成为加速的气流后,喷射到工作叶片(动叶片)上,带动汽轮机的转子旋转,同时通过联轴器对外做功,以实现热能到蒸汽的动能到机械能的转变。汽轮机是现代火力发电厂的主要设备,也用于冶金工业、化学工业、舰船动力装置中。

汽轮机机体主要由转子、定子、轴承和轴承箱、盘车装置组成(图 6.1-5)。

（1）转子。转子流道中的旋转部分由主轴、叶轮、叶片和联轴器等主要部件组成。当转子工作时，它高速旋转，除了转换能量和传递扭矩外，它还承受主轴上动叶片和零件质量引起的离心力，以及各零件温差引起的热应力，因此转子是设备重要的部件之一。

（2）定子。汽轮机流道中的静态部分和设备的壳体部分由汽缸、隔膜和隔膜套、进汽部分、排汽部分、汽封和轴封等主要部分组成。其中汽缸是汽轮机的外壳，内部装有喷嘴室、喷嘴、挡板、挡板套、汽封等部件，外部装有调节汽阀和进汽、排汽及回热抽汽管道。作用将设备的气流通道与大气隔开，形成一个封闭的蒸汽室，确保蒸汽能够在汽轮机完成其能量转换过程。

（3）轴承和轴承箱。支撑轴承用于承受转子的重量并保持转子的径向位置，止推轴承用于固定转子的轴向位置，轴承箱用于安装轴承和轴承座。

（4）盘车装置。盘车装置是一种在蒸汽冲击前和蒸汽停止后保持汽轮机低速旋转的装置，由电机、减速器、离合器和操作机构组成。

图 6.1–5　汽轮机的转动

思考题

查阅资料了解蒸汽机到汽轮机的改进历程，并阐述蒸汽机和汽轮机的联系和区别有哪些？

电厂汽轮机的原理

6.1.2.2 岗位任务

(1)利用锅炉产的过热蒸汽在汽轮机内膨胀做功带动发电机发电。

(2)将锅炉产的过热蒸汽转变为不同压力、温度等级的蒸汽,以供相应生产岗位所需。

(3)根据生产情况及时调整设备运行状况,以保证生产安全、稳定、长周期运行。

6.1.2.3 工艺流程简述

(1)1#汽机蒸汽管网汽水系统工艺流程。脱盐水预热器换热后送至除氧器进行除氧,然后通过锅炉给水泵将合格的水送至锅炉给水预热器进行进一步升温,最终送至锅炉。

锅炉产生的过热蒸汽送至S98蒸汽管网,9.8 MPa蒸汽管网用户有空分,1#汽轮机,9.8~2.5 MPa 220 t双减,9.8~4.0 MPa 50 t、40 t双减,9.8~5.3 MPa 180 t双减。

5.3 MPa蒸汽管网用户分别为三厂、5.3~4.0 MPa 10 t双减、5.3~2.5 MPa 80 t双减。1#汽机抽汽、变换中压废锅及5.3~4.0 MPa 10 t双减;4.0 MPa蒸汽用户有2#汽机、合成透平机、变换开工加热器、4.0~2.5 MPa 25 t双减。

2.5 MPa蒸汽管网的来源1#汽机排汽、合成废锅、5.3~2.5 MPa 80 t双减、4.0~2.5 MPa 25 t双减,主要热用户有尿素、空分分子筛、高加、2.5~1.2 MPa 15 t双减、2.5~0.5 MPa 80 t双减。1.25 MPa蒸汽管网来源2#汽轮机抽汽、2.5~1.2 MPa 15 t双减,主要热用户有尿素、糠醇、气化等。

0.5 MPa蒸汽管网来源低压废锅、2.5~0.5 MPa 80 t双减,主要热用户有热回收、3#汽机、溴化锂、糠醇等。

(2)2#汽机蒸汽管网汽水系统工艺流程。4.0 MPa过热蒸汽经过两个电动门,由一个主汽门进入两侧导汽管,然后进入汽轮机内做功,做功后,排汽与循环水换热后在凝汽器内凝结为水,凝结水经过凝结水泵送入轴封冷却器,经过加热后送入除氧器。抽汽则送入1.2 MPa蒸汽管网,汽封漏汽进入轴加后,对凝结水进行加热,换热后的凝结水再送入凝汽器。射水泵向射水抽气器供水,对凝汽器辅助抽真空。均压箱向汽封供应正压蒸汽,维持系统真空。

6.1.3 热回收工段

6.1.3.1 双碳目标与化工节能

随着社会经济的不断发展,巨大的能源消费需求和碳排放问题引发了人们的广泛关注。2020年9月22日,中国国家主席习近平在第七十五届联合国大会一般性辩论上宣布:“中国将提高国家自主贡献力度,采取更加有力的政策和措施,二氧化碳排放力争于2030年前达到峰值,努力争取2060年前实现碳中和。”双碳目标的提出,不仅是中国主动承担应对全球气候变化责任、构建人类命运共同体和人与自然生命共同体的大国担当,也是加快生态文明建设和实现高质量发展、实现中华民族复兴大业的内在要求,也对我国能源利用与经济社会发展的平衡提出了新的要求。

作为能源消费大国,工业能源消费约占总能源消费的70%,而作为能源密集型的化学工业过程的能源消费又占据工业能源消费总量的80%。应对当前能源消费的快速增长、能源供需关系失衡,以及由此引发的环境问题等,不仅需要大力发展可再生能源,还需提高现有能源利用率和回收可用废热等。

公用工程系统为反应、分离等工艺过程提供动力、电力和热能等,将公用工程系统的能量供应和能量回收与工艺过程以及换热网络统筹考虑,以合理用能为目标进行系统能量集成是提高能源利用率的重要途径之一。

水汽车间中,锅炉供给的高温高压蒸汽经汽轮机做功后,㶲值降低,变为仅具有“低品位”热能的低压蒸汽,称为“乏汽”。经除氧处理后,可以送回锅炉或给水系统,也可以利用高热值的焓再生提高乏气的温度和压力直接送到用汽岗位充分使用而达到进一步节能的目的,这就是热回收工段的主要任务。

6.1.3.2　热回收工段概述

热回收工段的主要任务是,使用0.5 MPa蒸汽加热除氧器给水至饱和温度,对给水和各处回收的凝液进行加热除氧,并在下降管处投加化学除氧剂进行化学除氧,保证给水品质,最后经过各台给水泵送至相应岗位。

铁受水中溶解氧的腐蚀,铁和氧形成两个电极,组成腐蚀电池,铁的电极电位总比氧的电极电位低,所以在铁氧腐蚀电池中,铁是阳极,遭到腐蚀反应式为:

$$Fe \longrightarrow Fe^{2+} + 2e^-$$

氧为阴极,被还原反应式为:

$$O_2 + 2H_2O + 4e^- \longrightarrow 4OH^-$$

特别是在温度较高的给水系统中最容易发生这种腐蚀,并且相当严重,因此必须去除水中的溶解氧。

热回收岗位设置三台旋膜除氧器,对锅炉给水和工艺中、低压给水及密封水除氧,除氧蒸汽来自管网的0.5 MPa饱和蒸汽,化学补水进水为经变换预热后的约110 ℃脱盐水。其中四台锅炉给水泵,三开一备或二开二备,将除氧水加压后送往锅炉。两台工艺中压给水泵,一开一备,将除氧水加压后送往变换中压蒸汽发生器及合成废锅;为优化工艺新增两台中压泵,一台送变换,一台送合成。两台工艺低压给水泵,一开一备,将除氧水加压后送往低压蒸汽发生器及硫回收岗位。两台密封水泵,一开一备,将除氧水加压后送往变换、灰水处理、气化。

6.1.3.3　热回收工段工艺原理

热力除氧原理是以亨利定律和道尔顿定律作为理论基础的。

亨利定律指出:在一定温度下,当溶于水中的气体与自水中离析的气体处于动平衡状态时,单位体积水中溶解的气体量和水面上该气体的分压力成正比。根据亨利定律,如果水面上某气体的实际分压力小于水中溶解气体所对应的平衡压力,则该气体就会在不平衡压差的作用下,自水中离析出来,直至达到新的平衡为止。如果能从水面上完全清除气体,使气体的实际分压力为零,就可以把气体从水中完全除去。这就是热力除氧的基本原理。

道尔顿定律提供了将水面上气体的分压力降为零的方法,指出:混合气体的全压力等于各组成气体的分压力之和。当给水被定压加热时，随着水蒸发过程的进行，水面上的蒸汽量不断增加，蒸汽的分压力逐渐升高，及时排除气体，相应地水面上各种气体的分压力不断降低。当水被加热到除氧器压力下的饱和温度时，水大量蒸发，水蒸气的分压力就会接近水面上的全压力，随着气体的不断排出，水面上各种气体的分压力将趋近于零，于是溶解于水中的气体就会从水中逸出而被除去。

6.1.3.4 热回收工段工艺流程简述

汽机凝液、空分凝液、透平凝液汇合并入脱盐水总管后分成三部分，一部分送至变换岗位脱盐水预热器换热，另一部分送到合成岗位软水加热器换热，然后两者汇合送入除氧器；最后一部分被汽机、锅炉、烟脱从脱盐水总管引出作为冷却水，随后又回收至除氧器。另外除氧器用水来源还包括锅炉疏水箱、三厂热脱盐水、高加疏水。进入除氧器经蒸汽（0.5 MPa 蒸汽或者 1.3 MPa 蒸汽）加热除去大部分溶解氧后，用各台泵送往不同的岗位，其中锅炉给水泵送往锅炉，密封给水泵送往灰水处理、变换、气化，低压水泵送往硫回收、低压废锅，中压泵送往合成废锅、中压废锅，变换中压泵送往变换中压废锅，合成中压泵送往合成废锅。其工艺流程详见图 6.1–6。

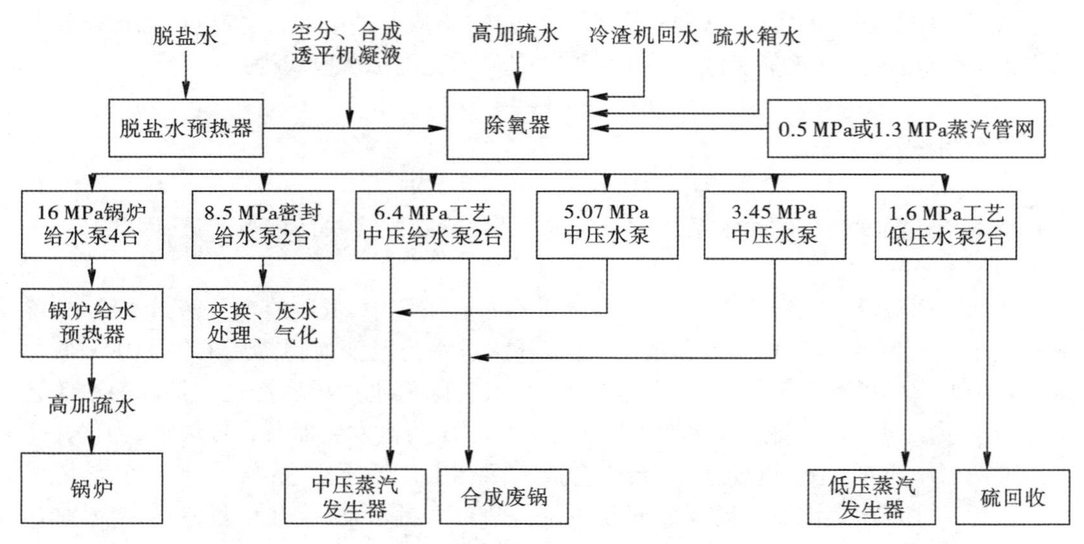

图 6.1–6 热回收工段工艺流程简图

6.1.3.5 热回收工段主要设备

热回收工段的设备主要包括除氧器、组合式联氨加药装置、锅炉给水泵、密封水泵、稀油站、定期排污扩容泵和取样冷却器。

（1）除氧器。除氧器是锅炉及供热系统关键设备之一，如除氧器除氧能力差，将对锅炉给水管道、省煤器和其他附属设备的腐蚀造成的严重损失，引起的经济损失将是除氧器造价的几十或几百倍，国家电力部因此对除氧器含氧量提出了部颁标准，即大气式除氧器给水含氧量应小于 15 μg/L，压力式除氧器给水含氧量应小于 7 μg/L。

除氧设备主要由除氧塔头、除氧水箱两大件以及接管和外接件组成，其主要部件除氧器(除氧塔头)是由外壳、汽水分离器、新型旋膜器(起膜管)、淋水篦子、蓄热填料液汽网等部件组成。

除氧器的工作原理是,凝结水及补充水首先进入除氧头内旋膜器组水室,在一定的水位差压下从膜管的小孔斜旋喷向内孔,形成射流,由于内孔充满了上升的加热蒸汽,水在射流运动中便将大量的加热蒸汽吸卷进来;在极短时间很小的行程上产生剧烈的混合加热作用,水温大幅度提高,而旋转的水沿着膜管内孔壁继续下旋,形成一层翻滚的水膜裙,(水在旋转流动时的临界雷诺数下降很多即产生紊流翻滚),此时紊流状态的水传热传质效果最理想,水温达到饱和温度。氧气即被分离出来,因氧气在内孔内无法随意扩散,只能随着上升的蒸汽从排汽管排向大气。经起膜段粗除氧的给水及由疏水管引进的疏水在这里混合进行二次分配,呈均匀淋雨状落到装到其下的液汽网上,再进行深度除氧后才流入水箱。水箱内的水含氧量为高压0~7 μg/L,低压小于15 μg/L达到部颁标准。

除氧器的构造和工作原理

运行中应控制除氧器压力稳定,保持除氧器温度和压力处于相对应的饱和状态,以保证除氧效率。多台除氧器并列的过程中,应在打开下降门及水平衡门之前,先投入汽平衡门,保证各台除氧器压力相同,避免发生压游现象。并列运行中,需要退出单台除氧器时,应逐步关小其进水阀、进汽阀及下降门,保证在退出的过程中,两台除氧器液位处于相对稳定的状态,避免发生压游现象。当进水阀、进汽阀及下降门都关闭后,再关闭汽平衡。

(2)组合式联氨加药装置。锅炉水汽系统中的溶解氧是引起热力设备腐蚀、威胁锅炉安全运行的主要因素。往给水中加入联氨是继除氧器之后实现进一步强化除氧的化学方法。

根据联氨在碱性溶液中表现较强的还原性,能够将水中的溶解氧还原,反应式为:

$$N_2H_4 + O_2 \longrightarrow N_2 + 2H_2O$$

通过跟踪水汽车间水汽品质的变化,加药计量泵自动将药品加入水汽系统,使系统水汽品质处于良好工况,保证机组安全运行,也适用于原水、凝结水、循环水、除盐水、废水等水处理系统。

联氨的加药量要求控制严格,加药量过少,保证不了除氧效果,因而达不到防止锅炉腐蚀、保障电厂安全经济运行的目的;而加药量过多,不仅造成不必要的浪费,而且还会导致环境污染。实际运行中,应根据锅炉给水及时调整联氨的加入量,控制溶解氧不超过7 μg/L。

运行中,应根据锅炉给水溶解氧数据及时调整联氨加药量,控制溶解氧不超过7 μg/L。主要设备的重要工艺参数如表6.1-3所示。

表6.1-3　主要设备的重要工艺参数

序号	项目	指标	类别	制定依据
1	锅炉给水泵出口总管压力	13~18 MPa	A	给水泵设计规范
2	密封水泵出口总管压力	8.5~10.5 MPa	A	给水泵设计规范

6.1.4 烟气脱硫

6.1.4.1 概述

烟气脱硫工段是企业环保工程的重要环节。燃煤在锅炉内燃烧不仅会产生热量,还会产生大量的烟尘。这些烟尘中包含的硫化物氮化物和飞灰等就是造成空气污染的主要原因,所以烟气脱硫技术对于空气环境的保护和治理十分重要。

烟气脱硫技术是脱除工业排放烟气中 SO_2 组分的最有效和应用最为广泛的技术之一。该技术是一种燃烧后脱硫技术,在达到脱硫目的的同时对产物回收利用,供其他工业生产使用。其基本原理是使含硫烟气与碱性吸收剂颗粒或吸收剂浆滴充分接触并发生中和反应,以此得到净化的气体,从而达到脱硫的目的。在大气污染愈发严重、排放标准日益严苛的背景下,从20世纪60年代末的湿法脱硫开始,烟气脱硫技术得到了迅猛发展。目前,经开发和改进的烟气脱硫工艺已经有200多种。

烟气脱硫工段中,必须确保热电锅炉烟气中 SO_2 含量符合国家环保排放标准的要求($\leqslant 50\ mg/m^3$),达标排放,并按照控制排放总量的要求在确保达标的同时进一步削减 SO_2 的排放量。另一方面,确保锅炉烟尘按照国家环保排放标准达标排放($\leqslant 20\ mg/m^3$)。同时,提纯溶液系统中的硫铵,"废渣"回收为合格的硫酸铵产品,水全部循环,消除"三废"等二次污染的产生。

烟气脱硫工程采用湿式氨法工艺,并按两炉一塔、一炉一塔方式建设,两塔可互为备用。脱硫剂为氨水,脱硫系统包括烟气系统、液路系统、氧化系统,生成的副产品为硫酸铵,脱硫率 $\geqslant 95\%$。出口:净烟气 SO_2 排放浓度 $\leqslant 50\ mg/m^3$,净烟气烟尘排放浓度 $\leqslant 20\ mg/m^3$,净烟气排放含水率($>25\ \mu m$ 雾滴浓度)$\leqslant 75\ mg/m^3$,副产品硫酸铵含水量 $\leqslant 10\%$、氮含量 $\geqslant 19\%$。

6.1.4.2 烟气脱硫的基本原理

燃煤锅炉烟气氨法脱硫工艺,是利用气氨或氨水作为吸收剂,气液在脱硫塔内逆流接触,脱除烟气中的 SO_2。氨是一种良好的碱性吸收剂,从吸收化学机理上分析,二氧化硫的吸收是酸碱中和反应,吸收剂碱性越强,越有利于吸收,氨的碱性强于钙基吸收剂;而且从吸收物理机理分析,钙基吸收剂吸收二氧化硫是一种气固反应,反应速率慢。反应不完全,吸收剂利用率低,需要大量的设备和能耗进行磨细、雾化、循环等以提高吸收剂利用率,设备庞大、系统复杂、能耗高;氨吸收烟气中的二氧化硫是气液反应,反应速率快,反应完全、吸收剂利用效率高,可以达到很高的脱硫效率。整个脱硫系统的脱硫原料是氨和水,脱硫产品是固体硫铵,过程不产生新的废气、废水和废渣。既回收了硫资源,又不产生二次污染。

氨法脱硫吸收反应原理如下所示:

$$NH_3+H_2O+SO_2 = NH_4HSO_3 \tag{6.1-1}$$

$$2NH_3+H_2O+SO_2 = (NH_4)_2SO_3 \tag{6.1-2}$$

$$(NH_4)_2SO_3+H_2O+SO_2 = 2NH_4HSO_3 \tag{6.1-3}$$

$$NH_3+NH_4HSO_3 = (NH_4)_2SO_3 \tag{6.1-4}$$

在通入氨量较少时发生(6.1-1)反应，在通入氨量较多时发生(6.1-2)反应，而式(6.1-3)表示的才是氨法中真正的吸收反应。在吸收过程中所生成的酸式盐 NH_4HSO_3 对 SO_2 不具有吸收能力，随吸收过程的进行，吸收液中的 NH_4HSO_3 含量增加，吸收液吸收能力下降，此时需向吸收液中补氨，发生(6.1-4)反应使部分 NH_4HSO_3 转变为 $(NH_4)_2SO_3$，以保持吸收液的吸收能力。因此氨法吸收是利用 $(NH_4)_2SO_3-NH_4HSO_3$ 的不断循环的过程来吸收烟气中的 SO_2，补充的 NH_3 并不是直接用来吸收 SO_2，是保持吸收液中 $(NH_4)_2SO_3$ 的组分比。

氨吸收反应产物亚硫酸氨 $(NH_4)_2SO_3$ 经氧化反应得到脱硫产品硫酸铵 $(NH_4)_2SO_4$，供其他工业使用。

$$2(NH_4)_2SO_3 + O_2 \longrightarrow 2(NH_4)_2SO_4 \tag{6.1-5}$$

本厂使用的氨法脱硫工艺主要特点：①脱硫系统阻力小，运行成本低，自动化程度高；②亚硫酸铵进行特殊的氧化，氧化效率高，可达99%以上。

6.1.4.3　工艺流程简述

烟气脱硫工艺主要包括风烟流程、液路流程、氧化空气流程三部分，工艺流程如图6.1-7所示，重要工艺参数指标见表6.1-4。详述如下。

(1)风烟流程。锅炉130～170 ℃的热烟气首先进入吸收塔浓缩段，与由二级循环泵送入经雾化喷嘴雾化的硫酸铵溶液充分接触，烟气温度降低，将硫酸铵溶液中的水分带走，得到浓缩的硫酸铵溶液。

烟气温度由130～170 ℃降至60～70 ℃，然后烟气经过集液器进入吸收段与一级循环喷淋的吸收液进行脱硫反应，净化后的烟气约50 ℃，经塔顶水清洗、除雾器除去夹带的雾滴后进入湿式静电除尘器进行精除尘，将烟气中的尘、酸雾、水雾等经过阴极丝荷电后在阳极上沉积，在沉淀过程中在阳极管内壁形成含尘液膜，含尘液膜在重力作用下流到湿式静电除尘器下部的集液槽中。

为了保证除尘器阴阳极的洁净度，需定期利用清水对除尘器内部及积液槽进行冲洗，冲洗后的水重新回收至检修池再利用。

为了防止烟气进入阴极绝缘子室影响高压电场的运行，需持续向绝缘子室内通入热空气，保证绝缘子室干燥。烟气经湿电除尘后进入烟囱排放。

(2)液路流程。该工艺过程采用7%～8%的稀氨水为脱硫剂，由氨水泵送入循环槽，再通过一级循环泵的雾化喷嘴，将烟气中大部分 SO_2 脱除掉，剩余的氨水与少量 NH_4HSO_3 反应，生成 $(NH_4)_2SO_3$。当 $(NH_4)_2SO_3$ 达到一定浓度后，与氧化风机送来的空气进行充分的氧化，将亚硫酸铵溶液氧化为硫酸铵溶液式(6.1-5)；硫酸铵溶液由二级循环泵送入吸收塔的浓缩段对烟气进行降温，硫酸铵溶液再由硫铵排出泵送入旋流器，经过旋流器的硫酸铵晶液放入离心机分离出硫酸铵晶体(含水≤10%)，包装入库。

旋流器分离出的清液和离心机分离出的液体均回流至吸收塔，再由二级循环泵送入吸收塔浓缩段循环提浓。

(3)氧化空气流程。氧化风机将一次氧化风送入1#、2#循环槽，将二次氧化风送入1#、2#吸收塔底部，通过脱硫塔排出。

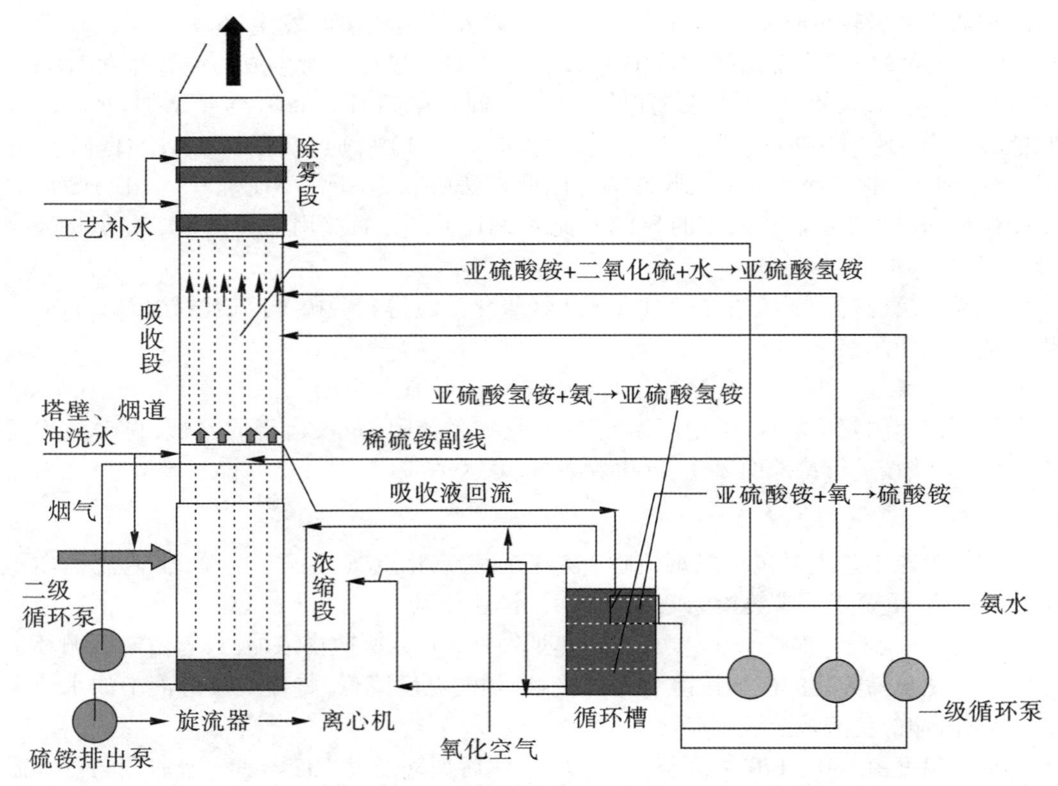

图 6.1-7 烟气脱硫岗位工艺流程

表 6.1-4 烟气脱硫工段的重要工艺参数指标

序号	项目	类别	指标
1	脱硫塔出口烟气中 SO_2 浓度	A	≤35 mg/m^3
2	脱硫塔出口烟气粉尘浓度	A	≤10 mg/m^3

6.2 水处理工段

6.2.1 概述

生活和生产用水都是来源于地表天然水和地下水，水中含有悬浮物、胶体物、矿物离子等杂质会影响生命健康、生态稳定和生产安全，并对设备管道造成腐蚀性破坏，因此使用前必须对其进行处理。化工生产过程中水处理工段主要包括脱盐水工段、循环水工段和污水处理工段，每一工段对水的指标和要求都不同，且处理工艺也不同。

水处理是通过物理、化学、生物的手段，去除水中一些对生产、生活不需要的有害物质的过程，是为了特定用水需求而对水进行的沉降、过滤、混凝、絮凝，从而使水质达到一定使用标准并缓蚀阻垢等水质调理过程。

自来水是怎么处理的

按处理方法不同，可分为物理水处理、化学水处理和生物水处理等多种。按处理对象或目的的不同，有给水处理和废水处理两大类。给水处理包括生活饮用水处理和工业用水处理两类，废水处理又有生活污水处理和工业废水处理。其中与热工技术关系密切的有从属于工业用水处理范畴的锅炉给水处理、补给水处理、汽轮机主凝结水处理以及循环水处理等。水处理对发展工业生产、提高产品质量、保护人类环境、维护生态平衡具有重要的意义。

6.2.2　水质监测分析

6.2.2.1　水质监测指标

(1)化学需氧量(chemical oxygen demand，COD)。COD 是指在一定条件下，氧化 1 L 水样中还原性物质所消耗的氧化剂的量，以氧的 mg/L 表示。COD 是表征水中还原性物质的综合性指标，也是有机物污染物的综合指标。

COD 测定方法依据氧化剂的类型分类，主要有重铬酸钾法(COD_{Cr})、锰法(COD_{Mn})、碱性高锰酸盐指数法(COD_{OH})。目前最常用的 COD 测定方法是重铬酸钾法，氧化率达 90% 左右，对大多数类型的工业废水测定有效。

(2)高锰酸盐指数。以高锰酸钾溶液为氧化剂测得的化学需氧量，称为高锰酸盐指数，以氧的 mg/L 表示。该指数常被作为反映地表水受有机物和还原性无机物污染程度的综合指标。

COD_{Cr}和高锰酸盐指数是采用不同的氧化剂在各自的氧化条件下测定的，无明显的相关关系。一般来说，重铬酸钾法的氧化率可达 90% 以上，而高锰酸钾法的氧化率为 50% 左右，两者均未完全氧化，因而都只是一个相对参考数据。

(3)总氮和氨氮含量。水中的总氮包含有机氮和无机氮(氨氮、亚硝酸盐氮、硝酸盐氮)，总氮含量是衡量水质的重要指标之一。其测定方法通常采用过硫酸钾氧化，使有机氮和无机氮化合物转变为硝酸盐，用紫外分光光度法或离子色谱法、气相分子吸收光谱法测定。

水中的氨氮是指以游离氨(或称非离子铵，NH_3)和离子铵(NH_4^+)形式存在的氮。而游离氨与离子铵在水中的比例取决于水的 pH 值。当 pH 值偏高时，游离氨的比例较高；反之，则铵盐的比例较高。水中氨氮的测定方法有纳氏试剂分光光度法、水杨酸-次氯酸盐分光光度法、气相分子吸收光谱法和滴定法。

(4)总磷。在天然水合废(污)水中，磷主要以磷酸盐和有机磷(如磷脂等)形式存在，也存在于腐殖质离子和水生生物中。磷是生物生长必需元素之一，但水体中磷含量过高，会导致富营养化，水质恶化。其测定方法是过硫酸钾消解和钼蓝分光光度法。

(5)pH 值。pH 值是水中氢离子活度的负对数，采用玻璃电极测定法。不同工段的水处理过程对 pH 的要求不一样。

(6)生物需氧量(biochemical oxygen demand，BOD_5)。主要用于监测水体中有机物的

污染状况。其定义是:5 天内好氧微生物氧化分解单位体积水中有机物所消耗的游离氧的数量,表示单位为氧的毫克/升(mg_{O_2}/L)。

一般有机物都可以被微生物所分解,但微生物分解水中的有机化合物时需要消耗氧,如果水中的溶解氧不足以供给微生物的需要,水体就处于污染状态。

(7)总有机碳(total organic carbon,TOC)。有机碳是以碳的含量表示水体中有机物总量的综合指标。目前广泛应用的测定 TOC 的方法是燃烧氧化-非色散红外吸收法。由于 TOC 的测定采用燃烧法,能将有机物全部氧化,此方法比 BOD_5 或 COD 更能反映有机物的总量。

(8)溶解氧(dissolved oxygen,DO)。溶解氧是指溶解于水中的分子态氧,即水体与大气交换或经化学、生物化学反应后溶于水中的氧。DO 下降表明水质受到污染,DO 表明水体污染程度的重要指标之一。大气压下降、水温升高、含盐量增加,都会导致溶解氧含量的降低。测定水中溶解氧的方法有碘量法、修正的碘量法和氧电极法。

(9)浊度。浊度是反映水中的不溶解物质对光线透过时阻碍程度的指标,单位是 NTO 或 TU 通常仅用于天然水和饮用水,而污水和废水中不溶物含量高,一般要求测定悬浮物。测定浊度的方法有目视比浊法、分光光度计法和浊度计法等。

(10)电导率。水的电导率测定是以数字表示溶液传导电流的能力,单位是 S/m(西门子/米)。纯水的电导率很小,当水中含有无机酸、碱、盐或有机带电胶体时,电导率就增加。水溶液的电导率高低相依于其内含溶质盐的浓度,或其他会分解为电解质的化学杂质。水样本的电导率是测量水的含盐成分、含离子成分、含杂质成分等的重要指标。水的电导率通常采用电导率仪法测定。

(11)淤泥密度指数(silt density index,SDI)。代表了水中颗粒、胶体和其他能阻塞各种水净化设备的物体含量。SDI 值是测量通过 47 mm 直径、0.45 μm 孔径膜的流速衰减。之所以选择 0.45 μm 孔径的膜,是因为在这个孔径下,胶体物质比硬颗粒物质(如沙子、水垢等)更容易堵塞膜。在反渗透水处理过程中,SDI 值是测定反渗透系统进水的重要标志之一;是检验预处理系统出水是否达到反渗透进水要求的主要手段。它的大小对反渗透系统运行寿命至关重要。

6.2.2.2 水质监测分析方法

水质监测分析方法的原则主要是依据国家或行业的标准分析方法(A 类)和统一分析方法(B 类)。

水质监测分析方法根据物质类别,分为无机物和有机物的监测分析方法。用于测定无机污染物的方法有原子吸收法、分光光度法、等离子发射光谱法(ICP-AES)、电化学法和离子色谱法,其他的还有化学法、原子荧光法、等离子发射光谱-质谱(ICP-MS)法,气相分子吸收光谱法等。由于有机物污染物的检测分析方法有气相色谱法(GC)、高效液相色谱法(HPLC)、气相色谱-质谱法(GC-MS),其他的方法还有有机物污染物类别测定和耗氧有机物测定。

6.2.3　脱盐水工段

6.2.3.1　概述

整体脱盐水系统采用一级反渗透(reverse osmosis,RO)除盐系统加阳、阴、混床处理。脱盐水系统主要设备有卧式四室双介质过滤器、自清洗过滤器、超滤装置、原水反渗透装置和浓水反渗透装置,阳床、阴床和混床。凝液精制系统主要由大流量前置过滤器、前置阳床和高速混床组成。

6.2.3.2　工段任务

本工段分为脱盐水制备系统(含浓水RO产水)、凝液精制系统和浓水处理三部分。

(1)脱盐水制备系统。主要任务是把一次水中的杂质、各种阴阳离子除去,经加压后送后工段使用。反渗透(RO)产水进入RO水箱,一路经循环水补水泵送循环水补水,另一路经离子交换器深度除盐后,送后工段使用。

(2)凝液精制系统。该系统包含工艺凝液和透平凝液的精制。工艺凝液精制利用换热器进行降温后,再通过阳床和高速混床处理,进入除盐水箱,经外供泵提压后送往后工段各用水岗位。一般透平凝液不经处理直接送出,透平凝液不合格时,并入工艺凝液精制系统。

(3)浓水预处理系统。浓水预处理岗位是利用三法一体化、砂滤器把一次水反渗透所产浓水中的铁、钙、镁离子除去,通过在反应区内投加聚合铝(PAC),降低碱度、硬度、总磷含量,通过清水总管送至污水终端。

脱盐水工段的水质控制要点,主要包括pH、碱度、浊度、含铁量、电导率、COD指标和温度等指标的控制,其具体如下所述。

(1)pH、碱度。接近指标上限时,适当加大硫酸的投加;pH接近指标下限时,立即停止硫酸的投加,查清pH脱标原因并采取措施。

(2)砂滤器出水浊度。循环水砂滤器出水浊度≤20 NTU,主要通过调整除铁剂的投加量及砂滤器的反洗频次来控制的。

(3)砂滤器出水铁含量。合成、尿素循环水砂滤器出水 Fe^{2+} ≤3 mg/L,空分循环水砂滤器出水 Fe^{2+} ≤2 mg/L,主要通过调整除铁剂的投加量及砂滤器的反洗频次来控制的。

(4)电导。合成循环水电导控制在6000 μS/cm左右,空分循环水电导控制在5000 μS/cm左右,尿素循环水电导控制在6000 μS/cm左右,主要通过控制排污进行控制。

(5) NH_3-N、硬度、电导、氯离子超标。适当调大循环水排污量,每次调整在5 m^3/h左右,严禁大幅度调整排污。

(6)COD超标。适当调大循环水排污量,每次调整在5 m^3/h左右,严禁大幅度调整排污,同时适当加大次氯酸钠的投加量来控制COD。

(7)循环水给水温度。T≤32 ℃,主要是通过调整上塔阀门的开度及调整风机风叶角度来进行控制。

6.2.3.3　工艺原理

(1)预处理设备。在一定的压力下把浊度较高的水通过一定厚度的粒状或非粒状材料,从而有效地除去悬浮杂质使水澄清的过程。

(2)超滤。在一定的压力下,当水流过超滤膜表面时,允许水、无机盐及小分子物质透过,阻止水中的悬浮物、胶体、微生物等物质透过,以达到净化水质的目的。

(3)反渗透。当在半透膜的盐水侧施加一个大于渗透压的压力时,水的流向就会逆转,此时,盐水侧的水将流向纯水侧,这种现象叫作反渗透。

(4)离子交换树脂。当一次水通过阳离子交换树脂层时,水中的阳离子被树脂吸附,树脂上可交换的氢离子被置换到水中,并同水中的阴离子组成相应的无机酸,含有无机酸的水在通过阴离子交换树脂时,水中的阴离子被树脂吸附,树脂上可交换的氢氧根离子被置换到水中,并与氢离子结合成水。

6.2.3.4 流程简述

(1)脱盐水系统工艺流程。来自厂外水井的一次水和预处理过黄河水进入原水箱,经一次水泵加压进入脱盐水系统,首先经板式换热器换热(一次水温度25~35 ℃)后,投加杀菌剂(一般采用次氯酸钠,主要是对水质进行杀菌和消毒的作用),然后进入卧式四室双介质过滤器(主要是去除水中较大的固体悬浮物),再进过滤水箱。经水泵加压进入自清洗过滤器(主要是过滤掉>100 μm的悬浮物及一些尖锐性杂质),后经超滤装置进一步去除99%以上的胶体,再经升压泵加压进入保安过滤器,要求保安过滤器的出水精度为5 μm、SDI≤3,再进入反渗透(RO)装置,此时控制总压差≤0.4 MPa。但在进入RO装置前,需投加盐酸和还原剂,调节pH在6.5~7.5,同时控制氧化还原电位(oxidation-reduction potential,ORP)在-200~200 mV,从而能够水中脱除98%以上的盐分,最后进入RO水箱。此时的水有两方面的用途,一路经循环水补水泵送至第一循环水作为补水使用;另一路水经淡水泵加压进入阳床,要求阳床的出水指标中[Na^+]≤100 μg/L,通过脱碳器脱除游离的CO_2后进入脱碳水箱,再经水泵加压后送入阴床,此时阴床的出水指标要求其电导率≤10 μS/cm,SiO_2≤100 μg/L,直接进入混合床,而混床的出水指标要求其电导率≤0.2 μS/cm,SiO_2≤20 μg/L,最后经树脂捕捉器后进入除盐水箱,然后经外供泵加压加氨后(pH控制在8.4~9.0)外供至需用脱盐水的岗位。

(2)凝液精制系统工艺流程简述。工艺凝液(温度80~120 ℃,电导率≤30 μS/cm)经换热器1,和换热器2,分别与原水、合成循环水换热降温后,进入工艺凝液箱。经工艺凝液泵加压后送入大流量前置过滤器,主要用于过滤水中的悬浮物。然后进入前置阳床除去水中的铁和氨,要求出水的Na^+≤100 μS/cm,再进入高速混床经离子交换过以后,要求其出水电导率≤0.2 μS/cm,SiO_2≤20 μg/L,通过树脂捕捉器后进入除盐水箱,最后经外供泵加压后外供至需用脱盐水的工段。一般透平凝液不经处理直接送出,水质不合格时,并入工艺凝液精制系统。

(3)浓水预处理系统工艺流程简述。原水反渗透所产的浓水进入浓水箱,再经浓水提升泵加压后进入精密过滤器(型号≤5 μm),提升泵后投加盐酸、阻垢剂、非氧化杀菌剂,调节浓水的pH值,并防止浓水结垢。精密过滤器过滤后,其水质的pH值控制在6.5~7.5,然后进浓水反渗透装置,控制其总压差≤0.4 MPa,即可除去水中98%盐分。此过程中产水的电导率≤70 μS/cm,则补入反渗透水箱,如果电导率≤300 μS/cm,则补入尿素循环水。反渗透浓水的电导率>300 μS/cm直接送至浓水预处理反应区,通过曝气与聚合铝(PAC)充分反应后进入滤后水池,经提升泵加压送至砂滤器,除去水中悬浮物和其他杂质,降低出水浊度,经清水总管送至污水终端外排。

6.2.3.5　主要设备

(1)介质过滤器。多介质过滤器,其主要作用是去除其中的悬浮物、有机物、微生物、颗粒和胶体等杂质,降低水的浊度和SDI值,必须满足反渗透装置或除盐装置等后续设备的进水要求。多介质过滤器内的填料一般为石英砂、颗粒活性炭、无烟煤、KDF、颗粒多孔陶瓷等,可根据实际需要选择不同的填料。过滤器内填料为除氟滤料活性氧化铝,用于去除水中的氟元素。如果填料为海绵铁,则用于除去水中氧。双介质过滤器的填料为石英砂、无烟煤。滤料吸附饱和后,通过周期性的气水分别清洗来恢复它的截污能力。

介质过滤器主要由本体、布水装置、集水装置、外配管及仪表取样装置等组成。进水装置为上进水、挡板补水,集水装置为多孔板滤水帽集水或穹形多孔板加承托层结构。设备的本体外部配管配带阀门并留有取样接口,便于用户现场安装和实现装置正常运行。其结构示意图如图6.2-1所示。

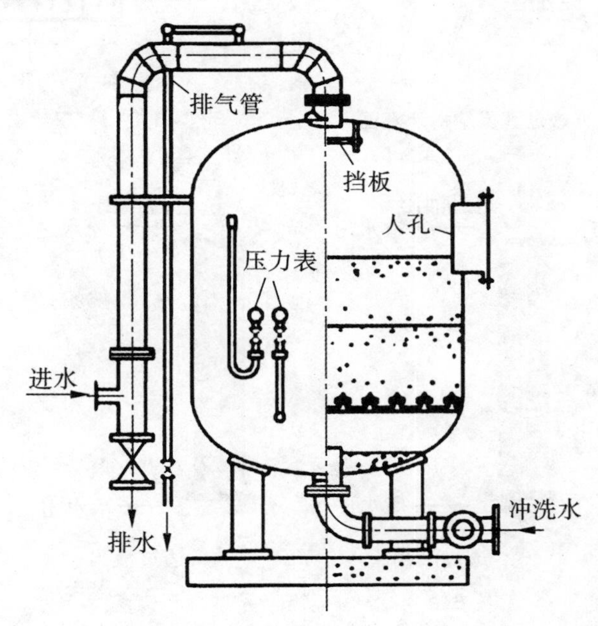

图6.2-1　双介质过滤器结构示意图

(2)超滤装置。超滤(UF)装置是一种先进的膜分离技术,料液中含有的溶剂及各种小的溶质从高压料液侧透过滤膜到达低压侧,从而得到透过液或称为超滤液;其超滤膜微孔可达0.01 μm以下,在一定压力下,当溶液流过膜表面时,只允许水、无机盐和小分子物质透过膜,而阻止水中的悬浮物、胶体、蛋白质和微生物通过,以达到溶液的净化分离和浓缩的目的。

工业超滤装置一般采用管式超滤组件,分为内压式和外压式。其流道截面积大,不会产生流道堵塞;膜面清洗方便。如图6.2-2～图6.2-4所示。

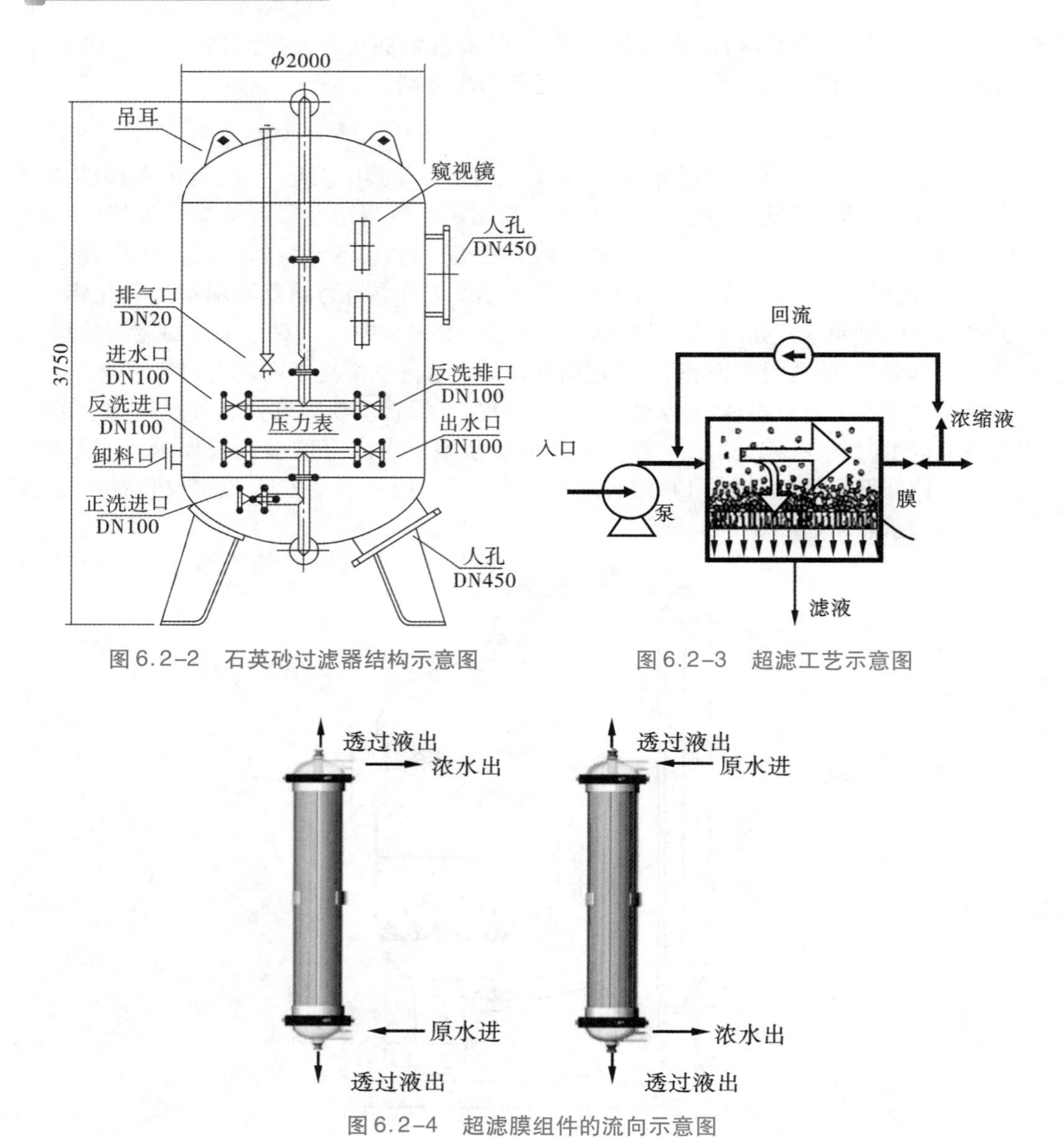

图 6.2-2　石英砂过滤器结构示意图

图 6.2-3　超滤工艺示意图

图 6.2-4　超滤膜组件的流向示意图

(3)精密过滤器。精密过滤装置,也称作保安过滤器,大都采用不锈钢做外壳,内部装过滤滤芯(例如 PP 棉),主要用在多介质预处理过滤之后,反渗透、超滤等膜过滤设备之前。用来滤除经多介质过滤后的细小物质(例如微小的石英砂、活性炭颗粒等),以确保水质过滤精度及保护膜过滤元件不受大颗粒物质的损坏。精密过滤装置内装的过滤滤芯精度等级可分为 0.5 μm、1 μm、5 μm、10 μm 等,根据不同的使用场合选用不同的过滤精度,以保证后出水精度及保证后级膜元件的安全。通常采用 PP 棉、尼龙、熔喷等不同材质作滤芯,去除水中的微小悬浮物、细菌及其他杂质等,使原水水质达到反渗透膜的进水要求。

精密过滤器主要由过滤外壳,过滤滤芯等组成,过滤外壳大部分由 R304 不锈钢材料组成,如用在耐酸碱等特殊场合则可采用 R316 不锈钢做外壳。可分为法兰式与卡箍式,而法兰式外壳主要用在过滤流量较大的场合。过滤滤壳中间装的过滤滤芯主要以 PP 过滤棉芯为主,有些场合也可选用线绕滤芯或活性炭滤芯。滤芯的安装数目可从一支到几十支不等,主要是根据处理量的大小来确定。其结构示意图如图 6.2-5 所示。

(4)反渗透装置。反渗透又称逆渗透,一种以压力差为推动力,从溶液中分离出溶剂的膜分离操作。对膜一侧的料液施加压力,当压力超过它的渗透压时,溶剂会逆着自然渗透的方向作反向渗透。从而在膜的低压侧得到透过的溶剂,即渗透液;高压侧得到浓缩的溶液,即浓缩液。

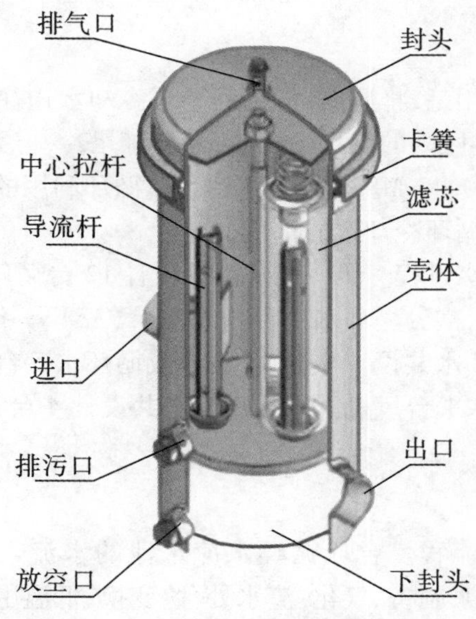

图 6.2-5　精密过滤器结构示意图

反渗透装置应用膜分离技术,能有效地去除水中的带电离子、无机物、胶体微粒、细菌及有机物质等。是高纯水制备、苦咸水脱盐和废水处理工艺中的最佳设备。反渗透膜组件示意图如图 6.2-6 所示。脱盐水工段的重要工艺参数如表 6.2-1 所示。

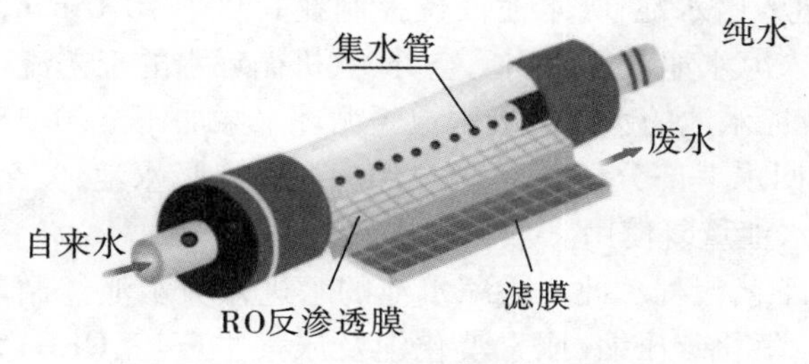

图 6.2-6　反渗透膜组件示意图

表6.2-1 脱盐水工段的重要工艺参数

序号	项目	指标	类别
1	送锅炉 pH	8.4~9.0	A
2	混床出水 SiO_2	≤20 μg/L	A
3	混床出水电导率	≤0.2 μS/cm	A

6.2.4 循环水工段

6.2.4.1 概述

循环水工段的主要作用是,将质好、量足的循环冷却水送往各相关工段,满足各工段的工艺要求,再将各工段界区内的循环水回收,经冷却塔冷却后汇集于凉水池内,通过循环水泵重新加压至0.35~0.45 MPa送出,达到水体循环利用的目的。另外,通过添加缓蚀阻垢剂和杀菌药剂控制循环冷却水的水质。

本工段包括两个循环水过程。第一循环水共设计12台循环水泵:合成循环水5台循环水泵(两大一小开两备),空分循环水4台循环水泵(三开一备),汽机循环水3台循环水泵(两开一备);第一循环水共设计9台风机:合成循环水5台风机,空分循环水3台风机(2#3#变频),汽机循环水1台风机。第二循环水共设计4台循环水泵(三开一备)4台风机。

6.2.4.2 流程简述

(1)第一循环水工艺流程。合成循环水凉水池的水流入吸水池经循环水泵加压(0.35~0.45 MPa)送往煤浆制备、气化、渣水处理、变换、低温甲醇洗、液氮洗、硫回收、合成、氮氢压缩机、氨透平、合成溴化锂、氨罐区、锅炉空压机、1#汽机、热回收、脱盐水等岗位,给水温度≤32 ℃,上水还有一部分(3%~5%)经旁滤进入吸水池,回水直接进入凉水塔,经冷却后进入凉水池循环使用,回水温度≤42 ℃。其工艺流程如图6.2-7所示。

(2)空分、汽机循环水工艺流程。空分循环水的工艺流程是凉水池的水流入吸水池经循环水泵加压至(0.35~0.45 MPa),给水温度≤32 ℃专供空分装置使用,回水一部分(3%~5%)经旁滤进入吸水池,吸水池液位控制在6200~7000 mm,其他回水直接进入凉水塔,经冷却后进入凉水池重复使用。空分、汽机循环水的工艺流程如图6.2-8所示。

汽机循环水岗位凉水池的水流入吸水池经循环水泵加压至(0.35~0.45 MPa),专供2#3#汽机装置使用,回水一部分(3%~5%)经旁滤进入吸水池,其余部分直接进入凉水塔,经冷却后进入凉水池重复使用。

(3)第二循环水工艺流程。此工段凉水池的水进入吸水池经循环水泵加压(0.35~0.45 MPa)后,送往二氧化碳压缩、尿素溴化锂及尿素主厂房、ORC、大颗粒等岗位,回水一部分(3%~5%)经旁滤进入吸水池,另一部分回水直接进入凉水塔,经冷却后进入凉水池循环使用。第二循环水的工艺流程如图6.2-9所示。

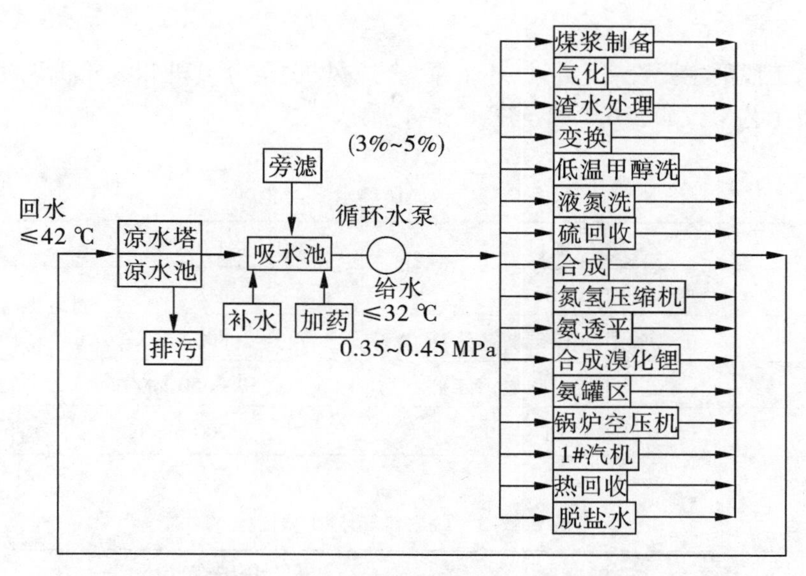

图6.2-7　第一循环水工段的工艺流程

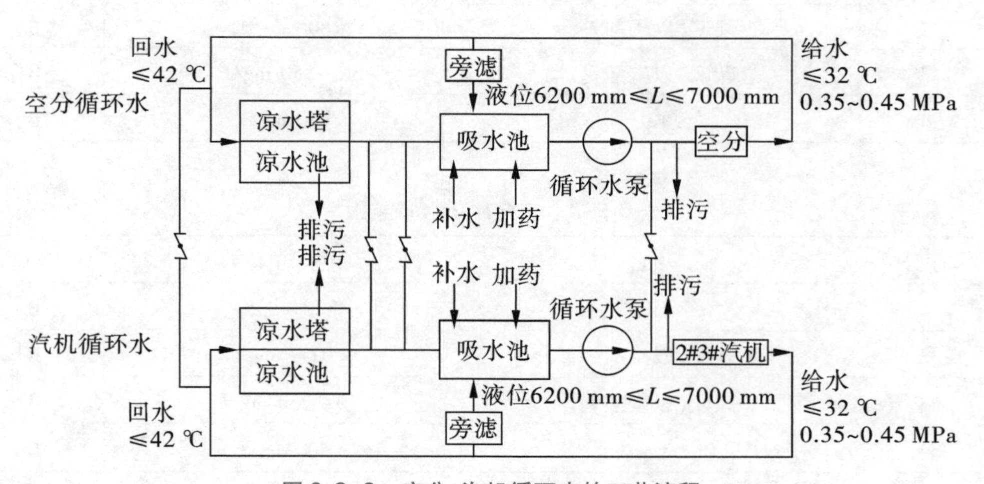

图6.2-8　空分、汽机循环水的工艺流程

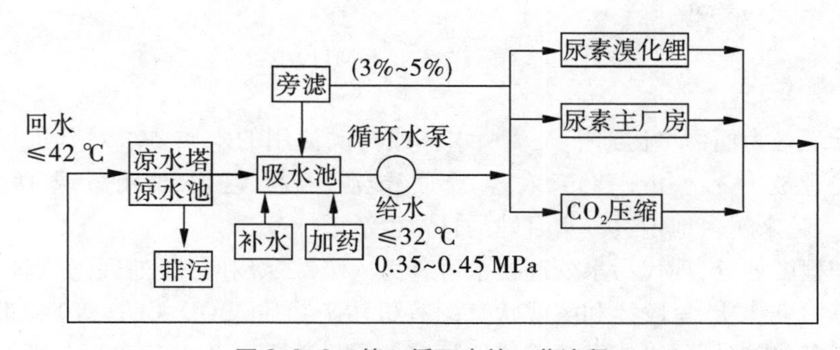

图6.2-9　第二循环水的工艺流程

6.2.4.3 主要设备

循环水工段的主要设备包括循环水泵、合成风机、空分风机和汽轮机风机。其每个工段的重要工艺参数如表6.2-2至表6.2-4所示。

表6.2-2 合成循环水B类指标

序号	项目	指标(单位)	类别
1	pH	8.0~8.5	B
2	钙硬度(以碳酸钙计)	<800 mg/L	B
3	总碱度(以碳酸钙计)	50~350 mg/L	B
4	Cl^-	<700 mg/L	B

表6.2-3 尿素循环水B类指标

序号	项目	指标(单位)	类别
1	pH	8.0~8.5	B
2	钙硬度(以碳酸钙计)	<800 mg/L	B
3	总碱度(以碳酸钙计)	50~350 mg/L	B
4	Cl^-	<700 mg/L	B

表6.2-4 空分循环水B类指标

序号	项目	指标(单位)	类别
1	pH	8.0~8.5	B
2	钙硬度(以碳酸钙计)	<1000 mg/L	B
3	总碱度(以碳酸钙计)	50~250 mg/l	B
4	Cl^-	<400 mg/L	B

6.2.5 污水处理

6.2.5.1 概述

污水处理是为使污水达到排入某一水体或再次使用的水质要求对其进行净化的过程。污水处理被广泛应用于建筑、农业、交通、能源、石化、环保、城市景观、医疗、餐饮等各个领域，也越来越多地走进寻常百姓的日常生活。

按处理程度划分，现代污水处理技术可分为一级、二级和三级处理，分别针对呈悬浮状态的固体污染物质、呈胶体和溶解状态的有机污染物质(BOD、COD等)和难降解的有机物、氮和磷等能够导致水体富营养化的可溶性无机物等。其中，一级、二级处理统称为预处理系统，有机污染物质去除率可达90%以上，使有机污染物达到排放标准；三级处理采用生化工艺进一步处理降解污水污染物以达到排放要求。

目前，应用较多的污水三级处理工艺是SBR工艺，即序列间歇式活性污泥法（sequencing batch reactor activated sludge process）。它是基于以悬浮生长的微生物在好氧条件下对污水中的有机物、氨氮等污染物进行降解的废水生物处理工艺。SBR工艺采用间歇曝气，使池内产生缺氧、厌氧和好氧过程并交替进行，实现硝化、反硝化，达到脱氮除磷的目的。工艺运行时进水、曝气、沉淀等均采用PLC进行控制，自控化程度高；反应过程基质浓度梯度大，反应推动力大，处理效率高，脱氮除磷效果优异。特别适合中小城镇生活污水和厂矿企业的工业污水，尤其是间歇排放和流量变化较大的地方，是被全球广泛认同和采用的污水处理技术。

SBR污水处理工艺详细流程

污水处理采用的是间歇式周期硝化-反硝化工艺即IMC工艺，是SBR工艺的一种延伸。污水处理共有5座生化反应池（后面均简称为IMC池），共有50台曝气器和10台循环水泵，单套反应池为2台循环水泵对应10台曝气器。

污水分为生产污水和生活污水两个系统接入污水处理站，气化废水带压走管架、生活污水通过重力经地下管网送往污水处理，生活污水进水口标高为-4.0 m。

反应池排泥及沉淀调节池排泥均可进入本装置的污泥浓缩池，经浓缩后由污泥泵送至污泥脱水机，形成一套完整的污泥处理系统。经脱水后的泥饼含水率约为80%，上清液及滤液均自流入调节池，进行循环处理，另外，反应池排泥还可直接排至中水回用泥池进行压滤处理。

6.2.5.2　岗位任务

污水处理工段是将汇入污水处理岗位的全厂生产废水、生活污水经必要的水质、水量的调储，再经活性污泥法处理，使之达到《合成氨工业水污染物排放标准》（GB 13458—2013）。

6.2.5.3　工艺流程简述

污水处理工段采用IMC工艺进行预处理，工艺流程如图6.2-10。全厂污水分两路：一路是生活污水通过重力流经格栅井过滤掉污水中的粗大污物后流入集水池，再通过污水提升泵送往水解池或调节池；另一路是气化废水及其他生产废水经管道送入水解池，在水解池前端设有缓冲墙，使水从底部进入水解池，在池中间有隔板，两侧设有两台潜水搅拌器，使池内水保持循环状态，有利于水解，使来水中的有机氮转化为氨氮；经过水解后的水从上部溢流口进入沉淀调节池（该池具有双重功效：初次沉淀和调节水质）。调节池前端靠近溢流口处的下界面是六个污泥斗，溢流过来的水中杂质在此沉积。同时池内设有缓冲墙，目的是使进水从中部进入后，悬浮物及杂质利用自身重力进行初次沉淀，而水往上走，进水中的悬浮物及杂质沉降到污泥斗内，通过污泥泵抽到水解池中（水解池也需要污泥，当水解池中污泥浓度达到4000 mg/L时，应把沉淀物抽到污泥浓缩池中）。为防止调节池后端悬浮物沉淀淤积，在调节池内设有曝气管，曝气搅拌的同时可以吹除部分氨氮等挥发性污染物，出水端设置污水提升泵，混合后的综合污水由提升泵送往反应池（通常情况下进入调节池的污水通过提升泵直接进入反应池（即 IMC 池）处理；在事故状态下或调试期间进入事故池，然后经事故池提升泵再分批提升至污水调节池，逐批处理。反应池排水排入排放池经过滤器过滤后与中水浓水、浓水反渗透浓水混合后外排。

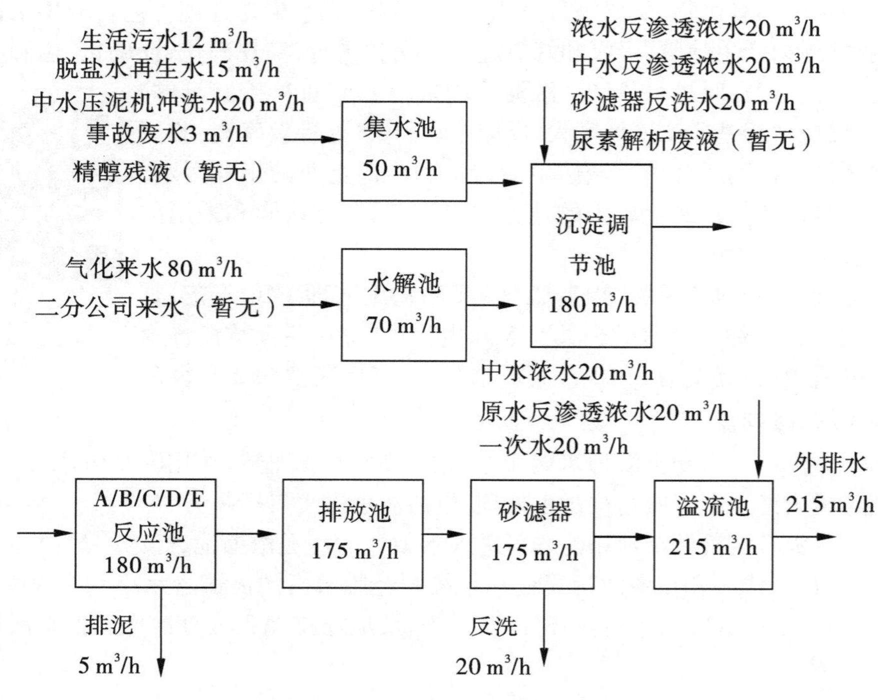

图 6.2-10 IMC 工艺预处理流程

6.2.5.4 关键控制点

在污水处理工段的运行中，主要原则是控制来水源头合格，反应过程严格控制溶解氧、pH 值、温度三项指标，确保排水合格。关键控制点如下：

（1）控制集水池、调节池液位稳定，减少水质波动，调节池 COD ≤ 600 mg/L，氨氮 ≤ 300 mg/L，控制 IMC 反应池周期进水污染物总量 COD 小于 180 kg，氨氮小于 90 kg，每周期进水水量及污染物总量波动小于 20%，防止对污泥造成冲击；

（2）严格控制 IMC 池运行溶解氧第三次曝气阶段 2 ~ 4 mg/L，厌氧阶段小于 0.5 mg/L，如果不能满足要求应及时查找原因；控制进水结束阶段 pH 值 7.8 ~ 8.5，以满足降总氮需求，温度控制在 28 ~ 40 ℃。

同时，在污水处理过程中，降总氮也是一个很重要的控制要点。首先保证 COD、氨氮合格，再考虑总氮控制，最后降低甲醇及电力消耗。基本原理是首先保证进水氨氮全部转变成硝态氮，然后再反硝化阶段投加甲醇进行反硝化，最终实现总氮去除。

6.2.5.5 主要设备

污水处理工段的设计处理能力 250 m³/h，共有集水池 1 座、水解池 1 座、调节池 1 座、反应池5座、排放池1座；主要设备有离心式鼓风机6台（5开1备），循环水泵10台（每个反应池对应2个循环水泵）。

污水处理工段的设备主要包括提升泵、排污泵、循环水泵、污泥泵、反冲洗泵、甲醇计量泵、磁悬浮离心鼓风机和MRD旋转式滗水器。该工段的重要工艺参数如表6.2-5所示。

表6.2-5　重要工艺参数

序号	项目	类别	指标
1	总排口COD	A	<40 mg/L
2	总排口NH_3-N	A	<2.8 mg/L
3	总排口pH	A	6~9

6.2.5.6　工艺原理

（1）预处理系统

1）格栅：除去生活污水中的杂物，保证后续机泵设备稳定运行。

2）集水池：厂区生活污水及脱盐水站中和池来水经由污水管网收集到集水池混合二厂精醇残液、四厂事故废水后送入调节池，主要用于稀释、混合高浓度污水，提高调节池水质稳定性。

3）水解池：主要作为气化来水的均质缓冲池。

4）调节池：预处理系统的控制核心，调节池是保证生物污泥运行的关键因素。本系统调节池的主要作用是将污水处理的所有进水进行混合均质，并对来水水质、水量进行缓冲，确保三级生化处理池进水水质、水量满足要求。

（2）生化处理工艺原理。生化处理采用间歇多循环（intermittent multi-cyclic，IMC）工艺，用硝化-反硝化生化处理技术去除COD、氨氮等污染物，属于SBR工艺范畴。

该工艺在前段增加了NaOH、甲醇以及磷营养液的投加，为系统的硝化、反硝化提供了必要的条件。工艺运行的不同阶段进行BOD的去除、硝化、反硝化及吸收磷等反应，确保处理后污水达标排放。

6.3　煤的储运车间

6.3.1　概述

储存煤炭的场所称为储煤场，储煤场一般要求储存全厂锅炉7~25天的耗煤量，可根据运距和供应条件确定。储煤场需配备相应的机械设备和建筑设施，用于煤炭运入煤场后的堆放和取用。当火电厂燃用多种煤而需混煤时，储煤场可将不同煤种分堆存放或采用煤场机械将其分层储存，待向锅炉房上煤时再采取措施混合使用。对于多雨地区的发电厂，根据煤的物理特性、制粉系统和煤场设备型式等条件，确定是否设吨干煤储存设施。输煤系统需配备相应的辅助建筑设施，如输煤综合楼、专用检修间、推煤机库、煤灰水沉淀池等，便于对输煤车间进行全面管理和维修。

煤储运装置工艺系统煤炭运输、储存任务的有关设备和设施的综合作业流程，主要包括卸煤工艺系统、储煤工艺系统及供煤工艺系统三个主要系统，同时还要根据项目的实际情况考虑合理的筛分破碎系统、采制样系统、煤质在线检测系统及配煤系统等辅助系统。

皮带机输送能力：卸煤段 800 t/h；露天煤场面积为 100 000 m^3；总储存能力为 85 000 t；煤棚面积为 10 000 m^3，储存量为 10 000 t；气化煤煤场周转时间为 15 天。

皮带机输送能力：供煤段 450 t/h。

皮带机输送总长度 1702.697 m；皮带数量 20 条；最长皮带机 476.617 m。

煤运系统设置三个皮带秤作为两煤配比使用，电子皮带秤称量范围为 0～1200 t/h，两个破碎楼，粒度要求一级破碎≤50 mm，二级破碎≤10 mm，六级除铁装置。

4 个筒仓：高度 41.97 m、直径 20 m；单个存量 8000 t；筒仓原料煤控制温度为冬季≤60 ℃、夏季≤40 ℃；筒仓储煤倒仓时间不得超 3 个月。

6.3.2 设计概况

输煤系统输送能力：储煤段——800 t/h，皮带带宽 1.2 m，皮带带速 2 m/s；供煤段——450 t/h，皮带带宽 1.0 m，皮带带速 2 m/s。皮带机输送总长度为 1702.697 m，皮带数量为 20 条，最长皮带机 476.617 m。

露天煤场面积为 100 000 m^3，总储存能力为 85 000 t；煤棚面积为 10 000 m^3，储存量为 10 000 t，气化煤煤场周转时间为 15 天。

输煤系统破碎能力：输煤系统设置二级破碎，一级破碎粒度≤50 mm，二级破碎≤10 mm。

输煤系统除铁设计：输煤系统设置五级除铁，一级破碎前、二级破碎前、入锅炉、气化前仓前，设置三级带式自动除铁装置，4#带、8#带设置两道电磁除铁装置。

输煤系统装机容量：装机总用电量为 4019.96 kW；正常生产吨煤用电量为 1.5 kW。

输煤系统中间储存：中间储存设备筒仓高度 41.97 m、直径 20 m；单个存量 8000 t；储煤温度控制为冬季≤60 ℃、夏季≤40 ℃；筒仓储煤倒仓时间<3 个月。

6.3.3 岗位任务

煤储运岗位主要任务是利用皮带输送机将煤场分堆存放的原料煤、燃料煤根据生产需求，进行筛分、一级破碎、筒仓储运，二级破碎后分别输送至气化炉前煤仓和水汽锅炉前煤仓，以满足气化炉、流化床锅炉的生产需求。

燃煤电厂中的给煤、磨煤、燃烧

6.3.4 主要设备

储运车间的设备主要包括等厚式滚筒筛、齿辊破碎机、环锤式破碎机、叶轮给煤机、往复式给煤机和皮带。每个设备的重要工艺参数如表 6.3-1 所示。

表 6.3-1　重要工艺参数

序号	项目	指标(单位)	类别
1	筒仓内温度	≤40 ℃(冬) ≤60 ℃(夏)	A
2	筒仓顶一氧化碳检测报警	≤20 mg/m³	A
3	筒仓顶氧气检测报警	≤19.5%	A
4	筒仓内、外瓦斯检测	≤25% LEL*	A
5	齿辊破碎机 A/B 轴承温度	≤80 ℃	B
6	叶轮给煤机轴承温度	≤80 ℃	B
7	入炉煤粒度	≤10 mm	B
8	气化煤皮带秤瞬时流量	≤350 t/h	B

注：* LEL(lower explosive limit,爆炸下限)。

6.4　仪电和供电车间

6.4.1　概述

河南心连心化肥有限公司,装机容量达 127 210 kW,项目建有 302A 第一循环水、302B 装置区、302C 动力 10 kV 配电室三个。

心连心公司 220 kV 变电站有特变电工生产的 SSZ11-180000/220 型三相三绕组有载调压变压器共两台,总容量为 360 000 kVA。主变由南向北排列为连 1#主变、连 2#主变,房屋建筑为两层建筑,10 kV 回路及电抗器室内布置,110 kV 于二层上室外布置,分别引出两条回路至二分公司一期和二分公司二期。

6.4.2　岗位任务

仪电车间主要分为电气和仪表两部分岗位任务。其中电气岗位任务主要是负责低压配电室、脱盐水工段、污水处理工段、煤运车间、中央控制室、烟气脱硫工段、黄河水处理配电室的主要工作,以及场外水井的变压器和空分变压器的基本工作。同时还负责高压电动机的正常运行的维护和维修。仪表岗位的主要任务是负责本车间的自控设备的正常运行和维护,主要有压力类的仪表、物位类仪表、流量类仪表和一些特殊仪表。

供电车间主要负责变电站的正常运行和维护,主要包括变压器、GIS 和高压柜的日常检查和维护。

思考题

(1)公用工程设计时需要考虑哪些因素?

(2)水汽车间包括哪些工段?与化工热力学哪些原理和知识相关?

(3)锅炉的水汽系统主要包括哪些设备?水冷壁的主要作用是什么?

(4)为什么设置热回收工段?

(5)简述烟气脱硫的主要工艺流程和基本原理。

(6)水处理工段的目的和作用是什么?描述不同水质要求的水处理方法,举例说明循环水、脱盐水、污水处理的方法和要求。

(7)简述臭氧和紫外线消毒原理和生产方法。

(8)水中含铁、锰、高氯等会有什么危害?

(9)在离子交换除盐系统中,阳床、阴床、混合床和除二氧化碳器的前后位置如何考虑?试说明理由。

(10)水中杂质按尺寸大小可分成几类?了解各类杂质的主要来源、特点及一般去除方法。

(11)澄清池的基本原理和主要特点是什么?

(12)储煤车间中煤仓设计的主要依据是什么?

第7章 过程计算机仿真实习

7.1 年产30万吨合成氨转化工段

7.1.1 过程计算机仿真实习

仿真实习技术是以仿真机为工具,用实时运行的动态数学模型代替真实工厂进行教学实习的一门新技术。仿真机是基于电子计算机、网络或多媒体部件,由人工建造的,模拟工厂操作与控制或工业过程的设备,同时也是动态数学模型实时运行的环境。动态数学模型是仿真系统的核心,是依据工业过程的数据源由人工建立的数学描述。这种数学描述能够产生与工业过程相似的行为数据,动态数学模型一般由微分方程组成,用于仿真实习的动态数学模型应当满足:数值求解的实时性、全量程随机可操作性、逼真性和高度可靠性。目前,仿真实习技术已成为一种国际公认的高效现代化教学手段。

本书的过程仿真实习选自北京化工大学吴重光教授开发的"化工过程及系统控制仿真系列软件"。该软件采用先进的编程思想,将复杂的化工过程,包括控制系统的动态数学模型在微机中实时运行;并通过彩色图形控制操作画面,以直观、方便的操作方式进行仿真(模拟)教学的软件。软件能够深层次揭示化工过程及控制系统随时间动态变化的规律,具有全工况可操作性。该仿真软件将过程工业中典型的单元操作,如离心泵、热交换器、压缩、间歇反应、连续反应、加热炉、吸收、精馏等,包括控制系统,开发成一系列可独立运行的软件,此外还包括锅炉、大型合成氨转化、常压减压蒸馏及催化裂化反应再生等流程级仿真软件。这些软件经过精选,都有真实的工厂作背景,已经成功地培训过我国化工、石油化工和炼油厂技术工人30万人次。

郑州大学化工学院已购进50套仿真系统,每套系统包括12个典型工业过程。本书结合生产实习的对象,选择其中非常有代表性的两个典型工业过程进行仿真实习,即30万t/年合成氨转化工段和催化裂化反应再生系统。

7.1.2 智能控制(IPC)模式操作法

7.1.2.1 概述

20世纪90年代以来,微电脑的发展日新月异,低价格、高性能、长寿命的工业微机(IPC、PCC)异军突起,迅速占领工业控制市场。微机图形技术的发展,使得操作画面直观、形象、容易掌握。工业过程计算机控制，包括 DCS 系统（集散型控制系统），出现了硬件微机化、软件通用化的大趋势。例如，目前国际上销量很大的 FIX、Intouch、Onspec 和 Citect 等微机工业控制软件，具有功能强、价格低、通用性好、可以直接在 Windows 环境下运行、可共享 Windows 的软件资源、操作与控制画面形象细致、简便易学等优点，正在大范围被用户接受。

基于 IPC 模式的仿真实习软件操作画面有如下特点。

（1）操作画面采用 Windows 风格，直接在流程图画面上以“所见即所得”的新概念完成全部手动和自动操作。与传统的 DCS 相比，更为直观、形象、快捷和简单。

（2）操作画面的内容及分类与 DCS 具有相似性，虽然不属于某种 DCS 模式，但完全可以使学生得到 DCS 的概念。况且新型 DCS 产品亦转向 Windows 风格。

（3）画面操作无须特殊硬件，仅靠一只鼠标就能完成各项操作。这一优点使得本仿真软件可以大规模在普通微机上推广应用。

（4）本仿真实习软件由开发平台支持。操作画面及画面中的操作对象由组态方法生成，具有 90 年代软件结构的面向对象和信息驱动特征。因此，软件使用方法一致、开发重复劳动少、效率高。

（5）软件采用了作者提出的全程压缩及多种节省计算容量的技术，安装时间只要几分钟。装机后仅占 15 MB 硬盘容量，仅 4 MB 内存即可运行。

（6）针对实习教学的特点，操作画面增加了调节器参数在线整定、相关曲线同步显示、排液指示、火焰指示、特性曲线显示、设备局部剖面及动画显示等新功能。

吴重光教授开发的仿真实习软件根据操作需要设计 6 种基本画面，分列如下：①流程图画面（G1–G4），仿真实习的主操作画面；②控制组画面（C1–C4），集中组合调节器、手操器或开关的画面；③指示组画面（C1–C4），集中组合重要变量棒图的画面；④趋势组画面（T1、T2），集中组合重要变量趋势曲线的画面；⑤报警组画面（A1、A2），集中组合重要变量超限声光报警的画面；⑥帮助画面，操作过程中随时可以调出（按键盘的 H 键调出），用于画面及控制功能的提示。

除了帮助画面外，该软件在各基本画面中的眉头和眉脚设置了控制栏功能。眉头的左面设有画面调出软键。每一个标明画面代号的软键（例如 G1、C2、T1、A1 等）对应着一幅操作画面。当手标指定某软键并且按动鼠标左键，该画面即被调出。注意，眉脚的右边有该画面的代号软键，标明该画面已被调出。

眉头的右边设有时钟和日历，用于计时。时间及日期由微机操作系统设定或修改。

眉脚的方块软键是教师指令键的提示性图标，共计 12 个，分别对应着微机键盘 F1 ~ F12 键位。用于显示成绩、设定事故、设定工况、设定“快门”、设定时标等控制。

软件的画面调出方法属于快捷键方式，具有直接快速的优点。图例如图 7.1–1。

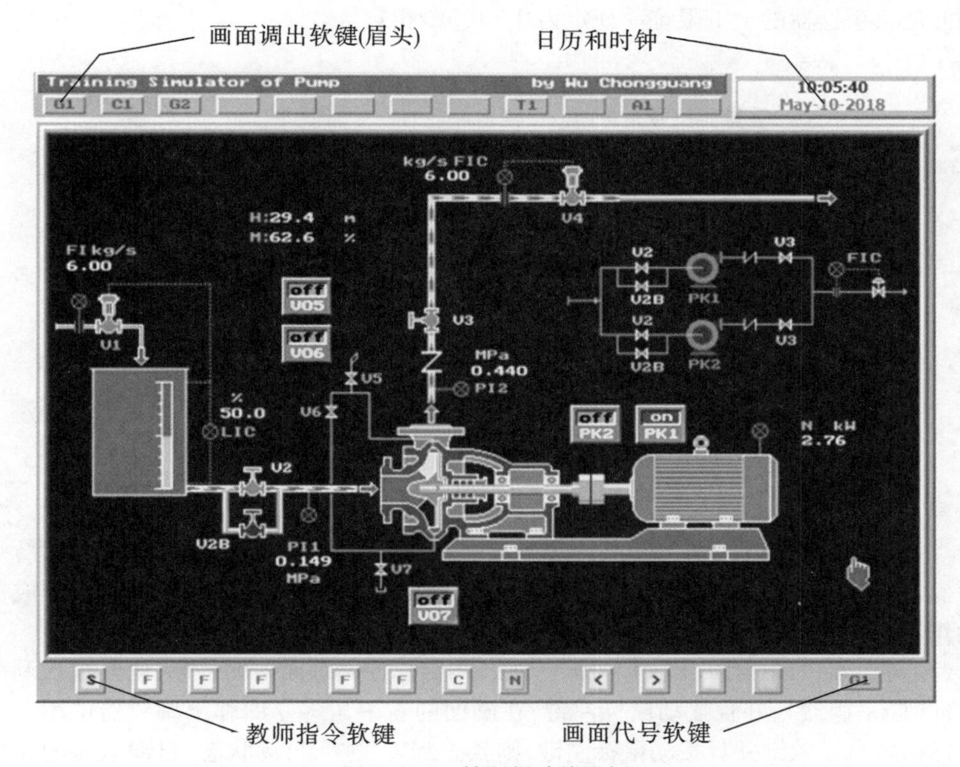

图 7.1-1　控制栏功能图例

注:①眉头和眉脚各软键的功能说明详见每个软件的帮助画面。
②消隐成绩显示位图和帮助画面的方法可以按动键盘上的任何一键。
③5 个事故设定软键所对应的事故由工艺操作说明书给出。

7.1.2.2　画面中主要操作与显示位图说明

(1)开关位图(图 7.1-2)。操作方法:用鼠标控制画面中的手标,使其进入开关选定框(红色或绿色背景色的区域内),手标的食指最好定位于开关选定框的右下部,然后按动鼠标的左键。每按左键一次开关状态翻转一次。开状态为“on”(背景为红色),关状态为“off ”(背景为绿色)。

off
V19

图 7.1-2　开关位图

(2)手操器位图(图 7.1-3)。操作方法:用鼠标控制画面中的手标,使其进入手操器选定框并且按动鼠标左键,在画面的右上角将立即弹出手操器位图。手操器选定框是一个长方形的绿色单线框,隐藏于手操器位号处。当手标指向手操器位号处,手操器选定框即显现。当手标指向手操器位图中的加速软键并且按动鼠标左键,加速状态翻转。键位颜色变深为加速状态,变浅为非加速状态。加速状态以 10% 增减,非加速状态以 0.5% 增减。当手标指向增量或减量软键并且按动鼠标左键,每按一次,手操器的输出增加或减少一次。为了防止过冲,持续按住鼠标左键,手操器的输出将不再变化。按动鼠标左键时若增量或减量软键颜色变深,指示操作有效,红色的指示棒图会随之变化显示手操器的开度。手操器的上下限统一规定为 0 ~ 100% 相对量。

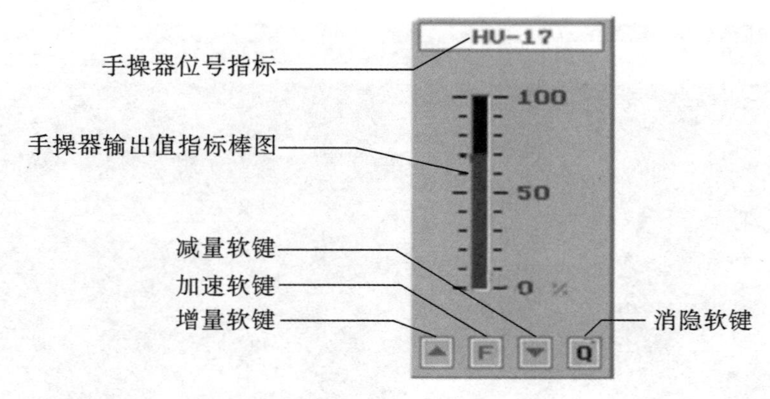

图 7.1-3　手操器位图

当手标指定消隐软键并按动鼠标左键，则当前选定的手操器位图消隐。注意，当前的手操器位图没有被消隐时，不能选定其他手操器。此规定的目的在于使学员养成良好的操作习惯，一项操作未确认完成不能进行下一项。

(3) 调节器位图（图 7.1-4）。操作方法：用鼠标控制画面中的手标，使其进入调节器选定框（同手操器），并且按动鼠标左键，在画面的右上角将立即弹出调节器位图。当控制手标指定自动软键并且按动鼠标左键，则状态翻转，进入自动状态，自动软键的颜色加深，且手动软键颜色同步变浅。设定串级的方法是使串级软键颜色加深，且相关的主、副调节器均处于串级及自动状态。

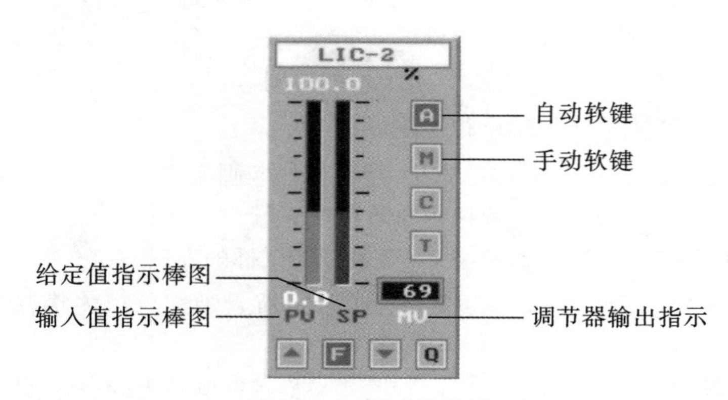

图 7.1-4　调节器位图

当调节器处于手动状态时，位图中的增、减软键和加速软键对输出产生作用。当调节器处于自动状态时，位图中的增、减软键和加速软键对给定产生作用。增减的百分比同手操器。调节器的输入值由绿色棒图指示，给定值由红色棒图指示，输出值由方框中的数字显示。输出值统一规定为 0 ~ 100%。输入值和给定值的上下限一致。手动状态时给定值跟踪输入值。

当手标指定调节器参数整定位图导出、消隐软键并且按动鼠标左键时，调节器位图的左面立即弹出调节器参数整定位图（详见调节器参数整定位图说明），调节器的下部立即弹出参数整定曲线记录位图（详见调节器参数整定曲线记录位图说明）。当手标再次指定调节器参数整定位图导出、消隐软键，调节器参数整定位图和参数整定曲线记录位图同时被消隐。

当手标指定位图消隐软键并按动鼠标左键，则当前选定的调节器位图消隐（包括调节器参数整定位图和参数整定曲线记录位图同时被消隐）。注意，当前的调节器位图没有被消隐，不能选定其他的调节器（同手操器）。

（4）调节器参数整定位图（图7.1-5）。操作方法：比例、积分和微分的数字指示框兼有选定框的作用。当手标指定比例、积分或微分选定框并按动鼠标左键，即选定该项。其左面显示一个红点，表明该项被选中。然后用增、减软键和加速软键改变选定的参数值。加速状态增、减量为2，非加速状态增、减量为0.1。

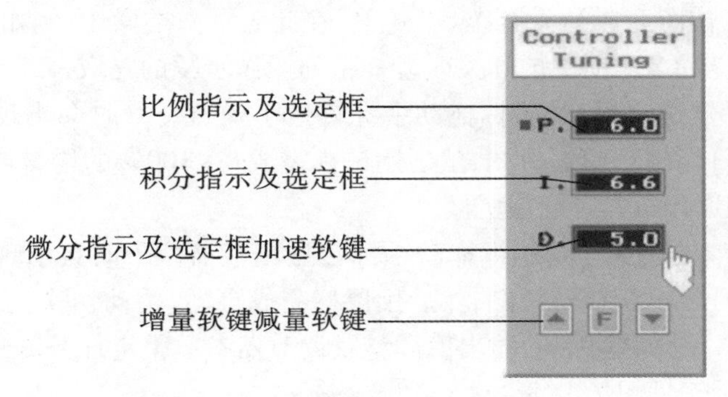

图7.1-5　调节器参数整定位图

（5）调节器参数整定曲线记录位图（图7.1-6）。本位图用于观察曲线的趋势，没有任何操作。曲线从左向右每1秒记录调节器的输入（绿色）、输出（白色）和给定值（红色）一点。当三条曲线同时到达位图的右边界时，全部曲线自动消除，从左边界继续显示。

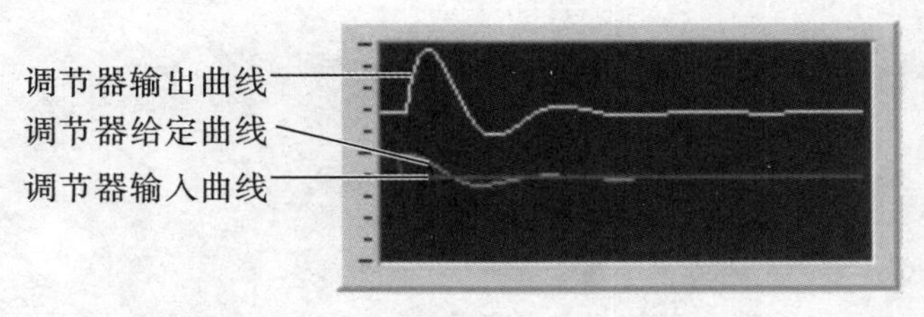

图7.1-6　调节器参数整定曲线记录位图

（6）开车成绩显示位图（图7.1-7）。本位图用于开车成绩报告，没有任何操作。本报告是从冷态开始直到正常工况的操作评分。包括了开车步骤是否正确，出现过多少次报警，达到正常工况后各重要参数与设计值的偏差程度的评价。因此，本位图必须在开车达到正常工况，并且稳定后再导出。

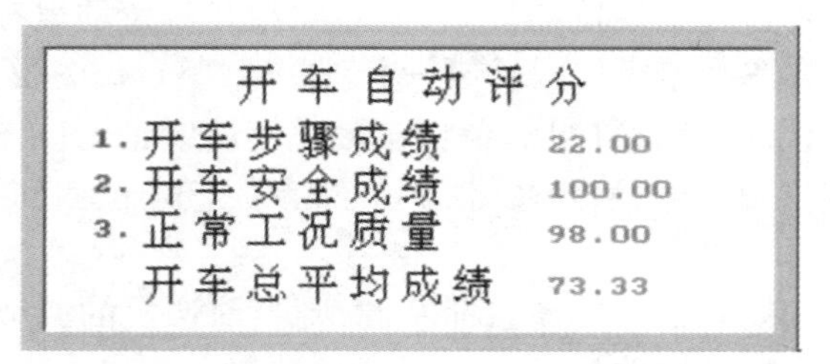

图 7.1–7　开车成绩显示位图

7.1.2.3　流程图画面

流程图画面中包含有与实习操作有关的化工设备和控制系统的图形、位号及数据的实时显示。本画面是主操作画面，在本画面中可以完成控制室与现场全部仿真实习的手动和自动操作。在流程图画面中的操作内容如下。

（1）通过开关位图完成开关操作。“开关”在此表示一类操作，例如电机、电钮的开与关，快开阀门的开与关，连锁保护开关或者一系列操作步骤的完成。

（2）通过手操器选定框（当鼠标拖动手标接近手操器位号时会出现一个绿色的长方形框，称为选定框）导出手操器位图，然后用鼠标完成 0 ~ 100% 的增量或减量操作。例如现场手动阀门、烟道挡板的开启或关闭。

（3）通过调节器选定框（当鼠标拖动手标接近调节器位号时会出现一个绿色的长方形框，称为选定框）导出调节器位图，然后用鼠标完成自动、手动切换，自动状态下的给定值调整，串级设定，手动状态下的输出值调整及调节器参数整定任务。

流程图画面示例见图 7.1–8。

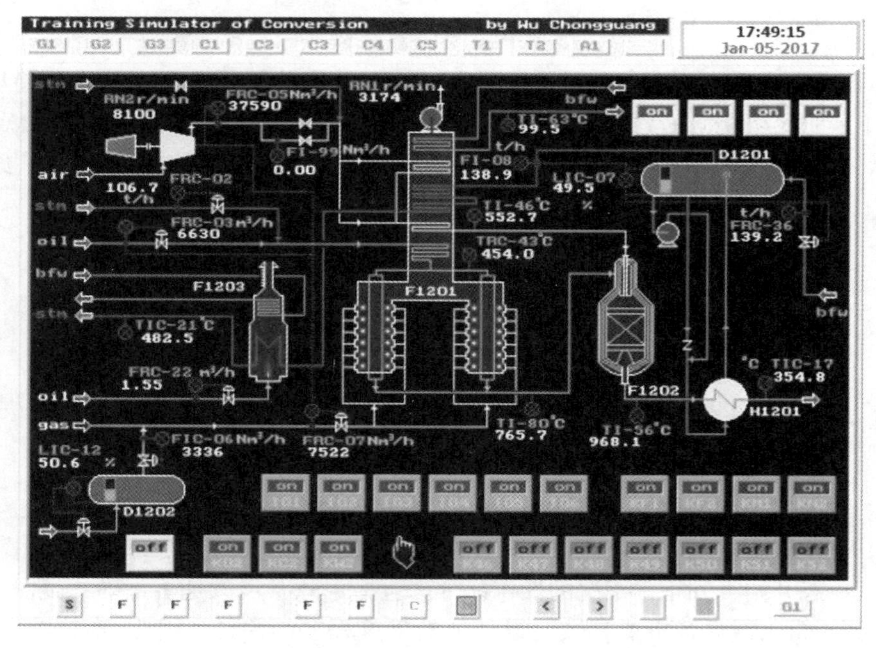

图 7.1–8　流程图画面示例

7.1.2.4　控制组画面

控制组画面是集中调节器位图的画面。考虑到有些流程小的软件调节器少，在控制组画面中辅以手操器、开关或指示器以便提高操作效率。每幅控制组画面最多显示 10 个调节器。所有调节器上的软键都能直接操作。控制组画面示例见图 7.1-9。

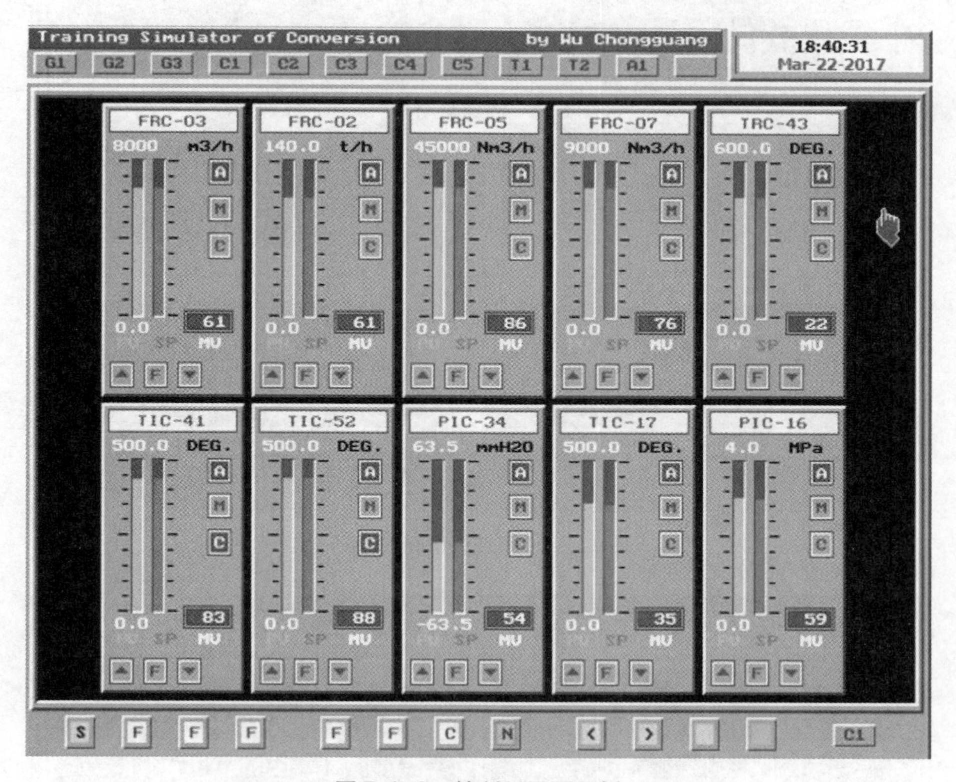

图 7.1-9　控制组画面示例

7.1.2.5　趋势组画面

每幅画面最多显示 6 条记录曲线，设两挡，由键盘上的←和→键控制。每条曲线的右边框为当前值。趋势组画面示例见图 7.1-10。

7.1.2.6　报警组画面

每幅报警组画面最多显示 36 个报警点。当某点超限报警时，会有声响提示。若超下限对应位号有粉红色的信号闪动。若超上限对应位号有红色的信号闪动。报警发生的时间记录精确到秒。按动鼠标右键为“确认”，声响停止，信号闪动停止。正常工况信号块为绿色。报警组画面示例见图 7.1-11。

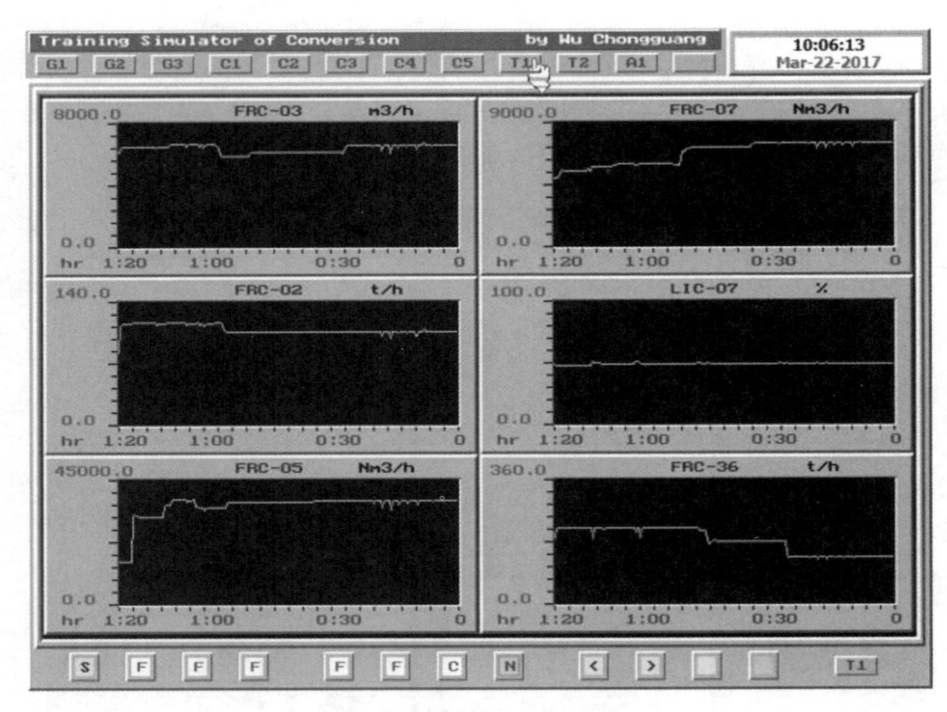

图 7.1–10　趋势组画面示例

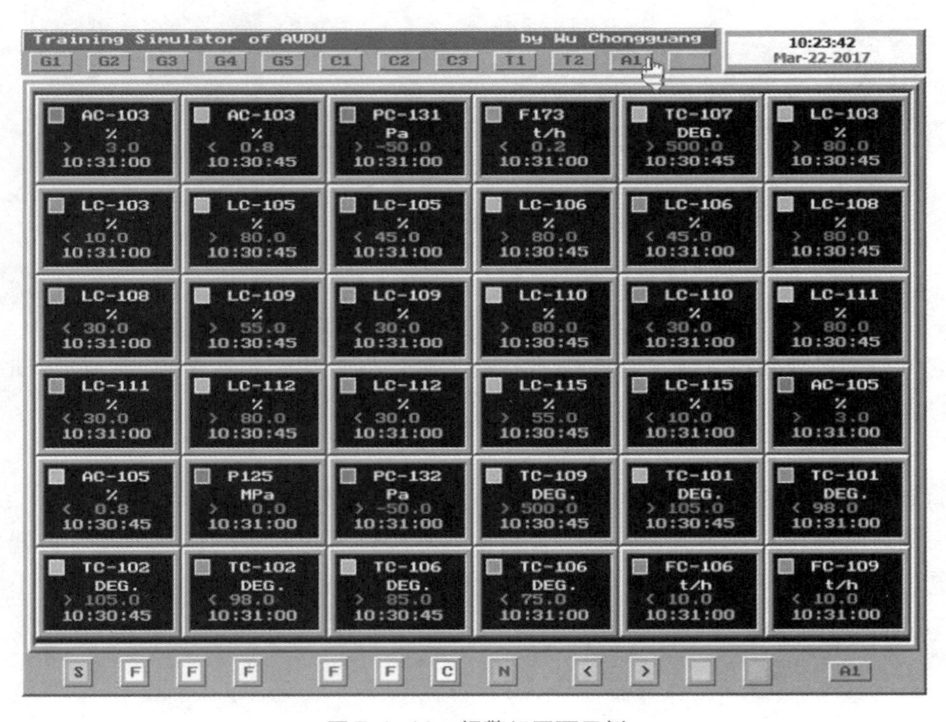

图 7.1–11　报警组画面示例

7.1.2.7 指示组画面

每幅指示组画面最多显示10个指示位图。位图以棒图方式指示变量大小。指示组画面示例见图7.1-12。

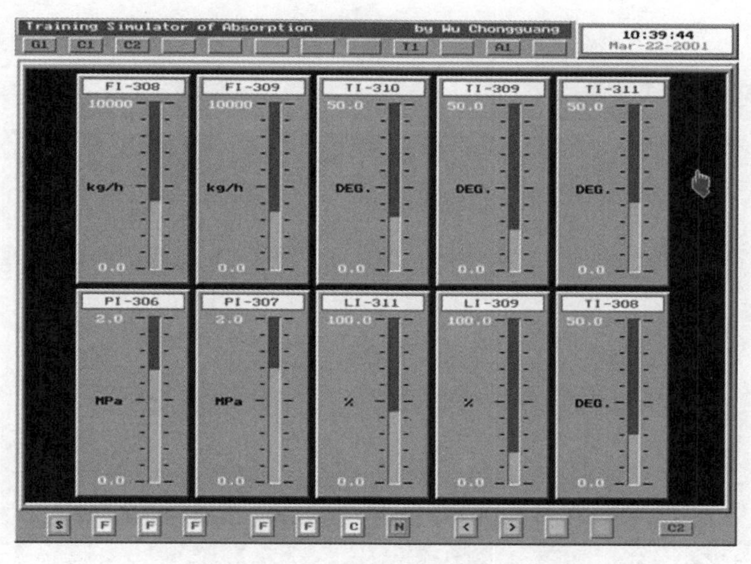

图7.1-12 指示组画面示例

7.1.2.8 帮助画面

帮助画面由键盘上的H键调出。本画面调出后软件的运行处于冻结状态。此时按动键盘上的任何键都能返回软件的原运行状态。帮助画面中包含了本软件的标题、眉头眉脚软键的功能和软件运行控制等信息。帮助画面示例见图7.1-13。

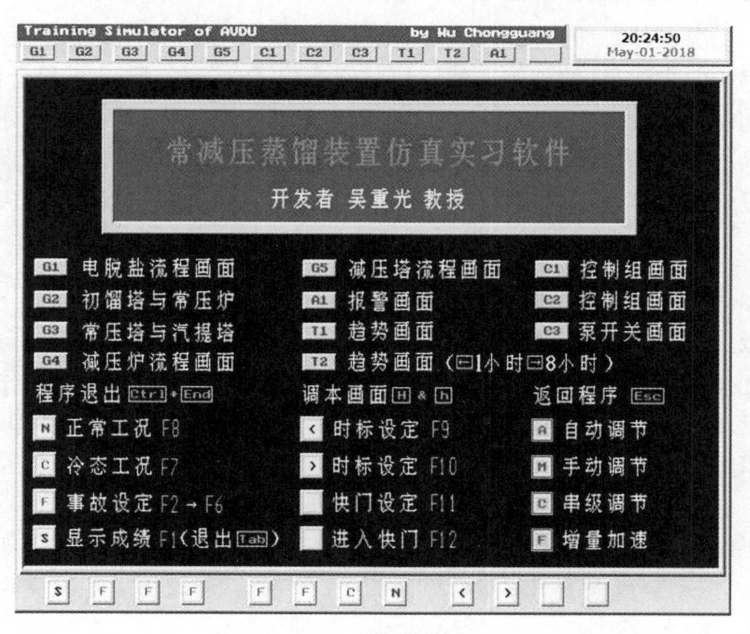

图7.1-13 帮助画面示例

7.1.2.9 评分记录画面

评分记录画面由键盘上的 Alt + F 组合键调出,系统呈冻结状态。按任意键返回。本画面显示当前的评分细节,供教师评价学员开车成绩用。评分记录画面示例见图 7.1-14。

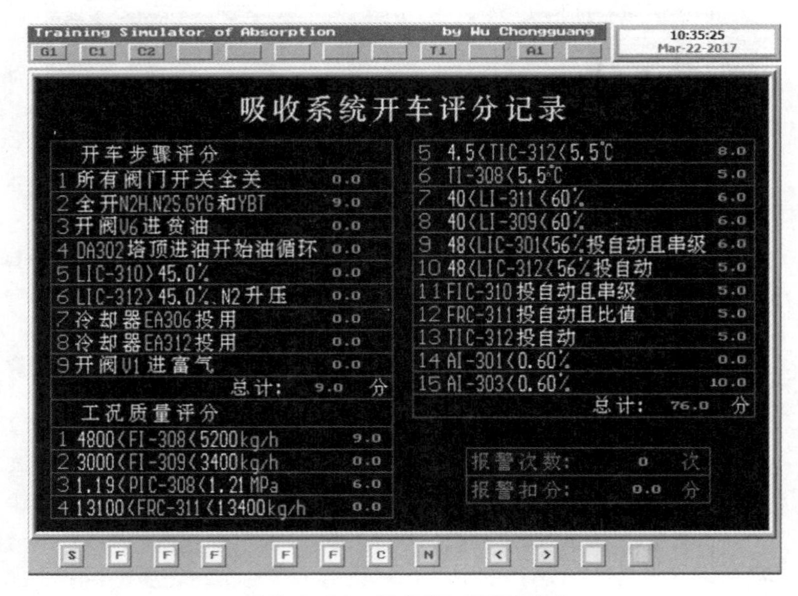

图 7.1-14 评分记录画面示例

7.1.2.10 随机存入工况文件画面

随机存入工况文件画面的功能是在随机存入一次“快门”文件的基础上再增加 10 个文件。随机存入的方法是,软件运行的任何时刻按动键盘上的 Alt + S 组合键,本画面弹出。然后按动键盘上的 1、2、3、4、5、6、7、8、9、0 十个键中的一个,例如“6”,本画面标有文件序号右边的小窗口内显示“6”,且下面的日期时间右边的小窗口内显示刚刚按“6”时刻已存入工况文件的日期和时间。存入的文件事后可任意随机读取。完成后按回车返回。随机存入工况文件画面示例见图 7.1-15。

7.1.2.11 随机读取历史工况文件画面

随机读取历史工况文件画面的功能是为随机存入工况文件画面的功能配套的功能。软件运行的任何时刻按动键盘上的 Alt + R 组合键,本画面弹出。其他操作同随机存入工况文件画面。如果先前没有在某序号下随机存入工况文件,则在日期时间右边的小窗口内显示“NULL”,表示硬盘中无此文件(若此时按了回车键,将返回原工况)。如果先前在某序号下已随机存入历史工况文件,则在日期时间右边的小窗口内显示当时存入的日期和时间,如果希望进入该历史工况,按回车返回并进入该历史工况。如果不希望进入该历史工况,按动键盘上的 Esc 键可返回原工况。随机读取历史工况文件画面示例见图 7.1-16。

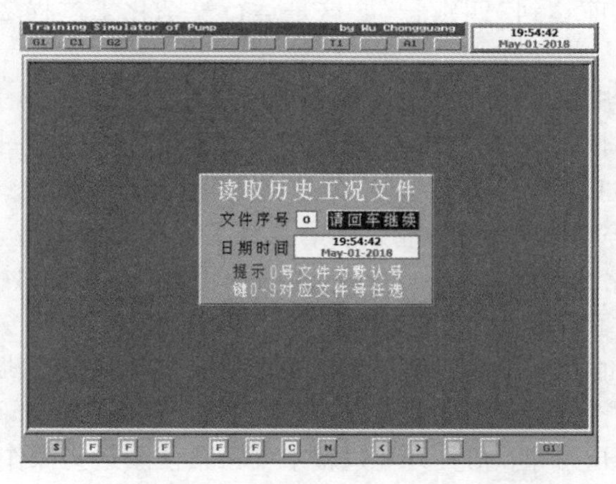

图 7.1-15　随机存入工况文件画面示例

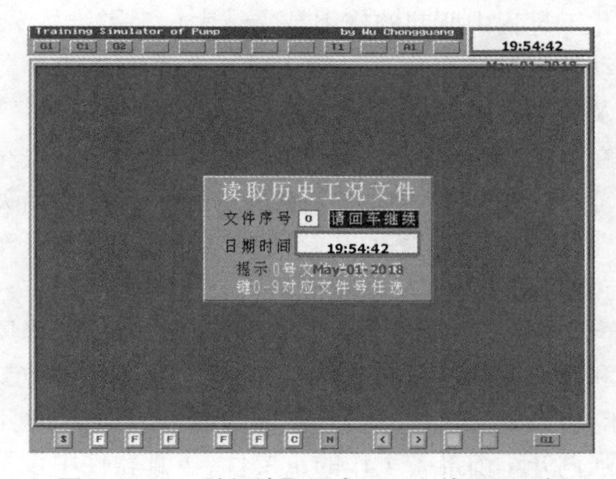

图 7.1-16　随机读取历史工况文件画面示例

7.1.2.12　报警音响控制

按动键盘上的 Alt + B 组合键，画面眉头的第十二个软键上将显示“BP”字样，此状态下，如果有报警发生，则伴有报警音响。若再次按动键盘上的 Alt + B 组合键，“BP”字样消失，此状态下，如果有报警发生，无报警音响。

7.1.3　化工过程操作要点

仿真训练可以使学员在短时期内积累较多化工过程操作经验。这些经验还能反映学员理论联系实际和分析问题解决问题的综合水平。根据作者跟踪几十所大学使用本仿真实习软件的调查结果，发现在一些共性问题上学员容易概念不清或不知如何思考。针对这些问题特总结出如下化工过程操作要点供师生们参考。不同的要点体现在各仿真实习软件之中，本节通过举例给出了简要提示，读者可参考这些要点在仿真实习过程中触类旁通。

(1)熟悉工艺流程，熟悉操作设备，熟悉控制系统，熟悉开车规程。虽然是仿真实习，也必须在动手开车之前达到“四熟悉”。这是运行复杂化工过程之前应当牢记的一项原则。

熟悉工艺流程的快速入门方法是读懂带指示仪表和控制点的工艺流程图。本仿真软件的流程图画面已非常接近这种工艺流程图。工程设计中称此图为P&ID。还应当记住开车达到正常设计工况后各重要参数，如压力、流量、液位、温度、分析检测变量，例如组成成分、百分浓度等具体的量化数值。若有条件了解真实系统，应当对照P&ID图确认设备的空间位置、管路的走向、管道的直径、阀门的位置、检测点和控制点的位置等。有可能的话还应进一步了解设备内部的结构。

操作设备是开车时所涉及的所有控制室和现场的手动和自动执行机构，如控制室的调节器、遥控阀门（操作器）、电开关、事故联锁开关等。现场的快开阀门、手动可调阀门、烟道挡板、调节阀、电开关等。仿真开车过程中要频繁使用这些操作设备，因此必须熟悉有关操作设备的位号，在流程中的位置、功能和所起的作用。

自动控制系统在化工过程中所起的作用越来越大。为了维持平稳生产、提高产品质量、确保安全生产，自动控制系统在化工过程中已成为重要组成部分。如果不了解自动控制系统的作用原理及使用方法，就无法实施开车。

开车规程通常是在总结大量实践经验的基础上，考虑到生产安全、节能、环保等多方面的因素而提出的规范。这些规范体现在本软件的开车步骤与相关的说明中。熟悉开车规程不应当死记硬背，而应当在理解的基础上加以记忆。仿真开车时往往还要根据具体情况灵活处理，这与真实系统开车非常相似。

（2）首先进行开车前准备工作，再行开车。开车前的准备工作烦琐、细致，哪些工作顾及不到都会对开车和开车后的运行构成隐患，因此是开车前的重要环节。为了提高教学效率，突出重点操作，仿真系统往往忽略开车前的准备工作，但这不意味着开车前的准备工作不重要。为了强调开车前准备工作的重要性，仿真软件中设置了开车前必须检查阀位和调节器状态的评分。部分软件用开关表示若干开车前重要的准备工作。这些开关忘记开启，后续的步骤评分可能为零。

开车前的准备工作一般有如下几方面。

1）管道和设备探伤及试压。试压可用气压和水压两种。水压比较安全。

2）拆盲板。设备检修和试压时，常在法兰连接处加装盲板，以便将设备和管道分割阻断。开车前必须仔细检查，拆除所有的盲板，否则开车时会引发许多问题。

3）管道和设备吹扫。设备安装和检修时管道和设备中会落入焊渣、金属屑、泥沙等物，甚至会有棉纱、工具等异物不慎落入。因此开车前必须对管道和设备进行气体吹扫，清除异物。

4）惰性气体置换。凡是系统中有可燃性物料的场合，开车前必须用惰性气体（通常是氮气）将管道和设备中的空气置换出去。目的在于防止开车时可能出现的燃烧或爆炸。除此之外，如果管道和设备中的空气会使催化剂氧化变质或影响产品纯度或质量，也必须进行惰性气体置换。

5）仪表校验、调零。所有的仪表包括一次仪表、二次仪表及执行机构以及仪表之间的信号线路都必须完成校验或调零，使其处于完好状态。

6)公用工程投用。公用工程包括水、电、气、仪表供电、供风等,都必须投用且处于完好状态。压缩机系统应首先开润滑油系统。蒸汽透平必须先开复水系统。

7)气、液排放和干燥。凡是生产过程所不允许存在的气体或液体,都必须在开车前排放干净,一些不得有水分存在的场合,还必须进行系统的干燥处理。例如,加热炉的燃料气管线开车前必须排放并使管线中全部充满燃料气。蒸汽管线开车前必须排凝液,离心泵开车前排气是为了防止气缚,热交换器开车前排气是为了提高换热效率,常压减压蒸馏原油热循环是为了赶掉水分。

8)了解变量的上下限。装置开车前先了解变量的上下限也是这个道理。比较直接方便的方法是先考察调节器和指示仪表的上下限,这是变量最大的显示范围。在仪表上下限以内,变量的报警还进一步划分为高限(H)和高高限(HH)、低限(L)和低低限(LL)。其含义是给出两个危险界限,若超第一个界限先警告一次提醒注意,若超第二个界限则必须立即加以处理。进一步,还应了解各变量在正常工况时允许波动的上下范围,这个范围比报警限要小,不同的装置不同的变量这个范围要求可能有较大的区别。例如,除计量之外一般对液位的波动范围要求不高,然而有些变量的变化对产品质量非常敏感,则限制很严格。各调节阀的阀位与变量的上下限密切相关,通常在正常工况时,阀位设计在50% ~60%,使其上下调整有余地,且避开阀门开度在10%以下和90%以上的非线性区。

(3)把握粗调和细调的分寸,操作时切忌大起大落。当手动操作阀门时,粗调是指大幅度开或关阀门,细调是指小幅度开或关阀门。粗调通常是当被调变量与期望值相差较大时采用,细调是当被调变量接近期望值时采用,粗调和细调在本软件中体现为手操器和调节器的输出使用快挡或慢挡。执行机构的细调是有限度的,只能达到一定的允许精度。当工艺过程容易产生波动,或对压力和热负荷的大幅度变化会造成损伤或不良后果的场合,粗调的方式必须慎用,而小量调整是安全的方法。此外,当有些情况尚不清楚阀门是应当开大还是关小时,更应当小量调整,找出解决方法后,再行大负荷处理。

大型化工装置无论是流量、物位、压力、温度或组成的变化,都呈现较大的惯性和滞后特性,初学者或经验不足的操作人员经常出现的操作失误就是工况的大起大落。典型的操作行为是当被调变量偏离期望值较大时,大幅度调整阀门。由于系统的大惯性和大滞后,大幅度的调整一时看不出效果,因而继续大幅度开阀或关阀。一旦被调变量超出期望值,又急于扳回,走入反向极端。这种反复的大起大落形成了被调变量在高、低两个极端位置的反复振荡,很难将系统稳定在期望的工况上。

正确的方法:每进行一次阀门操作,应适当等待一段时间,观察系统是否达到新的动态平衡,权衡被调变量与期望值的差距再做新的操作,越接近期望值,越应作小量操作。这种操作方法看似缓慢,实则是稳定工况的最快途径。任何过程变化都是有惯性的,有经验的操作员总是具备超前意识,因而操作有度,能顾及后果。

值得一提的是,有些操作员由于急于求成,在调节器处于自动状态下反复改变给定值,造成调节器只要有偏差就有输出,因此难于稳定下来,适得其反。这是因为调节器的PID作用也是有惯性的,需要一个过渡过程。

(4)分清调整变量和被调变量,分清是直接关系还是间接关系。在使用调节器的自动控制场合，必须从概念上做到两个分清。

第一个分清是分清调整变量和被调变量。所谓调整变量是指调节器的输出所作用的变量，通常调节器的输出信号连接到执行机构，例如调节阀上，执行机构所作用的变量为调整变量，被调变量通常是指调节器的输入或者说是设置调节器所要达到的目的，即调节器是通过调整变量的作用使被调变量达到预期的值。简而言之：调整变量是原因，被调变量是结果。

第二个分清是分清调整变量与被调变量是直接关系还是间接关系。直接关系是指调整变量和被调变量同属一个变量，例如，离心泵出口流量控制回路 FIC，其输入是泵出口流量，其输出亦作用于该流量。如果调整变量和被调变量不是同一个变量，则称为间接关系。

(5)跟着流程走。开车训练时，最忌讳的学习方法是跟着说明书的步骤走，不动脑，照猫画虎。训练完成后还是不知所以然。正确的学习方法是要开动脑筋，先熟悉流程，而且每进行一个开车步骤都应搞清楚为什么。对于复杂的化工装置，不熟悉流程，不搞清物料流的走向及来龙去脉，开车的各个步骤都可能误入非正常工况。开车规程只是一种特定的开车方法，无法对各种复杂的工况都进行导向，因此没有专门训练过的教员指导，新学员自行开车往往不能成功，熟悉流程的一种快捷方法是“跟着流程走”。

(6)先低负荷开车达正常工况，然后缓慢提升负荷。先低负荷开车达正常工况，然后缓慢提升负荷。无论对于动设备或者静设备，无论对于单个设备或者整个流程，这都是一条开车的基本安全规则。如电力驱动的设备，突发性加载会产生强大的瞬间冲击电流，容易烧坏电机，容器或设备的承压过程是一个渐进的过程，应力不均衡，就会造成局部损伤。设备对温度变化的热胀冷缩系数不一致，局部受热或受冷过猛，也会因为热胀冷缩不一致而损坏设备。

除以上原因外，对于过程系统而言，特别是新装置或大检修后，操作员对装置的特性尚不摸底，先低负荷开车，达正常工况后可以全面考验系统的综合指标，万一发生问题，低负荷状态容易停车，不会造成重大损失。

本书所用软件的所有单元和装置操作都强调先低负荷开车达正常工况，然后缓慢提升负荷的原则。例如，大型合成氨转化，必须先通过旁路管线采用旁路阀低负荷开车，当工况正常后，才允许切换到主管线提升负荷。

(7)投联锁系统应谨慎。联锁保护控制系统是在事故状态下自动进行热态停车的自动化装置。开车过程的工况处于非正常状态，而联锁动作的触发条件是确保系统处于正常工况的逻辑关系，因此只有当系统处于联锁保护的条件之内并保持稳定后才能投联锁，否则联锁系统会频繁误动作，甚至无法实施开车。开车前操作员必须从原理上搞清楚联锁系统的功能、作用、动作机理和联锁条件，才能正确投用联锁系统。

本书所用仿真软件的大型合成氨转化以及催化裂化反应再生系统，都设有联锁保护系统。开车前一定要搞清楚原理，当系统开车达正常工况并确认平稳后才能投联锁。

(8)优化开车的基本原则。优化开车是学员技术水平的综合体现。大型复杂装置的优化开车是一个永恒的值得探索的课题。本书几乎全书都在讨论开车问题，也只涉及了一些典型的单元操作和部分流程的一种或两种开车方案。当然这些规程都来自实际工厂,并且可以举一反三。虽然无法面面俱到,但可给出优化开车的基本原则,即以最少的能耗、最少的原料及环境代价、在最短的时间内安全平稳地将过程系统运行至正常工况的全部设计指标以内。

学员能利用本套仿真实习软件试验优化开车方案,并且可以利用评分功能和趋势记录功能评价方案。这正是本套仿真实习软件的妙处,它给学员留下了广阔的探索空间。

7.1.4　控制系统操作要点

掌握控制系统的操作方法,对于工艺和自动化专业的学生具有同等重要意义。在化工企业中掌握和使用控制系统的是工艺技术人员,但如果仪表及自动化人员不了解控制系统在工艺过程中的运行机制,也无法正确地调整和维护仪表及自控系统。

7.1.4.1　调节器操作要点

(1)首先必须清楚调节器的基本原理;自动、手动和串级键的作用;什么是调节器的输入、输出和给定,它们的量程上下限是多少。

(2)调节器处于手动状态时相当于遥控器,输出值由人工调整。此时,给定值跟踪输入值,当置自动状态时,可实现无扰动切换。

(3)调节器处于自动状态时,输出值无法人工调整,人工只能改变给定值(即期望值)。

(4)调节器的输入值和输出值的关系是:输入值受控于输出值。两者可能有直接关系,也可能是间接关系,实际操作中容易混淆或把两者当成一回事。

(5)调节器处于正作用状态,当输入值和给定值的正偏差加大时输出应减少,反作用状态是当输入值和给定值的正偏差加大时输出增大。

7.1.4.2　串级调节的操作要点

(1)首先在原理上必须分清主调节器和副调节器。特征是主调节器的输出与副调节器给定值关联,并且副调节器给定值受控于主调节器的输出。

(2)在未置串级时,主调节器的输出是浮空的,没有任何控制作用,而副调节器相当于一个单回路控制器。

(3)置串级后,副调节器的给定值无法人工调整,而是由主调节器输出自动调整,人工调整的变量是主调节器的给定值。

7.2　30 万吨/年合成氨转化工段计算机仿真

7.2.1　工艺过程简要说明

一段和二段转化可分为三个部分(位号采用实际工厂原始说明,以便与仿真系统对照):①工艺物料系统;②燃料系统;③水汽系统。相关工艺与控制流程图参见图 7.2-1、图 7.2-2 和图 7.2-3。

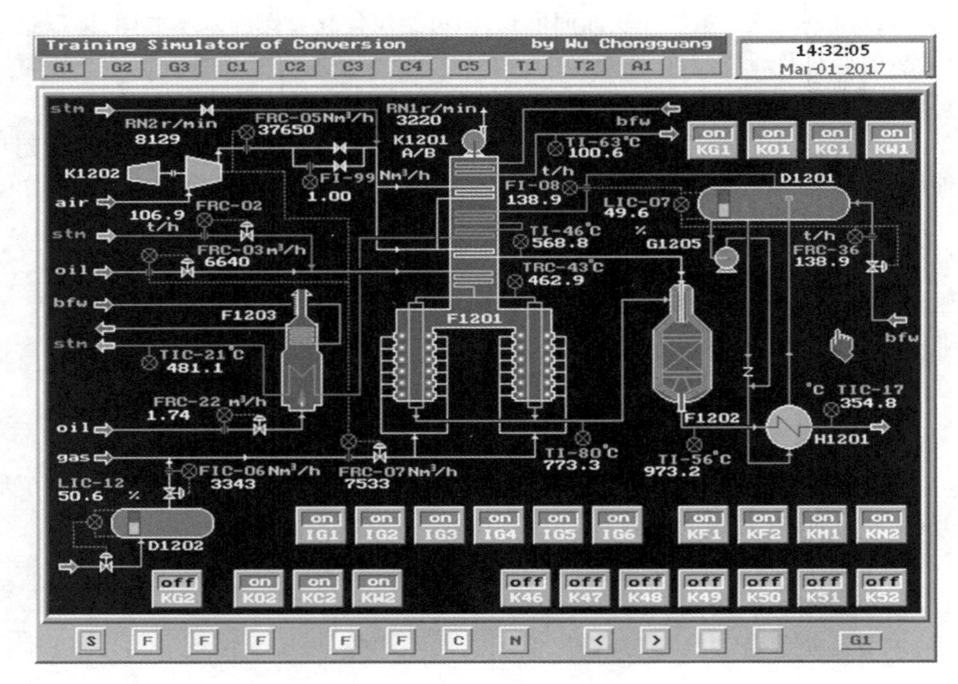

图 7.2-1　流程总貌画面

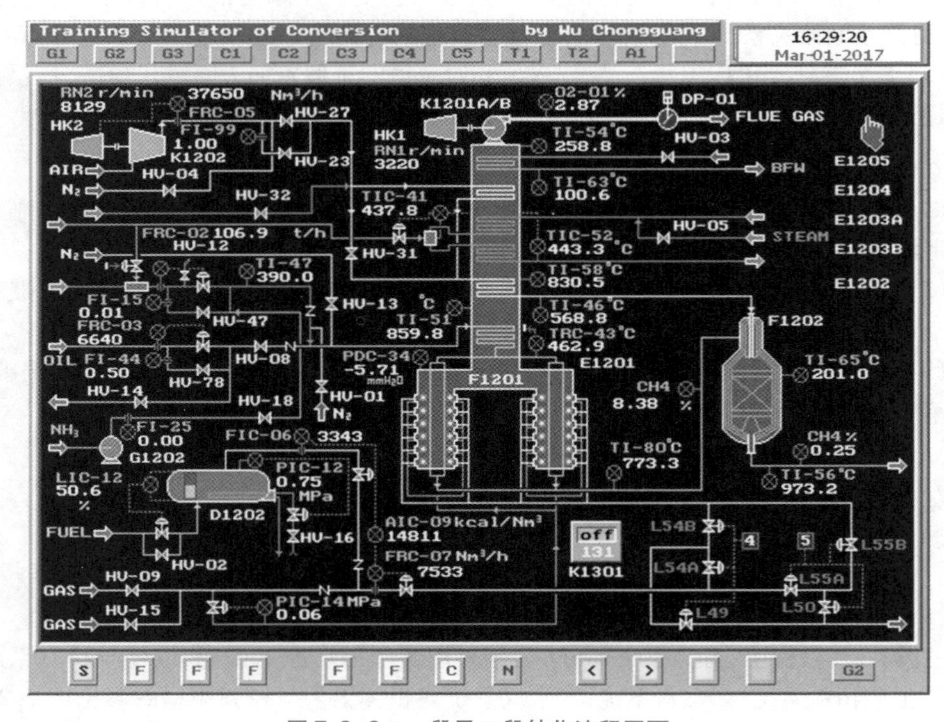

图 7.2-2　一段及二段转化流程画面

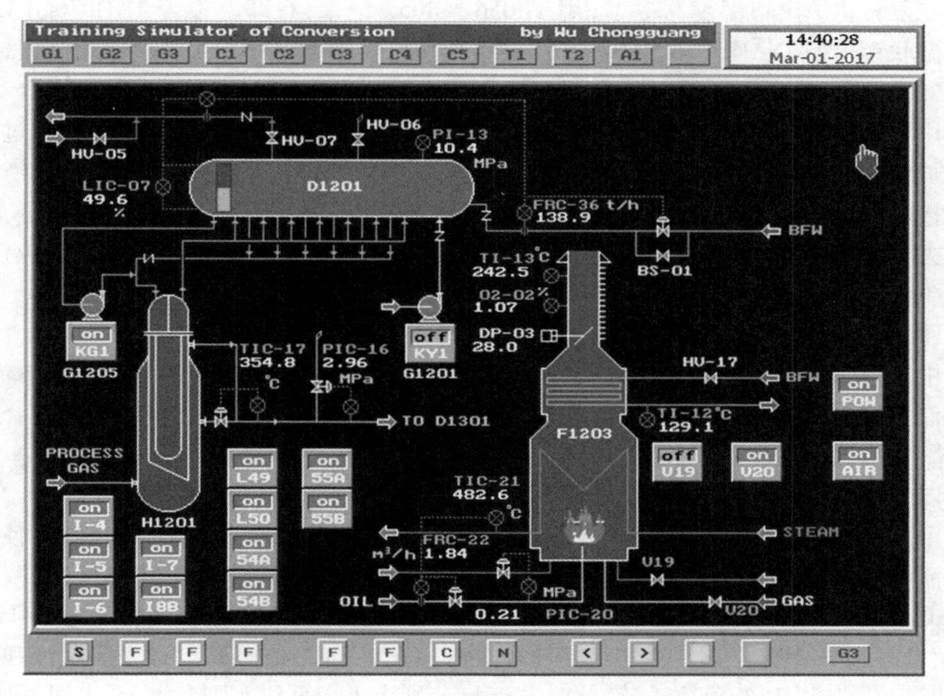

图7.2-3　废热锅炉及辅助炉流程画面

7.2.1.1　工艺物料系统

脱硫后的石脑油汽与中压蒸汽按一定比例($H_2O/C=3.7$)混合进入一段转化炉F1201。一段转化炉有两个辐射室和一个对流段。辐射室内有转化管,内径 ϕ100 mm,有效长度10 600 mm,共290根,内装环状 ϕ 16×16×6 的RKNR触媒24.9 m^3。有480个侧壁烧嘴用燃料气燃烧加热,对流段5组换热器用来回收烟气热量。

蒸汽/油混合物首先进入对流段预热器E1201,预热至470 ℃后进入转化管。预热温度过高会导致转化管上部触媒结炭。用TRC043调节往中压蒸汽热消除器JZ1211喷入的锅炉给水量并控制之。在转化管,物料继续被加热并在触媒上进行蒸汽转化反应。一段炉出口工艺气温度780 ℃,用TR080-089记录,并有高温报警器TAH080,气体含甲烷8.9%,用分析记录仪AR053检测,用多点温度计TI216-231指示4组转化管触媒床上4个不同垂直高度的温度。

一段转化气接着进入二段转化炉F1202,二段转化炉内装环状 ϕ19×19×9 的RKS触煤26.4 m^3,一层装填。在二段炉中加入空气,由于氢气与氧气的燃烧放出热量而使气体温度升高(约1200 ℃),使转化反应趋于完全,同时得到合成氨所需的氮气。

压力0.33 MPa的工艺空气由工艺空气压缩机K1202送来,温度为120 ℃,用TR022记录,经对流段第一和第二空气预热器E1204和E1202加热至550 ℃后进入二段炉。用HIC031控制E1204和E1202间的旁路阀来调节E1202出口空气温度,用TR046记录之,并有高温报警TAH046,以免超温烧坏E1202盘管。

二段转化炉出口温度957 ℃,用TR056、TR057记录,有高温报警TAH076、TAH077和高温联锁报警TSAHH076、TSAHH077,当超温时,联锁I7动作,二段炉停加空气,以免烧坏二段转化触媒。二段炉出口工艺气含甲烷0.3%,用AR014检测。

用多点测温计TI065-067测量二段炉外壁温度,外壁还得有变色漆,当温度过高时要往炉壁喷水,以免超温变形。

接着高温气体进入废热锅炉H1201的壳程,回收热量,产生10.0 MPa的高压蒸汽,然后去变换。用TRC017调节H1201的热副线控制H1201出口温度为360 ℃,并有高温报警TAH017,以防止高变炉超温。

H1201出口设有PRC016,当变换故障时,气体由此保压放空。

中压蒸汽、石脑油汽、工艺空气以及燃烧气流量控制极为重要。控制中压蒸汽流量/石脑油流量比例,即水碳比控制在3.7。控制石脑油流量/工艺空气流量比例,使合成气H_2/N_2为3.0,使用比值调节来控制上述各流量。

以中压蒸汽流量为主参数,用FRC002控制之,并有低流量报警FAC002A。

中压蒸汽流量信号通过比率计FFY0002A作用于FRC003A控制石脑油流量,使之与蒸汽流量成一定比值,并有低流量报警FAL003A。当石脑油流量低时,FSALL033A/B使联锁I5动作,一段转化炉部分停车。当中压蒸汽/石脑流量比率过低时,FFSALL003B使I5动作,一段炉部分停车。为避免转化炉全部停车,当I5动作后,打开中压蒸汽和石脑油旁路,一段炉以16%负荷运转,此时其流量分别由FI015和FI044指示,由HIC047和HIC078控制。此时,如果蒸汽流量仍低,FSAL015使旁路停车联锁I6动作而停车。

石脑油流量信号通过比率计FFY003A作用于FRC005,由此改变K1202的转速,以控制工艺空气流量,使之与石脑油流量成一定比例,并设有低流量报警FAL005A和低比率报警FFAL005A。当空气流量过低时,二段炉停车联锁I7动作切断工艺空气,打开至E1204的保护蒸汽。开车时,用工艺空气旁路慢慢加入空气以控制二段炉温升,其流量用HIC100控制,用FI99指示。

此外,设置了开工用液氨泵G1202,于开工氨裂解时向一段炉注入氨,用FI025指示氨流量。一段炉入口有仪表空气管,用于一段炉触媒的烧炭和钝化操作。

7.2.1.2 燃料系统

一段炉的两个辐射室,四侧均设有侧壁烧嘴,每侧分上下6排,每排20只烧嘴,共480个。其中底部第一排为一条支管,第二至第六排为一支管。用控制多烧嘴来调节一段炉各方向的温度分布。

烧嘴用炼厂气点火。用PI068指示炼厂气压力,并有低压力报警PAL075。燃料气为1/3炼厂气与2/3液化气的混合物。炼厂气由炼油催化裂化车间来,压力0.20 MPa,一路作为F1101、F1102、F1201、F1203点火烧嘴用气和F1501燃烧嘴的用气,用PIC014控制其压力,用FI206指示其流量,另一路与液化气混合作F1201的燃料气,其流量FR008记录。

液化气压力为0.6 MPa,由界区外进入液化气缓冲罐D1202,用低压蒸汽通入液化气蒸发器E1207使之汽化。用LIC012控制D1202的液位,并设有高低液位报警LAH029、LAL023,用PIC010调节低压蒸汽量以控制液化气压力。

炼厂气流量通过计算单元可调比率计 FFY008，作为 FRC006 的给定，用热值记录调节器 ARC009 改变可调比值器的比值，从而调节液化气的流量，使混合燃料气的热值保持一定。

混合燃料气的流量由石脑油的流量通过比率计 FFYY003AB 作用于 FRC007 来控制，使两者流量成一定比例，燃料热量与一段炉负荷相适应。

当炼厂气中断或供量不足时，可以从 D1501 返 H_2/N_2 气至炼厂气管，代替炼厂气作为燃料。当一段炉部分停车联锁 I5 动作时，第二至第六排烧嘴的燃料气关闭，并打开其放空阀。用 PI096 指示燃料气压力，当燃料气主管压力过低时，为防止烧嘴回火，PSALL037A/B 使联锁 I4 动作，一段炉完全停车，关闭第一排烧嘴，并打开其放空阀，同时关闭点火炼厂气。

辐射段出口烟气温度 1050 ℃，用 TR042 记录，并有高温报警 TAH042，烟气依次经过对流段工艺气体和蒸汽预热器 E1201、第二空气预热器 E1202、高压蒸汽过热器 E1203、第一空气预热器 E1204、低压锅炉给水预热器 E1205，温度降至 220 ℃，进入蒸汽透平带动的烟道气引风机 K1201A/B（并联），排入大气。用多点测温计 TI080、TI054 指示引风机入口温度，并有高温报警 TAH030、TAH059，以防烟气超温烧坏引风机。引风机出口有挡板，用 HIC125 可以调节其开度以改变抽风量。

用 PDRC034 调节烟道气引风机透平的转速，控制一段炉炉膛内负压，有高压差报警 PDAH034，当炉膛压力过高时，PDSAHH034/035 使 I4 动作停车，以免引起火灾。

手动 I4 停车时，保留点火烧嘴不灭，需要停点火嘴时，再人工切除。

7.2.1.3　水汽系统

合格的脱盐水用除氧器给水泵 G9203 加压，流经脱碳的再生溶液冷却器 E1402 和半再生溶液冷却器 E1404（管程）被 GV 溶液加热至 80 ℃，其出口设有电导率记录和高报警 CRH049，防止 GV 液泄漏污染给水，然后进入一段炉对流段的 E1205，被烟道气加热至 97 ℃，进入除氧器 D9201 和除氧水储槽 D9202。

除氧后的锅炉给水，一路用中压给水泵 G9202 打至高压蒸汽辅助过热器炉 F1203 的对流段中压锅炉给水预热器 E1206，加热到 140 ℃后进入辅助锅炉 H9101。

另一路用高压锅炉给水泵 G9201 加压至 115 kg/cm^2，经变换的高压锅炉给水预热器（第一）E1303 管程加热至 158 ℃，再经合成的锅炉给水加热器（第二）E1501 壳程加热至 271 ℃，最后经变换的高压锅炉给水预热器（第三）E1302 管程被加热至 314 ℃，用多点测温计 TI078 指示进入废热锅炉汽包 D1201。E1303 进口至 E1302 出口有一条 $\phi6$ 的水副线，用以调节换热器的负荷。

汽包水靠自然循环由下降管进入 H1201，受热产生的蒸汽、水混合物由上升管进入汽包，经水汽分离后为高压饱和蒸汽出汽包。开工时靠废热锅炉开工循环泵 G1205 和开工文丘里 JZ1209 建立循环，实际生产中 G1205 一经启动，除特殊情况外，不再停泵。

用 PI012、PI013 指示汽包压力，用 FR008 记录高压饱和蒸汽流量，用 LR011 记录汽包液位，并有高低液位报警 LAH011、LAL011。

用三冲量调节控制汽包液位，高压出口流量 FR008 经过比值器 FFY008 作为 FRC036 的给定，调节 G9201A 的透平转速或 G9201B 出口调节阀，为了消除假液位现象，这比值由 LRC007 来修正,以补偿测量误差、排污等。当汽包液位过低时,LSALL006/007 使连锁 I5 动作,一段炉部分停车,以保护汽包不会干锅、爆炸。

高压饱和蒸汽进入一段炉的高压蒸汽过热器 E1203,加热至 455 ℃,用中间蒸汽过热消除器 JZ1208 喷锅炉给水,以调节 E1203 出口的温度。用 TIC052、FR008 的输出经过计算器 TY052 作为 TIC041 的给定来控制喷入锅炉给水量。

接着高压蒸汽进入高压蒸汽辅助加热炉 F1203 加热至 485 ℃,去合成气压缩机透平 KT1501。加热炉有 7 个用中压蒸汽雾化的重油烧嘴,用 PI029 指示重油压力,并有低压报警 PAL035,用 PDIC020 控制雾化蒸汽压力,有 PI027、PI026 指示炉膛负压。将 TRC021 与 FIC022 串级,通过调节重油燃烧量来控制过热蒸汽出口温度。当过热蒸汽温度过高时,TSAH021 使联锁 I8A 动作,蒸汽过热炉部分停车,过热炉缓慢减火,以保护 KT1501,当过热蒸汽超温或 F1203 蒸汽流量低时,TSAH034 和 PDSAL032 使联锁 I8B 动作,蒸汽过热炉完全停车,过热炉停火,以保护盘管。

7.2.1.4 工艺过程原理简述

从终脱硫送来的含硫小于 0.2×10^{-6} 的石脑油汽与来自辅助锅炉的 3.8 MPa、390 ℃的中压蒸汽混合,经一段转化炉 F1201 对流段中的 E1201 换热器预热到 460 ℃后,进入 F1201 炉管,然后进入 F1202 催化剂床层完成烃类蒸汽高温催化转化反应,制取氢气,同时在二段炉 F1202 中加入工艺空气,燃烧掉氧气余下氮气,最后得到初始的单质氢气和氮气混合的合成氨工艺气。转化反应式如下:

$$C_nH_m+2H_2O \longrightarrow C_{n-1}H_{m-2}+CO_2+3H_2-Q$$

$$CH_4+2H_2O \longrightarrow CO_2+4H_2-Q$$

$$CO_2+H_2 \longrightarrow CO+H_2O-Q$$

石脑油蒸汽转化反应是一步一步地由高级烃转化成较低级的烃类,最后转化成氢气的水蒸气催化吸热反应,在一段转化炉 F1201 中,烃类和水蒸气在炉管内镍触媒上进行转化反应。热量由 480 个燃烧器以辐射方式供给,炉管进口温度 460 ℃,出口 780 ℃,出口甲烷含量 8.7% 左右。从一段转化炉出来的气体与空气混合进入二段炉 F1202,在炉上部反应,反应式如下:

$$CH_4+O_2 \longrightarrow CO_2+H_2O+Q$$

$$2H_2+O_2 \longrightarrow 2H_2O+Q$$

反应产生的热量使工艺气体通过 RKS-2 触媒层进一步转化反应,至 F1202 的出口气体中的甲烷含量降低至 0.41% 。

工艺空气经 F1201 对流段的 E1204 和 E1202 预热到 550 ℃以后进入 F1202,自 F1202 出来的工艺气温度达 960 ℃左右。为了回收这部分热量,设置废热锅炉 H1201 与汽包 D1201,用于产生 10.4 MPa、314 ℃的高压蒸汽,经 F1201 对流段的 E1203A/B 和 F1203 加热炉过热到 485 ℃,用于驱动合成气压缩机透平,达到节能之目的。

7.2.2　工艺及控制流程图说明

7.2.2.1　主要工艺设备

F1201　　一段转化炉
F1202　　二段转化炉
F1203　　高压蒸汽辅助过热加热炉
H1201　　废热锅炉(热交换器方式)
D1201　　废热锅炉汽包
D1202　　液化气缓冲罐(包括液化气蒸发器)
E1207　　液化气蒸发器
K1201A/B　烟道气引风机(蒸汽透平驱动)
K1202　　工艺空气压缩机(蒸汽透平驱动)
K1301　　氮气循环风机
G1202　　液氨泵
G1205　　废热锅炉强制循环泵
G1201　　废热锅炉加药泵
E1201　　物料预热器(位于F1201对流段)
E1202　　第二工艺空气预热器(位于F1201对流段)
E1203A/B　高压蒸汽过热器及减温器(位于F1201对流段)
E1204　　第一工艺空气预热器(位于F1201对流段)
E1205　　废热锅炉上水预热器(位于F1201对流段)

7.2.2.2　主要控制系统

主要控制系统的具体参数见表7.2-1。

表7.2-1　主要控制系统名称及参数

位号	名称	单位	正常设定值
FRC-03	石脑油流量调节器	m^3/h	6000~6800
FRC-02	工艺蒸汽流量调节器	t/h	104~110
FRC-05	工艺空气流量调节器	m^3/h	37 000
FRC-07	混合燃料气流量调节器	m^3/h	7500
TRC-43	E1201出口温度调节器	℃	460~505
TIC-41	E1203出口温度调节器(副调)	℃	460
TIC-52	E1203出口温度调节器(主调)	℃	440~465
PIC-34	F1201炉膛压力调节器	mmH_2O	-4~-11
TIC-17	H1201出口工艺气温度调节器	℃	350~360

续表 7.2-1

位号	名称	单位	正常设定值
PIC-16	H1201 出口压力调节器	MPa	3.0
LIC-07	汽包 D1201 液位调节器	%	50～80
FRC-36	D1201 上水流量调节器	t/h	18.2～185.5
PIC-20	F1203 油/气压差调节器	MPa	0.21
TIC-21	F1203 出口温度调节器(主调)	℃	480～500
FRC-22	F1203 燃油流量调节器(副调)	m^3/h	1.6
PIC-14	点火气压力调节器	MPa	0.05～0.1
AIC-09	混合燃料气热值调节器	$kcal/m^3$	14 850
FIC-06	D1202 出口燃料气流量调节器	m^3/h	3467
LIC-12	D1202 液位调节器	%	50～60
PIC-12	D1202 压力调节器	MPa	0.7～0.9

控制组画面如图 7.2-4、图 7.2-5。

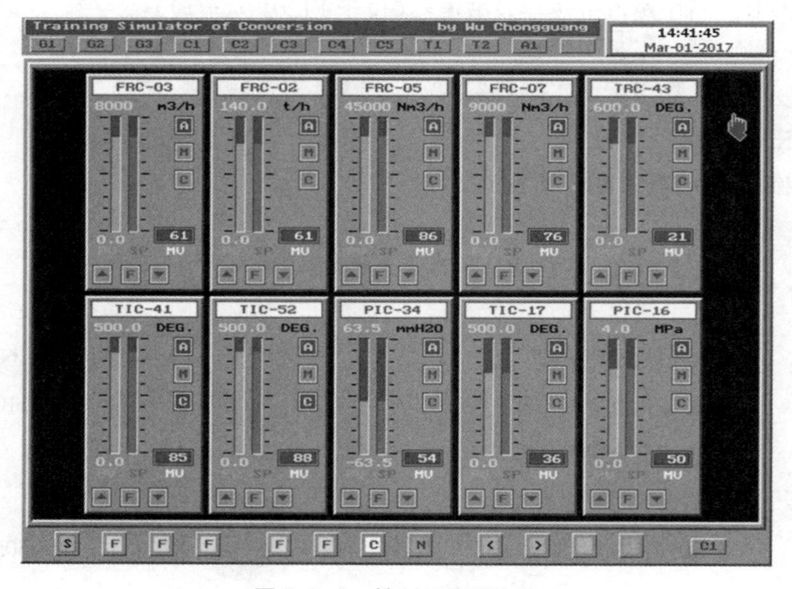

图 7.2-4 控制组画面之一

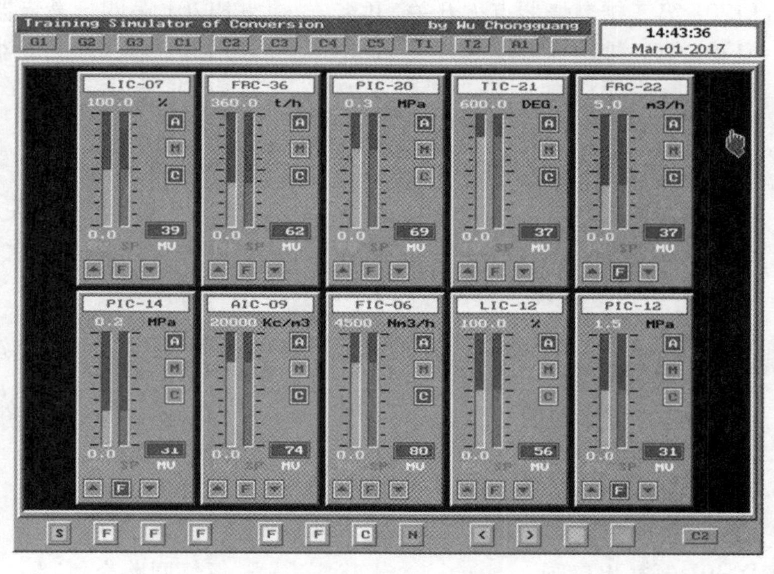

图 7.2-5　控制组画面之二

7.2.2.3　手操器

HV-01	充氮阀	HV-02	液态烃旁路阀
HV-03	E1205 进水阀	HV-04	3" 保护氮阀
HV-05	6" 蒸汽阀	HV-06	D1201 放空阀
HV-07	D1201 蒸汽出口阀	HV-08	石脑油进料截止阀
HV-09	炼厂气入口阀	HV-12	FRC-02 调节阀前放空阀
HV-13	氮回路阀(氮升温返回线)	HV-14	2" 返料阀
HV-15	炼厂气中断备用阀	HV-16	D1202 升压蒸汽入口阀
HV-17	F1203 对流段锅炉用水入口阀	HV-18	液氨泵出口阀
HV-23	压缩空气与保护氮阀	HV-27	压缩空气出口阀
HV-31	压缩空气与保护氮旁路阀	HV-32	保护蒸汽阀
HV-47	工艺蒸汽大旁路阀	HV-78	石脑油旁路阀
BS-01	D1201 给水旁路阀	DP-01	F1201 烟道挡板
DP-03	F1203 烟道挡板	HK1	K1201 调速手轮
HK2	K1202 调速手轮		

7.2.2.4　开关及快开阀门

131	氮循环风机开关	KO1	K1201 油系统
KC1	K1201 冷凝系统	KW1	K1201 暖管
KF1	K1201 转速、流量转换开关	KF2	K1202 转速、流量转换开关
IG1	F1201 第一排燃烧器点火开关	IG2	F1201 第二排燃烧器点火开关

IG3	F1201 第三排燃烧器点火开关	IG4	F1201 第四排燃烧器点火开关
IG5	F1201 第五排燃烧器点火开关	IG6	F1201 第六排燃烧器点火开关
V19	F1203 蒸汽吹扫阀	V20	F1203 点火
KY1	D1201 加药泵 G1201 开关	KG1	泵 G1205 开关
KG2	液氨泵 G1202 开关	L49	USV049 联锁开关
L50	USV050 联锁开关	54A	USV054A 联锁开关
54B	USV054B 联锁开关	55A	USVO55A 联锁开关
55B	USV055B 联锁开关	KM1	气密试验
KN2	氮气置换	KO2	K1202 油系统
KC2	K1202 冷凝系统	KW2	K1202 暖管
POW	电源恢复(事故处理)	AIR	仪表风恢复(事故处理)
I-4	“ I-4”联锁开关	I-5	“I-5”联锁开关
I-6	“I-6”联锁开关	I-7	“I-7”联锁开关
I8B	“I8B”联锁开关	K46	131HS003 阀
K47	D1301 氮气出口阀	K48	氮气回路充氮阀
K49	氮气回路 6" 旁路阀	K50	K1301 回流阀
K51	K1301 进出口阀	K52	E1301 冷却水阀

7.2.2.5 指示仪表

TI-12	F1203 对流段出口温度(℃)	TI-13	F1203 排烟温度(℃)
TI-46	E1202 出口温度(℃)	TI-47	主蒸汽温度(℃)
TI-51	E1201 上部温度(℃)	TI-54	F1201 烟气温度(℃)
TI-56	F1202 出口温度(℃)	TI-58	E1202 上部温度(℃)
TI-63	E1205 出口温度(℃)	TI-65	F1202 外壁温度(℃)
TI-80	F1201 出口温度(℃)	FI-02	氮气流量(m^3/h)
FI-15	由 HV-47 调整的旁路蒸汽流量(t/h)	FI-25	液氨流量(m^3/h)
FI-44	石脑油旁路流量(m^3/h)	FI-99	压缩空气旁路流量(Nm^3/h)
PI-13	汽包 D1201 压力(MPa)	PI-18	中压蒸汽压力(MPa)
PI-26	F1203 炉内负压(mmH_2O)	RN1	K1201 转速(r/min)
RN2	K1202 转速(r/min)	CH4-01	F1201 出口甲烷含量(%)
CH4-02	F1202 出口甲烷含量(%)	O2-01	F1201 烟气氧含量(%)
O2-02	F1203 烟气氧含量(%)	NH3	F1201 出口氨含量(%)
W/CR	水/碳比	S/OR	蒸汽/石脑油比
O/GR	石脑油/燃料气比	O/AR	石脑油/空气比

指示仪组画面如图 7.2-6 ~ 图 7.2-8。

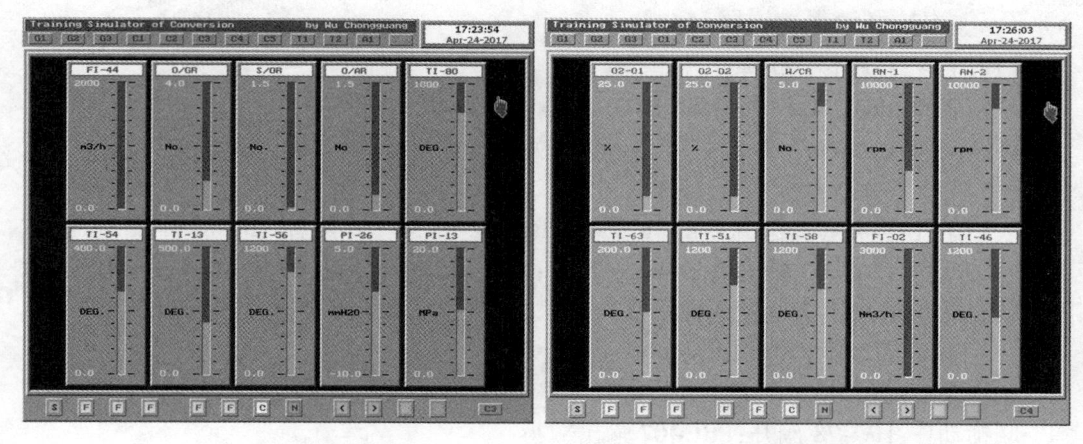

图 7.2-6　指示仪组画面之一　　　　图 7.2-7　指示仪组画面之二

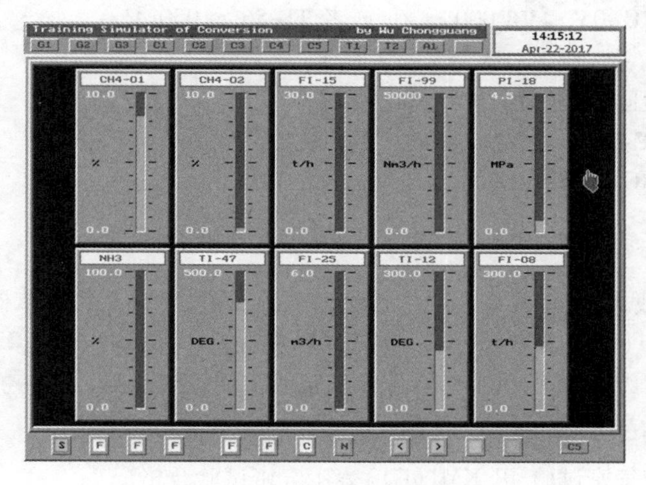

图 7.2-8　指示仪组画面之三

7.2.2.6　报警限说明

TIC-21	>510	℃	(H)	PIC-20	<0.05	MPa	(L)
AIC-09	>17 500	kcal/m^3	(H)	AIC-09	<10 000	kcal/m^3	(L)
LIC-12	>85	%	(H)	LIC-12	<40	%	(L)
TI-80	>810	℃	(H)	TI-56	>990	℃	(H)
TIC-17	>400	℃	(H)	LIC-07	<40	%	(L)
LIC-07	>60	%	(H)	TIC-21	>510	℃	(H)
FRC-03	<3730	m^3/h	(L)	FRC-03	<17	m^3/h	(LL)
FRC-05	<20 870	m^3/h	(L)	PIC-34	<-19.6	mmH_2O	(L)
TI-54	>285	℃	(H)	TIC-52	>480	℃	(H)
TI-46	>570	℃	(H)	TRC-43	>510	℃	(H)

7.2.2.7 事故联锁保护说明

(1)“I-4”一段转化炉完全停车

联锁条件:PIC-34≥-2.5 mm H_2O 或者 PIC-14<0.1 MPa。

联锁动作:USV054A/B 阀关;USV049 阀关;I-5 联锁动作;I8B 联锁动作。

(2)“I-5”一段转化炉部分停车

联锁条件:FRC-03≤ 3000 m^3/h 或者 FRC-02 ≤ 30 t/h 或者 LIC-07≤ 25%。

联锁动作:FRC-03 输出关闭;HV-78 开;FRC-02 输出关闭;HV-47 开;USV055A/B 阀关;USV050 阀开;I-7 联锁动作。

(3)“I-6”石脑油流量切入旁路

联锁条件:FRC-02 ≤ 18 t/h。

联锁动作:HV-78 阀开;FRC-07 输出减小。

(4)“I-7”二段转化炉停车

联锁条件:FRC-05 ≤ 18 000 m^3/h 或者 TI-56≥1050 ℃。

联锁动作:HV-27 阀关;HV-23 阀关;HV-32 阀开。

(5)“I8B”高压蒸汽辅助过热炉 F1203 停车

联锁条件:TIC-21≥520 ℃。

联锁动作:FRC-22 输出关闭。

7.2.3 开车操作说明

为了便于寻找操作点,凡是说明中首次出现的开关、手操器和调节器等,后面有画面号提示,例如,KM1(G1)、HV-13(G2)、PIC-12(G2)、CH4-01>9.8%(C5)。

实际开车规程中要求的事项仿真软件从略的在括号内说明。

7.2.3.1 开车前的准备

(1)工艺系统气密试验,开 KM1(G1)表示气密试验合格。

(2)氮置换,开 KN2(G1)表示氮置换合格。

全开 E1201 进口循环 12" 氮气阀 HV-13(G2)。

7.2.3.2 氮升温

(1)建立氮气循环。氮气循环升温流程如下:

K1301/2→E1304→E1201→F1201→F1202→
H1202→D1301→E1305→D1301→K1301/2

(2)打通氮气循环回路。打开 D1301 进口阀 K46(G1)。打开 D1301 出口 6" 氮气回路阀 K47(G1)。打开 6" 旁路阀 K49(G1)。打开 K1301 回流阀 K50(G1)。打开 K1301 进出口阀 K51(G1)。打开 E1301 冷却器冷却水阀 K52(G1)。

(3)充氮气并建立氮气循环。打开充氮阀 HV-01(G2),由 4" Ni12374B01 管向该回路充氮至 0.5 MPa,由调节器 PIC-16 指示和控制,建议给定值设在 0.5 MPa 且投自动。

启动氮循环风机 K1301 开关 131(G2)。关 6" 旁路阀 K49 及回流阀 K50,建立氮循环。当氮回路压力低于 0.5 MPa 时,用小回路 2" 充氮阀 K48 向氮回路补氮。

(4)投自动与串级(代三冲量)。打开汽包 D1201 上水旁路阀 BS-01(G3)小流量上水,开度不得超过 75%,水位至 50%后停上水。将 LIC-07 和 FRC-36(G3)投自动与串级(代三冲量)。

(5)开加药泵。开加药泵 G1201 开关 KY1(G3),向 D1201 加药,达指标后停(仿真1 min)。

(6)一段炉 F1201 点火升温。

• 燃料系统启动:

1)D1202 的启动:①打开液态烃旁路阀 HV-02(G2),等 D1202 液位达 50%后关闭。②打开低压蒸汽加热阀 HV-16(G2),用 PIC-12(G2)手动输出,以低压蒸汽加热液态烃。当 D1202 压力升至 0.8 MPa 时,将 PIC-12 投自动。③当 D1202 液位至 50%时,将 LIC-12 投自动。

2)检查所有烧嘴考克应关闭,开挡板 DP-01(G2)(HCV125),开度为 50%。

3)打开炼厂气阀 HV-09(G2)。

4)打开点火炼厂气调节器 PIC-14 的手动输出,当 PIC-14(G2)达到 0.05 ~ 0.1 MPa 投自动。

5)复位联锁回路阀 L49(USV49)、L50(USV50)、54A、54B(USV054A/B)、55A、55B(USV055 A/B)(G3)将炼厂气引至点火烧嘴前。

• 建立炉膛负压及炉膛置换:

1)按操作规程启动 K1201(A/B):①启动 K1201 油系统 KO1(G1)。②启动 K1201 冷凝系统 KC1(G1)。③启动 K1201 暖管 KW1(G1)。④利用开车手轮 HK1(G2)开启调速气门冲转,逐步升速至 RN1 500 r/min,并暖机 20 s(实际为 10 ~ 15 min),然后继续升速至 RN1 3200 r/min,打开 KF1(G1)将转速切至 PDC-34(G2)控制(手动)。注意切换前 PDC-34 手动输出需预置 50%左右。

2)调节 K1201 转速或调节 DP-01(G2),使 PDC-34 为-4 ~ -11 mmH_2O。

• 点火升温:

1)打开燃料气调节阀 FV007,即调节器 FRC-07 手动输出开度为 5.0%。

2)按实际热负荷需要逐步打开 6 个火嘴排开关中的部分或全部 IG1、IG2、IG3、IG4、IG5、IG6,手动缓慢提升 FRC-07 输出开度,F1201 开始升温。

3)注意各对流段的过热保护。①E1205:打开 HV-03(G2)通锅炉上水(BFW),控制 TI-63<105 ℃。若超过指标则开大 HV-03。②E1202/E1204:最迟当 TI-51 达 400 ℃时,打开 3" 保护氮阀 HV-04 及 HV-23(G2),从 12" Ni13163B04 管引氮气 2000 m^3/h,开 HV-31 约 50%。通过开大 HV-04、HV-23 或 HV-31 控制 TI-46<550 ℃,并关注 TI-46 应维持低于 550 ℃。③E1203A/B:最迟当 TI-58 达 450 ℃时,打开 HV-05(G2)通蒸汽入 E1203-F1203 管网,控制 TIC-52<460 ℃。若温度太高可开大 HV-05。

4)根据升温情况,打开 D1202 出口阀 FV006,即调节器 FIC-06(G2)手动输出,通部分液态烃。由于液态烃的热值高于炼厂气,能有效提高升温限。

5)若升温过快可适当将 FRC-07(G2)的输出关小或者调整点火烧嘴排的数量。

● 升温过程中汽包 D1201 的调整：

1）当一段炉出口温度达 100 ℃时，启动 G1205 开关 KG1（G3），帮助 H1201 建立水汽循环，强化换热效果。

2）打开 D1201 的 2" 放空阀 HV-06（G3），用 D1201 自产蒸汽置换（2～3 h，仿真 2 min）后关闭。

3）随着二段炉出口温度的升高，汽包 D1201 开始升压。当 D1201 压力升至与蒸汽管网压力（4.0 MPa）平衡时，逐步打开 D1201 出口大阀 HV-07（G3）与辅锅来的蒸汽一起保护 E1203A/B。当自产蒸汽足以保护 E1203A/B 时，关闭 HV-05。

（7）蒸汽辅助过热炉 F1203 点火。在 E1203 通蒸汽后，将 F1203 按规程点火。打开 F1203 烟道挡板 DP-03（G3），开度为 50%。开 HV-17（G3）保护对流段，余热回收。

打开 V19（G3）对 F1203 进行蒸汽吹扫（进行可燃气体含量分析，若炉膛内可燃气体含量<0.5%，进行下一步点火操作。仿真 2 min 后关 V19）。

打开中压雾化蒸汽压差调节阀 PV20，即调节器 PIC-20（G3）手动输出。打开调节阀 FV022。即调节器 FRC-22（G3）手动输出。打开 F1203 点火按钮 V20（G3），将 F1203 所有烧嘴点燃。

当燃料油流量达给定值 1.0～1.1 m^3/h 后将 FRC-22 投自动。

调整燃料油与中压雾化蒸汽压差，达给定值 0.21 MPa 后将 PIC-20（G3）投自动。

复位 I8B（G3）为开状态。

（8）氮升温终点。将 TRC-43（G2）投自动，给定值设为 350～370 ℃。使 F1201 进口温度<400 ℃。

调节液态烃分流量 FIC-06 及混合燃料气总流量 FRC-07，使 F1201 出口温度 TI-80 为 600～650 ℃。

7.2.3.3 氨裂解和返氢

（1）氨裂解前的准备工作。打开 HV-32（G2）给 E1202/E1204 通保护蒸汽。

按规程启动 G1202 至正常，即开 KG2（G1）。

微开 FV002 前 2" 放空阀 HV-12（G2）暖管，（见干气）后关闭。

微开 HV-47（G2），使 TI-47>200 ℃并继续暖管后关闭。

打开 HV-47 前 2" 氨阀 HV-18（G2），联系氨库向系统送氨 2 m^3/h。

密切注意 TI-47 的温度达 270 ℃，确认氨已送至炉前。

（2）投氨裂解。手操 HV-47（G2）控制蒸汽流量 FI-15 为 10 t/h。

注意：为了防止 F1201 超温，应当在投入一定量的氨和蒸汽后，再用 HV-13 逐渐关闭氮气。

打开氮回路 6" 旁路阀 K49（G1）和 K1301 回流阀 K50，关 D1301 出口氮阀 K47。

关闭 E1201 前氮回路阀 HV-13 及 HV-01，关 K1301 开关 131（G2）。关闭 HV-23 及前 3" 截止阀 HV-04（G2），开 HV-32 且适当调节 HV-31，维持 TI-46≤550 ℃。

（3）投氨后的调整。开 HV-18 将投氨量逐步加至 4 m^3/h，同时手操 HV-47 将 FI-15 逐步加至 20 t/h，然后通过开大 HV-31 和 HV-32 将 TI-46 的温度下调至 260～280 ℃。

注意：F1201各点温度，适当调整FIC-06及FRC-07，并增点烧嘴，维持F1201出口温度TI-80为650～700 ℃。提升TRC-43给定值为390 ℃。

分析F1201出口氨含量NH_3<10.0%（C5），若氨含量偏高，可适当提高F1201出口温度TI-80。

7.2.3.4　一段炉投油

（1）投油前的准备。打开F1201前2" 返料线截止阀HV-14（G2）。打开HV-78（G2），使石脑油经返料线返回D1108暖管。调整F1201热负荷，即手动操作FRC-06及FRC-07的输出，使F1201出口温度TI-80达到700～750 ℃。以自动方式使F1201进口温度TRC-43达到400～450 ℃（确认前工段石脑油含硫量<0.2×10^{-6}，仿真从略）。提高PIC-16（G3）给定值，使系统压力提至2.0 MPa。

（2）投油。关闭HV-78（G2），打开E1201前6" PR11403F21管上截止阀HV-08（G2）。打开HV-78，控制FI-44的流量以300 m^3/h投进F1201，然后逐渐加量至1800 m^3/h。

在增加石脑油的同时逐渐调整HV-18，减少氨，直到氨全部被油取代后停G1202，即关KG2（G1），或自循环备用。关闭HV-14（G2），同时开大HV-78保持投油流量。

投油减氨的同时应注意F1201各点温度，及时调整，使F1201进口温度TRC-43维持430～460 ℃，出口温度TI-80维持700～750 ℃。

（3）投油后的调整。将TRC-43（G2）给定值提到470 ℃（自动）。将TIC-52和TIC-41投自动与串级，控制TIC-52<460 ℃。关小HV-05或HV-07可提高TIC-52温度。

根据系统负荷情况增加蒸汽量，控制水碳比W/CR（H_2O/C）（C4）在4.0～4.5，逐步将负荷提至30%，准备加空气。负荷提升是一系列的操作，即按循环步进的方法每开大石脑油量一点，就开大一点蒸汽量，同时应增加F1201热负荷。

缓慢打开FV002及FV003，即手动FRC-02及FRC-03（G2）的输出，同时缓慢关闭HV-78及HV-47，最后等量切换至FRC-02及FRC-03控制加量。

若F1201出口甲烷含量CH4-01>9.8%（C5），应适当提高F1201操作温度。注意甲烷含量是裂解深度的一种阶段性指标。当炉温低时甲烷含量为零说明石脑油汽尚未裂解成低碳组分，当炉温超高时甲烷含量为零说明石脑油汽已被裂解成比甲烷更低的组分。

7.2.3.5　二段炉加空气

（1）加空气前的准备。关小HV-32和HV-31，使F1202进口温度（即E1202出口温度）TI-46达500～550 ℃。

通过提高TI-80和TI-46双重措施，将F1202出口温度TI-56提至700 ℃左右。

按操作规程启动K1202：①启动K1202油系统KO2（G1）；②启动K1202冷凝系统KC2（G1）；③启动K1202暖管KW2（G1）；④利用开车手轮HK2（G2）调速气门冲转，逐步升速至RN2 2300 r/min。

RN2 2300 r/min，暖机10 min（仿真1 min）；

RN2 4700 r/min，暖机10 min（仿真1 min）；

RN2 5100 r/min，暖机 10 min（仿真 1 min）。

升速至 RN2 5100 r/min 后，全开手轮，迅速升速至 7400 r/min 后打开 KF2（G1），将转速切至 FRC-05（G2）手动控制。注意切换前 FRC-05 手动输出需预置 89% 左右，继续升速至 RN2 8400 r/min，将工艺空气送至炉前。

（2）二段炉加空气。逐步打开 HV-23（G2），使空气量（由 FI-99 指示）以流量 2000 Nm^3/h 加进 F1202。

观察 F1202 出口温度 TI-56，若温度明显上升，说明加空气成功；若无明显温升，应关闭 HV-23（G2），检查原因，重新加空气。确认空气加入并有明显温升后，逐步增加空气量。

当加入的空气量达 18 000～22 000 m^3/h 时，逐步减少 HV-32（G2），将蒸汽量至全关，但要注意用 HV-31 维持 TI-46≤550 ℃。

（3）加空气后的调整。逐渐打开 HV-27（G2）并逐步关闭 HV-23（G2），最后切换至 HV-27 加量。HV-27 全开后，由 FRC-05（G2）控制加空气量，并将 FRC-05 投自动。

增加空气的同时，逐渐将系统负荷提至 60%。负荷提升是一系列的操作，即按循环步进的方法每开大石脑油量一点，就开大一点蒸汽量，使水碳比调整在 4.0 左右。

同时应增加 F1201 热负荷。调整 TIC-17（G3）至 360 ℃左右，将 TIC-17 投自动。

缓慢将系统负荷提至 100%，即 FRC-03 达到 6000～6800 m^3/h，FRC-02 达到 104.0～109.8 t/h，FRC-05 达到 36 800～37 700 m^3/h。负荷提升是一系列的操作，即按循环步进的方法每开大石脑油量 FRC-03 一点，就开大一点蒸汽量 FRC-02，使水碳比调整在 4.0 左右。同时应增加空气流量 FRC-05 及 F1201 热负荷，还应适当开大挡板 DP-01，防止不完全燃烧。

提高 PIC-16（G3）给定值，使系统压力达到 3.0 MPa。

加空气后，由于二段炉开始燃烧，大量放热，必须及时调整 D1201 的压力 PI-13 和产汽量。即调整 HV-07（G3），使 PI-13 维持在 10.0～10.4 MPa。

7.2.3.6 维持正常运行

（1）复杂控制系统的投运。为了简化操作，凡属串级调节系统，仅需在副调节器先投自控达正常后，将主调节器给定值设好投自动，且打开主、副调节器的串级开关，即产生串级作用。转化工段串级调节系统有四组：主调节器 LIC-07，副调节器 FRC-36（代三冲量）；主调节器 TIC-21，副调节器 FRC-22；主调节器 AIC-09，副调节器 FIC-06（代热值控制）；主调节器 TIC-52，副调节器 TIC-41。

随时注意高压蒸汽辅助过热炉 F1203 工况调整。必须指出，每当调整 HV-05 和 HV-07 或一段、二段炉热负荷有变化，都应关注 F1203 的工况。调节烟气挡板 DP-03（G3）使氧含量 O2-02（G3）在 1.0%～3.0%，将 TIC-21 与 FRC-22（G3）投自动和串级，且 TIC-21 的给定值设为 480～490 ℃。

将 AIC-09 和 FIC-06 串级是比值作用，将 FRC-07、FIC-06 及 AIC-09 三调节器关联起来，按热值 AIC-09 的要求自动调节液态烃 FIC-06 与炼厂气的配比，FRC-07 是混合燃料气的总流量。

温度串级控制 TIC-52 与 TIC-41 对高压蒸汽辅助过热炉 F1203 工况有直接影响，如

果TIC-52的设定超高，将引起TIC-21超高，联锁I8B触发，导致F1203停车，因此需始终控制TIC-52在440～460 ℃，推荐：只要TIC-52达到440～460 ℃，即同TIC-41投自动与串级。

(2)调节氧含量。随时注意一段炉烟气挡板DP-01的调节，使烟气氧含量O2-01(G2)在1.0%～3.0%。由于PDC-34控制着风量，调节PDC-34时将影响O2-01，可配合挡板DP-01同时调节。

(3)调整工艺参数。检查各调节器，调整各工艺参数，达工艺设计值后，应将所有调节器投自动，检查并确认该关的阀门均已关闭。各调节器工艺参数指标如下：

FRC-03	6000～6800	m^3/h	FRC-02	104.0～109.8	t/h
FRC-05	36 800～37 700	m^3/h	FRC-07	7500	m^3/h
TRC-43	460～505	℃	TIC-41	460	℃
TIC-52	440～465	℃	PDC-34	-3～+7	mm H_2O
TIC-17	350～360	℃	PIC-16	3.0	MPa
LIC-07	50	%	FRC-36	18.2～185.5	t/h
PIC-20	0.21	MPa	TIC-21	480～500	℃
FRC-22	1.0～1.7	m^3/h	PIC-14	0.05～0.1	MPa
AIC-09	14 850	$kcal/m^3$	FRC-06	3400～3500	m^3/h
LIC-12	50～60	%	PIC-12	0.7～0.9	MPa

(4)检查工况指标。配合开车评分记录，逐一检查所有33项工况指标是否达到要求。仔细检查联锁条件是否合格且稳定，然后复位I-4、I-5、I-6及I-7。至此，开车操作结束，系统已处于正常运行状态，在正常运行状态需对各主要工艺参数进行监视，注意维持各工艺指标。

7.2.4　停车操作步骤

(1)将FRC-02置手动，将负荷降至80%。

(2)逐渐减负荷至40%，将FRC-05切为手动，慢慢关闭HV-27，F1202停加空气。打开HV-32，给E1202/1204通中压保护蒸汽，TI-46维持500～550 ℃，切断工艺空气后，停K1202(关KF2和HK2)。

(3)打开D1201放空阀HV-06，D1201逐渐降压，当蒸汽压力降至约4.0 MPa时，引辅锅中压蒸汽保护E1203，控制TIC-52<455 ℃。

(4)逐步关闭F1203烧嘴(IG1～IG6)，F1203逐渐减火，TIC-21控制约450 ℃。

(5)转化负荷减至FRC-02约30 t/h，FRC-03约1500 m^3/h，逐步切换为氨裂解，液氨由G1202供给。减负荷过程中，相应减少烧嘴数目及燃料气量，调整K1201(A/B)转速及DP-01控制炉膛负压-5 mmH_2O。

(6)系统降压，氮循环降温。①参照开车氮升温操作，做好氮循环降温准备；②参照I-4联锁内容，手动关闭工艺空气，关闭工艺蒸汽和石脑油，系统压力下降；③调整K1201转速及DP-01，保持炉膛压力为-3～-11 mm H_2O；④系统压力降至0.5 MPa时，开F1201入口4" 氮阀置换F1201，建立K1301→E1201→F1201→D1301回路氮循环降温。当

F1201 出口<70 ℃,F1202 出口约 100 ℃时,停止循环,关闭 F1201 全部烧嘴考克(IG1～IG6)。

(7)停 K1201 和 G1205,全开 DP-01。

(8)当 F1201 对流段烟气温度 TI-58 为 400～450 ℃时,停 E1203 保护蒸汽,F1203 熄火。

(9)关闭 D1201 蒸汽出口阀 HV-07,打开 2" 放空阀 HV-06。

(10)E1205 继续通锅炉上水(BFW)保护,当烟气温度 TI-55 降至 100 ℃时,关闭 HV-03。

(11)停 D1201 加药(关 KY1)。

(12)燃料气系统。①转化退至氨裂解时,停送液态烃,关闭 LIC-12 输出及旁通阀 HV-02;②关闭 PIC-12 输出及 HV-16,F1201 烧嘴全烧炼厂气;③关闭炼厂气阀 HV-09 及总阀 FRC-07 输出。

至此,系统停车操作完毕。

7.2.5 事故设置及排除

7.2.5.1 一段炉总跳闸(I-4)

事故现象:停止 F1201 燃料,I-5、I-7、I-8、(I-11 跳闸),HV-47 和 HV-78 继续通蒸气和石脑油。

事故原因:F1201 炉膛负压过低;F1201 燃料气压力过低。

处理方法:①进行 I-11 跳闸所述动作,仿真从略;②调节 HV-32,调整至 TI-46 约 500 ℃,调节 HV-47,将去 F1201 蒸气流量调整至约 25 t/h;③将 FRC-07 置手动,输出下调(减半);④5 min 内关闭 HV-47 和 HV-32 截止阀;⑤5 min 内将系统压力降至 0.5 MPa;⑥通氮置换 F1201、F1202;⑦停 K1201(A/B),关挡板;⑧关全部烧嘴截止阀;⑨关 F1203;⑩视情况决定切至氮升温或氨裂解,按正常程序进行操作。

7.2.5.2 F1202 总跳闸(I-7)

事故现象:K1202 降至最低转速,HV-23 和 HV-27 关闭,工艺空气停送,HV-32 开,向 E1202/E1204 通保护蒸汽(合成停车)。

事故原因:F1202 出口温度过高;工艺空气流量过低;I-5 引起的 I-7(脱氧器液位过低,I-903 引起的 I-7)。

处理方法:①进行 I-11 所述动作,仿真从略;②调节 HV-32,手调保护蒸汽,使 E1202 出口温度为 500～550 ℃。

7.2.5.3 H1201 管子泄漏

事故现象:①D1201 如投用三冲量时补水增大(物料不平衡);②D1201 如未投用三冲量时,液位有下降趋势。

处理方法:①当 H1201 管子泄漏不严重时,暂时维持生产;②当 H1201 管子泄漏严重时,参照转化停车处理(停工后 H1201、D1201 上下管排积水)。

7.2.5.4 停仪表空气

仪表空气中断后,各调节阀按其阀型自行打开或关闭(FC型关闭,FO型全开),处理原则是防止设备管道超压及跑液(油)事故。

FC阀:	FV002	FV003	FV006
	FV007	FV010	HV031
	TV043	USV054A/B	055A/B
	HV078	HV023	PV016
	TV017	FV022	PV155
	TV015	HCV125	PV000
FO阀:	HV032	TV041	HV047
	USV049/050	PDV020	PV022

事故现象:I-4跳闸,系统自动降压,HV-32、HV-47打开向E1201、F1202送蒸汽(高压蒸汽系统PV155关闭,可能出现超压)。TV041全开,继续向E1203送冷激水。

处理方法:①停K1201(A/B),停K1202,关闭HV-27;②(停G9201A/B)关闭HV-32和TIC-41输出(打开高压蒸汽管网所有导淋阀)及D1201顶2"放空阀HV-06,防止D1201超压;③关FRC-03输出,关HV-78、FRC-02输出和HV-47阀;④开4"氮阀HV-01,置换F1201;⑤调节器置手动,相当于阀的关闭位置;⑥关闭F1201和F1203主烧嘴及点火烧嘴截止阀;⑦开AIR表示仪表空气恢复。

7.2.5.5 电源故障

事故状态:终脱硫因工艺石脑油泵G1104跳车(I-3跳闸),引起I-5、I-7、(I-11)动作,转化部分停车,(预脱硫C1101跳车)引起I-8B跳闸。(KT1201A/B可能油压低跳车),仪表空气由氮管网供给,循环水泵正常运行,系统断电情况为较长时间断电。

处理方法:断电时间超过5 min。①手动I-4停车,进行I-4跳闸所述动作,转化退至氮循环;②开POW恢复供电后,按正常程序开车。

7.2.6 开车评分信息

本软件设有三种开车评分信息画面。

7.2.6.1 简要评分牌

能随时按键盘的F1键调出。本评分牌显示当前的开车步骤成绩、开车安全成绩、正常工况质量(设计值)和开车总平均成绩。为了有充分的时间了解成绩评定结果,仿真程序处于冻结状态,按键盘的任意键返回。

7.2.6.2 开车评分记录

能随时按键盘的Alt+F键调出。本画面记录了开车步骤的分项得分、工况评分的细节、总报警次数及报警扣分信息,显示本画面时,软件处于冻结状态,按键盘的任意键返回。详见图7.2-9。

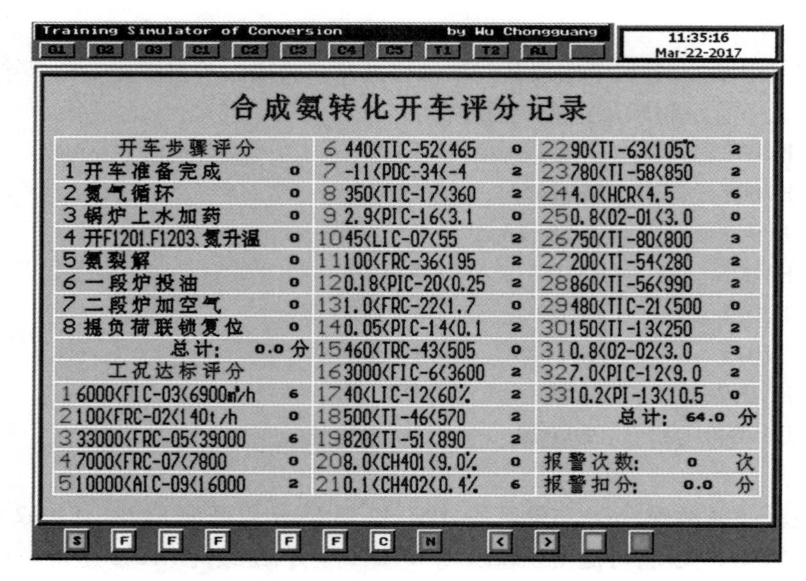

图 7.2-9 开车评分记录画面

7.2.6.3 趋势画面

本软件的趋势画面记录了重要变量的历史曲线，可以与评分记录画面配合对开车全过程进行评价。

7.3 合成氨 3D 虚拟仿真软件

本节介绍的煤制合成氨 3D 虚拟仿真软件由北京欧倍尔软件技术开发有限公司开发，主要由三维工厂场景、仿 DCS 系统、智能评分系统等组成，综合运用虚拟现实、分布式交互仿真、三维建模、网络通信等技术，构建“3D 虚拟现场站+DCS 中控室”相结合的模式，全流程模拟合成氨工艺造气、压缩、变换、PSA 变压吸附、氨合成等工段，为学员提供逼真的认知、实习、工艺培训仿真演练环境。学员可根据需要，进行多人协同操作、单人练习操作，并选择不同岗位角色（如班长、内操、外操、安全员等），为了解、掌握不同岗位技能提供仿真练习平台。

7.3.1 软件功能说明

软件可以选择“单人模式”或“多人模式”进行操作，单人模式下用户需要在项目中完成各种工艺操作，场景中的各角色可由用户随意选择和使用，用户可以使用场景内的聊天信息，但实际上是自问自答。在初始化界面后，选择“单人模式”后，点击“开始”即可载入仿真环境。

多人模式是局域网内的多台计算机（最多支持 5 台）共同组成一个班组房间，以创建房间的计算机为服务器，其他计算机终端与之链接后进行数据的交互，多人协同完成各类工艺的操作。

在初始化界面后,选择“多人模式”,即可进行班组房间配置。“班组创建”可以在局域网内创建一个仿真班组,供其他用户连接。输入班组信息后点击“创建”即可完成班组创建,等待其他计算机终端连接后,点击“进入”开始载入仿真环境。

如果已经有其他用户创建了班组,选择“多人模式”后可以看到这些班组,此时用户可以选择任意班组进入,也可以自己另创建新的班组供其他人连接。

项目中提供了外操 A/B、内操、安全员、班长等五个角色,同一班组中的每个用户可以选择自己的角色,需要注意的是两个用户不能选择相同的角色。

进入场景后会出现帮助界面,它介绍了一些在场景中人物控制的基本方法。W、S、A、D 分别代表前、后、左、右移动,Ctrl 键则是行走/奔跑状态的切换,Q 键可以开启/关闭飞行模式,在飞行模式下,上下箭头可以实现飞行模式下的升降。如果“帮助界面”未出现,你可以点击下方的问号“?”打开它。

进入场景后在左下方可发现聊天界面窗口,如果是“多人模式”下的话,你可以在此输入文字与其他伙伴进行沟通交流。

场景中左上角会显示你当前所使用的角色,并有多种角色可供选择,用户可以随意切换角色。需要注意的是,一个角色不能同时被两个人选择。

场景中的物品栏标识了当前人物角色穿戴(拾取)了哪些物品,对于可穿戴(拾取)的物品,如手套、扳手、呼吸器等,可右键点击该物品,然后使用即可。当需要脱下时,点击物品栏中相应的物品即丢回该物品。如图 7.3-1 所示。

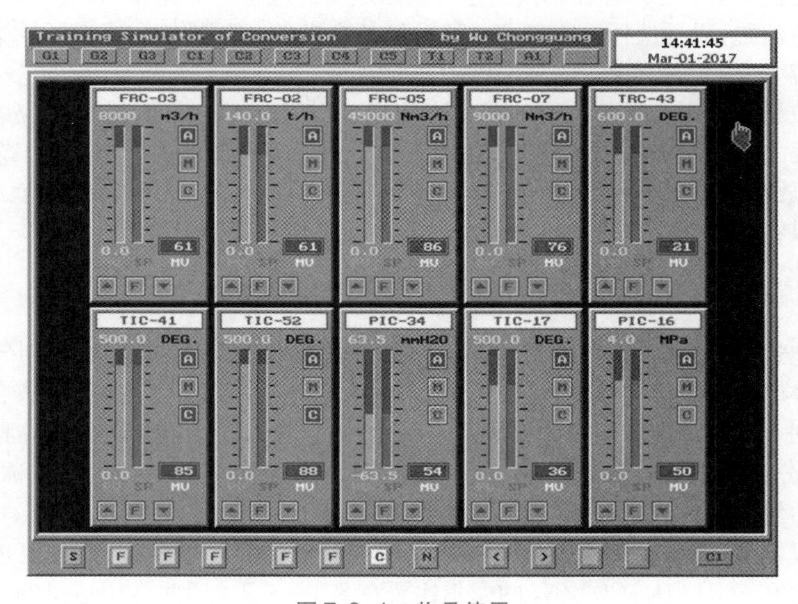

图 7.3-1　物品使用

现场阀门操作(如图 7.3-2):走向阀门附近,鼠标指针置于相应工段的阀门上,会有阀门信息的提示,点击后会弹出操作界面,进行开闭阀门或调节阀门开度。

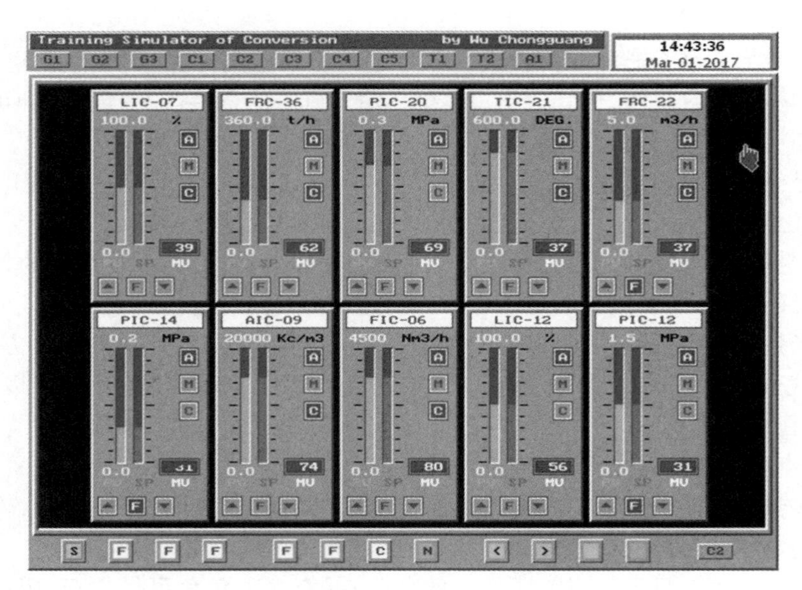

图 7.3-2　现场阀门操作

场景页面右上角有定位搜索框，在此搜索框中输入设备、阀门的位号，或设备名称可实现快速定位，使当前控制的人物角色快速移动至该设备、阀门附近。

软件还提供有“全景地图”功能，你可以在地图中进行以下操作：查看厂区布局，明确角色和设备位置，通过选择快速定位并移动到某个设备、阀门附近，搜索场景中存在的设备及阀门等。

点击位于场景中右下角位置的“DCS”按钮，可打开 DCS 界面，进行相应的操作。进入 DCS 界面后首先看到的是总貌图，总貌图中展示了煤制合成氨的全流程工艺。在总貌图中，鼠标放在当前工艺的设备上，若看到一个手形指针，点击可进入相应工段的 DCS 图。也可以在“流程图”下拉列表中选择相应的现场图或 DCS 图。

7.3.2　煤制合成氨造气工段仿真操作

煤气化过程是指煤、焦炭等固体燃料在高温常压或者加压的条件下，与气化剂反应转化成气体产物和少量残渣的过程。气化剂主要是水蒸气、空气（或氧气）或它们的混合气。气化剂不同所得气体产物的组成也不一样，用空气为气化剂制得的气体称为空气煤气，主要成分含少量一氧化碳和大量氮气，而用水蒸气为气化剂制得的气体称为水煤气，主要成分为氢气和一氧化碳，含量可达到 85% 以上。

在合成氨工业中，不仅要求煤气中氢气和一氧化碳的含量要高，而且要求煤气中含有一定量的氮气，且 $(H_2+CO)/N_2$ 的摩尔比要在 3.1～3.2。因此常用适量的空气与水蒸气作为气化剂，所制得的气体称为半水煤气。

造气工段的主要任务就是生产合格的半水煤气（氢氮比符合比例要求）。

7.3.2.1　煤气化原理

使用空气和水蒸气作为气化剂时，气化过程发生的主要化学反应见表 7.3-1。

表7.3-1 煤气化化学反应

气化剂	主要化学反应	$\Delta H_{298}^{\ominus}$ /(kJ/mol)
空气	$C+O_2 = CO_2$	-393.770
	$C+1/2O_2 = CO$	-110.595
	$C+CO_2 = 2CO$	172.284
	$CO+1/2O_2 = CO_2$	-283.183
水蒸气	$C+H_2O(g) = CO+H_2$	131.390
	$C+2H_2O(g) = CO_2+2H_2$	90.196
	$CO+H_2O(g) = CO_2+H_2$	-41.194
	$C+2H_2 = CH_4$	-74.898

空气作为气化剂时，随着平衡温度的升高，CO 平衡含量增加，CO_2 平衡含量下降。平衡温度高于 900 ℃时，气相中 CO_2 含量很少，主要气化产物为 CO。

水蒸气为气化剂，平衡温度高于 900 ℃时，水蒸气与碳反应的平衡产物中，含有等量的 H_2 和 CO，其他组分的含量很少。

因此，要制得 CO 和 H_2 含量高的煤气，从化学平衡角度，反应在低压、高温条件下进行。

7.3.2.2 反应速率

根据对碳和氧反应的研究表明，当反应温度在 775 ℃以下时，反应属于动力学控制，高于 900 ℃时，反应属于扩散控制，在两者之间属于过渡阶段。

碳和蒸汽的反应，在温度为 400～1100 ℃的范围内，速度仍较慢，属于动力学控制；当温度超过 1100 ℃时，反应速度较快，属于扩散控制。

7.3.2.3 煤气发生炉

工业上半水煤气的生产过程一般是在固定床煤气发生炉内进行的。块状燃料由顶部间歇加入，气化剂通过燃料层进行气化反应，灰渣落入灰箱后排出炉外。

在稳定的气化条件下，燃料层大致可以分为五个区域，各区域发生着不同的物理和化学变化。

在燃料层的最上部，刚投入的燃料受到下层温度较高的燃料层的热辐射，以及由下而上通过的热气体的热交换作用，区域温度达到 200 ℃左右，使新加入的燃料中水分（主要是游离水、吸附水）被蒸发干燥，因此这一区域叫作干燥区。该区厚度为 150～250 mm（实际厚度随燃料层的高度不同而异）。

干燥区往下的燃料层的温度比较高（300～700 ℃），水分较少，燃料发生热分解，释放出烃类气体，如甲烷、硫化氢、乙烯、氢氮、化合水等。因为这个作用与煤的干馏相似，故称为干馏区，这个区域几乎不发生气化反应，该区域的厚度为 300～450 mm。

干馏区往下的燃料层温度很高，可达1150～1250 ℃，是发生气化反应的主要区域，经干馏焦炭化的燃料与气化剂在此区域内进行氧化和还原反应，故称为气化区。当气化剂为空气时，在气化区的下部，主要进行碳的燃烧反应，称为氧化层，氧化层比较薄（为200～300 mm），其上部主要进行碳与二氧化碳的反应，称为还原层，还原层比氧化层厚得多，为450～650 mm。以水蒸气为气化剂时，在气化区进行碳-水蒸气反应，不再区分氧化层和还原层。

燃料层底部为灰渣区，由于固体燃料中含有20%左右的灰分，固体燃料气化后遗留下来的残留物形成了灰渣区，灰渣区厚度为150～250 mm，在灰渣区不发生任何的化学反应，该区的温度<700 ℃，预热从下而上的气化剂后被冷却，起到匀布气化剂、保护炉箅和灰盘的作用。

另外，干燥区的上部留有自由空间，起到聚集上行煤气和均匀分布下吹蒸汽的作用。需要说明的是，炉内燃料层几个区域的厚度因炉体高度不同或随燃料的种类、性质的不同以及所采用的制气方法、使用气化剂和气化条件等的不同而不同，而且各个区域间并没有明显的分界，往往是相互交错的。

间歇式气化装置中，燃料层温度将随空气的加入而逐渐升高，而随水蒸气的加入又逐渐下降，呈周期性变化，生成煤气的组成亦呈周期性变化，这就是间歇式制气的主要特点。

7.3.2.4 工艺流程说明

（1）蒸汽流程。蒸汽管网的蒸汽经过减压后进入蒸汽缓冲罐，在罐内与来自煤气炉夹套汽包的蒸汽混合后，通过蒸汽总阀和上、下吹蒸汽阀，分别从炉底和炉顶交替进入煤气发生炉。

（2）制气流程。向煤气炉内交替通入空气和蒸汽与灼热的炭进行气化反应，吹风阶段生成的空气煤气经除尘后送入吹风气回收系统，或者直接经烟囱放空，也可以根据需要回收一部分至气柜，用来调节氢氮比。上、下吹与吹净阶段生成的煤气经过除尘、洗涤后送入气柜，空气煤气与水煤气混合成半水煤气进一步冷却除尘后去脱硫岗位。上述制气过程在微机控制下，往复循环进行，每一个循环分为五个阶段，其流程如下：

1）一次上吹制气阶段：蒸汽经过上吹蒸汽阀、空气经过加氮阀从炉底进入煤气炉，经灰渣区预热后进入气化区发生气化反应，制得的煤气从炉上部排出，经旋风除尘器除尘、洗气塔净化后送入气柜储存。在一次上吹制气阶段，燃料层下部温度下降，上部温度上升。

2）下吹制气阶段：蒸汽经过下吹蒸汽阀从上部进入煤气炉，在炉内发生气化反应，制得的煤气从炉下部排出，经旋风除尘器除尘、洗气塔净化后送入气柜储存。在下吹制气阶段，燃料层上部温度下降，上下部温度趋于平衡。

3）二次上吹制气阶段：蒸汽经过上吹蒸汽阀从炉底进入煤气炉，将炉底部的下吹煤气吹尽，煤气从炉上部排出，经旋风除尘器除尘、洗气塔净化后送入气柜储存。

4）空气吹净阶段：鼓风机来的空气从炉底进入煤气炉，从炉上部排出，经旋风除尘器除尘、洗气塔净化后送入气柜储存。此部分吹风气是半水煤气中氮气的主要来源。

5）吹风阶段：鼓风机来的空气从炉底进入煤气炉，提高煤气炉温度，从炉上部排出，经旋风除尘器除尘后送入吹风气回收系统(或者放空)。

7.3.2.5　操作说明

(1)冷态开车

• 开车前准备

1)全开阀 VD1109。

操作方法:打开现场流程图,找到阀门 VD1109,点击阀门,系统弹出手操器窗口,将阀门开度设置为 100%。其他手动调节阀门的操作方法相同。

2)全开阀 VD1110,保证汽包和造气炉夹套连通。

3)全开蒸汽出口阀 VD1107。

4)全开蒸汽入口阀 VD1121。

5)全开阀 VD1120。

6)打开阀 VD1119,开度设为 50。

• 水和蒸汽并入系统

1)依次全开阀 VD1101、VD1113、VD1114、VD1116、VD1103、VD1102、VD1117、VD1118、VD1104。

2)开阀 VD1105,开度为 50,往洗气塔加水。

3)将洗气塔液位控制器 LIC1101 切换为自动模式,目标液位设定为 50%。

操作方法:打开 DCS 流程图,找到控制器 LIC1101,点击控制器,系统弹出控制表窗口。SP 为自动模式时的控制目标设定值,PV 为实时目标测定值,OP% 为阀门开度,自动模式时由控制器自动调节,手动模式时可以直接设定。

最下方的蓝色按钮是手动/自动切换按钮,同时显示目前状态的操作模式,显示"AUTO"说明目前处于自动操作模式,显示"MAN"说明目前处于手动操作模式。点击可以打开切换窗口进行切换。

点击右上方的箭头,可以打开仪表细目窗口,对控制器进行更详细的设置,可以修改 PID 参数。

其他自动调节阀门的操作方法相同。

4)将夹套汽包液位控制器 LIC1102 切换为手动模式,将阀门开度设定为 50%,当汽包液位达到 55% 时,切换为自动模式,目标液位设定为 60%。

5)将蒸汽缓冲罐压力控制器 PIC1107 切换为手动模式,将阀门开度设定为 50%,当缓冲罐压力达到 0.07 MPa 时,切换为自动模式,目标压力设定为 0.076 MPa。

• 投煤开车启动

1)往造气炉内加煤:将控制器 FIC1104 切换为自动模式,目标流量设定为 57.79 t/h。以连续进料的方式代表造气炉内一直有煤的存在。

2)将空气流量控制器 FIC1101 切换为手动模式,阀门开度设定为 50%。

3)启动风机 P0101。

4)待夹套汽包液位和蒸汽缓冲罐压力达到工艺要求时,点击"制惰",对造气炉进行加热升温。

5)当空气流量达到 170 t/h 时,将控制器 FIC1101 切换为自动模式,目标流量设定为

178.33 t/h。

6)当造气炉内开始反应,中心温度(TI1109)达到900 ℃后,点击“开炉”,正式启动程序控制,进行上下吹制气过程。

7)当洗气塔出口压力达到3 kPa时,将控制器PIC1110切换为自动模式,目标压力设为3.5 kPa。

8)当夹套汽包压力达到0.7 MPa时,将蒸夹套汽包压力控制器PIC1101切换为自动模式,目标压力设定为0.78 MPa。

(2)正常运行。装置处于正常操作状态,维持参数在正常操作条件下(参照各参数列表)。

(3)正常停车

• 停炉停料

1)依次将控制器FIC1101、FIC1104、LIC1101、LIC1102、PIC1101、PIC1107、PIC1110切换为手动模式。

2)将控制器FIC1104阀门开度设定为0,停止加煤。

3)点击“停炉”按钮。

4)将控制器FIC1101阀门开度设定为0,停止空气加入。

5)关闭风机P0101。

6)关闭阀门VD1105,停止洗涤塔进水。

7)将控制器LIC1102阀门开度设定为0,停止汽包进水。

8)将控制器PIC1101阀门开度设定为0,停止蒸汽去管网。

9)将控制器PIC1107阀门开度设定为0,停止缓冲罐进蒸汽。

10)将控制器PIC1110阀门开度设定为0,停止半水煤气去气柜。

• 泄压排液

1)打开阀门VD1108,对汽包进行泄压。

2)打开阀门VD1209,排净气化炉内压力。

3)打开阀门VD1106,对洗涤塔进行泄压。

4)打开阀门VD1122,对缓冲罐泄压。

5)打开阀门VD1123,对缓冲罐泄压。

• 阀门复原

1)依次关闭阀门VD1101、VD1113、VD1114、VD1116、VD1107、VD1102、VD1103、VD1117、VD1118、VD1104、VD1119、VD1120、VD1121、VD1109、VD1110。

2)待夹套汽包压力降至常压时,关闭阀VD1108。

3)待管冲罐压力降至常压时,关闭阀VD1122。

4)待管冲罐压力降至常压时,关闭阀VD1123。

5)待造气炉内压力降至常压时,关闭阀VD1209。

6)待洗涤塔压力降为常压时,关闭阀VD1106。

7)待洗涤塔压力内无液位时,关闭阀LV1101。

8)点击“复位”,使各个程序阀复位。

(4)常见事故

- 夹套汽包压力过大

1)原因:由于夹套汽包 V0101 出口阀 PV1101 出现不同程度的堵塞,流通能力大大减弱,发现不及时,导致汽包内压力一直累积过大。

2)处理方法:①打开紧急放空阀 VD1108,进行泄压;②将控制器 PIC1101 切换为手动模式;③关闭阀 VD1107;④将控制器 PIC1101 阀门开度设定为 0,对阀门进行维修。

- 夹套汽包液位控制阀卡死

1)原因:由于夹套汽包 V0101 的液位控制阀出现故障,液位出现过低报警现象。

2)处理方法:①将控制器 LIC1102 切换为手动模式;②打开旁路阀 VA1115,对汽包进行补水;③关闭前阀 VD1113;④关闭后阀 VD1114;⑤将控制器 LIC1102 阀门开度设定为 0,对阀门进行维修。

7.3.3 煤制合成氨变换和 PSA 工段仿真操作

用固体煤作为原料制取的半水煤气中 CO 含量在 26% ~28%,CO 不是合成氨所需的直接原料气,但是可以通过与水蒸气进一步反应转化为 H_2 和 CO_2,这一工序在工业上称为变换。通过变换反应后,大部分的 CO 转变成了 CO_2,由于 CO 和 CO_2 对后续合成催化剂有毒,因此必须在合成前予以脱除,不同工艺采用的拖出方法不同,本工艺采用变压吸附(pressure swing adsorption,简称 PSA)工艺进行脱碳。

7.3.3.1 变换原理

变换是半水煤气中的 CO 与水蒸气在一定条件下反应,转变为 CO_2 和 H_2 的工艺过程,其化学反应式如下:

$$CO+H_2O(g)=\!=\!=CO_2+H_2 \qquad \Delta H^{\ominus}_{298}=-41.19\ \text{kJ/mol}$$

该反应是一个可逆的放热反应,从化学平衡来看,降低反应温度,增加水蒸气用量,有利于上述反应平衡向生成 CO_2、H_2 的方向移动,从而提高平衡转化率。

7.3.3.2 变换工艺条件

(1)压力。单就平衡而言,加压对平衡转化率几乎没有影响,但从动力学角度,加压可以提高反应速率。从能量消耗来看,加压也是有利的。由于半水煤气摩尔数小于变换气的摩尔数,所以,先压缩原料气后再进行变换的能耗,比常压变换后再进行压缩的能耗要低。

(2)温度。从反应动力学角度看,温度升高,反应速率常数增大,对反应速率有利,但是变换反应是可逆放热反应,平衡常数随温度的升高而变小,即 CO 平衡含量增大,反应推动力变小,对反应速率不利,可见温度对两者的影响是相反的。从动力学角度推导的计算式为

$$T_m=\frac{T_e}{1+\dfrac{RT_e}{E_2-E_1}\ln\dfrac{E_2}{E_1}}$$

式中,T_m、T_e 分别为最佳反应温度及平衡温度,K;R 为气体常数,kJ/(kmol · K);E_1、E_2

分别为正、逆反应的活化能，kJ/(kmol·K)。

由于平衡温度随系统组成而改变，不同催化剂活化能也不相同，因此最佳反应温度随系统组成与催化剂的不同而变化。

实际上出于对多种因素的综合考虑，变换温度并不总是在最佳温度下进行的。

(3)气汽比。水蒸气比例一般是指 H_2O/CO 比值或者水蒸气/干原料气（摩尔比）。改变水蒸气比例是工业变换反应中最主要的调节手段，增加水蒸气用量，提高了 CO 的平衡变换率，从而有利于降低 CO 残余含量，加速变换反应的进行，由于过量水蒸气的存在，保证催化剂中活性组分 Fe_3O_4 的稳定而不被还原，并使副反应不易发生。但是水蒸气用量是变换过程的主要消耗指标，尽量减少其用量对过程的经济性具有重要的意义，水蒸气比例过高，将造成催化剂床层阻力增加，CO 停留时间缩短，预热回收设备负荷加重等。

7.3.3.3 PSA 基本原理

PSA 的基本原理是利用吸附剂对吸附质在不同分压下有不同的吸附容量，并且在一定吸附压力下被分离的气体混合物的各组分又有选择吸附的特性，加压吸附除去原料气中杂质组分，减压脱附这些杂质而使得吸附剂获得再生，因此采用多个吸附床，循环地变动所组合的各个吸附床压力，就可以达到分离混合物的目的。

PSA 法脱除变换气中 CO_2，即利用所选择的吸附剂在一定的吸附操作压力下，选择吸附 CO_2 而使得气体得以净化。当吸附床压力降低时，被吸附的组分就得以解吸，使吸附床按一定的顺序变动压力就组成连续分离混合物的 PSA 装置，整个操作过程在入塔原料气温度下进行。

7.3.3.4 工艺流程说明

(1)气体流程。来自气柜的半水煤气，经过六段压缩机的一二段提压，水冷器降温后，再经过水分和油分除杂后，进入变换系统。

来自压缩机二段的半水煤气，经水冷器冷却至≤40 ℃，压力为 0.8 MPa 左右，进入焦炭过滤器底部，清除煤气中含的水分和焦油后由顶部出来，进入饱和塔底部与顶部来的热水逆流充分接触增温提湿（≤150 ℃），与外管网来的饱和蒸汽按一定比例（气汽比 0.4～0.5）混合。进入热交换器（管内）与变换气（管间）换热，将半水煤气温度提高到 330 ℃以上，然后从中变炉上部进入，进中变炉经一二段催化剂层进行变换反应。出中变炉的变换气进入热交换器与半水煤气换热降低温度后进入第一调温水加热器与管内热水继续换热降温，达到低变触媒所需的反应条件后，进入低变炉继续进行变换反应。出低变炉上段的变换气进入第二调温水加热器与管内的热水换热降温后，进入低变炉下部进行变换反应，使变换气中 CO 含量降低至 1.2% 以下，经过变换反应后的变换气再进入第一热水加热器与管内热水换热降温后，进入热水塔底部，与饱和塔下来的热水逆流接触，降低变换气温度，同时提高热水温度供饱和塔使用。热水塔出来的变换气再依次进入第二热水加热器（板式换热器）与管内软水换热，提高软水温度，加热后的软水供锅炉产蒸汽使用，经第二热水加热器换热后的变换气再经过变换气冷却器换热后，温度降低至 35 ℃以下，进入变脱塔的底部，在变脱塔内实现进一步的提纯精制，顶部出来的气体去两级变压吸附工段进行 CO 和 CO_2 的进一步脱除。

（2）液体流程。热水塔内的热水由热水泵抽出，送入第一水加热器（管内）与低变气换热，然后进入第二调温水加热器（管内）再与低变气换热，再进入第一调温水加热器（管内）再与中变气换热，逐步将热水温度提高到 140 ℃以上，再送入饱和塔上部，与底部进来的半水煤气逆流接触，进行增湿提温，剩余的热水由 U 形水封回至热水塔，与变换气逆流接触后再进入热水泵循环使用，根据实际生产负荷，调节热水循环量，达到热量回收的目的。

（3）粗脱系统。压力≤0.8 MPa，温度≤45 ℃的变换气由变换工段送入粗脱系统，先经过焦炭过滤器脱除原料气中的变脱夹带液体，再经过气水分离器除去游离水后进入吸附塔中处于吸附步骤的塔中，由下而上通过床层，出塔中间气进入净化系统。当被吸附杂质的浓度前沿接近床层出口时，关闭吸附塔的原料气阀和中间气阀，使其停止吸附，通过不同次数的均压回收床层死空间的氢氮产品气。然后逆着吸附方向降压，易吸附组分被排放出来，吸附剂得到初步再生。再用吹扫气进一步解吸吸附剂上残留的吸附杂质，吸附剂得到完全的再生，吹扫结束后，利用净化系统混合气、粗脱系统均压气和出口中间气对床层逆向升压至接近吸附压力，吸附床便开始进入下一个吸附循环过程。逆放气及吹扫气由放空管排气至大气。

（4）净化系统。从粗脱气来的中间气，进入净化吸附塔组中处于吸附步骤的塔中，由下而上通过床层，出塔净化气送入压缩机，当吸附杂质的浓度前沿接近床层出口时，关闭吸附塔的原料气阀和产品气阀，使其停止吸附，通过均降过程回收吸附塔死空间内有效气体。均降结束后通过塔出口程控阀，从吸附塔的上端将气体排入缓冲罐内，作为吹扫气进一步加以回收。顺放结束后，塔内剩余气体再通过程控阀从吸附塔的下端（原料气进口端）方向泄压，排入逆放管冲罐内，作为粗脱气的吹扫气，这一过程的目的是将吸附的杂质解吸出来，使吸附剂由于降压而得到再生，此过程要求吸附床降到最低压力。然后在利用顺放气缓冲罐中的气体由吸附塔顶部对底部床层进行吹扫，以使得吸附剂得到较完全的再生。吹扫解吸气由塔底排出并送入吹扫气缓冲罐，吹扫结束后，利用净化系统均压和净化气对床层逆向升压至接近吸附压力，吸附床便开始进入下一个吸附循环过程。

7.3.3.5　操作说明

（1）冷态开车

- 水入系统

1）将液位控制器 LIC3101 切换为手动模式，将阀门开度设定为 50%，当液位达到 55% 时，切换为自动模式，目标液位设定为 60%。

2）打开热水泵 P0301 前阀 VD3120。

3）启动热水泵 P0301。

4）打开热水泵 P0301 后阀 VD3121。

5）全开阀 VD3123，保证管道通畅。

6）打开阀 VD3106，开度设为 50。

7）打开阀 VD3105，开度设为 50，饱和热水塔自身循环开始。

8）打开阀脱盐水阀 VD3115，开度为 50。

9)打开循环水进水阀 VD3119,开度为 50。

10)打开循环水出口阀 VD3118,开度为 100。

• 系统充压

1)打开阀 VD2101,开度为 100。

2)微开 VD2114。

3)开喷淋水装置开关按钮。

4)启动压缩机 C0201。

5)将流量控制器 FIC2101 切换为手动模式,将阀门开度设定为 50%,对压缩系统进行进气升压。

6)当流量稳定后,切换为自动模式,目标流量设定为 110.152 t/h。

7)待压缩机稳定后,逐渐关掉阀门 VD2114。

8)打开阀 VD2103,开始对变换充压,开度为 50。

9)依次打开阀 VD3103、VD3102,开度为 100。

10)依次打开阀 VD3104、VD3107、VD3109,开度为 50。

11)打开阀 VD3111,开度为 100。

12)打开阀 VD3112,开度为 50。

13)当变脱塔出口压力达到 0.7 MPa 时,将压力控制器 PIC3102 切换为自动模式,目标压力设为 0.72 MPa。

14)打开阀 VD3108,开度设为 100。

15)将流量控制器 FIC3102 切换为手动模式,将阀门开度设定为 20%,并根据系统温度,逐渐调大阀门开度,阀门开度调到 50% 时切换为自动模式,目标流量设定为 40.89 t/h。

16)启动中变炉电加热器。

17)启动低变炉加热器。

18)中变炉出口气体温度达到 460 ℃时,关闭中变炉电加热器。

19)低变炉出口气体温度达到 350 ℃时,关闭低变炉电加热器。

20)待系统稳定后,开启后续阀门 VD4101,开度为 100。

• PSA 一段投入

1)依次打开阀 VD4102、VD4104,开度为 100。

2)打开阀 VD4106,开度为 50。

3)打开阀 VD4110,开度 100。

4)打开真空泵出口阀 VD4108。

5)启动真空泵 P0401。

6)依次打开阀 VD4107、VD4111,开度为 100。

7)点击 PSA 一段程控系统“开始”按钮。

8)打开阀 VD4202,开度为 100。

• PSA 二段并入系统

1)打开阀 VD4209,开度为 50。

2)打开阀 VD4207,开度为 100。

3)打开阀VD4206,开度为50。

4)打开真空泵出口阀VD4204。

5)启动真空泵P0402。

6)打开真空泵前阀VD4203。

7)点击PSA二段程控系统“开始”按钮,开始自动化变压吸附。

8)打开阀HV4110,进行排液。

9)打开阀VD2106,开度为50。

10)打开阀VD2113,开度为50,对变换气进行提压。

11)提压完成后(PI2109 = 12.6 MPa),打开阀VD2107,开度为50,变换气进精炼系统。

12)关闭VD2113,将其复原。

(2)正常运行。装置处于正常操作状态,维持参数在正常操作条件下(参照各参数列表)。

(3)正常停车

• 停车降荷

1)点击PSA二段停车按钮。

2)点击PSA一段停车按钮。

3)打开阀VD4210,管道放空。

4)关闭阀VD4209。

5)打开阀VD4103。

6)关闭阀VD4102。

7)将流量控制器FIC2101切换为手动模式。

8)逐渐关小FIC2101开度直至为0。

9)打开放空阀VD2114。

10)依次关闭阀VD2103、VD2106。

11)打开阀VD2113。

12)关闭阀VD2107。

13)将液位控制器LIC3101切换为手动模式。

14)将液位控制器LIC3101阀门开度设为0。

15)关闭阀VD3105、VD3106。

16)关闭热水泵出口阀VD3121。

17)停止热水泵P0301。

18)关闭热水泵进口阀VD3120。

• PSA段停车

1)点击PSA二段程控系统放空按钮。

2)依次关闭阀VD4202、VD4207、VD4206、VD4203。

3)停真空泵P0402。

4)关闭阀VD4204。

5)待泄压完成,点击二段程控系统复位按钮。

6)关闭阀 VD4210,将阀复原。

7)点击 PSA 一段程控系统放空按钮。

8)依次关闭阀 VD4104、VD4106、VD4111、VD4110、VD4107。

9)停真空泵 P0401。

10)关闭阀 VD4108。

11)待泄压完成,点击一段程控系统复位按钮。

12)关闭阀 VD4103,将阀复原。

13)待 V0401 无液位时,关闭阀 HV4110。

• 变换停车

1)将压力控制器 PIC3101 切换为手动模式。

2)将压力控制器 PIC3101 阀门开度设置为 100,对系统进行泄压。

3)关闭阀 VD4101。

4)将流量控制器 FIC3102 切换为手动模式。

5)将流量控制器 FIC3102 阀门开度设置为 0,停止蒸汽进入系统。

6)依次关闭阀 VD3108、VD3102、VD3103。

7)待 V0301 压力降至常压后,关闭阀 VD3104。

8)待系统压力降至常压后,依次关闭阀 VD3107、VD3109、VD3110、VD3112。

9)待系统压力降至常压后,将压力控制器 PIC3101 阀门开度设置为 0。

10)依次关闭阀 VD3123、VD3119、VD3118、VD3115。

• 压缩工段停车

1)依次关闭阀 VD2101、VD2114。

2)停压缩机 C0201。

3)关闭喷淋水装置开关。

4)关闭阀 VD2113。

(4)常见事故

• 热水泵出口无压力

1)原因:热水泵进口阀被误关。

2)处理方法:①首先关闭泵出口阀 VD3121;②停止热水泵 P0301;③打开泵入口阀 VD3120;④启动泵 P0301;⑤重新打开泵出口阀 VD3121。

• 事故停电

1)原因:由于电力设备故障,该工段出现突然断线事故。

2)处理方法:①全开放空阀门 VD2114;②关闭去变换工段阀 VD2103;③打开放空阀 VD2113;④关闭阀 VD2106;⑤关闭去精炼阀门 VD2107;⑥将流量控制器 FIC2101 切换为手动模式;⑦将流量控制器 FIC2101 阀门开度设置为 0;⑧依次关闭阀 VD4101、VD3105、VD3106;⑨点击 PSA 一段停车按钮;⑩点击 PSA 二段停车按钮;⑪依次关闭阀 VD4209、VD4202、VD4106;⑫将流量控制器 FIC3102 切换为手动模式;⑬将流量控制器 FIC3102 阀门开度设置为 0,停止蒸汽进料;⑭关闭阀 VD3108;⑮将流量控制器 PIC3101 切换为手

动模式,并将阀门开度设置为 100,对系统进行泄压处理。

7.3.4　煤制合成氨合成工段仿真操作

氨的合成工序是整个合成氨流程中的核心部分。氨合成过程属于气固相催化反应过程,反应是在较高压力和催化剂存在的条件下进行的,由于反应后气体中氨含量不高,一般只有 10% ~25%,为了提高氢氮气的利用率,通常采用将未反应的氢氮气用循环机增压后循环使用的回路流程。

7.3.4.1　合成原理

氨合成的反应式为

$$\frac{1}{2}N_2+\frac{3}{2}H_2 \xlongequal{} NH_3 \qquad \Delta H_{298}^{\ominus}=-46.11\ \text{kJ/mol}$$

该反应是一个体积缩小的可逆的放热反应过程,从化学平衡来看,提高反应压力、降低反应温度均有利于反应向生成 NH_3 的方向移动,从而提高平衡转化率。

7.3.4.2　工艺条件

(1)压力。从氨合成反应方程式可知,合成氨反应是一个体积缩小的反应。因此,提高压力不仅有利于反应平衡向生成氨的方向移动,而且对反应速度也有利,加压后,对产品 NH_3 的分离也有利。

(2)温度。在催化剂的活性温度范围内,对于可逆放热反应,温度是一个矛盾的影响因素,从反应平衡的角度出发,温度升高对反应平衡不利,即降低了氨的平衡浓度。从动力学角度出发,提高温度则可以加快反应速度。因此在一定催化剂及气相组成的条件下存在着一个最佳温度,最佳温度是随着反应的进行而不断降低的。

(3)空速。在催化剂体积一定的条件下,增大空速即增大循环气量,可提高单位体积催化剂的氨产量,但也不能过高,因为空速过高,将会使合成气循环机和冰机功耗增加,所以应在一定条件下选择相应的最佳空速。

(4)合成塔入口气体成分。合成塔入口气体中含有氢、氮、氨、甲烷及氩气等,进口氨含量越高,越不利于氢氮气的合成。新鲜气带入的甲烷和氩气及另有微量的氦、氖等稀有气体统称惰性气体,它们不参与化学反应。但是惰性气体的存在降低了氢氮气的分压,为了保持系统中惰性气体含量不致太高,需要把回路气体放出一部分,这部分气体称为弛放气。

7.3.4.3　工艺流程说明

来自精炼工段的精炼气体进入压缩机六段进行提压、经滤油器分离掉油、水等杂质后与循环气混合进入冷交换器底部分离器,分离掉的液氨去球罐,循环气到上部换热器换热,出冷交换器后进入透平循环机加压。加压后的气体进入合成塔环隙与内件换热,从底部出合成塔后进入热交换器(管外)换热,换热后的气体再进入合成塔底部换热器(管外)换热,而后由中心管到触煤层,触煤层内循环气由上到下开始合成反应,出触煤层后进入合成塔底部换热器(管内)换热。出合成塔的合成气进锅炉换热副产蒸汽,出锅炉后循环气依次进入热交换器(管内)、水冷器进行冷却,冷却后进入氨分离器分离液氨,分离掉的液氨去球罐，循环气进冷交换器上部换热器（管内）冷却，而后进氨冷器进一步冷却，出氨冷器后与油分来的新鲜气混合进入冷交换器底部分离器进行分离，如此完成一个合成循环。

7.3.4.4 操作说明

（1）冷态开车

• 精炼送气

1）打开阀 VD2108，开度设为 100。

2）启动六段压缩机 C0201。

3）打开系统水冷器喷淋水按钮。

4）将流量控制器 FIC2102 切换为手动模式，将阀门开度设置为 50，开始对精炼气进行升压过程。

5）将流量控制器 FIC2102 切换为自动模式，目标值设定为 39.88 t/h。

6）待 V0209 油分罐压力达到 30.9 MPa 后，稍开阀 VD2111（开度先设置到 5 左右，合成塔正常后逐步调大到 50），对合成系统进行充压（若压力过高，可以打开放空阀 VD2112，进行放空处理）。

• 系统充压

1）待冷交换器压力（PI5102）升至 30 MPa 以上后，打开阀 VD5107，进行循环压缩机升压。

2）启动循环压缩机 C0501。

3）全开阀 VD5109。

4）打开阀 VD5115，开度设为 50，可根据实际升压情况进行实际调整。

5）打开阀 VD5110，开度设置为 50，保证管道通畅。

6）稍开压缩机出口阀 VD5108，对合成塔升压，开度根据升压情况逐渐增大。

7）待合成塔内压力 PI5106 压力达到 30 MPa 时，说明系统压力循环完成，此时启动合成塔电加热开关，对合成塔催化剂进行活化升温。

8）待 TI5107 温度高于 200 ℃后，关闭电加热开关，活化完成，逐渐开始利用合成反应热升温。

• 循环水系统投入

1）将液位控制器 LIC5101 切换为手动模式，阀门开度设置为 50，对废热锅炉进行补水。待废热锅炉液位达到 45 时，将液位控制器切换为自动模式，目标液位设定为 50。

2）打开 E0501 水冷器开关按钮。

3）打开废热锅炉蒸汽出口前阀 VD5118。

4）打开废热锅炉蒸汽出口后阀 VD5117。

5）待废热锅炉压力达到 1.1 MPa 时，将压力控制器切换为自动模式，目标压力设定为 1.2 MPa。

• 反应过程

1）全开阀 VD5101，氨冷器投入使用前准备。

2）打开前阀 VD5102，开度为 100。

3)打开后阀 VD5103,开度为 100。

4)打开出口阀 VD5116,开度为 100。

5)将温度控制器 TIC5102 切换为手动模式,将阀门开度设置为 50,氨冷器并入系统。

6)将温度控制器 TIC5102 切换为自动模式,目标温度设定为-10 ℃,维持稳定。

7)当氨分离器液位高于 60%后,打开阀 VD5111,调节开度维持液位在 60%左右。

8)当冷交液位高于 60%后,打开阀 VD5113,调节开度维持液位在 60%左右。

9)通过调节阀 VD5112 开度,保证液氨储罐液位在一半上下浮动。

10)将压力控制器 PIC5101 切换为自动模式,目标压力设定为 1.6 MPa,维持稳定。

11)运行一段时间后打开阀 HV0208,进行排液处理。

12)运行一段时间后打开阀 HV0209,进行排液处理。

13)运行一段时间后打开阀 HV5110,进行排液处理。

(2)正常运行。装置处于正常操作状态,维持参数在正常操作条件下(参照各参数列表)。

(3)正常停车

• 自动改手动。依次将控制器 FIC2102、LIC5101、PIC5107、TIC5102、PIC5101 切换为手动模式。

• 压缩机停车

1)通过流量控制器 FIC2102 逐渐关小阀门 FV2102,直至 0。

2)停压缩机 C0201。

3)打开至放空总管阀 VD2112。

4)关闭进合成系统阀门 VD2111。

5)关闭阀 VD2108。

6)关闭喷淋水。

• 排液氨

1)将液位控制器 LIC5101 阀门开度设置为 0。

2)停循环压缩机 C0501。

3)开大液氨储罐阀门 VD5112,进行排液,将氨分离和冷交换液位尽可能排净。

• 系统泄压

1)打开系统放空阀 VD5532。

2)依次关闭阀 VD5107、VD5108。

3)打开废热锅炉蒸汽放空管线阀门 VD5119。

4)依次关闭阀 VD5117、VD5118。

5)将压力控制器 PIC5107 阀门开度设为 0。

6)将温度控制器 TIC5102 阀门开度设为 0。

7)依次关闭阀 VD5101、VD5116、VD5102、VD5103、VD5109、VD5115。

8)待氨合成系统压力降至常压后,关闭阀 VD5110。

9)待氨合成系统压力降至常压后,关闭水冷器。

10)待氨分离无液位时,关闭阀 VD5111。

11)待冷交换无液位时,关闭阀 VD5113。

12)待液氨储罐无液位时,关闭阀 VD5112。

13)待液氨储罐压力降为常压时,关闭阀 PV5101。

- 阀门复原

1)待系统压力降至常压时,复原阀 VD5532。

2)待系统压力降至常压时,复原阀 VD2112。

3)待废热锅炉压力降至常压时,复原阀 VD5119。

(4)常见事故

- 氨分离器液位过高

1)原因:排液阀开度过小。

2)处理方法:全开阀 VD5111,进行排液。

- 氨冷器温控系统失灵

1)原因:氨冷器控制系统失灵,不起到温控作用。

2)处理方法:①全开温控系统旁路阀 VD5104;②关闭温控系统前阀 VD5102;③关闭温控系统后阀 VD5103;④TIC5102 自动改手动,进行维修。

思考题

(1)如何进行系统的气密试验?合格标准是什么?

(2)开车前为什么必须进行氮置换?

(3)简述氮循环回路的流程。

(4)如何进行炉膛置换?

(5)氮升温的作用是什么?

(6)简述蒸汽透平的开车步骤。为什么蒸汽透平都有复水系统?

(7)一段炉对流段有几组热交换器?管内各走什么物料?升温时如何进行对流段的保护?

(8)升温过程为什么要缓慢进行?

(9)氮升温的终点标准是什么?

(10)为什么要进行氨裂解?除了利用氨以外还可以用什么气体完成同样的功能?

(11)氨裂解的终点标准是什么?

(12)如何进行投油和退氨的操作?

(13)投油后的温度控制标准是什么?

(14)二段炉在转化工艺中起什么作用?加空气前应进行哪些操作?在什么条件下加空气才能成功?

(15)炉 F1203 起什么作用?控制指标是什么?

(16)为什么开车时用旁路小口径阀手动操作,提升负荷时再切换到主管路用调节阀操作?

(17)列表说明转化开车正常后的工艺指标。

(18)停车应注意哪些事项?

(19)停车过程为什么还要重复氨裂解和氮循环降温?

(20)一段炉联锁保护总跳闸(I4)是什么原因引起的? 如何处理?

(21)石脑油气流量过低会引起什么联锁动作? 如何处理?

(22)工艺空气流量过低会引起什么联锁动作? 如何处理?

(23)F1203 炉出口温度过高会引起什么联锁动作? 如何处理?

(24)强制循环泵在废热锅炉中起什么作用?

(25)热交换器 H1201 管子泄漏有什么现象? 如何处理?

(26)仪表压缩空气中断会引起什么现象? 如何处理?

(27)电源中断会引起什么现象? 如何处理?

参考文献

[1]夏炎华. 我国尿素生产技术进展及展望[J]. 煤炭加工与综合利用,2016(8):14-15.

[2]王新敏,史新丽. 尿素生产技术进展问题研究[J]. 化工管理,2013(10):125-125.

[3]宋洪卫. 尿素生产工艺比较[J]. 价值工程,2015,34(6):300-301.

[4]武保洲,曾迎军. ACES 尿素装置运行现状及技术改进[J]. 化肥工业,2012,39(2):33-38.

[5]崔宁. 研究分析二氧化碳汽提法生产尿素新工艺[J]. 化学工程与装备,2017(4):37-39.

[6]张龙,蔡京荣. CO_2 汽提与氨汽提尿素生产工艺的比较[J]. 小氮肥,2017,45(1):13-14.

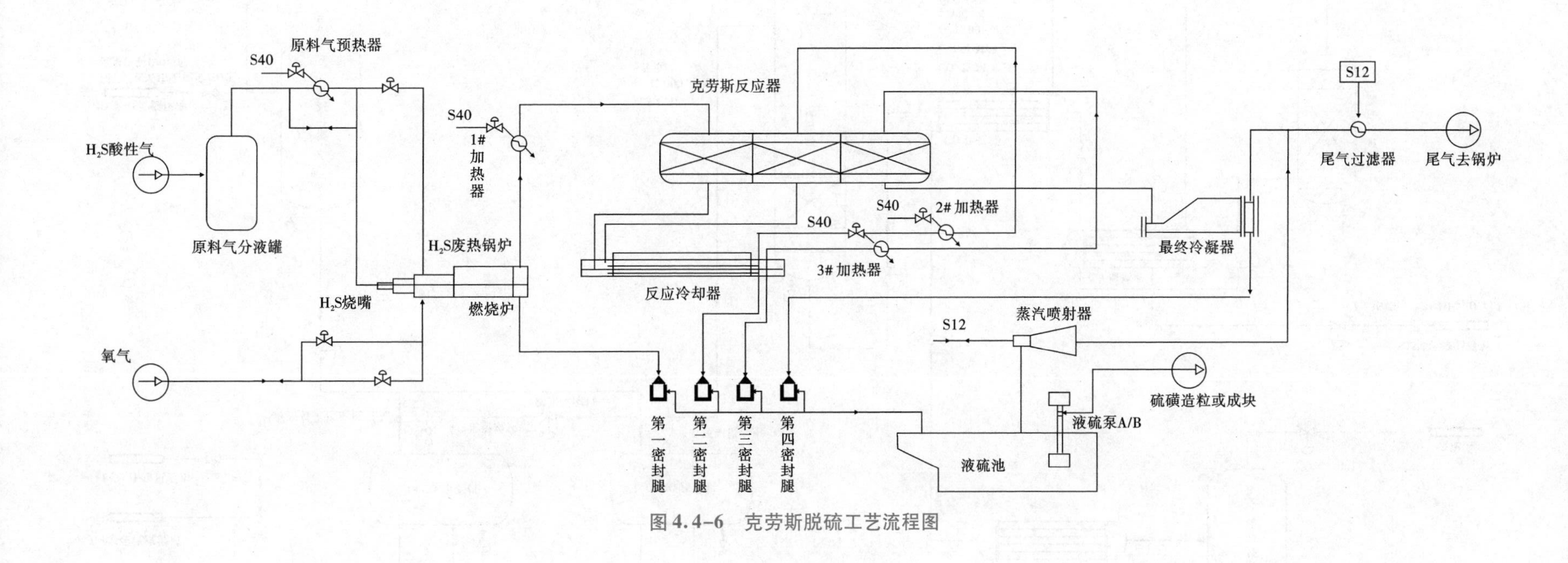

图 4.4-6　克劳斯脱硫工艺流程图

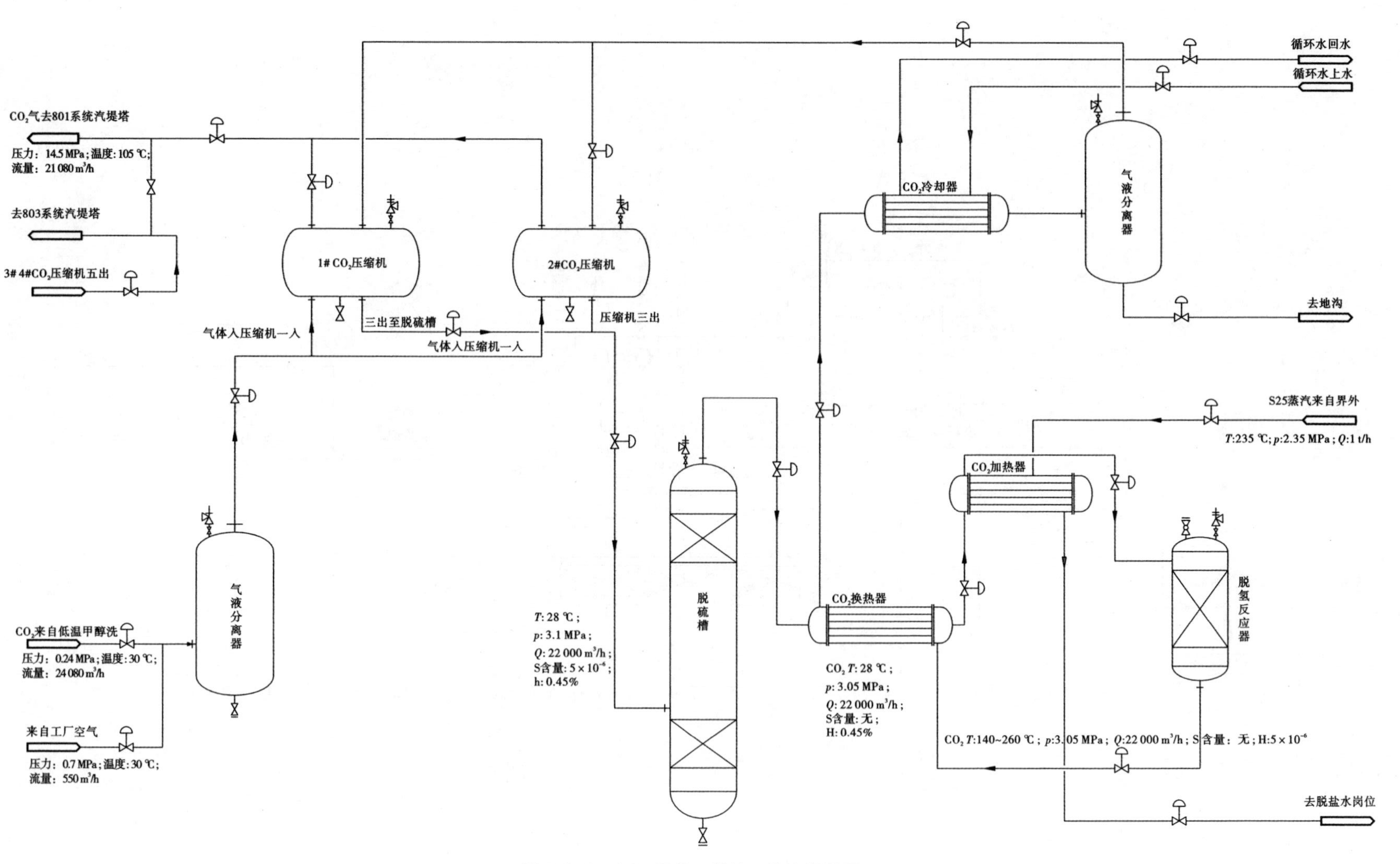

图 5.2-2 CO_2 压缩工段的工艺流程简图

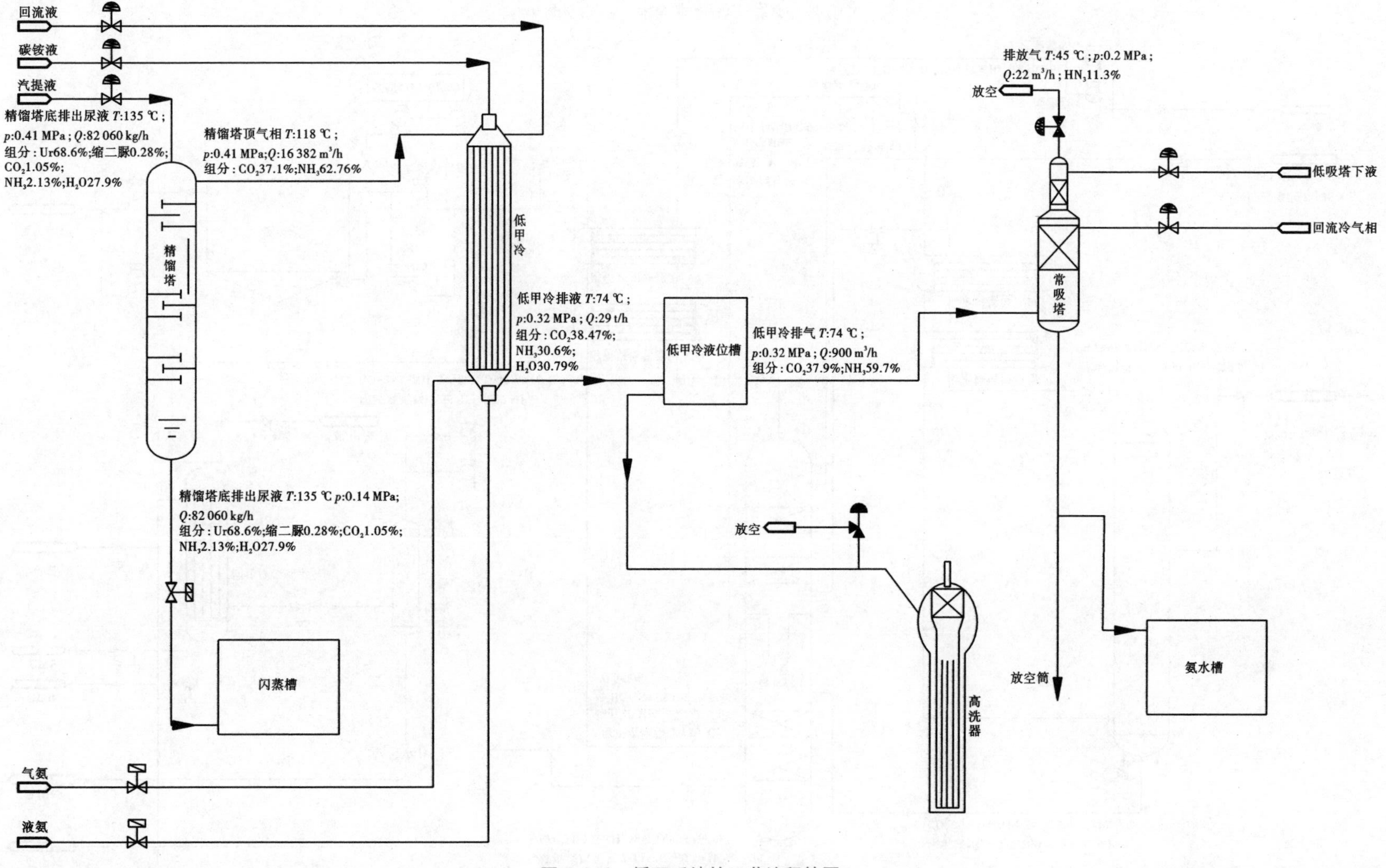

图 5.3-2　循环系统的工艺流程简图

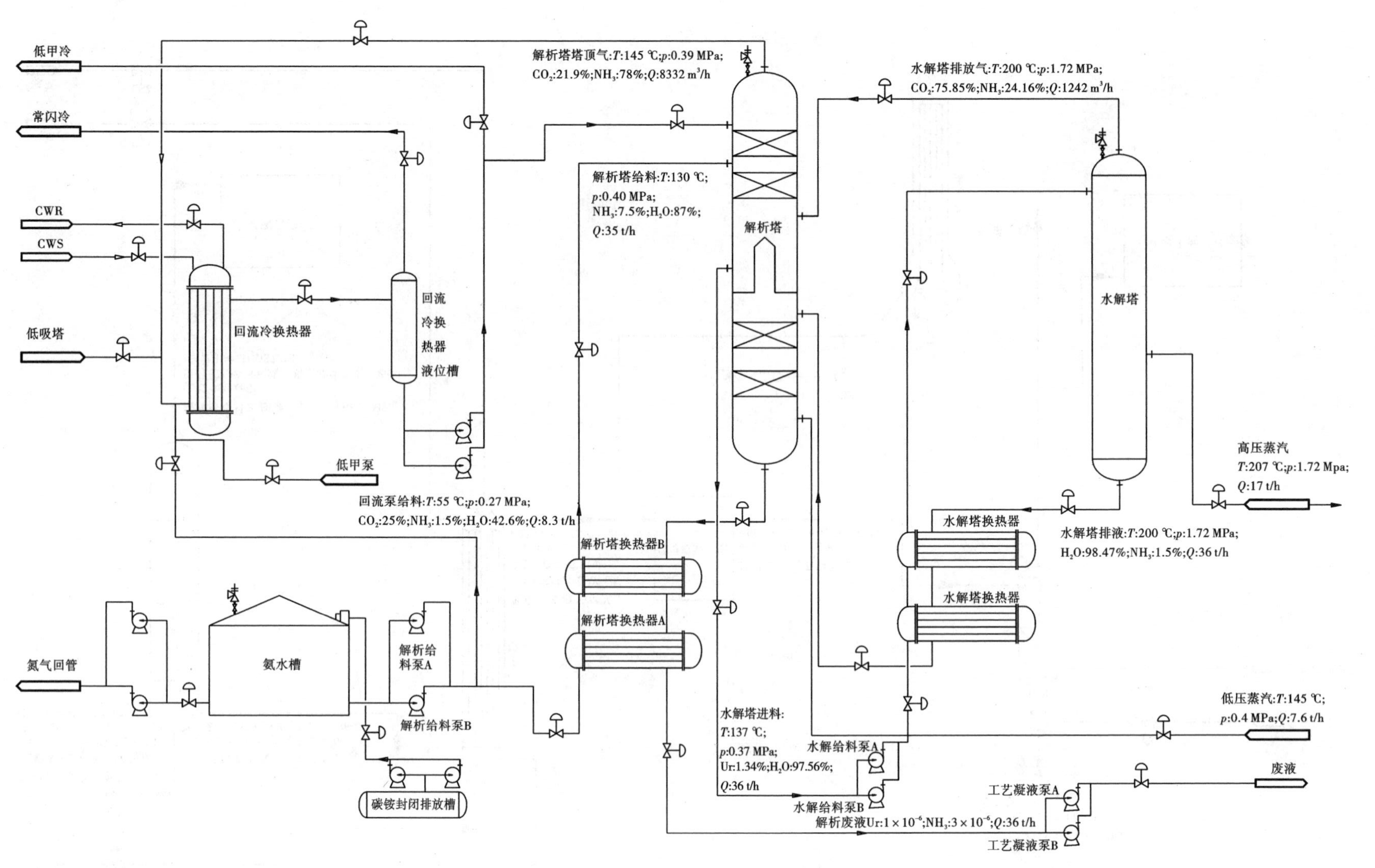

图 5.3-3　水解解吸的工艺流程简图

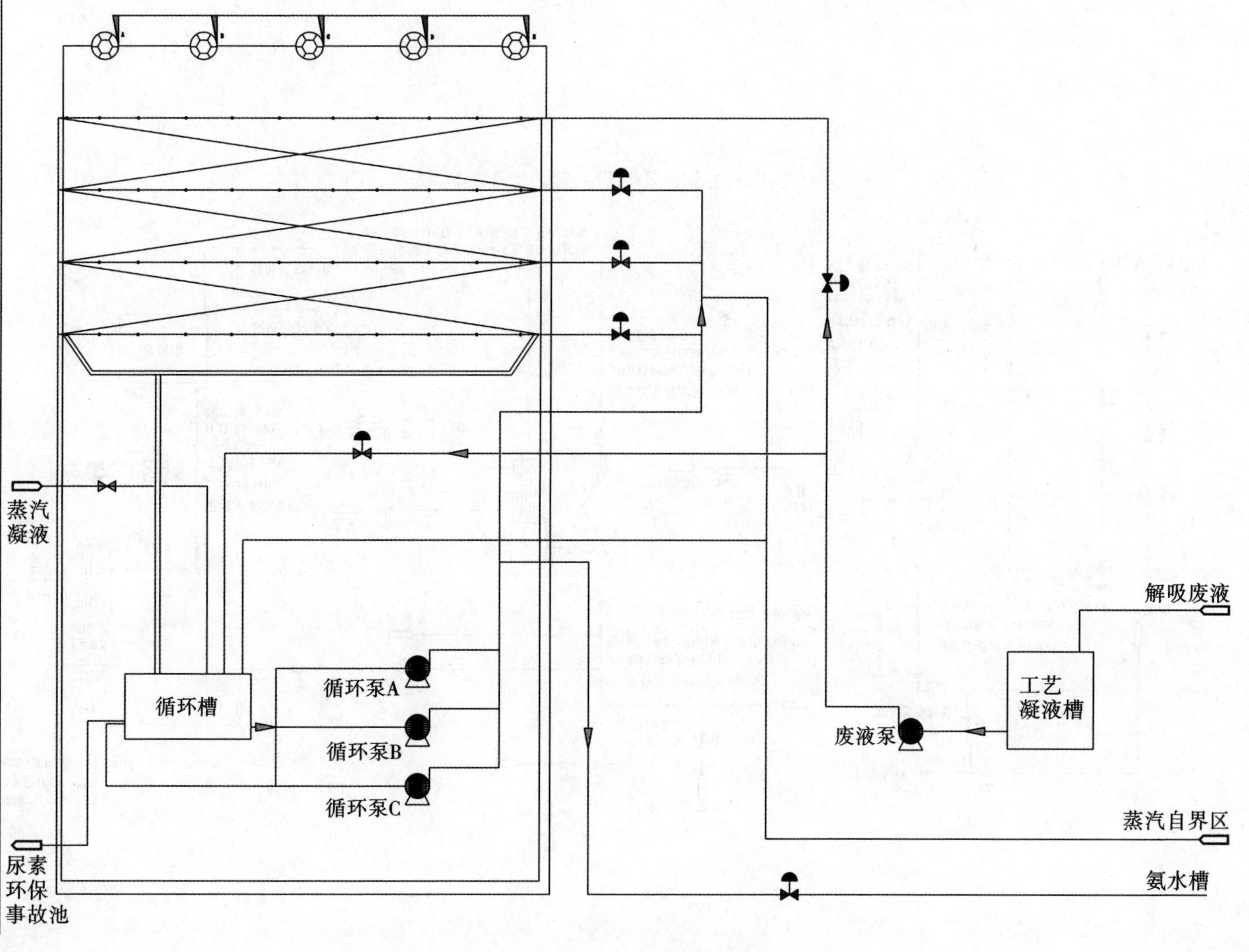

图 5.4-1　粉尘回收系统流程示意图

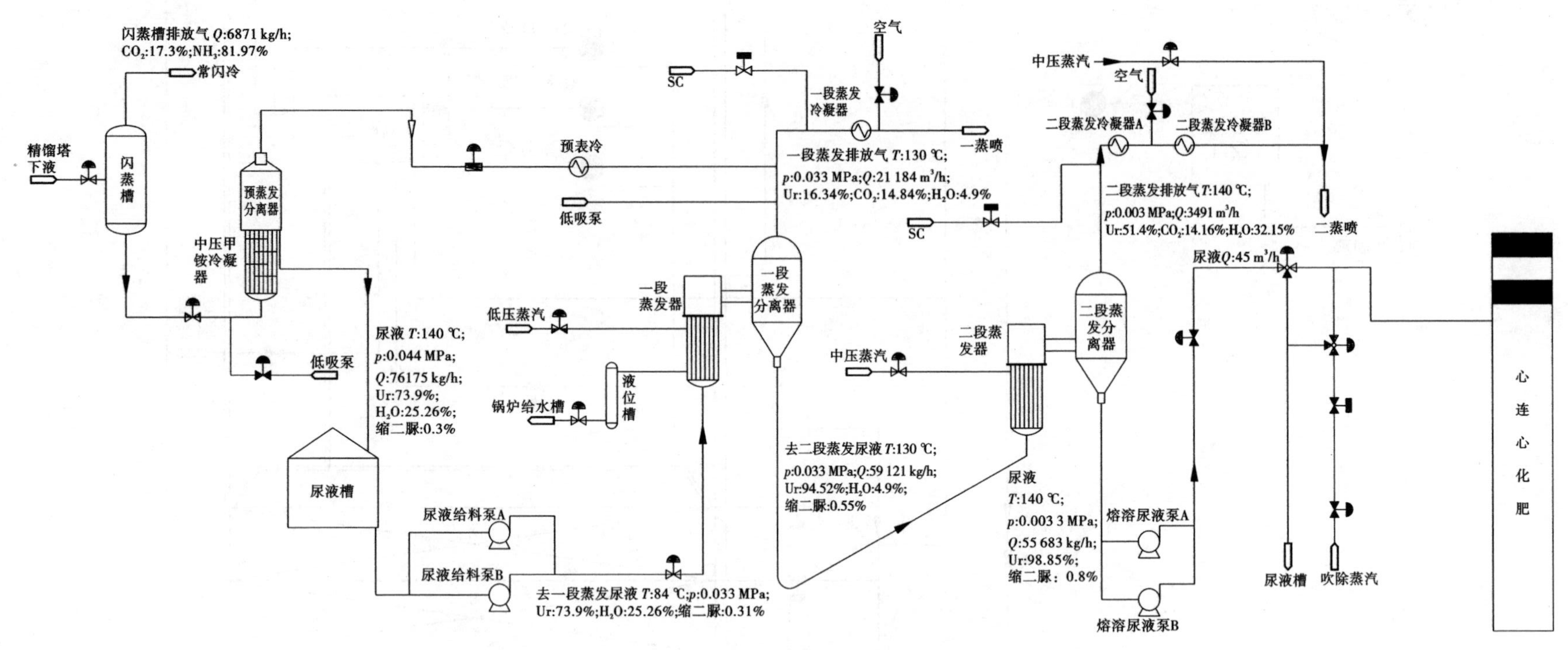

图 5.4-2　尿素蒸发造粒工序工艺流程